全国高等职业教育暨培训教材

建筑工程造价软件应用
——清华斯维尔系列软件

梁红宁 主编

中国建筑工业出版社

图书在版编目（CIP）数据

建筑工程造价软件应用——清华斯维尔系列软件/梁红宁主编. —北京：中国建筑工业出版社，2015.12
全国高等职业教育暨培训教材
ISBN 978-7-112-18584-9

Ⅰ.①建… Ⅱ.①梁… Ⅲ.①建筑工程-工程造价-应用软件-高等职业教育-教材 Ⅳ.①TU723.3-39

中国版本图书馆 CIP 数据核字（2015）第 248976 号

本书以目前市场上应用较广的“清华斯维尔软件”为基础，系统介绍了工程中常用的土建算量软件、安装算量软件、清单计价软件、项目管理软件、施工平面图布置软件和标书编制软件六类主要软件的操作方法和使用技巧，并附有工程实例以满足实际教学的需要。

本书可用于各类学校工程管理和工程造价课程的教学用书，也可供从事工程项目管理与造价工作的专业人员自学和相关工作岗位培训使用。

* * *

责任编辑：范业庶 张 磊 万 李
责任设计：董建平
责任校对：李欣慰 刘梦然

全国高等职业教育暨培训教材
建筑工程造价软件应用
——清华斯维尔系列软件
梁红宁 主编
*
中国建筑工业出版社出版、发行（北京西郊百万庄）
各地新华书店、建筑书店经销
北京科地亚盟排版公司制版
北京圣夫亚美印刷有限公司印刷
*
开本：787×1092 毫米 1/16 印张：17¾ 字数：438 千字
2016 年 4 月第一版 2016 年 4 月第一次印刷
定价：**46.00** 元
ISBN 978-7-112-18584-9
（27832）

前　　言

随着信息技术在工程实践中的广泛应用，各类工程技术和管理应用软件不断被开发和应用于工程实践活动，极大提高了工作效率和企业效益，形成了一种先进的新型社会生产力组织模式。为了满足学校教学和专业人员自学的需要，本书力图通过一种简明扼要、注重实操的知识组织方式，集中讲解目前工程项目管理中所使用的六种主要软件，以方便针对工程项目管理软件的系统学习。

工程管理是指工程建设者运用系统工程的观点、理论和方法，对工程开展的全过程和全方位的管理。根据工程管理的共性内容，可以构建起一般性的工程管理理论框架，并设置相关的课程与实践环节去认识和掌握其中的规律和实现方式。

工程管理根据组织实施层面不同可分为企业层和项目层，本书主要针对项目层进行论述，工程管理根据项目生命周期划分为决策期、实施期和使用期三个阶段，这里主要是针对实施期进行论述。按照建设工程项目管理通常所强调的“三控制（质量控制、成本控制和进度控制）、两管理（合同管理和信息管理）、一协调（组织协调）”，再加上施工项目生产组织的“两项基本管理（生产要素管理、现场管理）和一项技术活动（施工技术方案制定）”构建起工程项目管理的具体工作框架，以此为依据将工程管理信息化软件模块的简单划分成如表 1 所示的软件应用模块。

工程管理信息化软件模块划分　　表 1

<table>
<tr><td rowspan="2">质量控制</td><td colspan="5">事前控制模块</td><td colspan="5">事中控制模块</td><td colspan="5">事后控制模块</td></tr>
<tr><td colspan="5">质量计划</td><td colspan="5">质量检查</td><td colspan="5">质量验收</td></tr>
<tr><td rowspan="2">成本控制</td><td colspan="5">工程估价模块</td><td colspan="5">投资控制模块</td><td colspan="5">成本控制模块</td></tr>
<tr><td colspan="5">投资估算、设计概算、工程预算、工程结算、竣工决算</td><td colspan="5">经济评价、限额设计、价值工程、标价评审、造价审核、价款支付</td><td colspan="5">成本预测、成本计划、成本核算、成本分析、成本控制、成本考核</td></tr>
<tr><td>进度控制</td><td colspan="5">进度计划编制模块</td><td colspan="5">进度跟踪模块</td><td colspan="5">进度调整模块</td></tr>
<tr><td>合同管理</td><td colspan="5">合同订立模块</td><td colspan="5">合同跟踪模块</td><td colspan="5">合同变更模块</td></tr>
<tr><td rowspan="2">施工方案制定</td><td colspan="5">工艺制定模块</td><td colspan="5">机械选择模块</td><td colspan="5">方法使用模块</td></tr>
<tr><td colspan="15">涉及建筑安装专业，如施工平面图设计、土方量计算与调配，模板设计，脚手架设计，深基坑边坡支护结构设计，混凝土配合比设计等</td></tr>
<tr><td>生产要素管理</td><td colspan="3">人力资源管理模块</td><td colspan="3">材料管理模块</td><td colspan="3">机械管理模块</td><td colspan="3">资金管理模块</td><td colspan="3">技术管理模块</td></tr>
<tr><td>现场管理</td><td colspan="3">现场组织管理</td><td colspan="3">现场场容管理</td><td colspan="3">现场环境保护</td><td colspan="3">现场消防、保安和卫生</td><td colspan="3">文明施工和现场考核</td></tr>
<tr><td>组织协调</td><td colspan="15">基于互联网的分工与协作，网络协同机制的建立，流程重组与组织再造等</td></tr>
<tr><td>信息管理</td><td colspan="15">信息平台组建、数据库开发、系统维护与更新等</td></tr>
</table>

目前表 1 中的大部分软件模块都有相应的软件产品可以提供，结合上述任务模块的信息化实现手段在工程实践中的应用现状和工程管理信息化课程教学的实际需要，可以组合出表 2 中的工程管理信息化教学课程体系组合模块。

工程管理信息化教学课程体系组合模块 **表 2**

	施工方案	工程预算	进度控制	合同管理	网络平台	其他管理
建筑工程预算 电算化教学模块		工程算量 工程计价				
施工组织设计 电算化教学模块	施工平面图设计和 专项方案制定	材料统计 资金预算	网络计划 资源计划 成本计划			
建筑工程招标投标 信息化教学模块	技术标部分	经济标部分	技术标部分	合同条款部分	网络模拟招投 标各项业务	管理方 案部分
工程项目管理 信息化教学模块	建立在上述基础上既侧重于策划，又侧重于控制，并根据需要增添其他管理信息化软件模块，形成更大范围的信息化教学实践课程体系，如 BIM 教学					

综合以上认识，本书主要将《建筑工程造价软件应用》课程的教学内容定位于土建算量软件、安装算量软件、清单计价软件、项目管理软件、施工平面图布置软件和标书编制软件六个方面，以全面培养学生的从事工程管理的专业软件应用能力。清华斯维尔公司作为建筑工程造价软件开发领域的领先者，其开发的建筑工程造价系列软件具有很强的代表性，本书主要以该公司开发的系列软件为主进行讲解。

本书内容完备、讲解循序渐进、理论与实操紧密结合，适合于各类学校作为工程管理和造价管理的课程教学的教材，也可供从事工程项目管理的各类单位内部专业人员自学与岗位培训之用。

本书由梁红宁组织编写并统稿，主要由林绍光、刘丽珍参与编写，感谢清华斯维尔广州分公司程凉经理为本书编写提供的各种便利条件，感谢中国建筑工业出版社为本书出版给予的热心帮助和大力支持。由于作者水平有限，本书若有不当之处，欢迎读者批评指正。

目　　录

第1章　土建算量软件

1.1　基础知识

1.1.1　软件简介

《三维算量 3DA2014》是一套图形化建筑项目工程量计算软件，它利用计算机的“可视化技术”，采用“虚拟施工”的方式对工程项目进行虚拟三维建模，从而生成计算工程量的预算图。经过对图形中各构件进行清单、定额挂接，根据清单、定额所规定的工程量计算规则，结合钢筋标准及规范规定，计算机自动进行相关构件的空间分析扣减，从而得到工程项目的各类工程量。

《三维算量 3DA2014》还利用“可视化技术”，采用“虚拟施工”的方式，建立精确的工程模型，也就是“预算图”，进行工程量的计算。根据工程人员的习惯，我们将建筑工程中的工程量信息抽象为柱、梁、板、墙、门窗、轮廓、钢筋等构件。通过对柱、梁、墙、门窗等“骨架”构件准确定位，使工程中所有的构件都具有精确的形体和尺寸。

生成各类构件的方式同样也遵循工程的特点和习惯。例如，楼板是由墙体或梁、柱围成的封闭形区域形成的，当墙体或梁精确定位以后，楼板的位置和形状也就确定了。同样，楼地面、天棚、屋面、墙面装饰也是通过墙体、门窗、柱围成的封闭区域生成的轮廓构件，从而获得楼地面、天棚、屋面、墙面装饰工程量。对于“轮廓、区域型”构件，软件可以自动找到这些构件的边界，从而自动形成这些构件。

在创建的文件中，我们以每个构件作为组织对象，分别赋予了相关的属性，为后面的模型分析计算、统计和报表提供充足的信息来源。

3DA2014 软件中内置了全国各地的工程量计算规则。按照全国各地区规定的工程量运算模式定义，如果软件内已定义的计算规则不适用，用户则只要简单对计算规则进行重定义就可以适用新的工程量运算模式了。

在软件中，我们将一栋建筑细分为无数个不同类型的构件，并赋予每个构件所有算量方面的属性，将每个构件在工程量计算中所能用到的信息都通过相关属性记录下来，然后通过一个灵活的工程量输出指定机制，将工程量按照用户的需要模式输出，完成工程量的计算。

对于每个构件在工程量计算中所能用到的信息，正常情况下软件会根据构件的相关属性和特点，通过多种方式自动生成，不需要用户手工操作。例如：在计算梁、柱相接处的模板面积时，软件会自动分析出梁、柱相接触部位的面积值，并自动保存到相关的数据表中。当用户需要得到该柱的模板面积值时，程序只需将该柱的全“侧面积值”按照工程量计算规则相加减梁、柱相“接触面积值”，从而得出柱子的模板工程量。

软件还提供了灵活的清单和定额挂接以及工程量输出机制，保障了工程量统计的方便、快捷。关于清单和定额的挂接以及工程量输出的内容，以及单个构件相关属性的具体工程量公式和扣减关系计算式，请参照后续有关章节的内容。

1.1.2　功能与操作界面

当启动了《三维算量 3DA2014》程序后，计算机屏幕上出现的画面，称之为界面。在没有其他内容的情况下，将这个界面称之为“主界面”（图 1-1）。

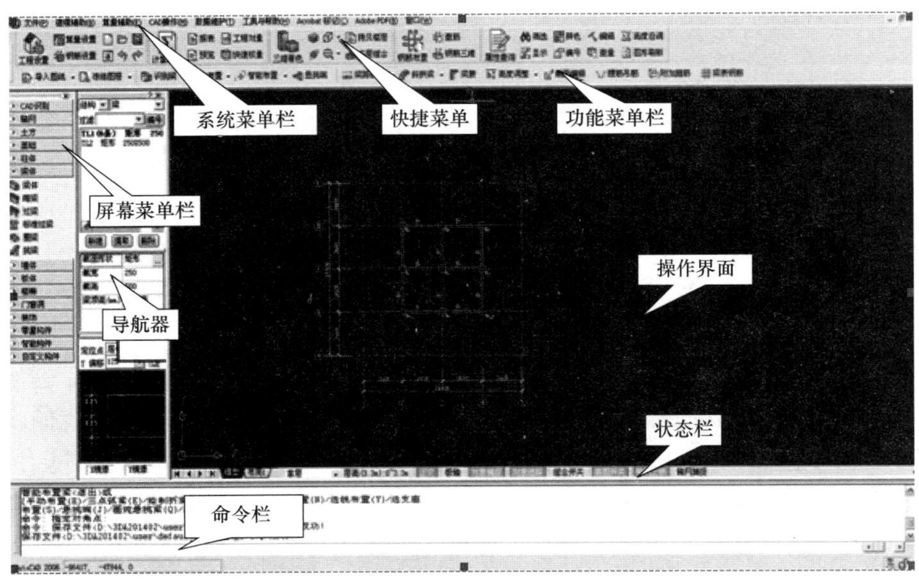

图 1-1　《三维算量 3DA2014》主界面

进入《三维算量 3DA2014》主界面，可以看到画面与 AutoCAD 应用程序的主界面几乎一模一样。

在左侧屏幕菜单栏中，包含表 1-1 中所示的建筑构件。

程序中建筑构件分类　　**表 1-1**

<table>
<tr><th>类型</th><th colspan="2">构件名称</th></tr>
<tr><td>基础构件</td><td colspan="2">桩基础（承台）、独立基础、条形基础（基础墙）、满堂基础等</td></tr>
<tr><td>主体构件</td><td colspan="2">柱、梁、墙、板、门窗、过梁、圈梁、构造柱等</td></tr>
<tr><td rowspan="2">装饰构件</td><td>室内装饰</td><td>地面、踢脚、墙裙、墙面、天棚等</td></tr>
<tr><td>室外装饰</td><td>外墙裙、外墙面等</td></tr>
<tr><td rowspan="2">其他构件</td><td>室内构件</td><td>楼梯、栏杆扶手、水池等</td></tr>
<tr><td>室外构件</td><td>台阶、散水、阳台和花台等</td></tr>
</table>

按照以上类型划分与构件分类，依次在软件中建立模型，即可计算建筑工程量。

1.1.3　操作流程与基本操作

操作流程，一般先布置支座主体构件，如框架中先做柱，再做梁，最后做板。如布置墙体，则只显示柱；布置装饰构件（地面、侧壁、天棚），则只显示柱，墙。

图 1-2 所示是操作流程图。

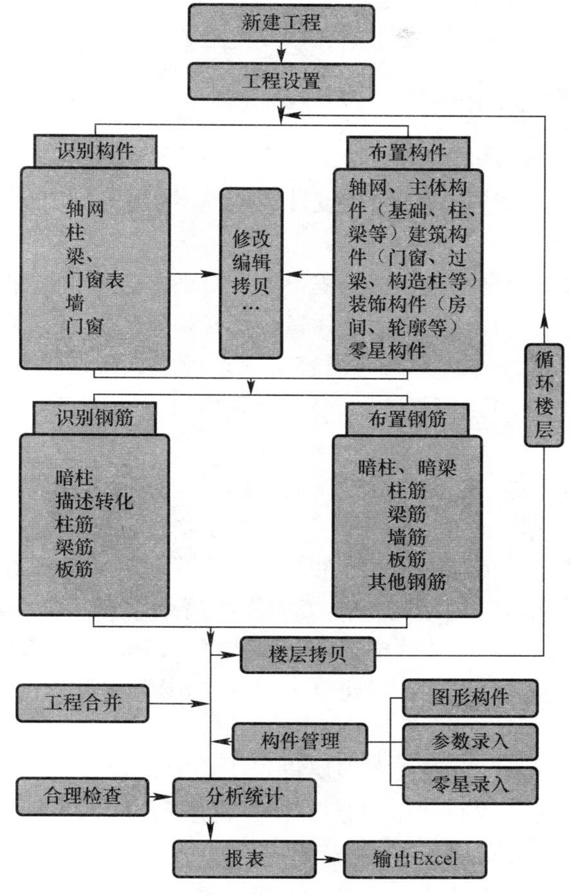

图 1-2　快速操作流程图

按照这个工作流程，灵活地运用软件，将会给算量工作带来很大的便利。

基本操作

光标：指界面上随鼠标而移动的十字、箭头或其他形状的图标；

鼠标：指操作光标的硬件设备；

小技巧：

滚轮鼠标中间的滚轮：向前滚动可放大界面上的图形，向后滚动可缩小图形，按住滚轮时界面上的光标变为一只手形，按住滚轮同时拖曳鼠标可将界面上的图形进行移动。

点击：在没有特殊说明时，是指点击鼠标左键；

双击：连续 2 次间隔时间不大于 0.5s，快速点击鼠标左键；

点击右键：简称（右键）点击鼠标右键；

拖曳：按住鼠标左键或右键不松，移动鼠标，使界面上的选中对象跟随移动；

回车：“回车”在计算机中指“执行命令”，主要是指按击键盘上的“Enter”键；

组合键：指在键盘上同时按下两个或多个按键；

单选（点选）：用光标单（点）选目标对象；（单（点）选时光标会变为一个“口”字形）；

框选：用光标在界面中拖曳出一个范围框选目标对象，框选目标对象时光标拖曳轨迹为矩形框的对角线；（框选时光标会变为一个“十”字形）；

多义线选择：在界面中用画连续不断任意线使之封闭的方式对区域进行选择。

1.1.4 工程设置与轴网绘制

新建【工程】→〖工程设置〗命令。

参考图纸（附录一）：建施-01（建筑设计说明）、结施-01（结构设计说明）、建施-05（建筑立面图及2-2剖面图）。

新建好工程后，软件会自动进入“工程设置”对话框。不论是采用手工建模还是识别建模，也不管是计算建筑还是计算钢筋工程量，都必须先依据施工图纸设置好工程的各种相关参数。在工程设置里包含六方面的内容：计量模式、楼层设置、工程特征、结构说明、标书封面和钢筋标准。其中钢筋标准是与计算钢筋工程量有关的设置。

A1. 计量模式设置

首先是计量模式的设置。工程名称默认为“例子工程”文件名。计量模式中，关键是“输出模式”和“计算依据”的设置。“定额模式”是指按定额子目与定额计算规则输出建筑工程量，必须给构件挂接相应的定额子目；“清单模式”是指按工程量清单项目与清单计算规则输出建筑工程量，必须给构件挂接相应的清单项目。本工程采用“清单模式”。接着是“计算依据”的选择。在“清单名称”中选择“国标清单”项目，然后在“定额名称”中选择地方定额，这里以“广东省建筑工程（2010）”定额为例。

A2. 楼层设置

下一步进入“楼层设置”页面。在楼层设置中主要是设置有关构件的高度数据信息，例如柱、墙、梁等。系统默认有“基础层”和“首层”。依据2-2剖面图，在本工程中，首层的室内地坪标高为正负零。

点击〖添加〗按钮或按键盘上的向上键，添加出屋顶楼层，并分别设置基础层、首层、出屋顶楼层，层高为1.2m、4.2m、3.0m。

“标准层数”用于设置相同楼层的数量，在统计工程量时，软件会用标准层数乘以单个标准层的工程量得出标准层的总工程量。本工程各楼层的标准层数都为1，这里不能设为0，否则该层工程量统计结果为0。“层接头数量”用于确定墙柱等竖向钢筋的绑扎接头计算。机械连接的钢筋接头系统默认按每楼层一个计算，这里不可设置。按照广东计算规则，本工程每隔一层算一个绑扎接头，则分别设置基础层和首层的“层接头数量”为0，其他楼层的层头数为1。如果层接头数量设为0，则不计算本层的竖向钢筋绑扎接头。

“正负零距室外地面高”用于设置正负零距室外地面的高差值，为必填项（填300即可）。此值用于挖基础土方的深度控制，如果基础坑槽的挖土深度设置为“同室外地坪”，则坑槽的挖土深度就是取本处设置的室外地坪高到基础垫层底面的深度。〖超高设置〗是指柱、梁、墙、板的支模高度的超高标准，用于计算超高工程量。为了便于讲解利用软件计算超高工程量的方法，这里假设柱的标准高度为3600，梁的为5000，板的为4500，墙的为3600。这样楼层便设置好了。

A3. 工程特征

点击〖下一步〗按钮，进入“工程特征”设置页面。在本页面对工程的一些全局特征进行设置。填写栏中的内容可以从下拉列表中选择也可直接填写合适的值。在这些属性中，用蓝色标识的属性为必填的属性，其中钢丝网的设置项用于计算钢丝网工程量，如果将“是否计算钢丝网”的属性值设置为“否”，软件就不会计算钢丝网工程量。本工程不计算墙体防裂钢丝网，因此该值设置为否。软件会自动根据“结构特征”、“土壤类型”、“运土距离”等属性值生成清单的项目特征，作为统计工程量的归并条件之一。这里需要按工程实际情况进行填写，本教程中没有提供例子工程的施工组织资料，大家可以任意设置，以便练习。

“地下室水位深”的属性值会影响挖土方中的挖湿土体积的计算。如果地下室水位深为 800，而在楼层设置中室内外地坪高差为 300，则地下室水位的标高为“－1.100m”，如果基础深度在这以下，则在计算挖基础土方时软件会自动计算湿土的体积。

A4. 结构说明

点击〖下一步〗按钮，进入“结构说明”页面。“结构说明”页面用于设置整个工程的混凝土材料等级，砌体材料，以及抗震等级，浇捣方法等。需要注意的是，在设置结构说明之前，必须先通读“结施-01（结构设计说明）”，然后再进行各构件材料以及混凝土等级的设置。

A5. 标书封面和钢筋标准

设置好工程特征后，点击〖下一步〗按钮，进入“标书封面”设置页面。标书封面的设置与工程量计算无关，本工程不用设置。

当在计量模式页面的应用范围中勾选了钢筋计算时，在标书封面页面中点击〖下一步〗会进入钢筋标准的设置页面，选择设计要求的钢筋标准即可。如果应用范围中没有勾选钢筋计算，将不会出现钢筋标准页面。

A6. 建立轴网

左边屏幕菜单栏：【轴网】→〖绘制轴网〗

一般轴网的定义，最好参照首层柱定位图的轴网。

参考图纸（附录一）：结施-09（一层柱平面结构图）。

依据基础平面图来建立轴网。通过分析图纸，得出主体轴网数据（除辅轴外）如表 1-2 所示：

主体轴网数据　　　　**表 1-2**

下开间（上开间）	①～②	②～③	③～④	④～⑤
	7500	7500	6000	6000
右进深	A～B	B～C	C～D	D～E
	2100	4500	2400	3000

依据表 1-2 的数据，首先录入下开间。从表中数据可以看出，下开间共有四个，且前两个开间距相同，后两个开间距相同，所以在“开间数”中选择 2，然后在“轴距”中输入 7500，点击〖追加〗按钮，再修改“轴距”为 6000，点击〖追加〗按钮，这样四个开间就都设置好了，从预览窗口可以看到下开间的轴线与轴号。开间方向的两根辅助轴线暂不绘制。

切换到“右进深”，右进深中没有相邻且轴距相同的轴线，因此进深数要改成1，然后依次在轴距中录入进深距并点击〖追加〗按钮即可。也可以通过在轴距列表中双击合适的数据来追加进深。在进深方向还有一根1/E辅轴，可以在这里直接录入轴距，点击〖追加〗按钮后软件默认生成的轴号是F，在编号列表中将F改成1/E即可。设置好轴网数据后，点击〖确定〗按钮，返回图形界面，在图面上点击插入点，就可以将轴网布置到界面上。

1.1.5 构件布置的一般方法

左边屏幕菜单栏，例如：【结构】→【柱体布置】→点击〖...〗“编号定义”按钮，对话框最上面是“新建、删除、过滤、复制、排序与布置”工具条，灰色的表示当前不可用，按键是否可用，根据左边构件编号列表栏中节点选择状态确定。

定义完构件编号后，点击布置，即出现以下菜单（图1-3），即布置方法。

选择 撤销 点布置 角度布置 框选轴网交点 沿弧布置 选独基布置 识别柱体

识别柱筋 钢筋布置 柱筋平法 自动钢筋 表格钢筋 核对构件 核对单筋 构件转换

图1-3 布置方法

最后点击选择以上任一布置方法，进行构件布置。

还要注意的是左手边属性框中，有构件定位点、底高、高度、X跟Y镜像等设置。

本节作业

参考图纸

附录一：结施-01（结构设计说明）、结施-09（一层柱平面结构图）、建施-05（建筑立面图及2-2剖面图）。

1. 练习3D鼠标，熟练使用三个按键。

2. 新建工程→综合楼，参考结构设计说明进行工程设置（计量模式、楼层设置、工程特征、结构说明、标书封面和钢筋标准）。

3. 参考一层柱平面结构图轴网，在基础层中进行新建轴网。

1.2 基础与结构构件布置

1.2.1 操作说明

实例图纸的基础构建的布置包括独立基础的布置和条形基础的布置，结构构件的包括柱子、梁体、墙体和楼板。相应的命令及快捷命令代号如下：

独立基础布置菜单位置：【构件】→【基础】→【独基布置】，DJBZ；

条形基础布置菜单位置：【构件】→【基础】→【条基布置】，TJBZ；

柱体布置菜单位置：【构件】→【结构】→【柱体布置】，ZTBZ；

梁体布置菜单位置：【构件】→【结构】→【梁体布置】，LTBZ；

墙体布置菜单位置：【构件】→【结构】→【墙体布置】，QTBZ；

板体布置菜单位置：【构件】→【结构】→【板体布置】，BTBZ。

1.2.2　基础构件的布置

1.2.2.1　独立基础的布置

在基础层里面建立好轴网以后，接着要做的是按施工的顺序来把相应的构件布置上去，首先要布置的是独立基础。点击操作界面工具菜单【基础】，在下拉工具条中选择【独基布置】，点击新建按钮，然后双击编号或者点击〖...〗按钮，进入独基的定义编号界面，如图 1-4 所示。

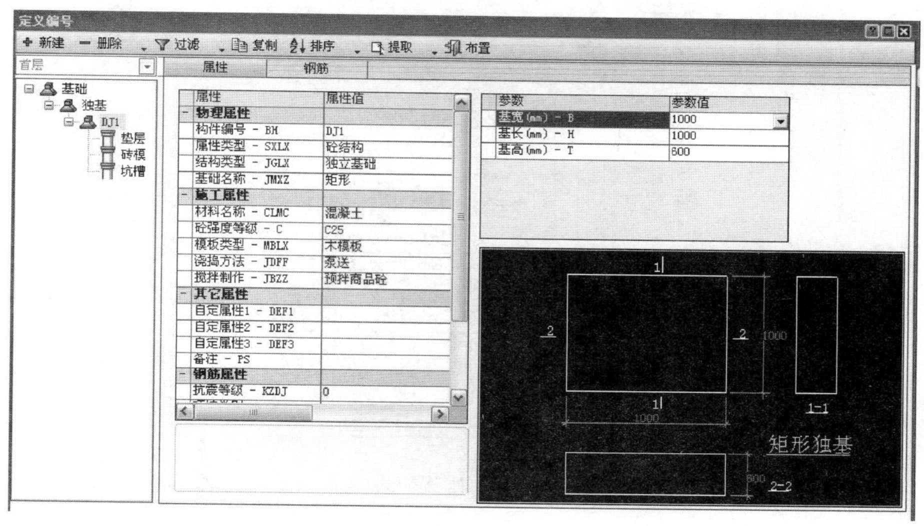

图 1-4　定义编号界面

新建好编号后，接着进行属性的定义。首先将软件默认的构件编号改成 CT1，然后在物理属性里面的“基础名称”中选择“二阶矩形”，在示意图窗口中便可以看到二阶矩形独基的图形，参照示意图与施工图内的基础详图，填写各种尺寸参数值，如图 1-5 所示。

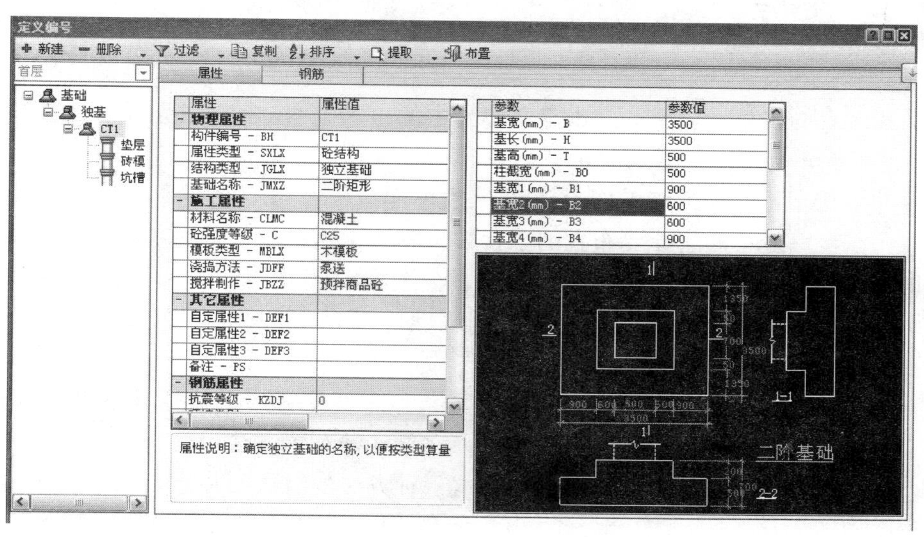

图 1-5　定义属性

定义完独立基础主体的属性以后，根据图纸对垫层、砖模和坑槽的属性进行相应的修改，方法是点击编号树中的“垫层”节点，首先来看一下垫层的“属性”设置。“外伸长度”为100，“厚度”是指基础下第一个垫层的厚度，这里为100。“垫层一厚度”与“垫层二厚度”是指当基础下有多个垫层时，第二个垫层与第三个垫层的厚度。本工程基础只有一个垫层，因此这两个值设为0。如CT1垫层属性图（图1-6）。

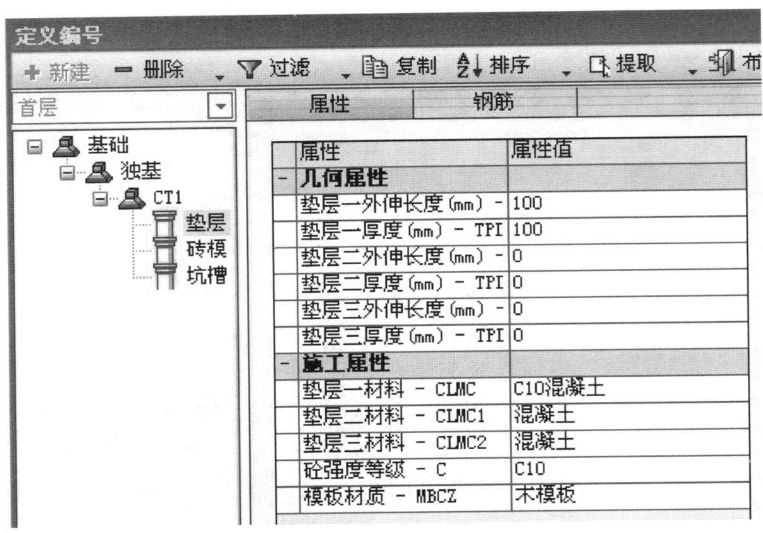

图1-6　垫层属性设置

坑槽的定义。方法是点击编号树中的“坑槽”节点。基础土方均用坑槽来进行计算。在坑槽的属性中，其“工作面宽”“放坡系数”是根据“挖土深度”和土方类别进行自动判定的，这里主要应注意挖土深度的取定。这里选择挖土深度“同室外地坪”，表示基础的挖土深度从室外地坪到基础垫层底面的深度取值。施工现场对于基础回填土方一般是按照挖多深就填多深的原则，这里将回填深度定为“同挖土深度”。

砖模的定义，方法是点击编号树中的“砖模”节点。只要设置好砖模的厚度就可以了。

定义完所有的独立承台后，点击定义编号中的布置按钮，回到主界面。参照图纸的位置进行各个承台的布置，布置方法有以下两种：

第一种是点布置，在操作界面上的工具条里面有一个【点布置】按钮，点击这个按钮，然后在承台编号里面选择要布置的承台编号，到了这一步，要对布置的承台的底高度或者是顶高度进行设置，还有布置这个承台的定位点进行设置，如CT1图纸的底高度是－1.8m，定位点是居中布置。就要在布置的属性栏里面的底标高设置成－1.8m，定位点按默认设置就可以了。

第二种是角度布置，在操作界面上的工具条点布置的旁边上有个【角度布置】按钮，点击这个按钮，然后选择要布置的承台编号，在这一种布置方法里，定位点和标高的设置按照点布置的方法进行设置就可以了，在用这一种方法的时候要注意：布置的承台可以进行任意角度旋转。

按照图纸的上承台的位置进行一一布置，布置完成后，执行【报表】菜单下的〖分析〗

命令分析统计所布置独基承台，软件便可以计算出独立承台的工程量了。

小技巧：

在布置构件之前，建议打开“对象捕捉”（OSNAP）功能，以方便精确定位构件。点击软件界面状态栏上的〖对象捕捉〗按钮（或按 F3 键），命令行提示“对象捕捉开”即可。设置捕捉点的方法是执行【工具菜单】下的〖捕捉设置〗命令，在对象捕捉模式中选择捕捉点。

1.2.2.2　基础梁的布置

基础梁的布置在【基础】工具条的【条基】里面，点击【条基】，然后点击新建按钮，新建一个编号，然后双击编号或者点击编号右上的〖...〗按钮，进入定义编号界面，按图纸修改构件编号，如 JL-1（图 1-7）。

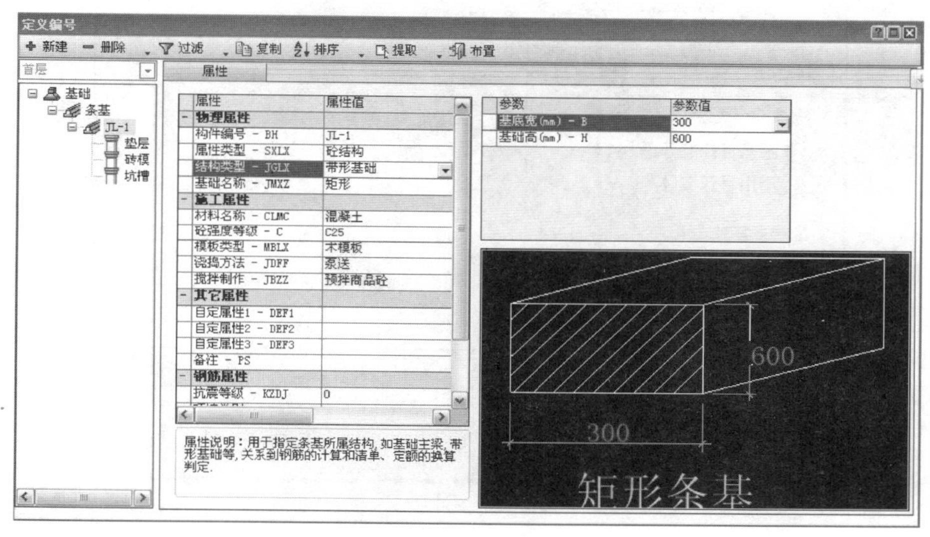

图 1-7　修改构件编号

在这里要根据图纸的要求选择相应的结构类型，在基础名称里面选择相应的截面类型，如果要求考虑垫层、砖模和坑槽，设置方法和独立基础的设置方法一样，如果没有垫层，就直接选中垫层按鼠标右键删除垫层就可以了。

定义完成基础梁的编号和属性后，点击布置按钮，进入主布置界面，这里基础梁的布置只要选择手动布置就可以满足布置的需要，点击布置工具条的手动布置按钮，选择相应要布置的基础梁的编号，然后设置基础梁的标高，设置方法和独立基础的设置方法一样，根据实际情况可以设置顶标高或者底标高，两者中设置一个就可以了。至于定位点的设置，布置基础梁就不用直接去设置，编号和标高的都选择好了，根据图纸要求在黑色的绘图区里面直接指定基础梁的起点，指定了对齐边后，当发现基础梁的定位不准确，直接按键盘里面的【Tab】进行对齐边的选择，选择到和图纸的要求一致就可以了。然后根据图纸上基础梁的位置和长度建立模型就能完成所需要的基础梁了。布置完成后，执行【报表】菜单下的〖分析〗命令分析统计所布置基础梁，软件便可以计算出基础梁的工程量。

习题

1. 定义独立基础构件实例操作及布置。
2. 定义基础梁构件的操作及布置。

1.2.3　结构构件布置

1.2.3.1　柱体构件的布置

完成基础层构件布置以后，将楼层切换到首层位置，切换到首层以后，然后点击鼠标右键，选择弹出菜单里面的拷贝楼层的命令，弹出窗口如图 1-8 所示。

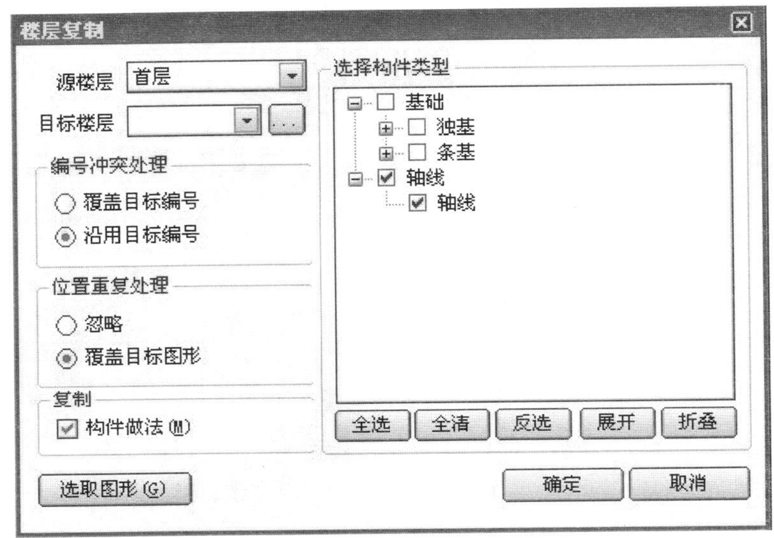

图 1-8　楼层复制界面

然后在源楼层里面选择基础层，目标楼层选择首层或者点击〖...〗按钮选择多个楼层，选择完楼层后，在右边选择构件类型里只选择轴线，其他东西不要勾选，上图中的其他选项按照默认就可以了，点确定键，就可以把轴线从基础层拷贝到首层或者其他的楼层里面，拷贝完轴网后就着手进行柱体的布置。完成轴网的拷贝，回到主布置界面，点击界面左边工具条【结构】里面的【柱体布置】，在定义编号界面中新建柱编号。在定义柱编号之前，先依据结构设计说明，在结构节点上设置好公共属性。例如将“模板类型”改成木模板，其他的属性取默认值即可。下面在柱节点下建立编号。首先新建编号 Z1，在这里要进行编号和属性的修改，首先修改柱的结构类型，选择框架柱，截面形状选择默认的矩形，然后根据图纸要求的柱截面尺寸调整参数属性，如图 1-9 所示。

其他的属性如施工属性和几何属性按默认的设置就可以了，如图纸中的 Z4 是 L 形柱，设定截面属性为 L 形，其他的参数属性就根据图纸的尺寸进行设置，参数属性输入这里有一个小技巧：可以直接在图 1-9 中的右下角的图形中点击数值进行输入。将各个编号依次定好后点击布置命令，进入主布置界面。由于最底层的柱子要伸到基础顶，因此在布置之前，应先将柱底高调整为“同基础顶”，柱高度仍然取“同层高”，这样布置到图上的柱子会自动延伸到基础顶。然后选择布置的命令，如图 1-10 所示。

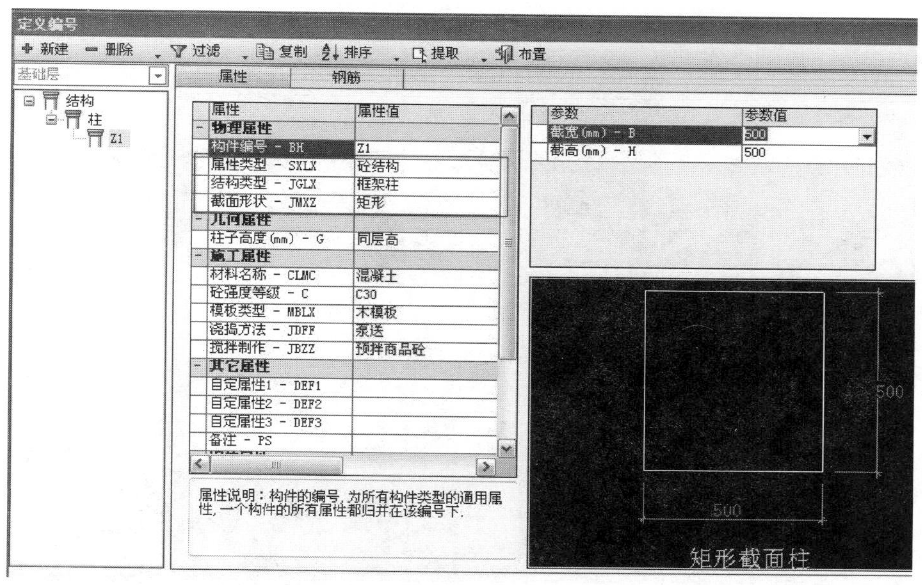

图 1-9　柱体构件的参数定义

图 1-10　柱布置方式

然后选择要布置构件的编号，然后调整定位点根据图纸选择需要的定位点，是居中布置还是端点布置。布置属性选择好后，然后选择布置的命令，在这有三种布置方式：

第一种：点布置。这种布置方式对于居中布置的柱子就直接选取点，然后根据定位点直接布置上去。

第二种：角度布置。这种布置方式是针对构件要转角度布置的，布置的方法是先定好位，然后根据你要的角度进行旋转。定好角度然后点击进行布置。

第三种：框选轴网交点布置，这种布置方式是对于柱子的定位点位于中心点，这样用选择轴网交点布置就比较方便。

小技巧：

1. 当柱顶高为“同层高”、“同板底”、“同梁底”或“同梁板底”，且柱底高为“同基础顶”、“同墙顶”、“同梁顶”或“同板顶”时，柱的顶面标高将维持原标高不变，而柱底面标高发生相应的变化，使得柱子总高延长或缩短；反之，当柱顶高为某一确切的数值时，调整柱底高，柱子在立面上的位置将发生变化，而柱子总高不变。

2. 定位点选择时，当柱子布置处于端点布置时，由于角点位置不一样，在这里可以通过键盘里面的 TAB 键进行角点的切换。

习题

1. 进行柱子编号的定义练习。
2. 进行柱子用不同布置方式布置进行练习。

1.2.3.2 梁体构件布置

柱子构件布置完以后，接着需要进行梁体的布置，进入菜单，点击【梁体布置】按钮，进行梁体编号的定义，然后点击【新建】按钮，进入定义编号界面，如图 1-11 所示。

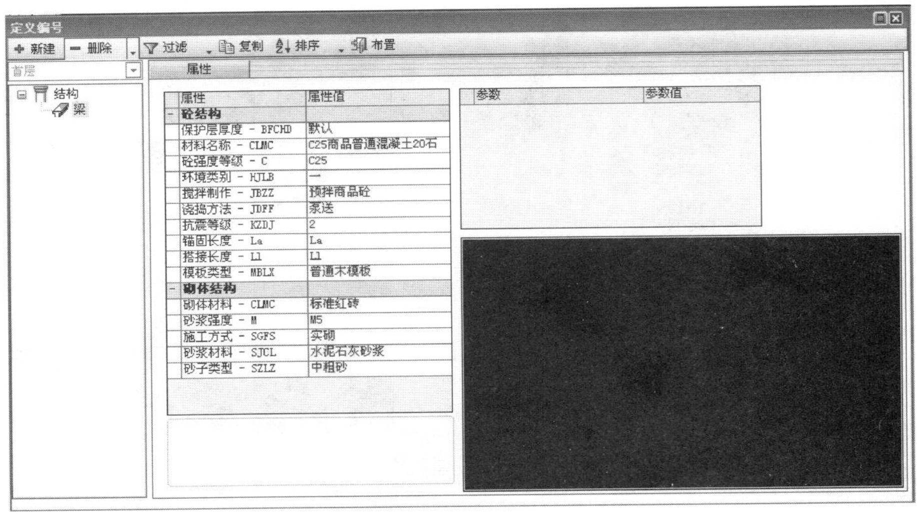

图 1-11 梁体构件的参数定义

然后点击【新建】按钮，进行编号的定义，然后根据图纸的编号和尺寸要求，进行设置，如梁的结构类型如果是框架梁就按默认设置就可以了，如果是普通梁，那就把结构类型修改成普通梁，还有它的截面形状，根据图纸要求进行定义。如 KL1（2A），定义好的状态如图 1-12 所示。

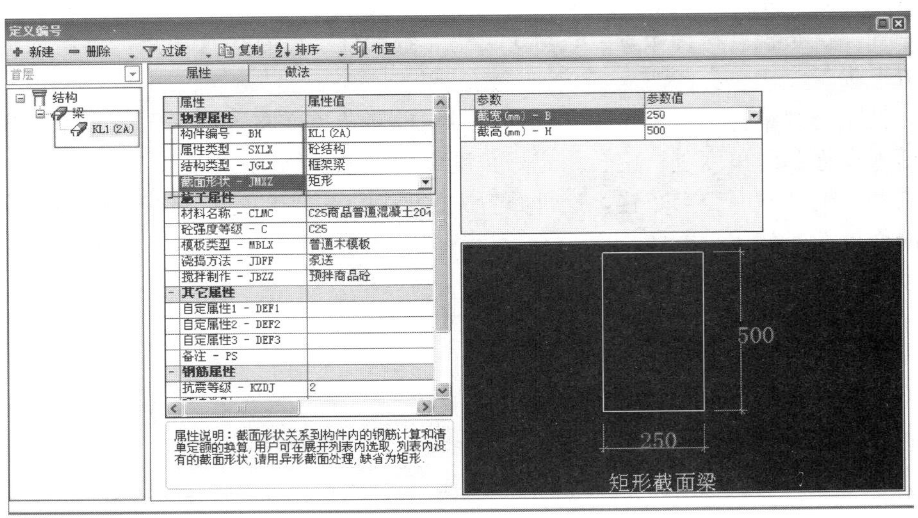

图 1-12 梁体构件的参数定义

按照这样的方式把各个编号进行一一的定义，定义好后，然后点击【布置】按钮，然后进入主布置界面，在主布置界面里面设置好相应的高度信息，梁的布置方式有几种不同的布置方式。具体见图 1-13。

选择 撤销 手动布置 框选轴网 点选轴线 选墙布置 选线布置 选梁布悬挑梁 手动布悬挑梁 选支座布置 布置折梁

图 1-13　案布置方式

简单地介绍以下几种：

1. 手动布置

点击“手动布置”命令后，然后根据命令行的提示进行操作，这里的操作和一般的画线是一样的，就是选取你要画的梁体长度的两个点，然后右键结束就得到需要的梁体，如果布置的是圆弧梁体，当点击梁体的起点后接着用光标点击命令栏“｜圆弧（A)|”按钮或在命令栏内输入“A”字母，回车，命令栏提示将光标挪至圆弧中位置点击，然后将光标移至梁的末端点击，一条圆弧形的梁就布置上了。

2. 框选轴网

点击“框选轴网”布置，这时光标成动态的选择状态，拖动光标，在界面框选需要布置梁的轴网，至末再次点击鼠标，被选中的轴网线上就会布置上梁体。

3. 点选轴线

点击“点选轴线”布置，在需要布置梁的轴网的附近点击鼠标，系统计算出这根轴线与其他的轴线交点。在交点的最大范围内生成梁体，在弧形轴网处点击，将生成弧形梁体。

4. 选墙布置

点击“选线布置”，光标选取界面上的墙体，就会在墙的顶部生成梁体。

5. 选线布置

点击“选线布置”，光标选取界面上的线条，就会生成条梁体。

6. 选梁布悬挑梁

点击“选梁布悬挑梁”命令后，根据命令栏提示，光标到界面上选择一条需要伸出悬挑梁的梁，注意！要将选择点尽量靠近伸出悬挑头的一端，点击鼠标，就会伸出一段悬挑梁头。再次选择梁头，输入挑长，确定悬挑头的长度，进入截面修改功能，可对悬挑梁头的截面尺寸进行修改。

7. 手动布悬挑梁

点击“手动布悬挑梁”命令后，在悬挑梁的起端点击鼠标，将光标移至悬挑梁的末端点击，就生成了一条悬挑梁头。

8. 选支座布悬挑梁

点击“手动布悬挑梁”命令后，光标在界面中选择一个需要伸出悬挑梁的柱或墙等构件，点击鼠标就生成了一条悬挑梁头。修改悬挑梁头的长宽高尺寸同“选梁布悬挑梁”说明。

9. 布置折梁

点击“布置折梁”命令后，根据命令栏提示，光标在折梁的起端点击，命令栏又提示：如果是弧形折梁则执行圆弧绘制方法（参见手动布置条基部分），直梁就直接将光标移至下一折点点击，点到第三个点位后，如果还有折点，可以直接向下一个折点点击绘制，直至将折点点绘完毕，点击右键。将光标移至需要给定高度的折点位置，这时有折点的地方会显示一个圆圈带十字的标记，在有折点标记的位置点击鼠标，依据提示在命令栏内输入这个折点的高度值，回车，命令栏又会提示选择下一个输入高度折点，按上述方法依次选择折点，输入高度，直至将折点的高度指定完毕，一条折梁就生成了。

小技巧：

1. 定义编号的时候，要根据梁号进行一一的对应，这样在布置的时候就可以清楚地知道这一条梁是有几跨；假如梁的跨数是完全一样的，可以先选择跨数相同的编号，然后点击新建，这样就可以减少修改编号跨数的时间；

2. 在用手动布置梁的时候，这里要考虑到梁的对齐，软件默认是居中布置，这里可以不用设置定位点，在布置的时候直接点到对齐边的点作为定位点，然后通过键盘里面的TAB键进行定位点的转换。

1.2.3.3 板体构件的布置

梁体布置完成后，按照一般框架结构的施工顺序，接着需要进行楼板的布置。点击结构工具栏里面的板体布置或者在命令行里面输入BTBZ命令，然后点击新建按钮，新建一个板编号，然后双击板编号进入定义编号界面，然后在结构类型里面修改板体的结构类型如有梁板，然后在板厚度里面修改厚度信息，定义的界面如图1-14所示。

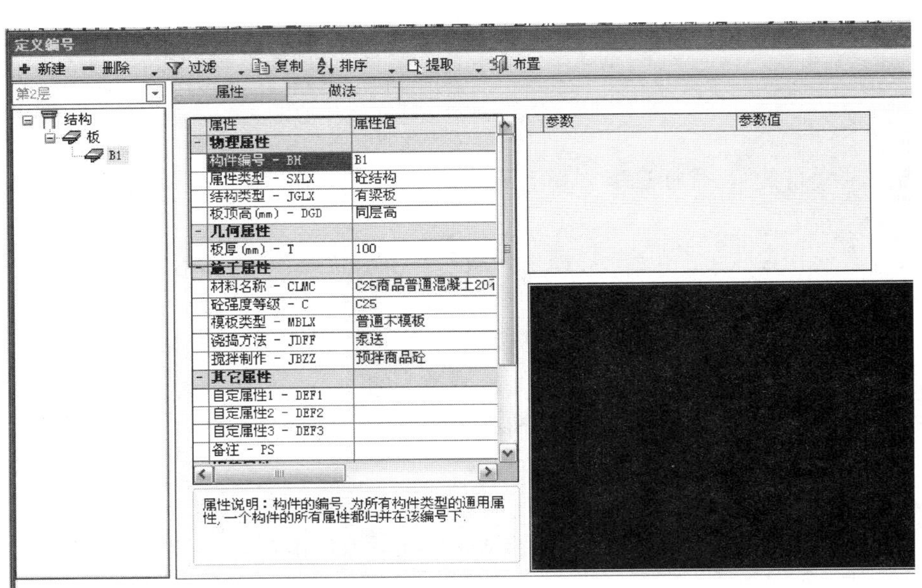

图1-14 板体构件的参数定义

在这里板顶高度不用去设置，要设置就在布置界面里面进行设置，点击布置按钮，进入主布置界面，布置按钮如图1-15所示。

图1-15 板布置方式

为了板的布置方便，要进行构件的隐藏处理，先在主操作界面里点击鼠标右键，选择构件显示按钮，然后在弹出的对话框里面把轴线图层，还有其他一些不相关的构件隐藏，只留下梁体和柱体就可以了，把构件隐藏起来后，先对板的布置高度进行设置，如板体要下降0.5m，可以在板顶高对话框里面输入一个差的公式，如图1-16所示。

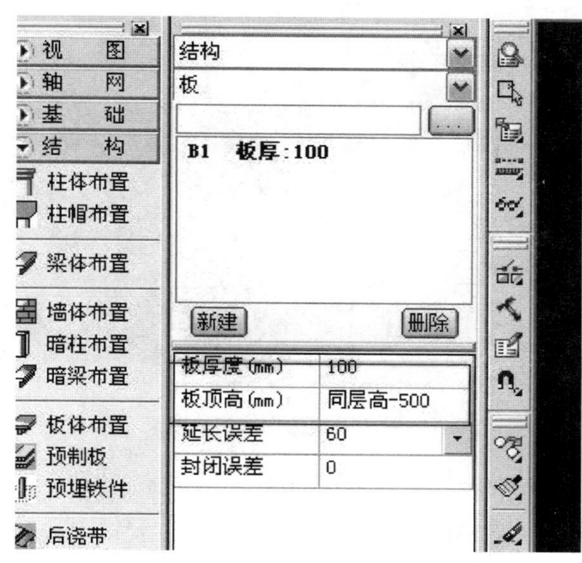

图1-16　设置板的布置高度

这样就可以设置板顶高下降0.5m。板的布置高度设置完成后，进行板体的布置，板体布置方式里面最主要的有三种：

1. 手动布置：这种方式布置板体就是通过沿着板体的最外面轮廓线的画出板体的范围，画完线条之后就可以得到所要的板体；

2. 智能布置：这种方式布置板体就是要有封闭的区域，直接在封闭的区域点鼠标左键就可以把板体布置上去了；

3. 矩形布置：这种方式是这对矩形的板体来设置的，布置方式是直接运用鼠标拉出一个矩形范围来布置板体。

小技巧：

板编号的定义不用按照图纸出现的编号进行定义，只有按板的厚度来区分板就可以了，就是定义的时候无论图纸有多少个编号，定义的时候只要按照这些板编号里面有多少种厚度定义就可以了。

1.2.3.4　墙体构件的布置

布置完板体以后，下面接着就是墙体的布置，在布置墙体之前，先把其他构件进行隐藏以保证墙的定位点准确。先把梁的构件和板的构件进行隐藏，只留下柱子和轴网，然后点击结构中的墙体布置按钮，进入墙体的定义状态，新建墙编号，双击编号进入定义编号界面，对墙的属性进行定义，如砌体墙厚度200，把墙体的属性类型修改成砌体结构，结构类型选择为砌体墙，断面形状为矩形，厚度为200，高度按软件默认设置。如图1-17所示。

如果墙体是混凝土墙，在定义的时候只有把墙的属性类型改成混凝土结构就可以了，

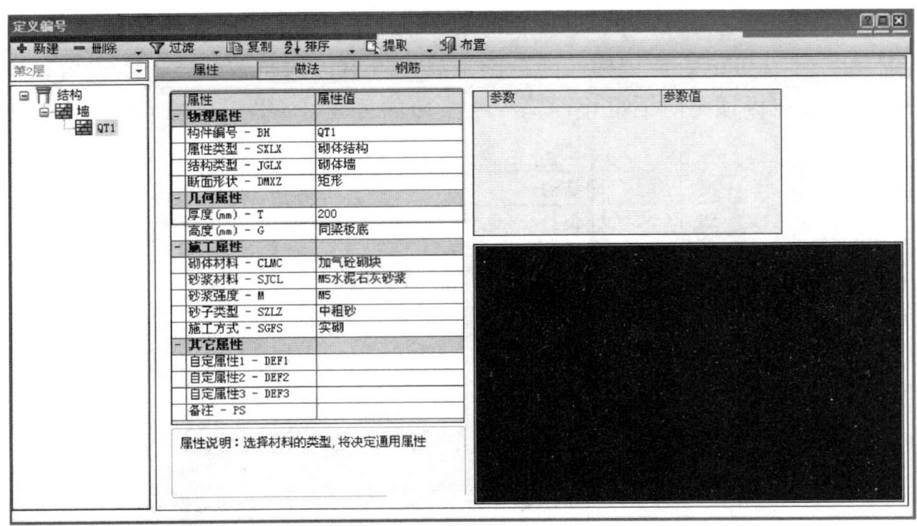

图 1-17　墙体构件的参数定义

其他的设置和砌体设置一样。因为墙体在进行算量时要区别内外墙，所有在定义的时候可以人为地区分内外墙，如外墙厚度为 200，可以把编号设置成 WQT200，这样在布置的时候就可以区别去布置内外墙。把所要布置的墙体类型定义好后，点击布置按钮进入主布置界面。墙体的布置方式和基础梁的布置方式有点雷同，布置命令条也基本相似，如图 1-18 所示。

图 1-18　墙体布置方式

手动布置的方式，就是通过运用鼠标在图形里面描出墙体的长度，如果布置的是圆弧墙体，当点击墙的起点后接着用光标点击命令栏“｜圆弧（A）|”按钮或在命令栏内输入“A”字母，回车，将光标挪至圆弧墙弧中位置点击，然后将光标移至梁的末端点击，一条圆弧形的墙就布置上了。后面的集中布置方式和基础梁的布置基本上是一样的。

小技巧：

在布置墙的时候，要选设置好墙的平面位置，如要布置外墙，要在平面位置里面设置成外墙，墙的对齐边可以用 TAB 键进行转换。

1.2.3.5　楼梯构件的布置

楼梯构件的布置：点击建筑二里面的组合楼梯，然后点击新建按钮进入定义组合楼梯编号界面，如图 1-19 所示。

在这个界面里面要分别对组合楼梯的构件进行一一的定义，组合楼梯里面包含的构件包含梯段、扶手、栏杆、梯梁、楼梯平台板。

首先第一步要定义梯段，点击梯段然后点击新建按钮，然后定义梯段的各个参数和梯段的类型，在结构类型里面选择梯段类型如 A 型梯段、B 型梯段、C 型梯段、D 型梯段、E 型梯段，设置梯段的踏步数量，然后修改梯段的宽度和梯段里面的参数值，见图 1-20。

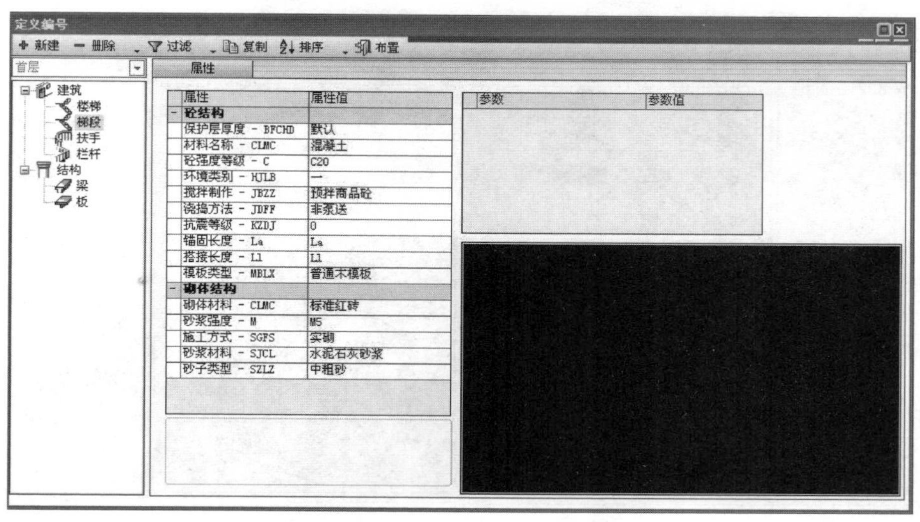

图 1-19　楼梯构件的参数定义

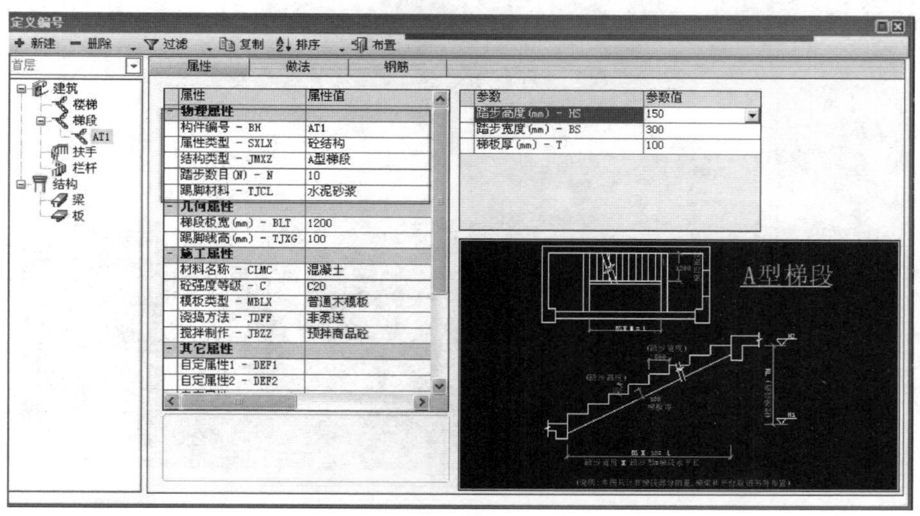

图 1-20　修改楼梯参数

这样分别去定义不同类型的梯段，定义完梯段后接着定义扶手和栏杆，然后分别对栏杆和扶手的参数属性、材料类型和截面形状进行定义，如图 1-21 所示。

定义完楼梯的扶手和栏杆后，对楼梯的楼梯梁和楼梯平台板进行定义，这里可直接在定义编号界面中的梁和板选项里定义。首先定义楼梯梁，点击梁然后点击新建按钮，因为是楼梯梁，所以这里的结构类型就选择楼梯梁，然后修改梁的尺寸和截面类型，接着定义楼梯的平台板，平台板的结构类型是楼梯平台板，如图 1-22 所示。

定义好所有的楼梯构件以后，然后定义楼梯，点击新建按钮，进入组合楼梯定义的属性窗口，如图 1-23 所示。

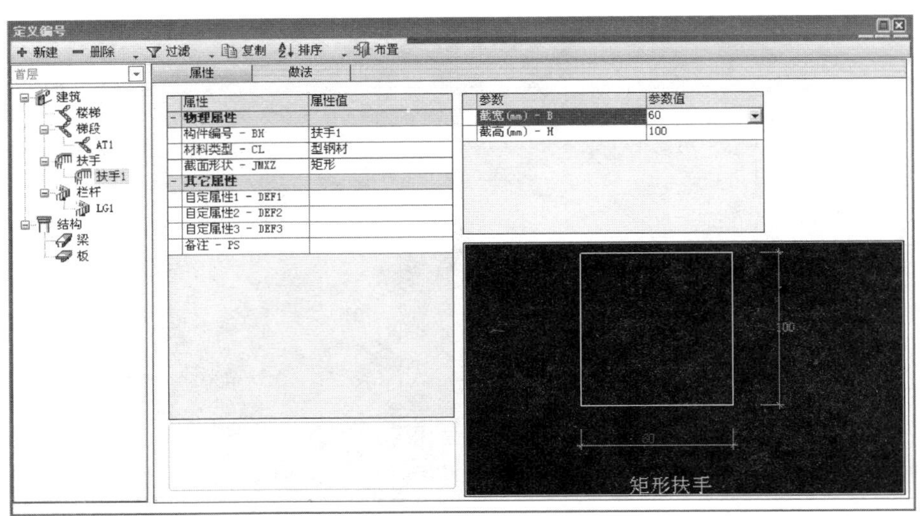

图 1-21　定义栏杆和扶手参数

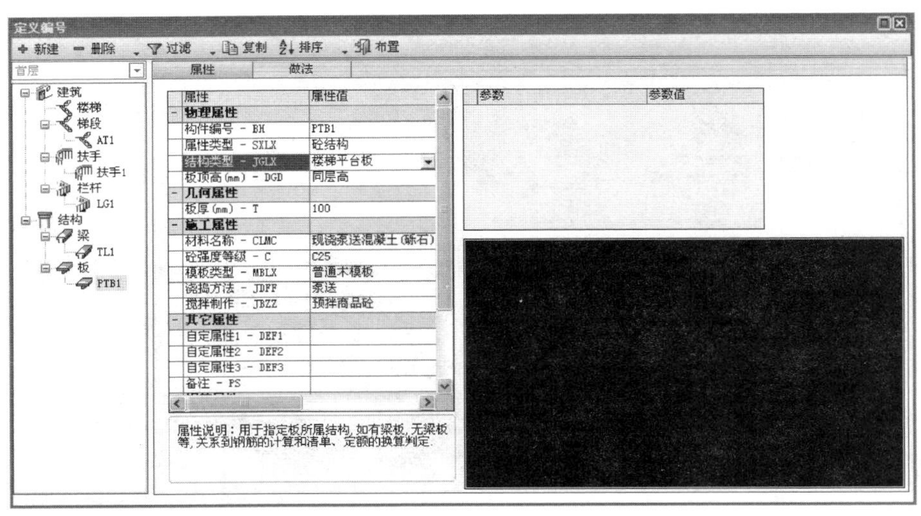

图 1-22　定义平台板

然后根据图纸的要求先定义楼梯的类型，如上下梯段都是 A 型的楼梯，那定义楼梯类型时选择下 A 上 A 型，然后选择相应的梯段，下跑梯段选择需要的 A 型梯段，上跑梯段也是选择相应的 A 型梯段，然后在楼梯梁的三个选项里面选择相应的楼梯梁，平台板、扶手和栏杆也选择相应的构件。如图 1-24 所示。

把各个构件都选择好以后，要修改一些构件的参数，如平台板的宽度、梯井的宽度等，把各个参数都设置好之后，点击布置按钮，进入主布置界面里面，把楼梯放到相应的位置就可以布置一个组合楼梯。

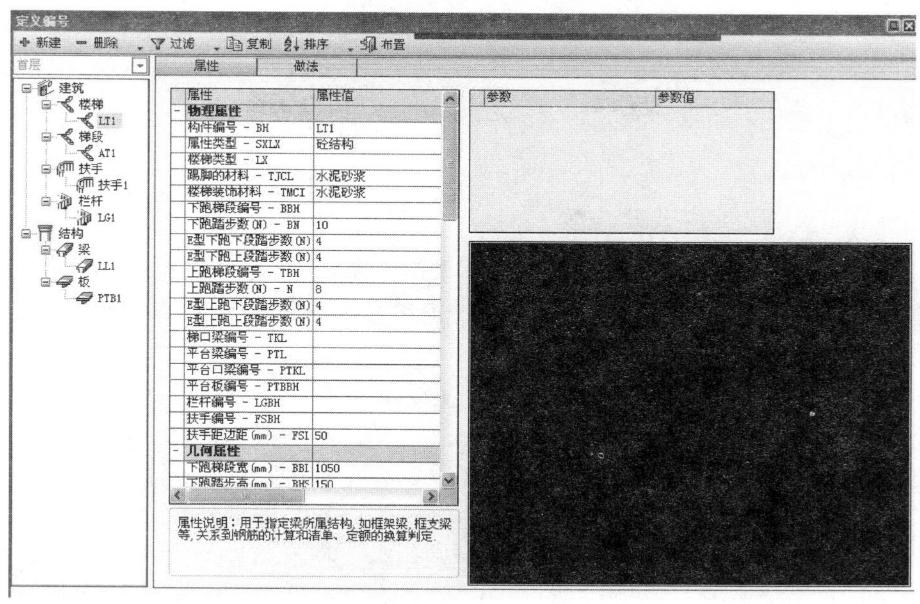

图 1-23　定义楼梯属性

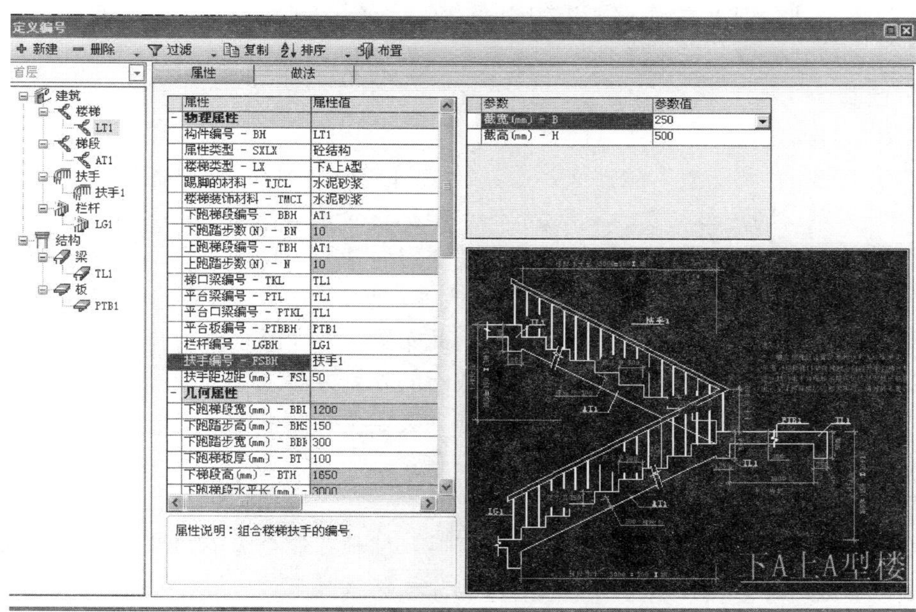

图 1-24　定义楼梯类型

1.3　建筑、装饰与其他构件布置

1.3.1　操作说明

本节具体介绍以下几种构件的布置方法以及注意细节。

建筑构件：门窗、过梁、飘窗、雨篷、散水、压顶、挑檐天沟、内装饰、外装饰、脚手架。

注意细节：善用“构件显示”功能，进行构件布置。

1.3.2 建筑构件布置

命令模块：【建筑一】→〖门窗布置〗

参考图纸（附录一）：建施-06（门窗详图及门窗表）、建施-02（建筑一层平面图）

依据施工图，首层的门编号为 SM2433，窗编号为 SC-1524、SC1824 与 SC2124。再依据门窗表，便可以定义门窗编号。

点击【建筑】菜单下的〖门窗布置〗按钮，进入定义编号界面。先新建门编号 SM2433，接着指定该门的材料类型。依据门窗表，SM2433 的“材料类型”为铝合金门蓝色玻璃，在单元格中直接录入材料名称。“名称”选择双开有亮。“框材厚”与门扇的面积计算有关。“框材宽”的设置会影响到装饰工程量中洞口侧边的装饰量计算，假设本工程取 100 为框材宽。“开启方式”的设定是为了方便做法挂接，SM2433 是平开门。“后塞缝宽”的设置是为了计算门樘面积，如果按洞口面积计算，就无需设置后塞缝宽；如果墙面扣减洞口时，按门窗外围面积计算（可以在计算规则中设置），则需正确设置后塞缝宽。“立樘边离外侧距”关系到装饰工程洞口侧边的取值，在本工程的建筑说明中，标明所有门窗均按墙中线定位，结合墙厚与框材宽，得出立樘边离外侧距为 100。最后按门窗表，设置门宽为 2400，门高为 3300，这样门编号 SM2433 的属性就定义好了。

定义好编号与属性，下面布置门窗。

用“轴线交点距离布置”的方法，通过设置门窗边沿到轴网交点的距离来布置门窗。以 SM-2433 为例。门边离轴线的距离是 250，根据这个值设置端头距，底高为 0。将光标移动到墙上，软件会自动以离光标最近的轴线交点为基准，在墙上显示门的图形，当光标在墙左右两侧移动时，门的开启方向会随之改变，且门图形上的箭头也随着开启方向改变，该箭头所指方向是门外装饰面的方向，因此布置时要注意正确选择箭头方向。在墙上选取一点，门就布置到墙上了。如果您要修改门的外侧方向或者是门扇的开启方向，可以选中门，此时图上会显示出两个夹点，通过拖动夹点位置便可以改变方向。

首层的普通门窗是指除了飘窗之外的门窗布置。

注意细节：

用“轴线交点距离布置”的方法布置门窗时，辅轴可能会影响门窗的精确定位，因此在布置门窗之前，可以先将无用的辅助轴网删除或隐藏起来。

轴网隐藏快捷键：“CTRL＋1”。

习题

1. 请练习门窗的其他几种布置方法。

2. 如果门窗的外侧箭头指向错了，应如何修改？

命令模块：【建筑一】→〖过梁布置〗

参考图纸（附录一）：结施-05（二层结构平面图）、结施-01（结构设计说明）

依据结施-05 施工图中的过梁详图，定义过梁编号。过梁的截宽取同墙宽即可，截高按详图要求设置为180，定义好GL-1编号后，直接在GL-1上点击新建，便可生成GL-2编号，两个编号的参数相同。

过梁布置。结构说明中标明了过梁两端各伸出洞口250mm，因此在导航器中，左、右挑长都得设置成250。梁底高为“同洞口顶”。按照详图要求，小于或等于1500宽的门窗布置GL-1，大于1500宽的门窗布置过梁GL-2，这里可以用自动布置的方法快速布置过梁。点击布置工具栏内的〖表格钢筋〗按钮，在命令行中选择“过梁表”，软件会弹出过梁表，在这里过梁表用于保存过梁的自动布置条件。首先录入过梁编号GL-1，在“洞宽＞”中录入0，然后在“洞宽＜”中录入1501，这就表示洞宽大于等于0小于1501的门窗洞口需要布置GL-1。继续录入GL-2的布置条件，在“洞宽＞＝”中录入1500，在“洞宽＜”中录入5000，点击保存按钮，再点击〖布置过梁〗按钮，首层的过梁就一次性布置好了。

注意细节：

布置过梁时，用“构件显示”功能，只显示柱、墙、门窗，之后再进行自动布置。

柱隐藏快捷键：“CTRL＋2”。

习题

1. 练习过梁的其他几种布置方法。
2. 测试一下，过梁是否可以在混凝土墙中布置？

命令模块：【建筑一】→〖飘窗布置〗

参考图纸（附录一）：建施-06（门窗详图及门窗表）、建施-02（建筑一层平面图）

在1轴上有两个飘窗，首先要定义飘窗编号。在定义编号对话框中新建一个飘窗编号，然后依据门窗图中的飘窗详图，设置飘窗的各项属性参数。在几何属性中，不是所有的参数都需要设置，其中洞口宽2、外悬宽2、梯形斜边角度等参数都是针对其他样式的飘窗的。

本施工图中的飘窗没有左右栏板，因此“左板厚”、“右板厚”应设为0。“左边离洞口距离”、“右边离洞口距离”指的是飘窗左侧板、右侧板内侧离所依附洞口的距离。当飘窗没有左右板时，也可理解为水平板左右外边沿离洞口的距离。该值会影响窗扇面积的计算。飘窗的“立樘离外侧距”为60mm。

定义好编号后，下面来布置飘窗。飘窗的布置方法与普通门窗一样。

命令模块：【建筑一】→〖栏板布置〗

参考图纸（附录一）：结施-05（二层结构平面图）

在首层弧形雨篷下的吊挂板可以用软件的栏板来绘制。首先按照雨篷详图定义栏板编号。在定义编号界面中新建一个栏板编号，栏板厚度为120，高度为800。

定义好编号后，下面来布置栏板，进入栏板导航器。

按照施工图，栏板的顶高应与楼板底面标高相同，由此计算出栏板的底高应该是3280（4200mm－800mm－120mm），录入到底高中。为了能沿着弧形梁外边绘制栏板，定位点要切换成“下边”，用手动布置的方式，按以下命令交互步骤操作：

［轴网布置（X）］［点选布置（D）］请输入起点＜退出＞：

选取弧形梁外边的端点作为起点；

［圆弧（A）］或请输入下一点＜退出＞：

点击命令行的〖圆弧（A）〗按钮，切换到绘制圆弧状态；

请输入终点<退出>：

选取弧形梁另外一端的端点作为终点；

请输入弧形上的点<退出>：

此时在弧形梁外边上选取一点，便完成了栏板的绘制。

习题

1. 练习布置本工程的雨篷。
2. 参考附录一：结施-05（二层结构平面图）雨篷配筋图，在首层中完成雨篷栏板。

命令模块：【建筑二】→〖散水布置〗

参考图纸（附录一）：建施-02（建筑一层平面图）

在首层的室外还有两段散水需要布置，参照地下室散水的布置方法，用〖散水布置〗命令将这两段散水分别布置到图面上即可。

注意细节：

绘制散水布置方向时要注意绘制方向。

梁隐藏快捷键："CTRL＋3"。

命令模块：【建筑一】→〖压顶布置〗

参考图纸（附录一）：建施-03（建筑出屋顶楼层平面图）

在女儿墙上有一个同墙宽的，高 80mm 的混凝土压顶，用【建筑】菜单下的〖压顶布置〗功能来布置。先在压顶定义编号界面中新建一个编号，修改截面尺寸为截宽 240，截高 80，混凝土强度等级为 C20。

下面进入压顶导航器，修改底高为 1120（也可设置顶高为 1200 来布置），使压顶正好与女儿墙顶面相接，然后用"选墙布置"法，选择女儿墙作为压顶的布置路径，点击右键确认，压顶就布置到女儿墙上了。

注意细节：

绘制散水布置方向时要注意绘制方向。

墙隐藏快捷键：混凝土墙"CTRL＋4"，砌体墙"CTRL＋5"。

习题

1. 练习压顶的其他几种布置方法。
2. 参考附录一：建施-03（建筑出屋顶楼层平面图），在出屋顶层中完成压顶。

命令模块：【建筑一】→〖挑檐天沟〗

参考图纸（附录一）：建施-04（建筑屋顶平面图及厕所详图）

依据施工图，坡屋顶外围有一圈檐沟，需要用软件的挑檐天沟构件来布置。执行命令后，先在定义编号界面新建一个编号，按照施工图中的挑檐详图布置。

为了能让挑檐沿着建筑外围布置，需要调整定位点为左下"端点"，在示意图可以看到定位点已经调整到左下角点。按照施工图，挑檐底标高为 7.20m，因此挑檐顶面离本层楼地面的高差为 3200mm（层高＋挑檐栏板高），录入到"定位点高"一栏中。用"手动布置"的方式，以 5 轴上的柱端点为起点，沿着出屋顶楼层建筑外围绘制出挑檐的布置路径，最后使路径闭合，挑檐就布置好了。

注意细节：

绘制挑檐布置方向时要注意绘制方向。

板隐藏快捷键："CTRL＋6"。

习题

1. 练习挑檐天沟的其他几种布置方法。

2. 参考附录一：建施-04（建筑屋顶平面图及厕所详图），在出屋顶层中完成挑檐天沟。

命令模块：【建筑一】→〖脚手架〗

参考图纸：无

首层脚手架与地下室脚手架一样，分为综合脚手架、里脚手架和满堂脚手架，可以直接将地下室的脚手架编号复制过来，用于布置首层的脚手架。

习题

请练习布置首层脚手架。

1.3.3　装饰构件布置

命令模块：【装饰】→〖房间布置〗

参考图纸（附录一）：建施-01（建筑设计说明）、建施-02（建筑一层平面图）

在软件中，房间内装饰的计算采用装饰构件的布置来实现，例如装饰菜单下的〖地面布置〗、〖侧壁布置〗和〖天棚布置〗。其中侧壁构件包含了踢脚、墙裙和墙面这三种装饰构件。为了方便布置，软件还提供了〖房间布置〗功能，可以同时布置一个房间内的地面、侧壁和天棚。

进入房间的定义编号界面，可以看到左边的构件树中除了有房间外，还有楼地面、侧壁和天棚，在这个界面里可以同时定义这四种构件的编号。房间实际上是由地面、侧壁和天棚这三类构件组成的，它本身不是一个构件。因此在定义房间编号之前，必须首先定义地面、侧壁和天棚的编号。

以下是首层装饰构件布置详细操作：

首先定义地面的编号。在楼地面节点下新建一个地面编号，依据建筑说明，将编号改成"地1"，依据建筑设计说明，完成首层地面的属性定义。

材料类别不同，地面的计算规则会不一样，应正确设置。

在软件中，墙面装饰踢脚、墙裙以及墙面都是用侧壁构件来布置。新建一个侧壁编号，可以看到，在侧壁节点下还带有踢脚、墙裙、墙面以及其他面子节点，在首层中，内装饰没有墙裙和其他面，可以将这两个节点删除。先定义侧壁节点的属性，修改侧壁编号为"首层侧壁"，内外面描述为"内墙面"，内外面描述不同，对应的计算规则也不同。

另外可以依据建筑设计说明，定义踢脚的属性。如首层新建构件"餐厅走道侧壁"，子节点可只留墙面、踢脚。

用类似的方法，将厨房侧壁、卫生间侧壁、楼梯间侧壁分别定义出来。

下面再完成天棚的定义。按照建筑说明，餐厅走道和卫生间都是"顶2"做法，而楼梯间和厨房都是天棚“顶1”。

在建立完地面、侧壁和天棚编号后，下面就可以建立房间编号了。在房间节点下新建房间编号，这里以餐厅走道房间为例，其编号属性定义如图1-25所示。

由于餐厅走道的地面做法有两种，且不能与房间中的其他装饰统一布置，需要分开处理，因此这里暂时不选择楼地面编号，需要单独布置餐厅走道楼地面。同理，楼梯间也需这样处理。用类似的方法，建立厨房、卫生间以及楼梯间的房间编号（图1-26～图1-28）。

	属性	属性值
-	**物理属性**	
	构件编号 - BH	餐厅走道
	侧壁编号 - CBBH	餐厅走道侧壁
	楼地面编号 - DMBH	
	天棚编号 - TPBH	顶2

图1-25　餐厅走道房间编号定义

	属性	属性值
-	**物理属性**	
	构件编号 - BH	厨房
	侧壁编号 - CBBH	厨房侧壁
	楼地面编号 - DMBH	地1
	天棚编号 - TPBH	顶2

图1-26　厨房房间编号定义

	属性	属性值
-	**物理属性**	
	构件编号 - BH	卫生间
	侧壁编号 - CBBH	卫生间侧壁
	楼地面编号 - DMBH	地1
	天棚编号 - TPBH	顶2

图1-27　卫生间房间编号定义

	属性	属性值
-	**物理属性**	
	构件编号 - BH	楼梯间
	侧壁编号 - CBBH	楼梯间侧壁
	楼地面编号 - DMBH	
	天棚编号 - TPBH	顶1

图1-28　楼梯间房间编号定义

定义好后各类装饰编号后，就可以布置房间装饰了。在布置之前可以用〖构件显示〗功能只显示柱、墙、门窗和轴网，然后进入〖房间布置〗功能，分别在房间的封闭区域内布置上相应的房间装饰。注意，在布置完餐厅走道和楼梯间的房间装饰后，还需要单独布置这两个房间的地面。进入〖地面布置〗功能，选择“地1”编号，首先用〖隐藏构件〗功能将餐厅内部的轴网以及边柱隐藏，只留下3号轴，增大延长误差到1000，然后用〖点选内部生成内边界〗的方式，将地面“地1”布置到餐厅中。同样将走道中的4号轴线和柱子隐藏起来，以3号轴为界，将“地1”布置到走道中。按同样的步骤，布置完楼梯间的两种地面。您可以进入地面的构件查询对话框中，指定当前地面所属的房间名称，方便统计。

最后单独在侧壁布置中定义一个独立柱装饰的编号，用〖侧壁布置〗功能，将独立柱装饰布置到图面上。这样，首层的内装饰就布置好了，相应的工程量也就可以计算出来。

温馨提示：

如果想按房间输出装饰工程量，则：

在定额计量模式下，可以进入算量选项的工程量输出页面，在定额模式下，在装饰构件各工程量的基本换算条件中增加“房间名称”（从属性中拖动到换算栏即可）。这样在挂接定额时，便可以选择“房间名称”作为定额工程量的归并条件。见图1-29。

基本换算

		序号	变量	名称	类型	换算式
	☑	1	CLM	装饰材料		=CLM
	☑	2	CLJ	基层材料		=CLJ
▶	☑	3	FJM	房间名称		=FJM

图1-29　基本换算条件中增加“房间名称”

习题

1. 练习布置餐厅和楼梯间的地面。

2. 在定额计量模式下，如何才能按房间输出装饰工程量?

3. 参考附录一：建施-01（建筑设计说明）、建施-02（建筑一层平面图），在首层中完成综合楼内部楼地面、内墙面以及天棚装饰。

命令模块：【装饰】→〖侧壁布置〗

参考图纸（附录一）：建施-01（建筑设计说明）、建施-05（建筑立面图及2-2剖面图）

首层外墙装饰的计算方法与地下室外装饰类似，也是通过侧壁来计算。其编号定义及计算项目请参照地下室外装饰章节。在布置首层外装饰时，用“多义线框选实体生成外边界”的方法，用多义线绘制出一个包围首层建筑的线框，在线框闭合的同时，外墙装饰也就布置好了。

习题

参考附录一：建施-01（建筑设计说明）、建施-02（建筑一层平面图），在首层中完成综合楼外墙面装饰。

1.3.4 其他构件布置

命令模块：【构件】→【其他】→【点】

布置点型构件，适用于按个、组、根、套等为单位计算的构件。

定义方式同柱构件说明，注意：可以直接将编号定义成构件的名称。

点“布置方式选择栏”，选择“点布置”。

命令模块：【构件】→【其他】→【线】

布置线形构件，适用于按长度为单位计算的构件。

定义方式同相关构件说明，注意：可以直接将编号定义成构件的名称。

线“布置方式选择栏”，选择“手动布置”。

命令模块：【构件】→【其他】→【面】

布置平面型构件，适用于按面积为单位计算的构件。

定义方式同楼地面说明，略。

面“布置方式选择栏”，与板相同。

【构件】→【其他】→【路径曲面】

指定某截面沿一定路径放样所生成的构件，适用于复杂截面造型的构件。

定义方式同梁说明，略。

路径曲面“布置方式选择栏”，选择手动布置。

本节作业

参考图纸：

附录一：结施-01（结构设计说明）、建施-02（建筑一层平面图）、建施-05（建筑立面图及2-2剖面图）、建施-06（门窗详图及门窗表）。

1. 构件显示快捷键 ctrl＋1、ctrl＋2～ctrl＋6。并熟知分别代表什么？
2. 布置完成首层墙体、门窗、过梁。
3. 布置完成首层内、外装饰、脚手架。
4. 按本章介绍的方法转换楼层至 2 层，完成 2 层构件布置。

1.4 分析统计及报表输出

1.4.1 楼层组合

命令模块：【视图】→〖楼层显示〗

执行【视图】菜单中的〖楼层显示〗功能，弹出图 1-30 所示的对话框。

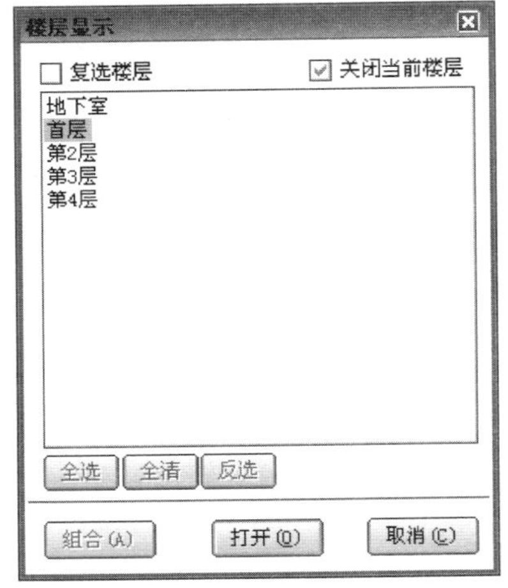

图 1-30 楼层显示

在“复选楼层”选项框中打钩，则楼层名称前都会出现一个选项框，全选所有楼层，然后点击〖组合〗按钮，软件进入楼层组合进程中。组合完毕后，命令行提示“楼层组合已经完毕，请切换到组合文档”，此时点击软件顶部菜单中的【窗口】菜单，弹出菜单（图 1-31）所示。

在菜单下端的列表即当前在软件中打开的所有图形文档列表，文档的存储路径也会显示在列表中。其中文件名为“3da _ assemble _ file. dwg”的文件即楼层组合文件，在菜单中选择楼层组合文件，软件便会切换到楼层组合视图。此时便可以从不同的角度来观察楼层模型了，还可以通过〖构件显示〗功能，选择要在楼层组合图形中显示的构件类型。

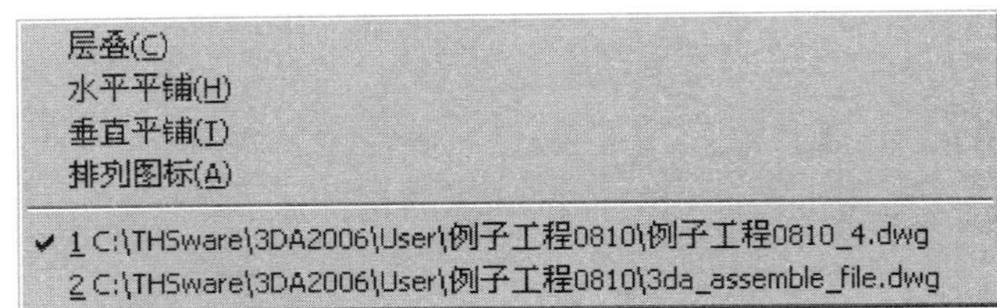

图 1-31 窗口菜单

习题

练习转换楼层及组合楼层。

1.4.2 图形检查

命令模块：【报表】→〖图形检查〗

图形的正确与否，关系到工程量计算是否正确。而在图形建立过程中，由于各种原因，会出现一些错漏、重复和其他一些异常的情况发生，影响了工程量计算的精度。此时可以通过图形检查工具完成对图形误差的检查，消除误差，保证计算的准确性。

首先用〖楼层显示〗功能打开需要检查的楼层图形文件，然后执行报表菜单下的〖图形检查〗命令，进入图形检查对话框，如图 1-32 所示。

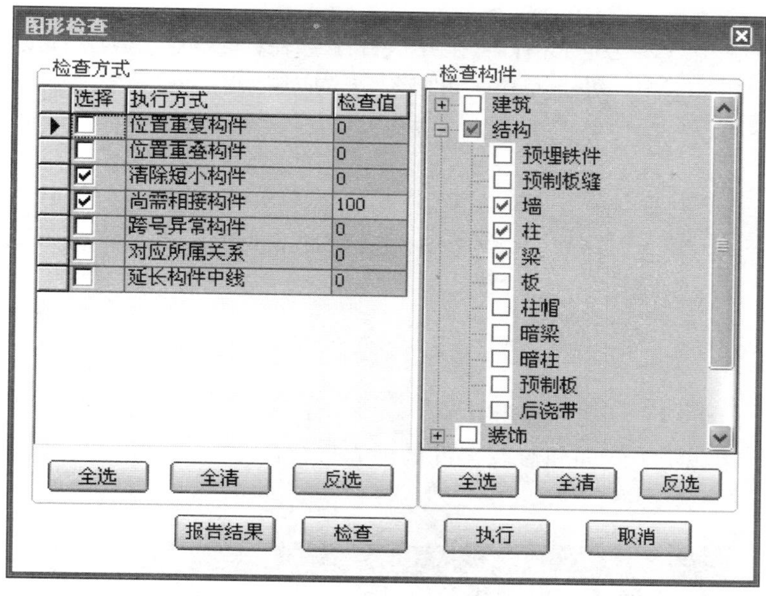

图 1-32　图形检查

从左边的"检查方式"中可以看出，图形检查可以对位置重复构件、位置重叠构件、短小构件、尚需相接构件、梁跨异常构件和对应所属关系等异常情况进行检查。而右边是要接受检查的构件类型，勾选的即要检查的构件。例如，可以检查当前楼层的墙、柱和梁中短小的构件和尚需相接的构件，对于尚需相接构件，还需输入一个检查值，表示两个构件相隔多远时需要进行连接，这里按 100 来检查。点击〖检查〗按钮，等检查进度结束后，就可以点击〖报告结果〗按钮，查看检查结果。检查结果以清单的方式列出了发生异常情况的构件的数量，如图 1-33 所示。

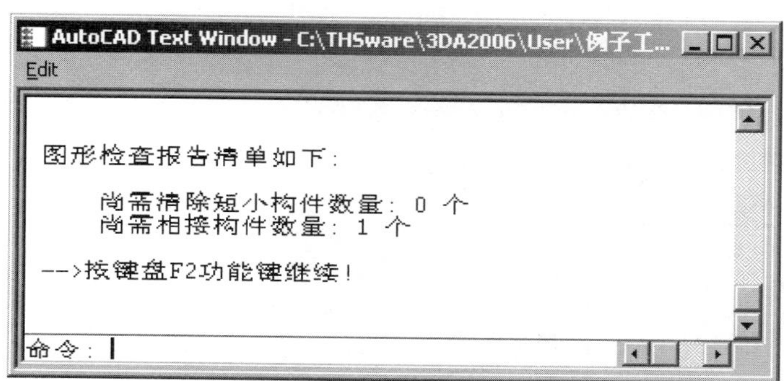

图 1-33　图形检查结果

从结果中可以看出，当前的图形文件中有一个尚需相接的构件。按键盘上的 F2 键返回图形检查对话框，下面可以对异常构件进行修正。点击〖执行〗按钮，软件会自动返回图形界面，出现处理相接构件对话框，且图面上出现问题的构件会用虚线亮显出来，表示问题出在这些构件上。

此时只要点击对话框中的〖应用〗按钮，软件便会自动修正构件，修正完后图形检查命令便结束了。

如果检查报告中有多处异常构件，则在执行检查结果时，点击〖应用〗按钮，软件可以逐处修正构件，如果不想一处处修正，可以勾选“应用所有已检查构件”，然后再点击应用按钮，软件便可以一次性修正所有的异常构件。

习题

尝试使用“图形检查”功能，检查你所做好图形中，是否存在问题，若存在问题，如何修复？

1.4.3 构件编辑

命令模块：【构件】→〖构件编辑〗

〖构件编辑〗功能用于查询和修改构件属性。执行命令后，软件弹出如图 1-34 所示对话框。

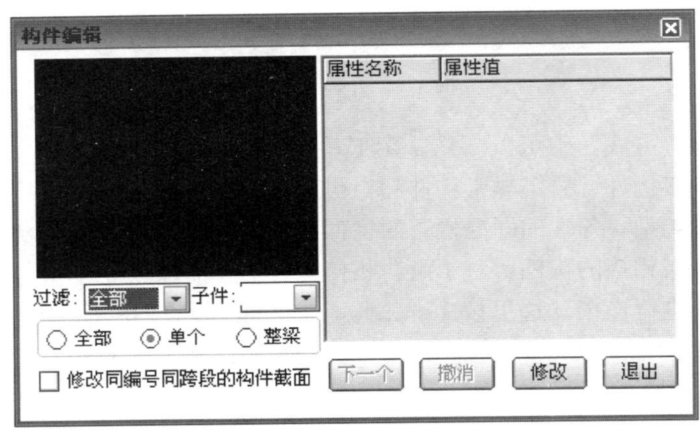

图 1-34　构件编辑

在选择要编辑的构件之前，可以先在对话框中设置构件筛选条件。点击“过滤”选项的下拉按钮，在下拉菜单中可以选择构件类型，如图 1-35 所示。

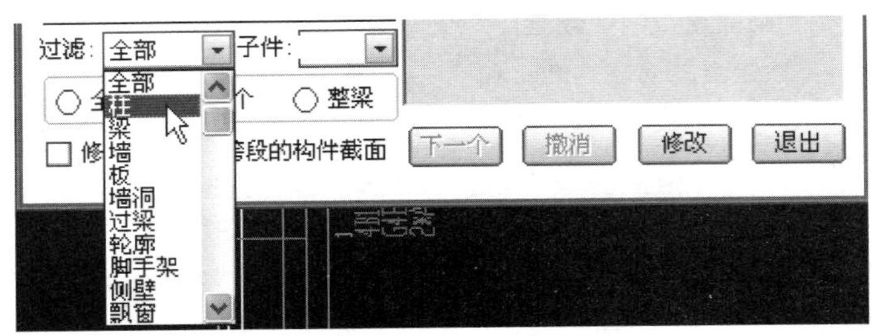

图 1-35　构件筛选条件设置

例如选择柱，则在图面上框选构件时，软件只选中框选范围内的柱子，其他构件自动忽略。选择构件时，可以批量选择多个同类构件进行查询，点击鼠标右键确认，则对话框中显示出柱的属性，如图 1-36 所示。

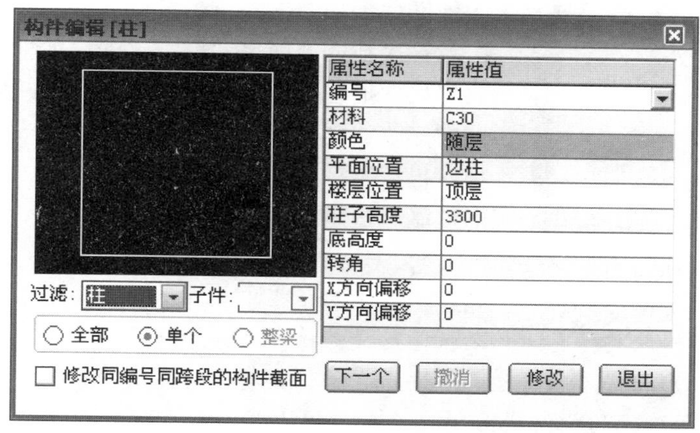

图 1-36　柱编辑

此时在对话框中便可以修改柱的相关属性，例如编号、混凝土强度等级、平面位置、楼层位置、柱高以及颜色等。利用构件编辑只能修改构件中的可改属性，如果在构件属性中无法修改的属性（即只能在定义编号中修改的属性），将不会显示在构件编辑对话框中。批量选择构件时，如果在幻灯片下方的修改选项中选择“单个”，则可以一个个修改柱子，点击〖下一个〗按钮，便可以修改下一个柱子的属性。如果选择“全部”，则修改的属性会作用于所选择的所有柱子；在后面的钢筋工程量章节中，为了计算第三层部分顶层柱的柱筋，需要修改三层部分柱子为边柱或角柱，其楼层位置要改为顶层，则可以用构件编辑功能选择要修改的柱子，在对话框中修改平面位置和楼层位置即可。这里还可以修改所选构件的颜色，用于突出显示修改过的或者具有某种特征的构件。修改属性后，必须点击〖修改〗按钮，修改才有效。

选择梁时，修改选项中的“整梁”会变成可选择状态，该选项用于一次性修改当前多跨连续梁的所有梁跨（图 1-37）。

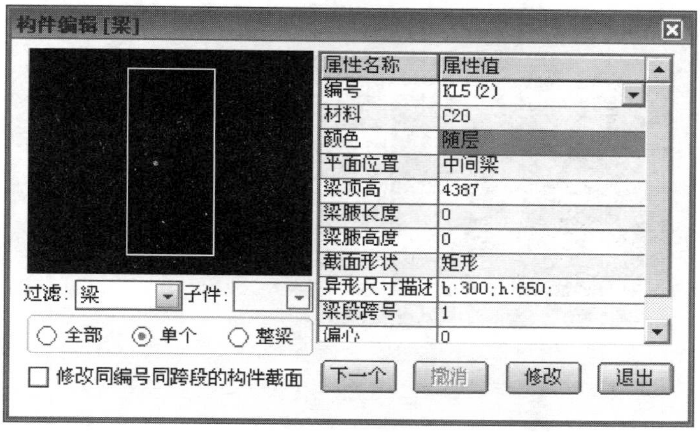

图 1-37　梁编辑

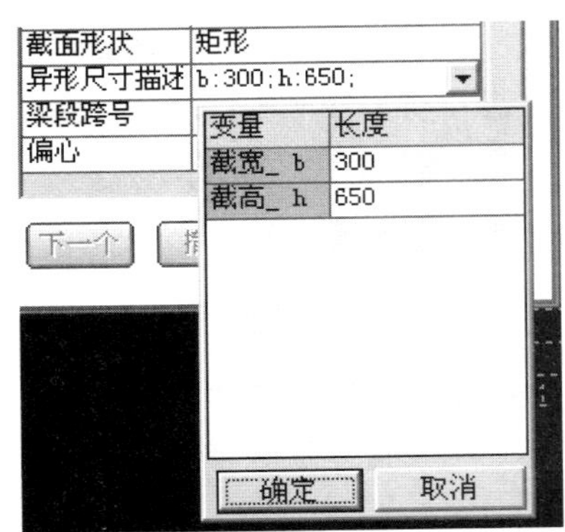

图 1-38 截面尺寸修改

用构件编辑功能可以修改梁的截面形状和截面尺寸。在“异形尺寸描述”的属性值中可以看到梁的截面尺寸描述，点击单元格中的下拉按钮，可以调出尺寸录入辅助框，如图 1-38 所示。

录入新的截面尺寸后，双击对话框，新的尺寸就录入到尺寸描述中了。如果同编号且同跨段的梁跨都有相同的修改，则勾选“修改同编号同跨段的构件截面”选项，再点击〖修改〗按钮即可。

温馨提示：

用构件编辑功能批量选择构件时，如果构件的属性值不同，则对话框中相应的属性会显示“不相同”属性值；选择“全部”修改构件时，如果批量选择的构件截面形状或尺寸不同，幻灯片中不会显示出构件的截面形状；不同类型的构件，在构件编辑中可更改的属性也不同。

“修改同编号同跨段的构件截面”选项可作用于梁与条基的修改，选择其他构件时该选项为灰色的不可选择状态。

如果用〖构件编辑〗功能修改带有子构件的构件，例如基础、侧壁等，则对话框中的“子件”选项框会变成可选择状态，从下拉列表中可以切换当前选择构件的子构件（图 1-39、图 1-40），以修改子构件的属性。

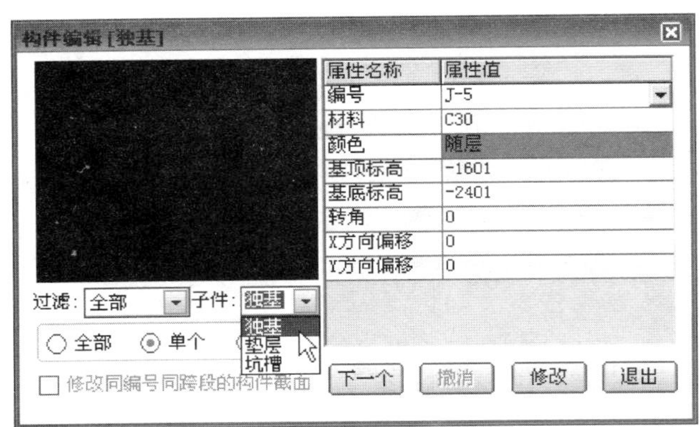

图 1-39 独基及其子构件属性修改

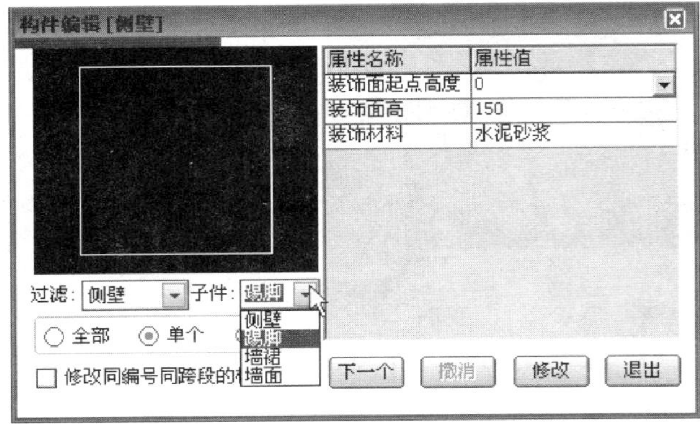

图 1-40 侧壁及其子构件修改

1.4.4　工程量计算规则设置

在分析统计工程量之前，还需要进行计算规则的校验和设置。在计算构件工程量的时候，往往要考虑构件与构件之间的关系，从而分析出增减工程量，使工程量不会多算或者漏算。例如墙与墙上的洞口之间就存在扣减关系，必须将洞口所占的体积从墙的体积中扣除，墙的工程量才能符合计算规则规定。而不同地方还拥有不同的计算规则，如果计算规则设置不正确，工程量也就无法准确输出。因此，校验计算规则是否正确和对计算规则进行设置是输出工程量的必要准备工作之一。

命令模块：【工具】→〖算量选项〗

在新建工程时选择的计量模式和定额名称决定了软件算量时采用的计算规则，计算规则默认按各地计算规则设置，一般情况下无须调整。但如果核对构件时发现计算明细不符合计算要求，则可以修改计算规则。例如前面用核对构件查看的出屋顶楼层楼梯间侧壁，其“混凝土面墙面面积”的计算式中包含了“有墙梁侧”的抹灰量（图 1-41），如果有墙梁侧的抹灰应算到天棚抹灰面积中，则可以通过调整计算规则来实现。

砼面墙面面积[SQm](m2):3.959(柱
((0.109+0.2)(L)*3.042(H)+(0.2+0.1+0.1+0.16)(L)*2.931(H)+(0.16+0.
106)(L)*5.184(H)))+10.267(有墙梁侧)-0.066(梁头)-1.638(板)=12.522

图 1-41　内墙面抹灰工程量计算式

执行工具菜单下的〖算量选项〗功能，进入“计算规则”页面，如图 1-42 所示。

软件已经按不同的构件类型提供了齐全的计算规则明细，且分为“清单规则”与“定额规则”。因同类构件的某些特征不同，所以不是同类构件都适用相同的规则，如混凝土墙和砌体墙的规则是差别很大的。为了查看方便，软件中的计算规则是分级设置的，先按构件类型分级，构件类型下再按某些特征分级（如“混凝土结构”和“砌体结构”，“内墙”和“外墙”）。在查询某特定类型构件的所有规则时，要从构件类型一级看起，再往下一级一级查询。以侧壁子构件墙面的清单规则为例。在左边的构件类型列表有“墙面”节点，在“墙面”节点下还按“装饰材料类别”分别列出“块料面”和“抹灰面”两个子节点，每个子节点下又按“内外面描述”分为“内墙面”和“外墙面”。选中墙面节点时，右边的窗口中显示的计算规则是通用规则，即不论“内外面描述”以及“装饰材料类别”，所有侧壁均适用的。如选中“抹灰面”下的“内墙面”时，右边的窗口中显示的计算规则是必须满足“抹灰面”及“内墙面”的侧壁才能适用的规则。以此类推，下级节点上的计算规则与父节点上的计算规则组合起来，才是该构件类型特定特征类型的全部的计算规则。点击规则列表中的下拉按钮，便可以进入“选择扣减项目”对话框，如图 1-43 所示。

在“已选中项目”列表中的便是当前内墙面抹灰所采用的计算规则，软件按照这些计算规则计算墙面抹灰工程量，而“所有可选项目”列表中的是可供选择的计算规则。通过添加或删除扣减项目便可以调整计算规则。

这里在“已选中项目”中选中“加有墙梁侧”，双击或点击〖删除〗按钮，该项目就移动到左边的可选项目中。点击〖确定〗按钮，调整结果便保存下来了。按相同的步骤，设置天棚的计算规则，使天棚的抹灰面面积中包含“有墙边界梁侧”、“有墙中间梁侧”等。设置好后点击〖确定〗按钮，退出算量选项对话框，下面再用核对构件功能核对一下楼梯间的侧壁，其“混凝土面墙面面积”的计算式变成了图 1-44 所示的计算式。

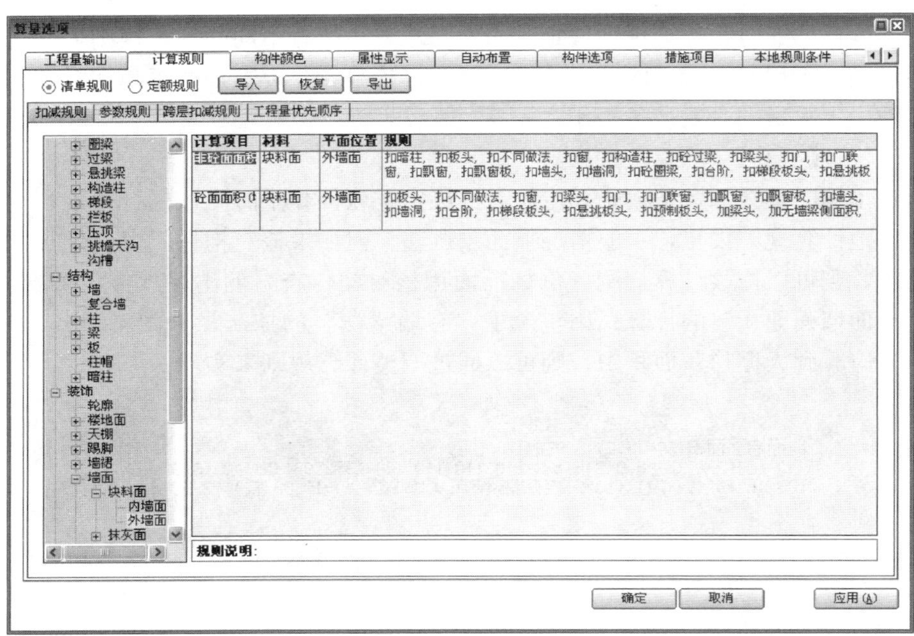

图 1-42　计算规则设置

图 1-43　选择扣减项目

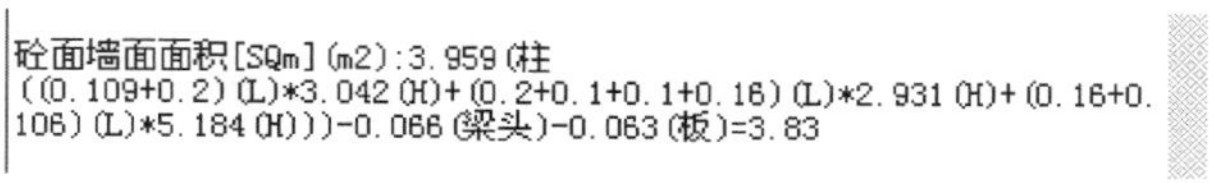

砼面墙面面积[SQm](m2):3.959(柱
((0.109+0.2)(L)*3.042(H)+(0.2+0.1+0.1+0.16)(L)*2.931(H)+(0.16+0.
106)(L)*5.184(H)))-0.066(梁头)-0.063(板)=3.83

图 1-44　修改后的

可以看出，有墙梁侧已经不包含在混凝土墙面的抹灰面积中，计算规则调整成功。

而天棚的核对结果如图 1-45 所示。

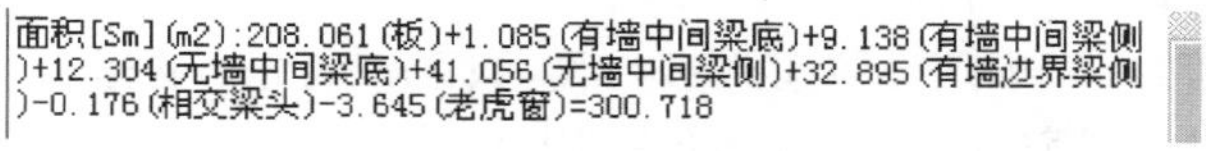

面积[Sm](m2):208.061(板)+1.085(有墙中间梁底)+9.138(有墙中间梁侧
)+12.304(无墙中间梁底)+41.056(无墙中间梁侧)+32.895(有墙边界梁侧
)-0.176(相交梁头)-3.645(老虎窗)=300.718

图 1-45　天棚核对结果

天棚的抹灰已经加上了有墙梁侧的面积。

在计算规则中除了可以选择扣减项目外，还可以设置扣减条件。在计算规则页面中点击【参数规则】页面（图 1-46）。

算量选项
工程量输出
计算规则
构件颜色
属性显示
自动布置
构件选项
措施项目
本地规则条件
清单规则
定额规则
导入
恢复
导出
扣减规则
参数规则
跨层扣减规则
工程量优先顺序
规则解释
规则列表
阈值(Y)
参数场景
非砼面洞口扣减条件
非砼面洞口面积计算方
砼面洞口侧壁增加条件
砼面洞口扣减条件
砼面洞口面积计算方法
有墙梁侧面积合并条件
有墙梁底面积合并条件
悬挑板
门
窗
门联窗
台阶
圈梁
过梁
构造柱
栏板
墙
柱
梁
板
柱帽
暗柱
后浇带
楼地面
天棚
侧壁
块料面
内墙面
外墙面
抹灰面
独基
条基
坑基
网格土石方
筏板
确定
取消
应用(A)

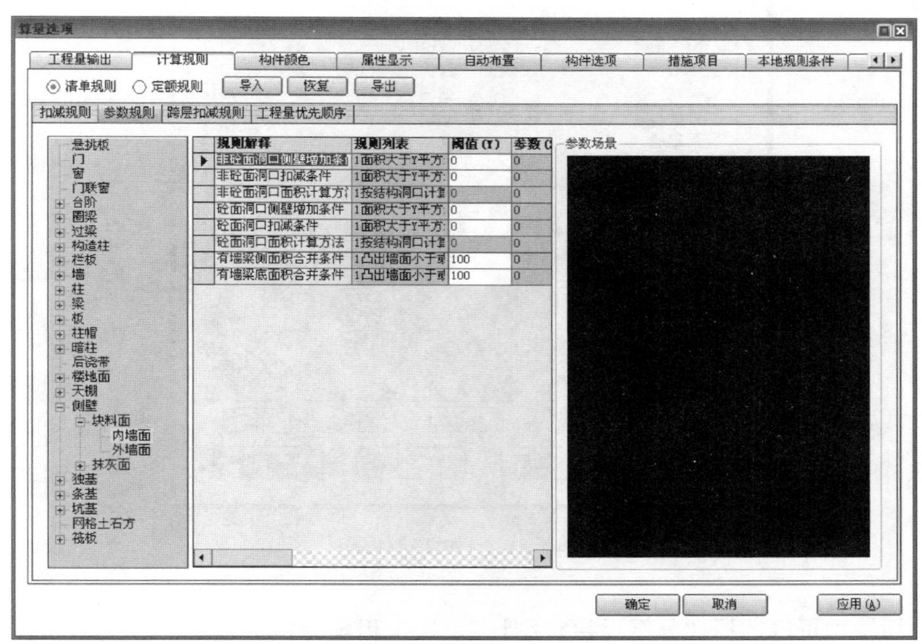

图 1-46　参数规则设置

在这里可以设置扣减规则的扣减条件或者工程量的计算方法。例如侧壁扣减洞口的条件，坑基（挖土方）的工作面计算方法、边坡计算方法等。这里的规则均默认按各地计算规则设置，一般情况下无须调整。

温馨提示：

点击计算规则页面的〖恢复〗按钮，可以取消所有调整，恢复成软件默认的计算规则设置。〖导入〗与〖导出〗功能分别用于导入其他工程的计算规则和导出本工程的计算规则。

习题

1. 如果板与梁重叠的部分要按板算量，梁剩余部分仍按梁算量，在计算规则中应如何设置？

2. 如果土石方计算不考虑放坡，在计算规则中应如何设置？

1.4.5 分析统计工程量

命令模块：【报表】→〖分析〗

在完成图形检查和计算规则设置工作后，便可以分析统计工程量了。工程量分析是根据计算规则，通过分析各构件的扣减关系得到构件的计算属性和扣减值。因此工程量分析是统计的前提。执行报表菜单下的〖分析〗功能，进入工程量分析对话框（图 1-47）。

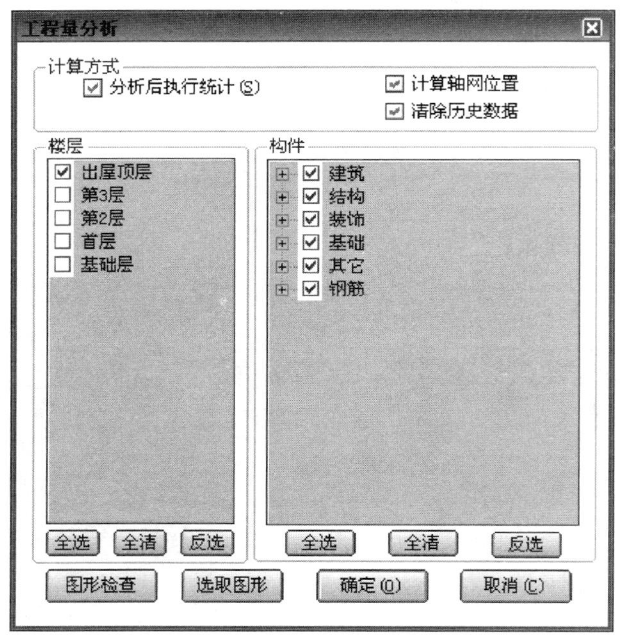

图 1-47　工程量分析

在对话框中可以选择“分析后执行统计”，使工程量分析和统计同步进行。在楼层中选择要分析的楼层，且在构件中选择要分析的构件类型，然后点击〖确定〗按钮，软件便开始分析统计构件工程量了。

统计结束后会进入统计结果预览界面，在这里可以查看工程量统计结果和计算明细，如图 1-48 所示。

温馨提示：

在统计结果中，计算明细中的工程量使用的是自然单位，定额子目的工程量使用的是定额单位，所以要注意套价时单位换算。

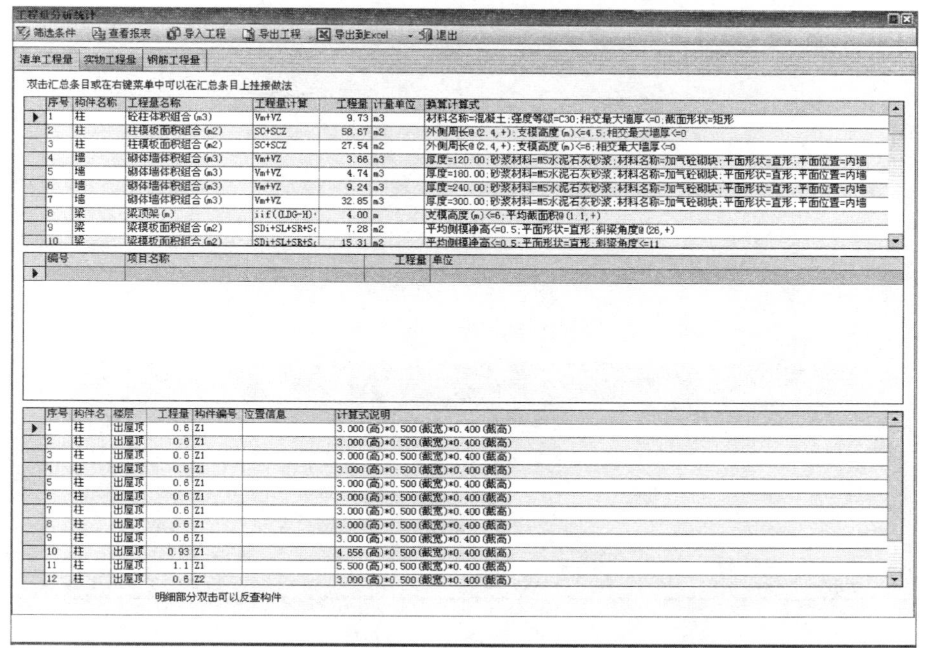

图 1-48　工程量统计结果预览

习题

1. 如何分别将清单汇总表与构件明细表复制到 Excel 表格中?
2. 脚手架和混凝土构件的模板工程量统计结果在哪查看?

1.5　钢筋布置

1.5.1　操作说明

本章具体介绍以下几种构件的钢筋布置方法以及注意细节。

钢筋构件包括条基筋、柱筋、梁筋、板筋及其他钢筋。

注意细节：善用“核对钢筋”及“核对单筋”功能，进行钢筋布置。

1.5.2　条基筋布置

命令模块：【钢筋】→〖条基钢筋〗

参考图纸（附录一）：结施-02（基础平面布置图）

首先依据结构设计说明，在基础梁的编号属性中，确认保护层厚度为 25。基础梁的钢筋用〖梁筋布置〗来布置，软件中条基钢筋与梁筋布置使用的是同一个命令和对话框（图 1-49）。

激活命令后，选择基础梁并右键确认，对话框会变成图 1-50 所示形式。

对话框中出现的是缺省的钢筋描述，以及基础梁的标高（顶面标高）与截面尺寸描述。基础梁的顶面标高与截面尺寸可以直接在钢筋导航器中修改，在布置钢筋的同时，软件会重新调整基础梁的标高与截面尺寸，且集中标注中会显示基础梁的底面标高。由于基

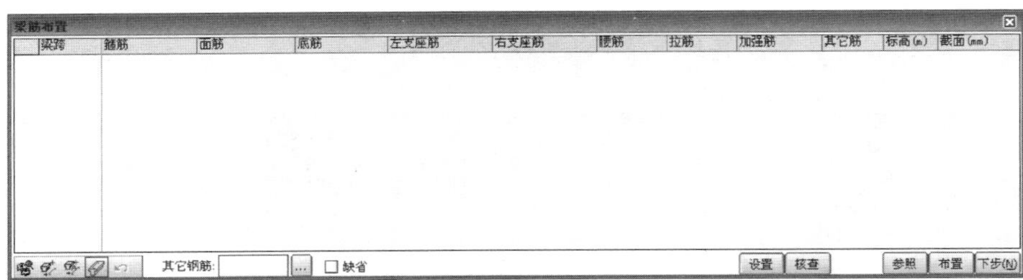

图 1-49　梁筋布置

条基筋布置 JL-1(370x500)

梁跨	箍筋	底筋	面筋	左支座筋	右支座筋	腰筋	拉筋	加强筋	基底横向筋	基底纵向筋	其它筋	标高(m)	截面(mm)
集中标注	A8@100/200	2B20	2B20									-5.3	370x500
1				4B20	4B20								
2					4B20								
3					4B20								

其它钢筋:　☑缺省　设置　核查　参照　布置　下步(N)

图 1-50　条基钢筋布置

础梁钢筋用的是梁筋导航器，因此钢筋描述是按平法规则录入。依据基础平面图，基础梁的箍筋为Φ 8@450，上部筋和底部筋均为 4 Φ 20。则只需在“集中标注”一行中分别录入箍筋、上部筋和底部筋的描述即可，其他钢筋全部删除。录入完后点击〖下步〗按钮，展开钢筋计算明细，如图 1-51 所示。

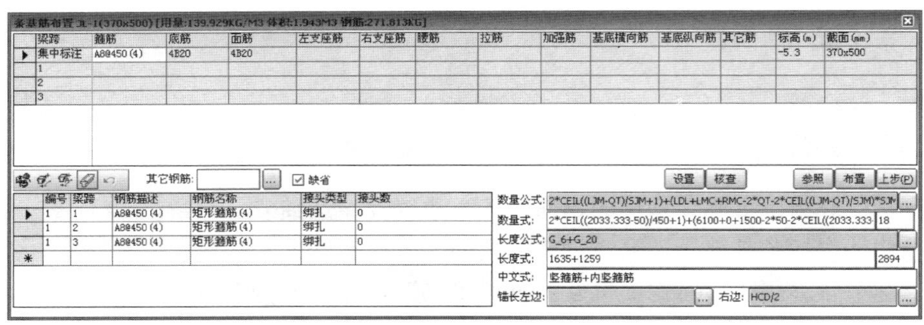

图 1-51　基础梁钢筋计算明细

在上方的表格中选择要查看的钢筋描述，在计算明细中便会显示出该钢筋描述的名称、接头类型以及计算公式等。例如选择集中标注中的箍筋描述，在下方的表格中便会显示当前基础梁的箍筋名称，点击钢筋名称中的下拉按钮▾，可以进入钢筋名称选择窗口（图 1-52）。

左边上部是钢筋类别，下部是钢筋名称，右边是对应的钢筋幻灯图，例如在条基梁箍筋中，可以选择不同肢数的箍筋，还可以选择节点加密箍等。本工程中基础梁箍筋为矩形 4 肢箍，因此双击“矩形箍筋（4）”即可。箍筋的长度公式是由箍筋代号组成的，点击公

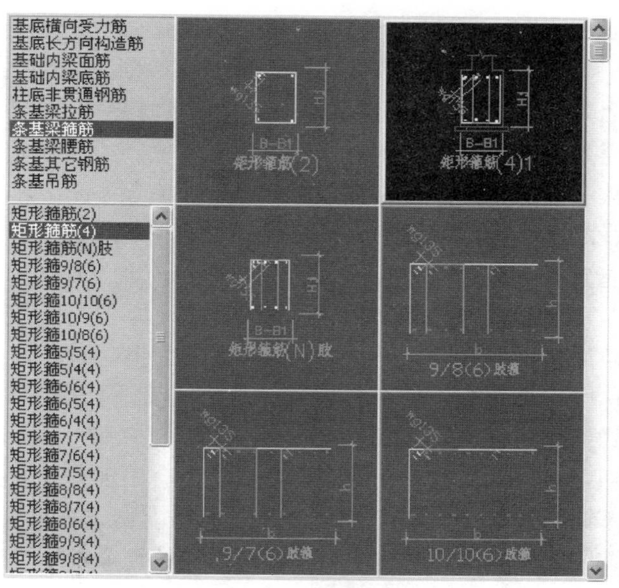

图 1-52　条基钢筋名称选择

式编辑按钮[...]，便可以在公式编辑对话框中查看到箍筋的长度计算明细。软件中所有的箍筋长度公式都是通过不同的箍筋代号组成的，即以字母 G 打头的变量代号，其中每个箍筋代号的长度计算公式可到公式编辑中查看。

注意事项：

本工程中所有的基础梁都是同一个编号 JL-1，布置钢筋时，应选择最多跨数的来布置钢筋。如果选择跨数少的来布置钢筋，则其他跨数多的会也按跨数少的对应跨数计算钢筋。

习题

练习布置基础梁钢筋。

1.5.3　柱筋布置

命令模块：【钢筋】→〖钢筋布置〗

参考图纸（附录一）：结施-09（一层柱平面结构图）

在给柱布置钢筋之前，应确定柱编号属性中，保护层厚度为 25mm，抗震等级为 4。设置好后，执行〖钢筋布置〗命令，弹出如图 1-53 所示对话框。

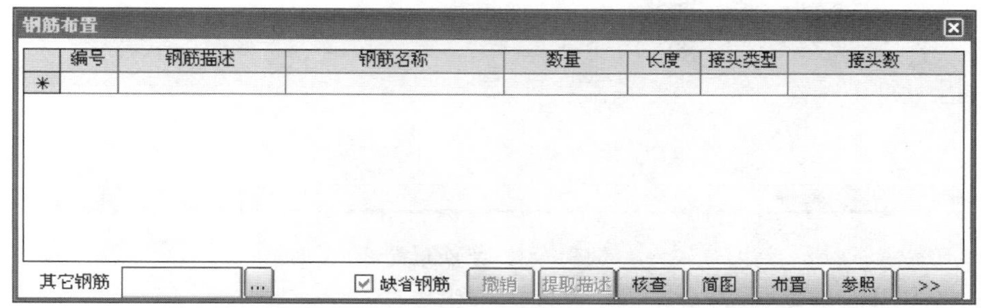

图 1-53　柱筋布置

在图面上选择要布置钢筋的柱子，右键确认，对话框中会出现柱编号、柱截面类型以及缺省的柱钢筋信息。依据一层柱平面图中的柱表，修改对话框中的钢筋描述。以 Z1 为例，纵筋为“10⏀20”，钢筋名称与缺省名称一样，位置选择“纵筋”；箍筋描述与缺省描述一样，钢筋名称需要按箍筋肢数选择。

注意：箍筋肢数与矩形柱 B 边的钢筋肢数以及 H 边的钢筋肢数有关，而对于矩形柱的 B 边和 H 边，软件默认是将 B 边作为长边，例如 300×400 的柱子，软件会将 400 的长边作为 B 边，并且指定箍筋肢数时，长边的肢数必须在前，例如 400 长边的肢数是 4，而 300 短边的肢数是 2，则箍筋肢数应该为“4×3”。

在本楼层中，矩形柱是正方形，因此无所谓哪边作为 B 边。柱表中 Z1 箍筋为 3＊4 肢箍，因此在钢筋名称中选择“矩形箍（4×3）”。点击【简图】按钮，可以查看箍筋简图，与柱表箍筋截面形式一致即可。

点击〖布置〗按钮，将柱钢筋布置到柱子上，柱子旁会出现布置上的钢筋描述。

遵循“同编号”原则，Z1 的钢筋就布置好了。按照上述方法，依次将柱表中 Z2 和 Z3 的钢筋布置到柱上。还要依据楼梯结构图布置两个梯柱的钢筋，不可遗漏，可用前面介绍的钢筋查询功能检查柱子的钢筋是否全部布置上了。

注意事项：

按平法标准，底层柱子的箍筋加密与标准层的加密方式不一样，故应注意检查在构件查询内柱子的楼层位置是否为底层，如果是在底层布置的柱子，软件会默认柱子的楼层位置为底层。

习题

截面为 400×500 的柱子，短边的箍筋肢数是 3 根，长边的箍筋肢数是 4 根，则在软件中选择箍筋名称时，应选择“矩形箍（3×4）”，还是“矩形箍（4×3）”？

1.5.4 梁筋布置

命令模块：【钢筋】→〖梁筋布置〗

参考图纸（附录一）：结施-08（屋面梁结构图）

依据结构设计说明，梁的保护层厚度为 25，抗震等级为 4 级，在定义梁编号时应注意设置正确。下面给梁布置钢筋，用〖构件显示〗命令将柱和梁显示出来。

激活〖梁筋布置〗命令，弹出梁筋导航器（图 1-54）。

梁筋布置 KL5(2)(300x650)

梁跨	箍筋	面筋	底筋	左支座筋	右支座筋	腰筋	拉筋	加强筋	其它筋	标高(m)	截面(mm)
集中标注	A8@100/200	2B20	2B20							0	300x650
1				4B20	4B20						
2					4B20						

其它钢筋：[ ] … ☑缺省　设置　核查　参照　布置　下步(N)

图 1-54　梁筋布置

这里梁筋导航器的标高是相对于当前层的层顶标高计算的。当梁按“同层高”布置时，梁筋对话框梁的标高就是 0。如果梁要降一定的高度，在标高中就应输入一个相对于当前层顶标高的负数，例如“－0.5”m；如果升起一定的高度，则需输入一个相对于当前层顶标高的正数值。此标高值会标注在梁的集中标注中。

在布置梁筋之前，先完成一些钢筋设置。点击〖设置〗按钮，进入识别设置对话框（图 1-55）。

钢筋选项

钢筋设置　计算设置　节点设置　识别设置

◉梁　○条基　○腰筋表　　导入　恢复

	设置项目	设置值
1	公用	
1.1	是否识别梁截面与标高	识别
1.2	识别后保留原图	不保留
1.3	识别原位标注的面筋	识别
1.4	双层钢筋的垫筋	无垫筋
1.5	折梁处角托钢筋	2B18
1.6	带悬挑钢筋端头是否按回弯形式	按标准
1.7	布置对话框中修改标高是否同编号	单独处理
1.8	布置对话框中修改截面尺寸是否同编号	单独处理
1.9	布置对话框中修改平法钢筋后点下步时选项	每次提示
2	箍筋	
2.1	框架梁说明性箍筋描述	不设置
2.2	普通梁说明性箍筋描述	不设置
2.3	梁悬挑端说明性箍筋描述	不设置
2.4	自动布置主次梁加密箍	自动布置
2.5	主次梁加密箍筋描述	6
2.6	自动布置井字梁节点加密箍	手动布置
2.7	井字梁节点加密箍筋描述	6
2.8	梁悬挑端箍筋是否同集中标注	同集中标注　箍筋
2.9	折梁处加密箍设置	14
3	腰筋	
3.1	自动布置构造腰筋	指定布置
3.2	构造腰筋描述	2B12
3.3	计算腰筋板下梁高度取值设置	取小值
3.4	布置构造腰筋的梁净高(mm)	450
3.5	起始梁高构造腰筋排数(排)	2
3.6	每增加一排构造腰筋的高度间距(mm)	200
3.7	拉筋配置	(按规范计算)
3.8	梁构造拉筋间距	2倍非加密箍间距

提示内容

确定　取消

图 1-55　识别设置

在这里可以设置自动布置腰筋的条件、缺省的腰筋、拉筋描述以及自动布置吊筋、井字梁加密箍等。按设计要求，板下梁净高大于 450 时要布置腰筋，将“自动布置构造腰筋”选项设为“自动布置”，并设置好腰筋与拉筋的描述，以及腰筋排数等，这里的默认值均是按规范设置的。注意，这里的“布置腰筋的起始梁高”指的是梁净高，不包含梁上板的相交高度。如果目前没有布置板，或者布置板后没有执行过梁的工程量分析，软件会取梁的截高作为梁净高，以此为条件布置的腰筋是不正确的。因此在不满足上述条件的情况下，不能设置腰筋的自动布置，腰筋要另行处理。前面在讲解手工建模时，已经布置了板并执行了工程量分析，因此这里可以将“自动布置构造腰筋”设为“自动布置”。设置好后点击〖确定〗按钮，返回梁筋布置界面。

在图面上选择要布置钢筋的梁，这里以 E 轴上的 KL7 为例，点击右键确认选择。KL7 是四跨连续梁，对话框中相应的显示出含集中标注在内的 5 行数据，每一跨梁对应一行钢筋数据，下一步是按平法规则录入钢筋描述。先是集中标注的录入。依据一层楼面梁结构图，KL7 的集中标注中有箍筋和受力锚固面筋，分别录入到集中标注的箍筋和上部筋中。

接着录入原位标注钢筋，例如第一跨的梁底直筋以及支座负筋。梁底直筋录入到 1 行的“底部筋”中；录入支座负筋时应注意按照原位标注在梁跨上的相对位置来录入。软件将负筋分为“左支座筋”和“右支座筋”，如果原位标注在梁跨的左端，则录入到“左支座筋”中，在右端则录入到“右支座筋”中，软件会自动根据梁跨号判断该支座筋是端头支座负筋还是中间支座负筋。因此，在1行中需要分别录入“2⏀22+2⏀20”的左支座筋和右支座筋。当梁的方向是竖直方向时，则梁跨下方位的支座筋为左支座筋，上方位的支座筋为右支座筋。

接下来录入第2跨的原位标注钢筋。除了梁底直筋和右支座筋外，第2跨上还有2处吊筋，在软件中，吊筋和节点加密箍筋等都属于加强筋，因此要录入到“加强筋”列中。录入吊筋时，应根据平法规则在钢筋描述前加上吊筋代号“V”。第2跨上有两处吊筋，可以用“;”或“/”隔开两个吊筋描述，即录入“V2⏀20；V2⏀20”。

同理，录入完第3跨和第4跨上的原位标注钢筋，腰筋和拉筋是由软件自动生成的，这里不用录入。KL7的梁筋录入如图1-56所示。

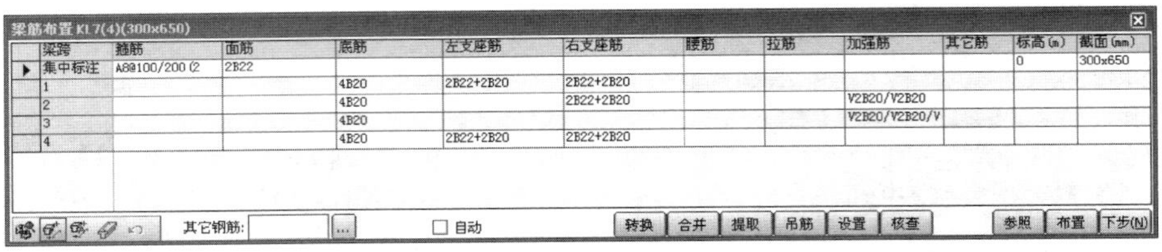

梁筋布置 KL7(4)(300x650)

梁跨	箍筋	面筋	底筋	左支座筋	右支座筋	腰筋	拉筋	加强筋	其它筋	标高(m)	截面(mm)
集中标注	A8@100/200 (2	2B22								0	300x650
1			4B20	2B22+2B20	2B22+2B20						
2			4B20		2B22+2B20			V2B20/V2B20			
3			4B20					V2B20/V2B20/V			
4			4B20	2B22+2B20	2B22+2B20						

其它钢筋: … 自动 转换 合并 提取 吊筋 设置 核查 参照 布置 下步(N)

图1-56 梁筋录入

点击〖下步〗按钮，此时可以看到“腰筋”和“拉筋”列中自动出现了钢筋描述（图1-57）。

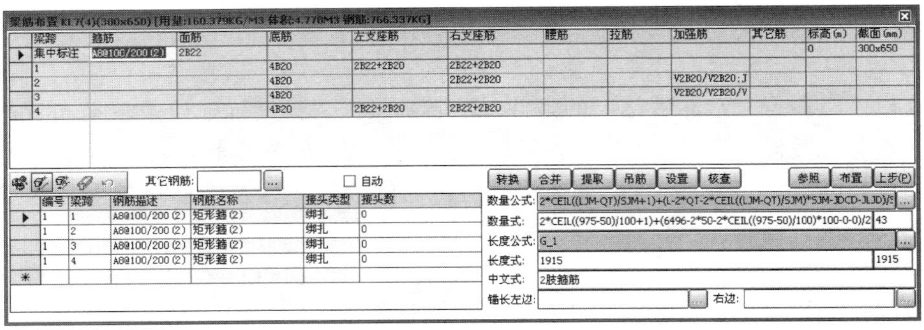

梁筋布置 KL7(4)(300x650) [用量:160.379KG/M3 体积:4.778M3 钢筋:766.337KG]

梁跨	箍筋	面筋	底筋	左支座筋	右支座筋	腰筋	拉筋	加强筋	其它筋	标高(m)	截面(mm)
集中标注	A8@100/200(2)	2B22								0	300x650
1			4B20	2B22+2B20	2B22+2B20						
2			4B20		2B22+2B20			V2B20/V2B20;J			
3			4B20					V2B20/V2B20/V			
4			4B20	2B22+2B20	2B22+2B20						

其它钢筋: … 自动 转换 合并 提取 吊筋 设置 核查 参照 布置 上步(P)

编号	梁跨	钢筋描述	钢筋名称	接头类型	接头数
1	1	A8@100/200(2)	矩形箍(2)	绑扎	0
1	2	A8@100/200(2)	矩形箍(2)	绑扎	0
1	3	A8@100/200(2)	矩形箍(2)	绑扎	0
1	4	A8@100/200(2)	矩形箍(2)	绑扎	0

数量公式: 2*CEIL((LJM-QT)/SJM+1)+(L-2*QT-2*CEIL((LJM-QT)/SJM)*SJM-JDCD-JLJD)/S
数量式: 2*CEIL((975-50)/100+1)+(6496-2*50-2*CEIL((975-50)/100)*100-0-0)/2 43
长度公式: G_1
长度式: 1915 1915
中文式: 2肢箍筋
锚长左边: 右边:

图1-57 展开钢筋明细

在计算明细中查看一下1跨上的右支座筋，如图1-58所示，软件自动给右支座筋指定钢筋名称为“中间支座负筋”，且梁跨中以“1 2”表示布置在第1跨和第2跨之间。同理，其他的支座筋软件也会自动根据它在梁跨上的位置来判断其钢筋名称。

再查看一下第2跨上的吊筋描述，在明细（图1-59）中可以看到，软件自动指定了钢筋名称“吊筋45”，这里吊筋的角度是根据梁高来判定的，可以在〖钢筋选项〗的“识别设置”中对吊筋角度判定条件进行调整。

	编号	梁跨	钢筋描述	钢筋名称	接头类型	接头数
▶	7	1 2	2B20	中间支座负筋	双面焊	0
*						

图 1-58　梁支座筋明细

	编号	梁跨	钢筋描述	钢筋名称	接头类型	接头数
▶	8	1	2B20	吊筋45	双面焊	0
	9	1	2B20	吊筋45	双面焊	0
*						

图 1-59　梁吊筋明细

核对钢筋明细无误后，点击〖布置〗按钮，梁钢筋就布置到 KL7 上了，以平法标注显示在梁上。

按照上述步骤，布置其他框架梁的钢筋。对于带有悬挑端的梁，例如 KL2，软件会自动识别出悬挑跨，您只需在悬挑跨中录入相应的钢筋数据即可，如图 1-60 所示。

梁筋布置 KL2(2A)(300x650)

	梁跨	箍筋	上部筋	底部筋	左支座筋
▶	集中标注	A8@100/200	2B20	2B20	
	左悬挑		2B20	2B12	
	1				4B20
	2				

图 1-60　悬挑端梁钢筋

对于弧形雨篷梁抗扭腰筋，需要录入到钢筋导航器的“腰筋”中，拉筋由软件自动生成。录入完腰筋后，点击〖下步〗按钮，软件便会自动给腰筋配上拉筋，且拉筋的直径和间距均按规范生成，如图 1-61 所示，自动生成的拉筋直径为 6（梁宽小于 350），间距为两倍箍筋非加密间距。自动生成拉筋的相关设置选项在〖钢筋选项〗的“识别设置”页面中可以找到，可以根据需要调整拉筋的直径和间距。

右支座筋	腰筋	拉筋	加强筋
	N4B18	2*A6@200	

图 1-61　腰筋与拉筋

注意事项：

1. 梁钢筋遵循同编号布置原则，因此对于相同编号的梁，其各个梁跨应该相对应，尤其是镜像布置的梁，如果梁跨号错误，则该梁上的钢筋也会计算错误。因此，不论是手工布置梁钢筋，还是识别梁筋，都应先核查梁跨号是否正确，调整好梁跨号后，再布置梁筋。梁跨的调整可以用【工具】菜单下的〖跨段组合〗功能来完成。

2. 要正确设置梁的结构类型，区分框架梁和普通梁。在布置梁钢筋时，普通梁的钢筋会锚入框架梁内，如果框架梁错设置成普通梁，普通梁钢筋将取不到锚固值。

3. 自动布置梁腰筋的前提条件是已经布置了板，这样软件才能取到正确的梁净高，否则软件会取梁截高作为自动布置腰筋的起始梁高。梁腰筋还可以用〖自动钢筋〗中的〖腰筋调整〗来布置或调整，具体操作方法请见识别梁筋章节。

4. 录入钢筋描述时，标点符号必须是半角的，全角的符号软件不支持。

习题

1. 完成首层所有梁钢筋的布置
2. 如何布置腰筋、吊筋、节点加密箍筋?
3. 自动生成拉筋的直径和间距在何处设置?
4. 如果吊筋和节点加密箍要遵循同编号布置原则，可以在哪里设置?

1.5.5 板筋布置

参考图纸（附录一）：结施-05（二层结构平面图）

布置一层结构平面图的板筋。在软件中，板筋是如构件一样绘制出来的钢筋，不同于其他构件上只显示描述而无图形显示的钢筋，且板钢筋不遵循同编号布置原则。

在布置板筋之前，应打开软件的〖对象捕捉〗功能。先执行【工具】菜单中的〖捕捉设置〗命令，在弹出的对话框中勾选“垂足”和“最近点”，点击〖确定〗按钮退出对话框，然后点击状态栏的〖对象捕捉〗按钮（或按键盘上的F3键），使对象捕捉处于打开状态即可。如果布置的板筋以水平的和竖直的为主，则需要将“正交”打开，以确保绘制出来的板筋成直线形状。

执行〖板筋布置〗命令，弹出“布置板筋”对话框（图1-62）。

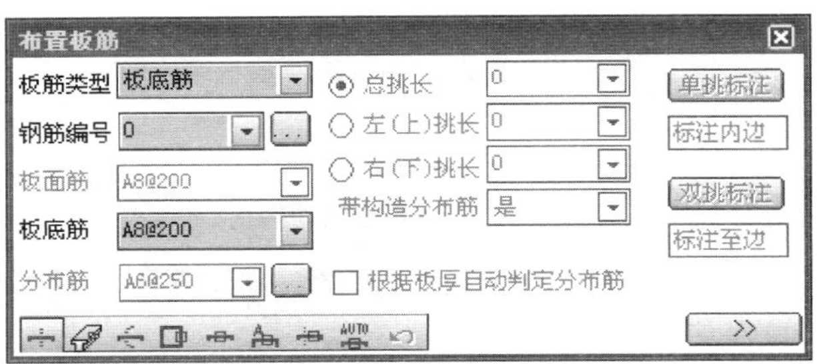

图1-62　板筋布置

首先布置板底筋。在布置之前，可以对施工图上所有的板底筋描述进行编号，录入到对话框中，以便布置时选择。通过点击钢筋编号旁的按钮“...”，或选择钢筋编号下拉菜单中的“新增编号”，进入管理编号对话框（图1-63）。

在管理编号对话框中可以对钢筋编号、描述以及钢筋挑长进行设置，点击〖添加〗按钮可以增加一条新记录。编号中可以录入数字，也可以输入字母。挑长的设置用于布置板面筋，会自动生成该编号钢筋的挑出长度值。也可先不在编号上设置挑长值，在后面布置时实时修改挑长值即可。这里编号的板筋描述可以被各种板钢筋调用。依次按照施工图上的板筋描述定义好编号。点击〖确定〗按钮，返回板筋导航器，通过在钢筋编号列表中选择需要的编号，可以调出相应的钢筋描述。点击〖展开〗按钮“>>”，可以查看钢筋计算式，如图1-64所示。

可以不对板筋编号，在布置时修改板筋描述即可。

布置板筋，以B轴至E轴之间的板底筋为例。首先在板筋类型中选择“板底筋”，在

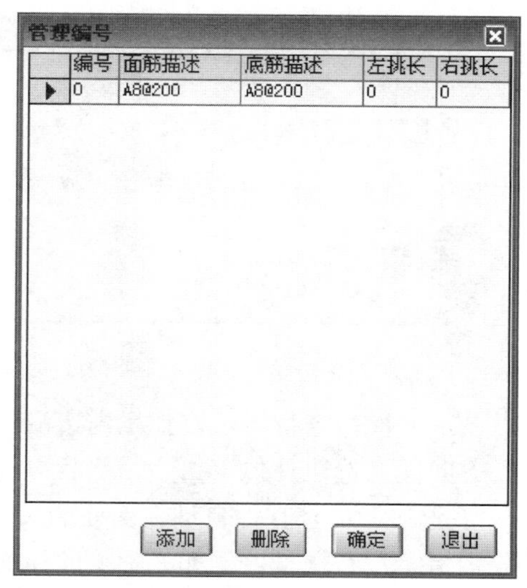

图 1-63　板筋编号管理

钢筋编号中选择 1 号，对应的钢筋描述会取到板底筋描述中。命令行提示，点取外包的第一点，此时返回图面，在 1 轴梁内边沿上选取一点，选取时捕捉梁边沿最近点即可；拖动鼠标，在 3 轴梁内边沿上选取一个垂足点，图面上会出现一条蓝色的线条；根据命令行提示，指定这根板筋的分布范围，即在与板筋外包长度垂直的方向，用光标分别在两侧梁内边沿上选取起点和终点，这样这个板区域内水平方向的板底筋就布置好了。再切换到 2 号板底筋，将竖直方向的板底筋也布置出来。同理，布置完 A 轴至 E 轴，1 轴至 5 轴之间的板底筋。

布置板负筋。在软件中，板负筋用板面筋来布置。因此在后面的教程内容中，板负筋都统一称为板面筋。首先要在对话框中切换板筋类型，在板筋类型中选择“板面筋”；然后与板底筋类似，在钢筋编号中选择合适的编号，调出正确的钢筋描述。按设计要求录入分布筋描述Φ 6@200。

图 1-64　板筋列表

可以通过图面点取的方式确定面筋挑长，也可以在对话框中指定挑长布置面筋。这里采用后一种方法。按照施工图，1 轴上的面筋挑长为 1900mm，且为单挑面筋。软件是取左右挑长之和来确定面筋的挑出长度，当面筋为单挑类型时，可以选择左（下）挑长或右（上）挑长进行设置，但另一个挑长值应设置为 0。例如在“左（下）挑长”中录入 1900，则应将“右（上）挑长”设为 0。注意，这里还应指定挑长的计算方法，即板面筋的挑长是从支座的内边算起，还是外边算起，或按中心线算起。挑长计算方法的设定分为单挑类型与双挑类型，点击对话框中的〖单挑类型〗按钮或〖双挑类型〗按钮，弹出如图 1-65 和图 1-66 所示的对话框。

在对话框中双击选择相应的挑长类型即可。本工程的板面筋按“挑长至边”计算，因此在〖单挑类型〗中选择“单挑内边”，在〖双挑类型〗中选择“双挑至边”。

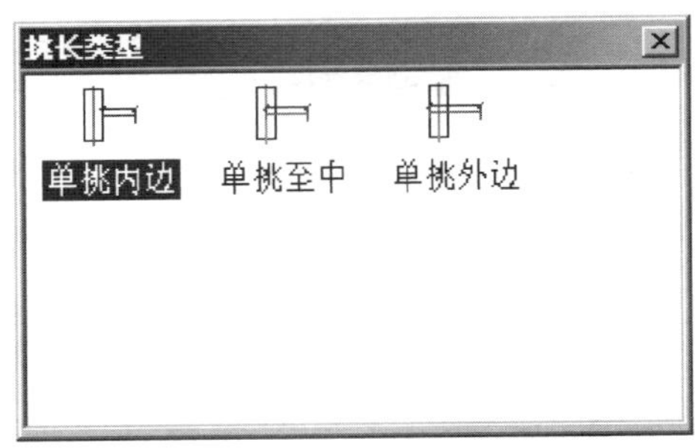

图 1-65　面筋单挑类型设置

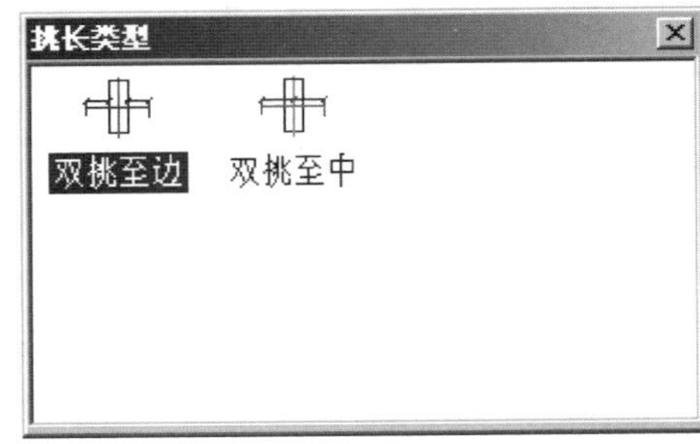

图 1-66　面筋双挑类型设置

下面按命令行提示，在梁内边沿选取外包的第一点，在正交打开的情况下，在板筋挑长方向任意选取外包第二点，然后再选取板筋的分布范围，这样布置出来的板面筋挑长就正好是 1900，且软件自动在面筋的长度范围内布置上构造分布筋。对于中间面筋，则需要分别指定左右挑长，例如 2 轴上的面筋，可以分别在左、右挑长中录入 1900，然后用光标在布置板筋的区域内绘制一条跨越两块板的外包直线，再指定分布范围即可，软件会自动对称布置中间面筋。

注意，当遇到一块板内同一侧有两根或多根板面筋，且其中有单挑筋也有双挑筋时，如果某一侧的面筋挑长相同，则构造分布筋可能是拉通布置的。此时就不能使用自动带分布筋的布置方法，例如 3 轴上 C 轴到 E 轴间的两根板面筋。

布置时应先把对话框中“带分布筋”选项前的钩去掉，先布置单挑面筋，指定其分布范围时选取 E 轴梁内边沿到 D 轴梁下边沿为分布区域；再布置双挑面筋，指定 D 轴梁内边沿到 C 轴梁内边沿为分布区域；下面再分别给它们布置构造分布筋。切换板筋类型为“构造分布筋”，设置钢筋描述为ф 6@200。因为这两根面筋的左挑长相同，所以左边的构造分布筋可以拉通布置。按命令行提示，选取 C 轴梁内边沿到 E 轴梁内边沿作为构造分布筋的外包长度，然后选择单挑面筋为分布范围的参考钢筋，这样其分布长度就为 1900，选取完后左边的分布筋就布置好了。接着布置右边的构造分布筋，指定 C 轴梁内边沿到 D 轴梁内边沿作为它的外包长度，在指定分布范围时，就不能选择双挑面筋作为参考钢筋了，此时要手动选取分布范围。点击命令行的〖点取分布长〗按钮，然后捕捉双挑面筋的右挑部分与 3 轴梁内边沿的交点为起点，以面筋的右端点为终点，这样分布筋的分布范围就指定好了，其分布长度等于双挑面筋的右挑长 1500。

按照上述步骤，依次将 A 轴至 E 轴，1 轴至 5 轴之间的板面筋布置到图面上。

对于弧形雨篷板的钢筋，需要用双层双向钢筋来布置。在钢筋名称中选择“双层双向”，选择相应的钢筋编号，此时板底筋描述与板面筋调用相同的描述，然后返回图面，用光标在弧形板内部水平方向或垂直任意选取两点，软件便会自动根据板边界布置上双层双向钢筋。

在软件中，一般异形板的钢筋都需要用特殊钢筋来处理。普通的板底筋和板面筋只能用于形状规则的矩形板。而异形板的钢筋需要根据板边界的变化而变化。为此软件专门提供了异形板筋，给定一个布置方向后，异形板筋能自动搜索板边界，其长度及分布范围会自动随着板边界变动。除了异形板筋外，双层双向、单层双向等钢筋也是如此。

对板钢筋的计算查看操作，光标选一根板筋线，右键，在右键菜单中选择〖明细开关〗，当前选择的板筋线变为一根一根的明细线条（图 1-67），看到板筋是沿着板边界变化的，且每一根板筋线的长度和计算公式都可以有显示。

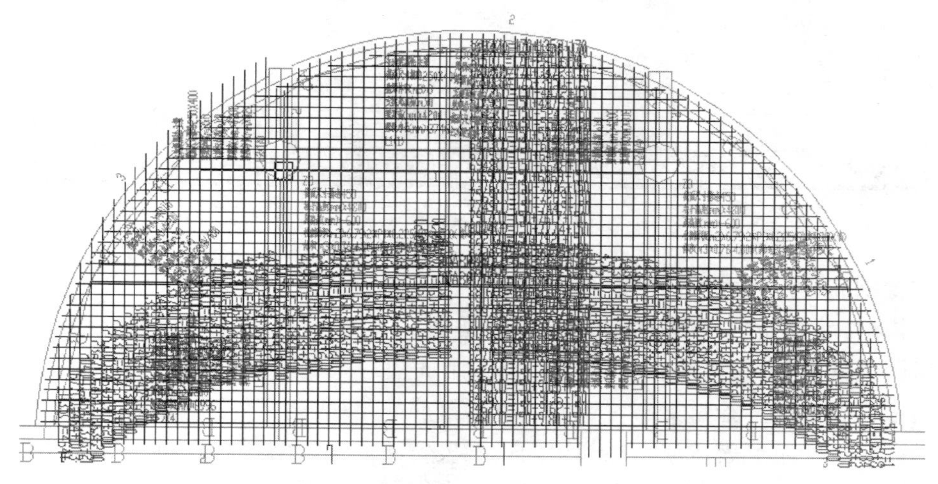

图 1-67　弧形板板筋明细

小技巧：

1. 实际工程中楼层之间的板筋相同，但梁截面有变化，此时如果想用〖拷贝楼层〗功能复制板筋，则绘制板筋时，最好以梁中线为边界指定其外包长度与分布范围，这样板筋复制到其他楼层时，如果边界梁截面发生变化（例如变小），梁如果与板筋仍然相交，板筋就会自动调整其长度和分布根数。

2. 板筋类型中的“其他零星板筋”是单根布置的板筋，可以用于布置特殊部位的零星板筋，例如阴角、阳角处的板筋等。

习题

1. 捕捉设置对板筋布置有何作用？
2. 如何精确布置不同挑长的板面筋？
3. 异形板的钢筋如何布置？
4. 在哪里可以设置板筋计算方法，例如设置“板构造分布筋与板面筋是否扣减”？

1.5.6　其他钢筋布置

命令模块：【钢筋】→〖其他钢筋〗

参考图纸（附录一）：结施-11（楼梯结构图）

在软件中，楼梯钢筋用〖钢筋布置〗命令来布置。执行命令后，选择要布置钢筋的梯段，点击右键确认，对话框中会显示出软件提供的缺省钢筋数据，如图 1-68 所示。

这些缺省钢筋是软件根据梯段类型给出的，本工程中使用的是 A 型梯段，可以点击〖简图〗按钮，查看钢筋简图。

依据施工图修改对话框中的钢筋描述，然后点击布置按钮，钢筋就布置到楼梯上了。

在本工程中，除了给梯段布置钢筋外，还依据楼梯结构图应给楼梯平台板、楼梯梁、

梯段筋布置 TB1_A型梯段(175x280x120) [用量:69.949KG/M3 体积:0.973M3 钢筋:68.087KG]

	编号	钢筋描述	钢筋名称	数量	长度	接头类型	接头数
	1	B10@100	梯板底筋	15	3872	绑扎	0
	2	A6@250	梯板分布筋	16	1425	绑扎	0
	3	B10@100	板上端负弯筋	15	1283	绑扎	0
	4	A6@250	板上端负弯筋分布筋	5	1425	绑扎	0
	5	B10@100	板下端负弯筋	15	1313	绑扎	0
	6	A6@250	板下端负弯筋分布筋	5	1425	绑扎	0
*							

其它钢筋 ... ☑缺省钢筋 撤销 提取描述 核查 简图 布置 参照 >>

图 1-68　楼梯钢筋布置

楼梯柱布置钢筋，操作方法这里就不介绍了，请参照前面相关章节。

命令模块：【钢筋】→〖表格钢筋〗

参考图纸（附录一）：结施-05（二层结构平面图）

下面依据施工图，给过梁布置钢筋。过梁钢筋使用〖表格钢筋〗功能来布置。执行命令后，点击命令行的过梁表按钮，在弹出的过梁表对话框中，已经有之前在布置过梁时录入的过梁编号信息和洞口宽度，在过梁编号上录入钢筋描述便可布置过梁钢筋。如果这里没有数据，可以通过〖导入定义〗功能，导入定义编号中所有的过梁编号。“支座长度”指的是过梁挑出洞口的长度，这里按设计要求，录入 250。然后按设计要求，分别给过梁编号录入钢筋描述，录入完后，点击布置钢筋按钮，过梁的钢筋就布置好了。注意，用过梁表布置过梁钢筋时，是布置当前楼层的过梁钢筋，其他楼层的过梁钢筋需切换到目标楼层后，再用过梁表来布置，首层录入的过梁钢筋数据会保存在过梁表中，布置其他楼层过梁钢筋时直接调用即可。这里在使用过梁表时，可同时布置过梁构件和钢筋。

命令模块：【钢筋】→〖钢筋布置〗

参考图纸（附录一）：结施-03（CT1、CT2、CT3 详图）、结施-04（CT4～CT8 详图）

在给独基布置钢筋之前，应先依据结构设计总说明完成一些与独基钢筋有关的设置。这里主要是保护层厚度的设置。按照结构设计说明，独基的保护层厚度为 35mm，因此在独基的定义编号界面中，设置独基的保护层厚度为 35，这样布置到图面上的独基就符合钢筋设计的要求。

下面给独基布置钢筋。用〖构件显示〗功能在图面上只显示轴网与基础，执行【钢筋】菜单中的〖钢筋布置〗命令，弹出独基的钢筋布置对话框。

根据命令行提示，其他钢筋包含独基在内多种钢筋的布置，因此用光标选择图面上的独立基础，以 E 轴上的 C-5 为例，点击鼠标右键确认选择，如果对话框中“缺省钢筋”选项前打了钩，则软件会自动根据所选择的构件类型，给出缺省的钢筋描述，以供参考。且对话框的标题栏中会显示当前布置的钢筋类型、所属构件编号、截面特征，还有根据钢筋描述计算出的该构件单件的钢筋含量（kg/m^3）和体积。

依据结施-05 基础详图，C-5A 方向与 B 方向都配置Φ 10@120 的基底钢筋，因此在对话框中修改钢筋描述为Φ 10@120，钢筋名称取软件缺省值，数量、长度、接头类型以及接头数是软件自动根据钢筋描述与钢筋名称，提取构件基本数据，按照相关钢筋规范计算得出。点击对话框中的〖展开〗按钮[>>]，展开钢筋计算明细。

将光标置于某项名称的钢筋，就可在下部展开栏内看到该条钢筋的数量与长度计算公式，可以对公式进行修改。点击公式栏后的“[...]”按钮，进入公式编辑对话框查看各个变量的说明。从数量公式和长度公式中可以看出，保护层厚度 CZ 取的是 35，符合已定义的钢筋计算要求。确定钢筋计算无误后，点击〖布置〗按钮，C-5 的钢筋就布置好了，关闭钢筋对话框，在图面上可以看到布置钢筋会显示在基础旁边，如图 1-69 所示。

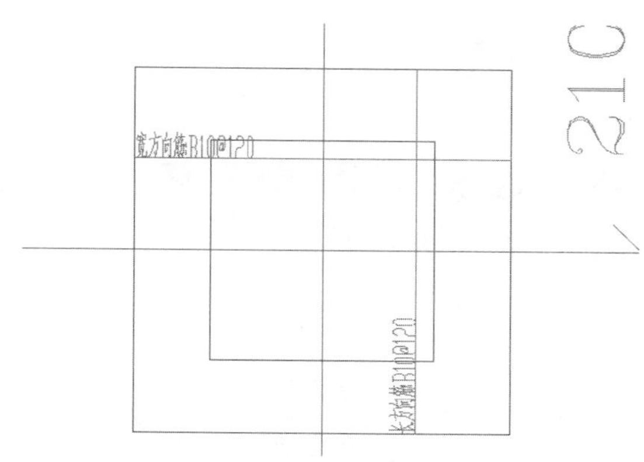

图 1-69　独基钢筋布置图

温馨提示：

钢筋保护层厚度可以在〖钢筋选项〗的“计算设置”中统一设置好，在定义构件编号时取默认的保护层厚度即可。

双击图面上的钢筋描述，进入构件查询窗口，查看与编辑钢筋属性和计算公式。

前面介绍钢筋布置流程时提过，在软件中，钢筋布置遵循“同编号”原则。即同编号的构件只需布置一个构件的钢筋，现在一个 C-5 的基础布置了钢筋，其他 C-5 就不需要再布钢筋了。在软件中，可以用两种方法来确认其他的 C-5 是否布置了钢筋。第一种方法是使用【构件菜单】中的〖图形管理〗布置功能，查看首层的独基，如果 C-5 这个编号的独基图标显示为紫色，且钢筋信息中可以看到钢筋明细数据，则表明这个 C-5 上已经布置了钢筋。第二种方法是使用【视图】菜单中的〖构件辨色〗功能，在颜色设定中选择钢筋，点击〖确定〗按钮，返回图面，此时图面上构件的颜色发生了变化，红色的构件是没有布置钢筋的构件，而绿色的构件是含有钢筋的构件。

从布置完的图形可以看出，所有的 C-5 都布置了钢筋，这就是钢筋布置“同编号”原则的体现。点击〖刷新〗按钮（或进入构件辨色对话框选择〖恢复源色〗），构件便可恢复成原来的颜色了。

依据同样方式，将所有独基钢筋布置完。

小技巧：

对于类似的钢筋，还可以用钢筋对话框中的〖参照〗功能，利用其他编号构件的钢筋来减少钢筋录入时间，快速布置钢筋。

习题

1. 独基钢筋的保护层厚度如何设置？
2. 如何快速查看哪些构件布置了钢筋？

3. 不同编号构件间有相同或类似的配筋，怎样快速布置它们的钢筋？

命令模块：【钢筋】→〖自动钢筋〗

参考图纸（附录一）：结施-01（结构设计说明）

按照结构设计要求，本工程柱与内外墙的连接应设拉结墙筋。在软件中，砌体墙拉结筋采用自动布置的方式实现。

执行【钢筋】菜单下的〖自动钢筋〗功能，请看命令行提示，点击命令行的〖砌体墙拉结〗按钮，弹出如图 1-70 所示的对话框。

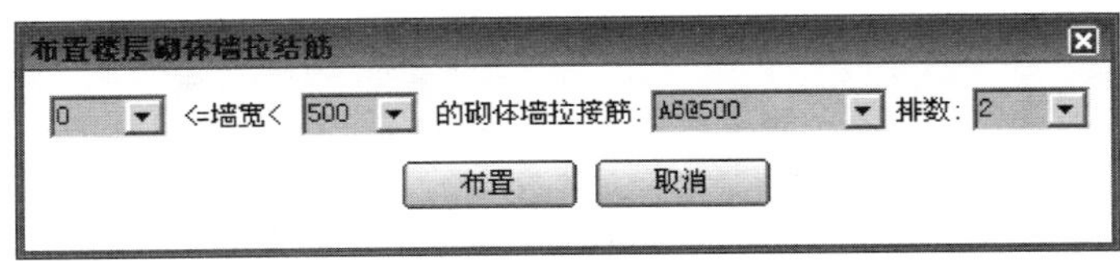

图 1-70　砌体墙拉结筋

墙宽条件可以设置为“0＜＝墙宽＜500”，拉结筋描述改为“Φ 6@500”，排数为 2，点击〖布置〗按钮，拉结筋就布置好了。

温馨提示：

同编号的砌体墙两端不一定有混凝土支座，但墙钢筋布置遵循“同编号”原则，钢筋标注可能会出现在某一段不用布置钢筋的墙上。出现这种情况不用担心，软件是根据砌体墙两端是否有支座来判定这段墙是否计算拉结筋，两端没有支座就不会计算，因此标注错误对钢筋工程量没有任何影响。

可以用【报表】菜单下的〖核对钢筋〗功能来查看砌体墙拉结筋。执行核对钢筋命令后，选择要查看的墙段。

温馨提示：

砌体墙拉结筋锚入混凝土构件的长度默认为 L_a，伸入砌体墙内的长度默认为 1000，这些值可以在〖钢筋选项〗的〖基本设置〗页面中，在“砌体加固”中设置。

习题

砌体墙拉结筋锚入混凝土构件的长度在哪里可以设置？

命令模块：【钢筋】→〖表格钢筋〗

参考图纸（附录一）：结施-02（基础平面布置图）

本工程的混凝土墙钢筋用〖表格钢筋〗功能来布置。执行命令后，在命令行选择〖墙表〗，软件弹出图 1-71 所示的对话框。

墙编号等数据可以通过〖导入定义〗功能，快速从定义编号中导入已定义好的墙编号、标高、楼层、材料以及墙厚等数据，软件会导入工程中所有的墙编号信息（图 1-72）。

现根据基础平面图上的墙表信息，在对话框中录入墙筋描述。按照施工图，墙筋“排数”为 2，地下室墙的“水平分布筋”为“Φ 12@150”，录入水平分布筋后，“外侧水平筋”与“内侧水平筋”单元格自动变成灰色的不可更改状态；反之，填写“外侧水平筋”与“内侧水平筋”，“水平分布筋”就不可填写。再录入垂直分布筋描述与拉筋描述。录完所有的墙筋信息后，对话框（图 1-73）所示。

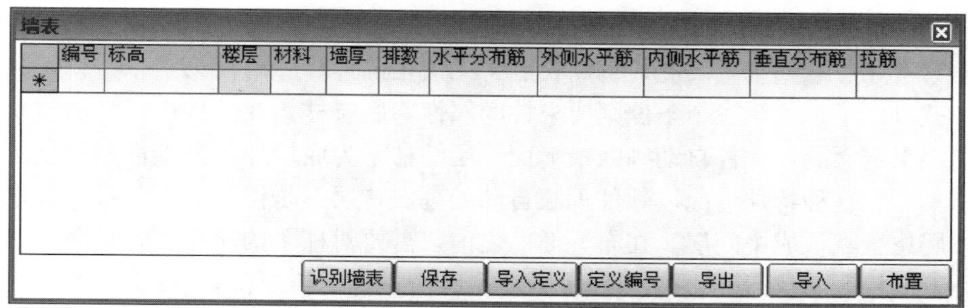

图 1-71　墙表

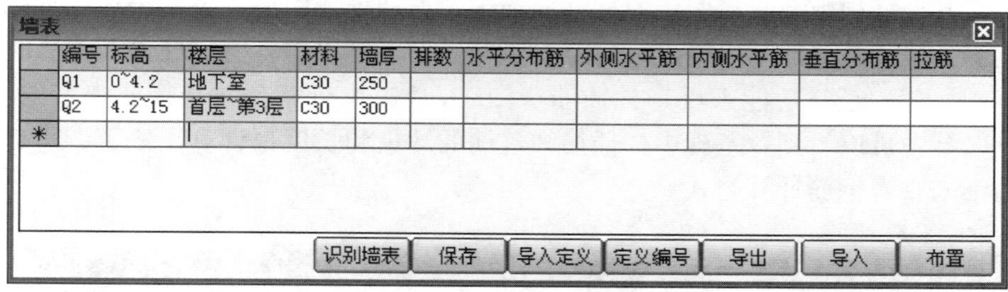

墙表

	编号	标高	楼层	材料	墙厚	排数	水平分布筋	外侧水平筋	内侧水平筋	垂直分布筋	拉筋
	Q1	0~4.2	地下室	C30	250						
	Q2	4.2~15	首层~第3层	C30	300						
*											

识别墙表　保存　导入定义　定义编号　导出　导入　布置

图 1-72　导入定义

墙表

	编号	标高	楼层	材料	墙厚	排数	水平分布筋	外侧水平筋	内侧水平筋	垂直分布筋	拉筋
	Q1	0~4.2	地下室	C30	250	2	B12@150			B12@150	A8@450
	Q2	4.2~15	首层~第3层	C30	300	2	B10@200			B10@200	A6@600
*											

识别墙表　保存　导入定义　定义编号　导出　导入　布置

图 1-73　墙表录入完毕

录入完后必须点击〖保存〗按钮，将墙表信息保存下来。确认钢筋录入无误后，点击〖布置〗按钮，当前层的墙筋就按墙表布置好了。注意，利用墙表只能布置当前楼层的墙筋，其他楼层的墙筋需切换到目标层后，再执行墙表来布置，墙表里的数据在其他楼层可以直接调用，无需重新录入。

命令模块：【钢筋】→〖自动钢筋〗

参考图纸（附录一）：结施-03（CT1、CT2、CT3 详图）、结施-04（CT4～CT8 详图）

按照设计要求，基础中还应含有柱插筋。软件中柱的插筋是在柱上面布置的，不是布置在基础构件上，且如果柱钢筋是用柱筋平法布置时，不用再额外布置柱插筋。当使用钢筋布置功能布置柱钢筋时，软件提供自动布置插筋的功能。但自动布置柱插筋和柱筋平法的自动计算插筋都有三个前提条件：

1. 柱上有柱钢筋。
2. 基础上柱为底层柱。
3. 柱底标高与基础顶标高在同一高度。

对于第一个条件，即要求基础和柱要布置在同一楼层，如果基础和柱分别在各自的楼层，柱插筋将无法取到基础高度，钢筋长度将无法正确计算。对于第二个条件，只要给柱布置钢筋就可以了。而第三个条件则要求柱的属性为底层柱。在软件中，柱的楼层位置是依据楼层表来定义的，软件自动判断最下面一层的柱子为底层柱，最上面一层柱子为顶层柱。对于本工程这种特殊情况，软件无法自动处理。首层不是楼层表中的最底楼层，因此柱子的楼层位置默认成中间层。在布置插筋之前，需要对柱子的属性进行调整。选中首层所有基础上的柱子，执行〖构件查询〗功能，在属性中将“楼层位置”改为“底层”，点击〖确定〗退出。下面便可以给柱子布置插筋了。

执行〖自动钢筋〗功能，请看命令行提示，点击命令行的〖插筋〗按钮，柱插筋就自动布置上去了，其插筋根数与直径引用原柱钢筋描述，箍筋描述引用原箍筋描述。如果您想对缺省的钢筋公式进行修改，可以进入〖钢筋选项〗的“计算设置”下的柱钢筋中修改。

可以用〖钢筋布置〗功能来反查柱插筋（图 1-74）。执行命令并选择要查看的柱子后，从柱筋导航器中可以看到，基础中柱插筋和箍筋的数量和长度都计算出来了。可以通过展开计算明细来查看钢筋计算公式。

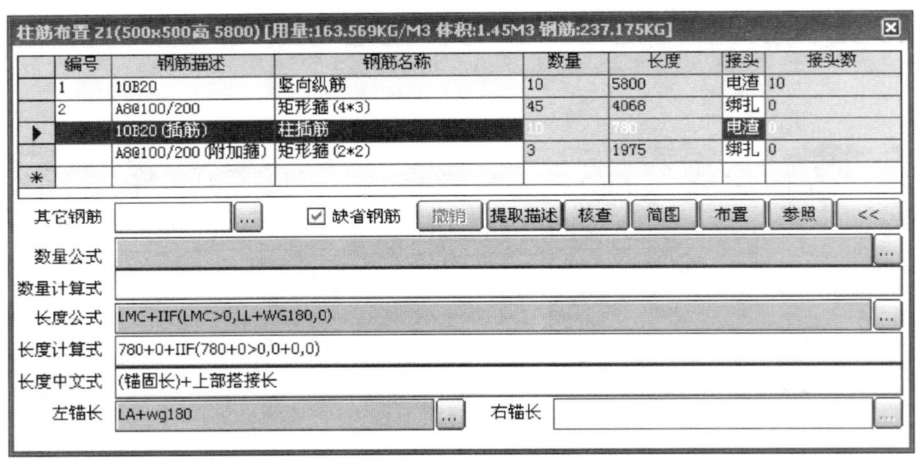

图 1-74　柱插筋反查

在柱插筋的长度表达式中，变量 JG 表示柱下基础高度，从计算式中可以看出，基高已经自动取到了柱下基础的高度 800。插筋长度为基高与弯头、搭接长度的和。因为柱插筋不是绑扎接头，因此搭接长度 LL 为 0，最后计算出插筋的长度。

习题

1. 自动钢筋功能还可以用于布置什么钢筋？
2. 如何反查布置到构件上的插筋？
3. 缺省的柱插筋的箍筋数量计算公式可以在哪里修改？
4. 插筋的长度计算公式在哪里可以修改？

命令模块：【钢筋】→〖其他钢筋〗

参考图纸（附录一）：结施-07（二层楼面梁结构图）

执行〖钢筋布置〗命令，选择挑檐，右键确认后，对话框标题变成了“布置挑檐天沟钢筋”，软件没有提供挑檐的缺省钢筋，需要手动录入。首先录入受力筋描述Φ10@150，钢筋名称选择“悬挑受力筋”；然后录入檐底分布筋，在软件中，挑檐底板钢筋需要录入分布筋描述，而施工图中没有给出分布间距，只是给出悬挑底板有 3 根钢筋，这里可以先录入一个分布筋描述“Φ6@100”，指定钢筋名称为“悬挑底板分布筋”，此时要展开计算明细栏，将原数量公式删除，输入钢筋数量 3，这样软件就能正确计算底板钢筋量了。最后录入“1Φ6”，钢筋名称选择“檐边筋”，挑檐所有钢筋录入完后如图 1-75 所示。

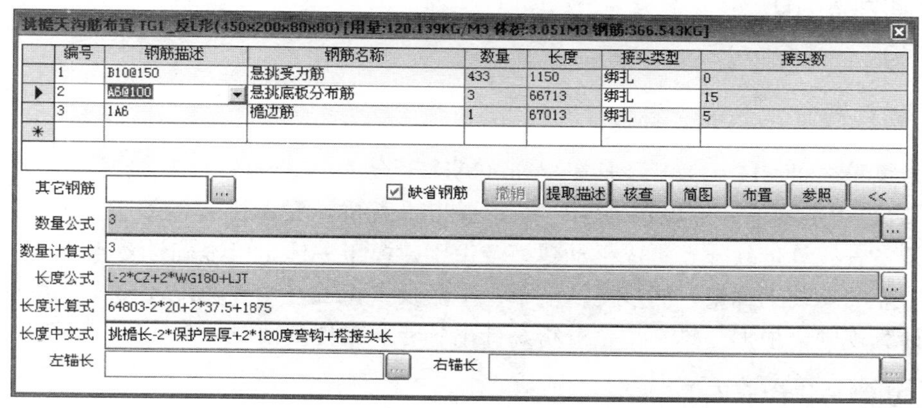

图 1-75　挑檐钢筋布置

点击〖布置〗按钮便可以完成挑檐钢筋的布置。

习题

练习布置挑檐的钢筋。

1.5.7　习题与上机操作

1. 根据附录一所示图纸完成工程设置。
2. 完成首层结构柱、梁、墙、板构件。
3. 布置柱、梁、墙、板钢筋。
4. 完成建筑图部分构件，门窗、过梁、装饰等构件。
5. 工程量输出。

第 2 章　安装算量软件

2.1　基础知识

2.1.1　软件简介

安装算量软件 3DM2014 是基于 AutoCAD 平台上的设备管线算量软件，软件符合《建设工程工程量清单计价规范》GB 50500—2013 标准，是国内首创基于 AutoCAD 平台的三维设备管线算量软件。集成手动建模及识别建模于一体，可准确计算水、电、暖、燃气等全专业的安装工程量，同步支持清单、定额及实物量三种分类统计模式，并自动通过内置的计算规则，根据三维模型，分析统计出各专业工程量情况。

2.1.2　功能与操作界面

（1）功能

工程管理：可以对进行算量的工程进行集中管理，决定采用清单算量还是定额算量，如果是定额算量，选定与何种定额相挂接。可以定义楼层属性，对相同的楼层可以重复利用。

构件布置：提供设备专业的构件布置功能，构件采用自定义实体的形式，可以更加准确地反映工程实况。构件的类型与 TH-3DM 设备软件生成的构件兼容。可以直接被 TH-3DM 设备设计软件使用，也可以直接在 TH-3DM 设备设计软件建立的图纸上添加必要的信息，完成算量。

做法定义：系统提供完备的做法定义功能。用户可以定义出各种做法，修改方便，满足不同施工工艺的要求，生成的做法库可以进行导入、导出，供以后的工程使用。

构件编辑：主要是给构件挂接做法使其与清单或定额相挂接，使构件具有做法属性。

工程量统计：对赋予做法属性的构件进行工程量统计，可以对整个工程统计，也可以对不同楼层、不同系统、不同构件甚至没有任何规则的局部区域构件进行工程量的统计，并可以根据统计的结果返回检查。

报表输出：提供多种类型的报表输出，并可以对报表的格式进行控制以满足实际需求。

（2）操作界面

操作界面见图 2-1。

2.1.3　操作流程与基本操作

【操作流程】

使用 3DM 进行安装工程量的计算流程在软件帮助菜单—文字说明中有详细讲解，鉴

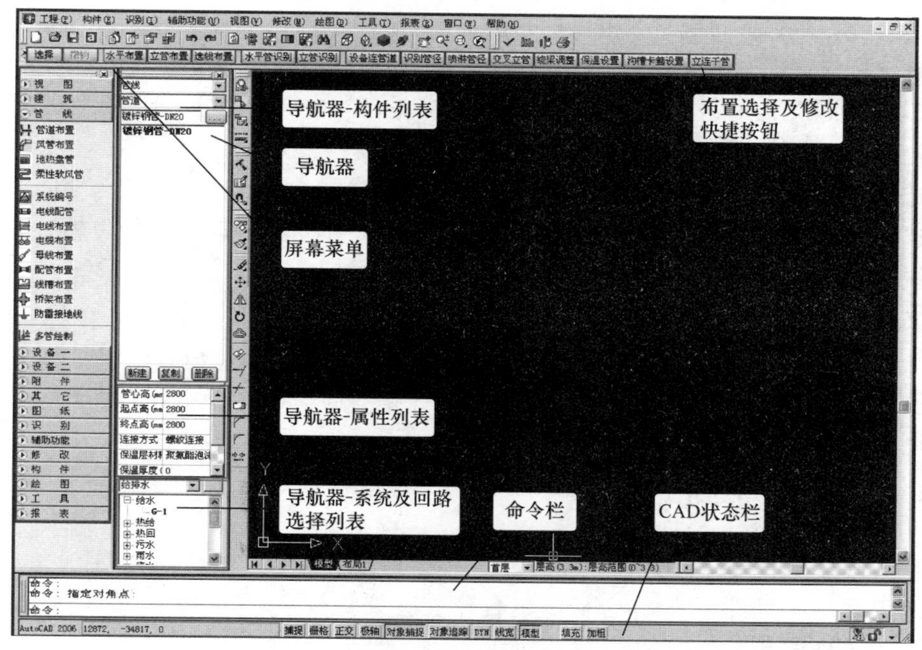

图 2-1　操作界面

于本实例的实际情况，流程如下：

1. 设置工程属性，主要内容是设置工程名称和采用的清单和定额以及工程量的输出方式；

2. 设置楼层信息；

3. 导入电子图进行系统图、材料表等的识别和定义；

4. 识别或将工程内容（器件）布置在界面上；

5. 指定做法，对器件进行进一步的调整；

6. 进行工程量计算，输出报表（图 2-2）。

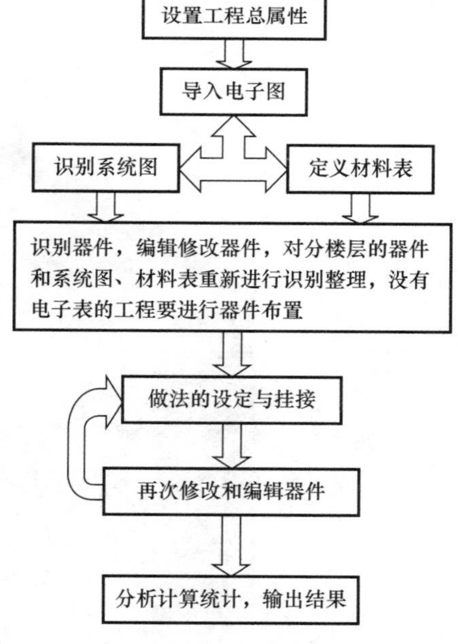

图 2-2　操作流程

【基本操作】

界面：3DM 软件的屏幕界面；

对话框：执行某个功能命令后，界面中弹出的用于输入和指定设置内容的图框；

光标：指屏幕界面上随鼠标移动的箭头形和十字形或其他形状的图标；

鼠标：指操作光标的硬件设备。

小技巧：

滚轮鼠标中间的滚轮：向前滚动可放大界面上的图形，向后滚动可缩小图形，按住滚轮时界面上的光标变为一只手形，按住滚轮同时拖曳鼠标可将界面上的图形进行移动。

点击：单击鼠标左键；

双击：连续 2 次间隔时间不大于 0.5s，快速点击鼠标左键；

点击右键：简称（右键）单击鼠标右键；

拖曳：按住鼠标左键或右键不松，移动鼠标；

回车："回车"在计算机中指执行命令，主要是指按击键盘上的"Enter"键；

组合键：指在键盘上同时按下两个或多个键；

单选（点选）：用光标单（点）选目标［单（点）选时光标会变为一个"口"字形］；

框选：用光标在界面中拖曳出一个范围框选目标，框选目标时光标拖曳轨迹为矩形框的对角线（框选时光标会变为一个"十"字形）；

多义线选择：在界面中用画连续不断封闭线的方式对区域进行选择；

尺寸输入：除特殊说明外，标高按"m"为单位、其余均按"mm"为单位；

角度输入：角度输入均用"角度"；

坡度输入：坡度输入均用小数形式。

2.1.4 工程设置与系统识别

（1）实例基本情况

实例工程为一所学校的综合楼，集食堂、会议、教室、办公于一体，建筑面积为 $1434m^2$，地上四层和一个地下室，出屋面层面有一半是空敞的屋顶露台。

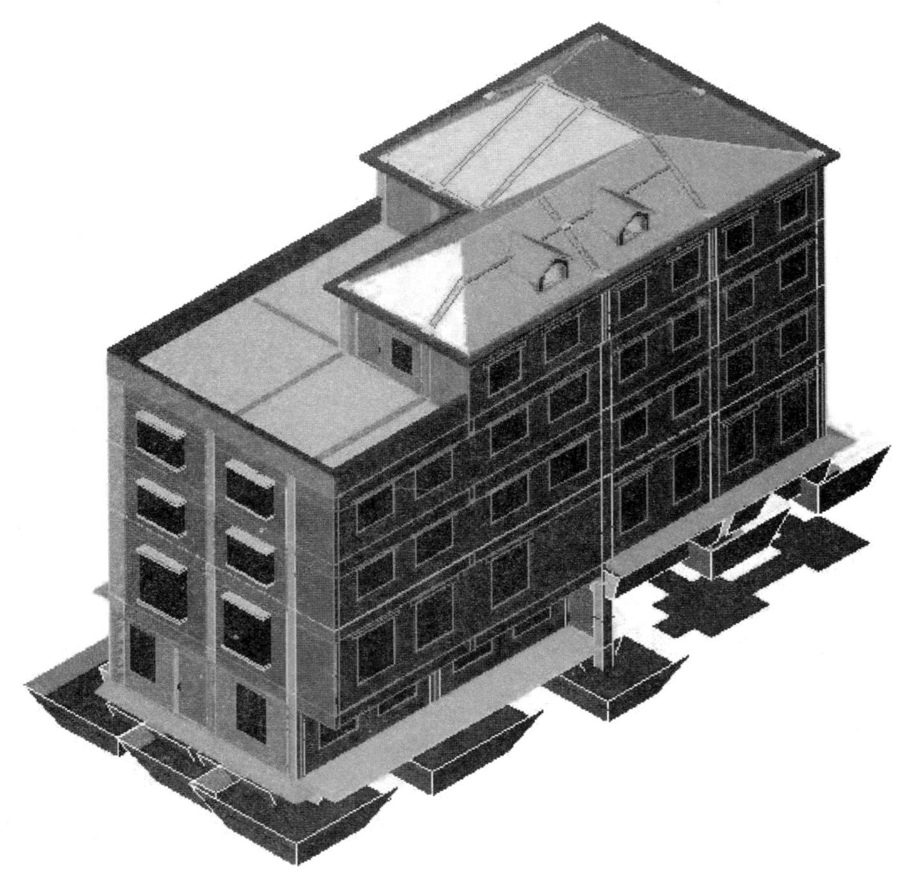

图 2-3 实例工程概况

需计算的安装工程专业内容有：

1）电气系统；

2）给水排水系统；

3）空调系统；

4）弱电系统；

5）消防喷淋系统；

6）消防报警系统。

上述六个系统基本涵盖了建筑室内安装的内容，工程虽小但涉及安装算量的内容是全面的。其中：设备部分在安装工程计量时均是按成套、台、件等计算，所以在进行器件布置过程中，软件都是以一个图形示意。阅读了本书后，在实际工程中碰到软件图库内没有对应图形的设备类型时，可在器件库中任意选择一个类似的设备器件，之后赋予该器件的做法，一个新的器件就产生了。也可以使用软件提供的图形维护功能，自己在设备图库内增加图形，之后在定义时就可选用。

安装工程工程量的计算难点主要是管线，软件的最大优点也就体现在这方面。当工程项目的参数设置好，在界面中布置上了管线的图形，赋予了做法，经过软件的分析和统计计算，就会得到所需要的工程量。

当然，要得到器件的工程量也不是吹灰那么简单，必须按照软件规定的操作方法进行操作，才能得到正确、完整的工程量。软件中有些操作是可以跳跃着进行的，而有些操作是必须按顺序进行，否则程序就会出错，甚至产生不可弥补的损失，如工程文件损坏丢失等等。

在电气系统内要计算出下列内容：

1）配电箱；

2）电线管；

3）电缆、电线；

4）开关、插座；

5）灯具；

6）其他器件。

在给水排水系统内要计算出下列内容：

1）给水管道；

2）排水管道；

3）水表、管道阀门；

4）洁具；

5）其他器件。

在空调系统内要计算出下列内容：

1）风管；

2）冷冻水供水管、冷冻水回水管、冷凝水管（注：实例中未考虑冷却水系统，用户可根据冷却水系统的方法进行建模）；

3）出风口；

4）新风机；

5）风机盘管；

6）管道支架、风管支吊架；

7）管道的保温；

8）中央空调主机、水泵等设备器件。

在弱电系统内要计算出下列内容：

1）计算机网络布线；

2）有线电视布线；

3）电话网络布线。

消防系统和消防报警系统这两个系统可合并为一个，要计算出下列内容：

1）供水管道；

2）喷淋设备；

3）监视布线；

4）控制设备；

5）其他器件。

实例采用国标清单的格式进行工程量计算，定额选用当地的安装专业定额。

实例的楼层层高分别为：地下室 4.2m、一层 4.2m、二层 3.3m、三层 3.3m、屋面层 3.0m 说明：实例房屋共计有五层，在进行识别布置操作说明时，对同样的器件布置操作只作一个楼层的说明，相同的内容将略过。

在实例中，为了锻炼和学习。有些图形我们是故意绘制欠缺和错误的，用户用实例进行锻炼操作时，应该根据软件提供的功能对实例电子图进行修改补充，以锻炼解决问题的能力。

实例中的清单定额条目的套挂，与专业不一定完全吻合，事实上在实际工程中很多用户对清单和定额条目的挂接都有各自的理解。实例工程所挂接的清单和定额只作为参考，提示用户可以这样套挂做法而已。

（2）工程设置

启动桌面安装算量软件快捷方式，进入【欢迎使用安装算量】的对话框，点击新建工程，输入工程名称，进入工程设置窗口，如图 2-4 所示。

在此请重点理解【计量模式】及【楼层设置】。

计量模式：

软件是内置了各地区的计算规则，模型算量是根据规则来计算，那确定该规则就是在计算依据栏目中进行相应设置。除了设定计算依据，还需确定工程量的输出模式，软件提供了清单模式、定额模式、实物量模式，模式的设置与计算依据有因果关系：当选择输出模式为【定额模式】，计算依据只可选择定额名称；当选择【清单模式】，计算依据必须选择清单名称及定额名称。除此，在设定清单模式或定额模式的同时，也确定了实物量模式的情况，换句话说：在定额模式情况下，如果对模型未关联相应定额，则软件按照定额规则计算，并输出模型该有的工程量；在清单模式下，如果对模型未关联相应清单及定额，则软件按照清单模式中所选择的实物量规则情况进行计算，并输出模型该有的工程量。

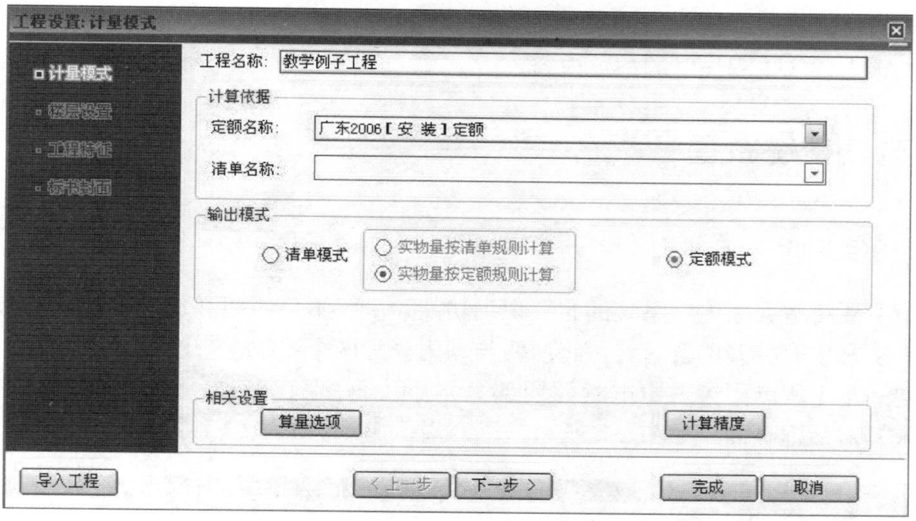

图 2-4　工程设置窗口

楼层设置：

设置完【计量模式】后，点击下一步，即可进入【楼层设置】对话框，在此利用【添加】、【插入】、【删除】、【识别】按钮对楼层进行编辑，重点设置楼层名称、层高、首层层底标高、标准层数即可。

（3）系统识别

各系统的识别主要调用到屏幕菜单栏中的【图纸】及【识别】菜单。其中图纸菜单是针对需进行识别的图纸进行处理的一些命令，如：导入设计图、分解设计图、图层控制等；识别菜单则是各系统识别相应构件时，需要调用到的命令，如：识别设备、识别管道、识别风管、识别管线等，具体命令在各专业中的运用，在相应系统的讲解中进行详细说明。

2.1.5　系统布置的一般方法

系统布置方式调用到屏幕菜单栏中的“管线”、“设备一”、“设备二”、“附件”、“其他”这几个命令来完成，任何一个系统的布置，第一步都是选择该系统中需要进行算量的构件进行定义，而安装算量的各系统中，算量的主要构件分为：点型构件和线型构件，这就决定了各系统构件布置的方式主要为：“点布置”及“水平布置”、“立管布置”。软件是基于 autocad 平台，故绘制构件的方法，跟在 cad 中绘制线和点的方法相同，但要强调一点，在软件中并不是仅有以上提到的构件布置方式，它也提供其他的各种布置方式（可以实现在不同场景中进行快速布置）。

2.1.6　习题与上机操作

（1）打开软件，了解软件窗口布局，测试 Ctrl+F12 的作用是什么？

（2）在软件中，使用 cad 命令，绘制线段、多义线、圆弧、圆等图形，并思考三键鼠标的妙用。

（3）思考对象捕捉的设置方式，并设置为常用的捕捉点：端点、交点、延伸、垂足、最近点。

（4）重点理解工程设置的相关内容。

2.2 电气系统布置

2.2.1 操作说明

本节主要讲解介绍电气系统的布置识别功能，讲解不分照明和动力专项，如果使用者的工程在实际中有分开的要求，可将照明与动力分为两个系统进行建模计算。

新建一个工程（附录二中电气照明部分），填写好保存路径，点开跳出【工程设置：计量模式】对话框页面，如图 2-5 所示。

图 2-5　工程设置：计量模式对话框

在工程设置的计量模式对话框中，在工程名称栏内可以看到以建立好的“实例教程电气部分”工程名称；接着在“计算依据”栏内将定额名称选为“广东省安装工程 2010 定额”，清单名称选“国标清单”，输出模式选“清单模式”。设置完后，点击〖下一步〗按钮，弹出【楼层设置】对话框，如图 2-6 所示。

在楼层设置对话框中，将楼层名称、标高、层高等设置好。可以利用〖添加〗、〖插入〗、〖删除〗、〖识别〗按钮对楼层进行编辑。点击〖下一步〗按钮，弹出【工程特征】页面，见图 2-7。

在工程设置对话框中，将电气的常用属性值设置好，这部分也就是工程总说明内的内容，点击〖下一步〗按钮，弹出【标书封面】页面，栏目中的招标方、投标方信息可填可不填，视具体情况而定，在这儿略。点击〖完成〗按钮，软件进入屏幕操作界面。

进入软件操作页面后，点击屏幕菜单中的〖图纸〗按钮，菜单向下展开，点击执行“导入设计图”命令，弹出“选择插入的电子文档”对话框，点击“查找范围”栏目后面的下拉按钮〖▼〗选择需要的电子图文件夹，选中电子图文件夹后，在对话框内看可到实例工程

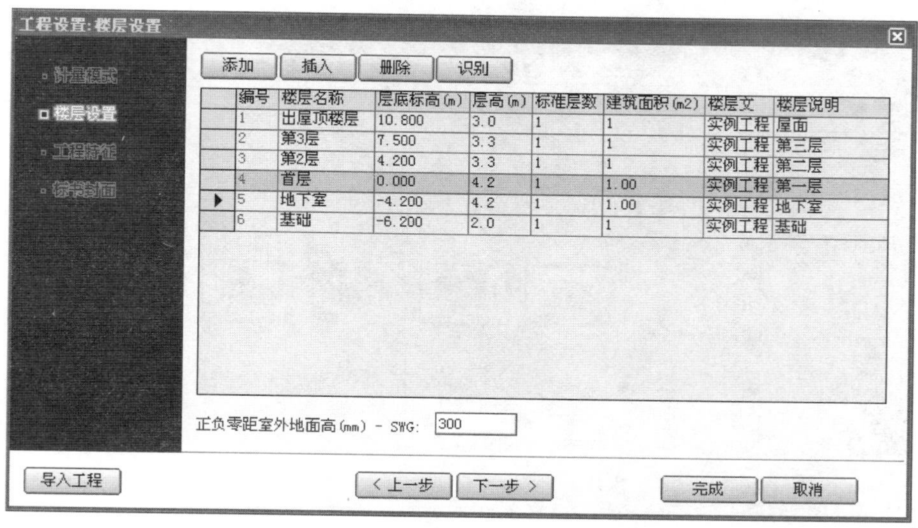

图 2-6　工程设置：楼层设置对话框

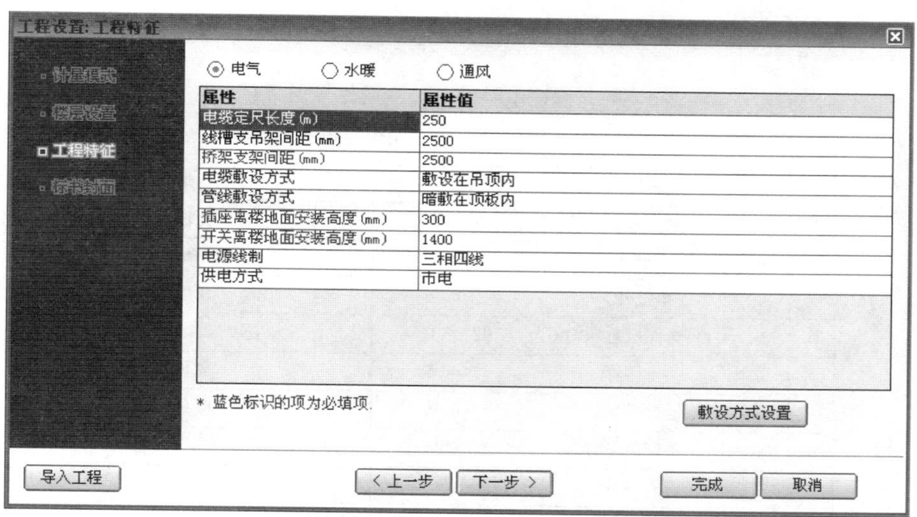

图 2-7　工程设置：工程特征对话框

的六个专业的电子图。将“一至四层电气”文件名选亮显，这时对话框右边的预览框内会显示选中图档的缩略图，选好文件后点击〖打开〗按钮，这时“一至四层电气”的电气图就导入到操作界面中了，如图 2-8 所示。

在界面中看到有六张图，分别是地下室至四层的电气平面布置图和一张电气系统图。在第一张图中，看到有一个器件材料表，如图 2-9 所示。

这张表中分别有：

图例：表示在图中对应的图形是一个什么名称的器件。

名称：表示对应图中的这个器件是什么名称。

规格：对应的器件是什么规格的，有时含有型号的内容。

单位：表示计算该器件的换算单位是什么，如：只、套、件等。

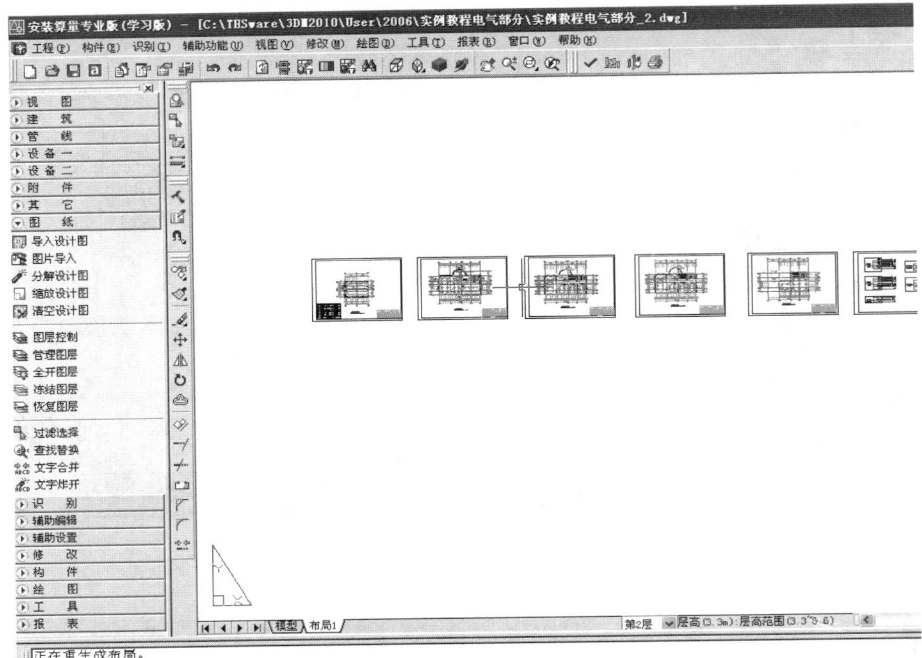

图 2-8 一至四层电气图已经在操作界面中显示

序号	图例	名　称	规　格	单位	数量	备　注
10		照明配电箱				距地1.8m
9		二极/三极插座	220V 10A			距地0.3m
8		二极开关				距地1.4m
7		单极开关				距地1.4m
6		自带电源应急照明灯	F102 2×16W			距地2.4m墙上安装
5		无栅灯	1×40W			吸顶安装
4		延时吸顶灯	1×40W			吸顶安装
3		单管荧光灯	1×40W			吸顶安装
2		栅格灯	3×40W 600×600			
1		栅格灯	3×40W 1200×600			

图 2-9 电器材料表

数量：在此处的数量只是设计人员统计的数量，不一定准确，必须经过图面建模计算后才能确定。

备注：栏中标注的是该器件的一些必要的说明，如安装方式、离楼地面的高度等。除了材料表外，指导电气安装施工另外一张重要的表就是系统图了。在实例中系统图居于第六张，如图 2-10 所示。

可以看到图 2-10 中有五个板块，分别是一至四层的电路系统。系统中可看到下列内容引出电箱：为图中用黑色线框起来的部分，此部分中包含了电箱的编号，此处电箱编号为（-1AL），断路器型号为（C45N-30A/1P），电箱内配置的电源控制器件，如果电箱是

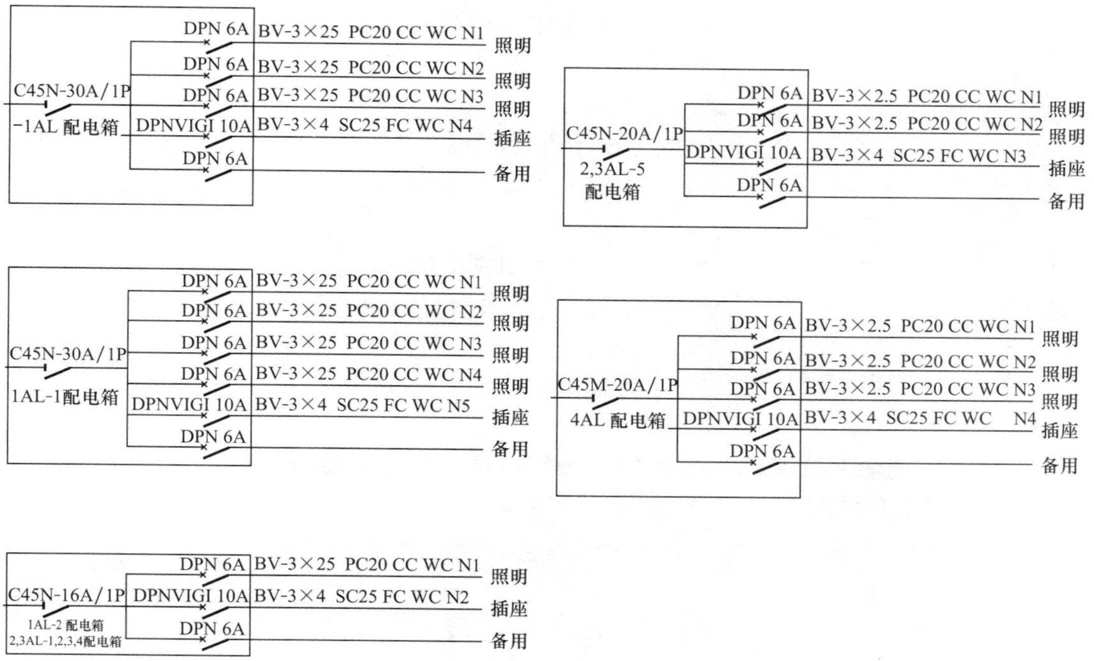

图 2-10　电气系统图

成套标准配置，用户只计算电箱个数就行了，如果电箱是非标的或自制的，则电箱内的控制器件应分别计算（可用软件内的“三箱设置”功能进行计算）。

控制器件：包括熔断器、触电保护器、电源闸刀、电量表等。

引出电源线路：线路中包含电线的规格型号、电线的根数（一般情况下，在平面布置图中没有另外标电线根数的均按照此处的电线根数计算）、保护管材质、规格型号、保护管或电线的敷设方式，以及电源线的回路编号，在此处看到有 N1～N3 是用于照明的回路，N4 是用于插座的回路。

电源类型：主要说明引出电源是作什么用途的，在这里看到有照明和插座以及一个备用的回路。了解了材料表和系统图的内容后，就可以进行识别操作了。电子图导入操作界面后，执行“图纸”菜单下的“分解设计图”命令，将导入的图档进行分解。

2.2.2　自动识别

自动识别功能，主要是对图纸进行智能转化识别，都知道完整的电气系统包含，设备、管线、附件等，软件可以根据常规算量方法进行转化，可以先转化设备，然后识别转化管线，最后转化附件，这样可以自动生成立管。电器系统可分成不同的电箱和回路，软件提供提取识别回路和材料表功能，这样大大地提高了算量速度，下面我们看看怎么识别系统图和材料表。

1. 识别系统图

首先对系统图进行识别。点击屏幕菜单中的〖识别〗按钮，在展开的内容内执行“读系统图”命令，如图 2-11 所示。

这时命令栏提示“请选择主箱文字:”同时对话框隐藏，光标变为选择目标形状“■”，按

图 2-11 “读系统图”按钮

提示选择一个电箱的编号，选择“-1AL”电箱编号，当选中电箱编号后，同时弹出“系统编号的识别”对话框，如图 2-12 所示。

点击对话框中的〖提取全部文字〗按钮，对话框再次隐藏，光标变为“◻”状态。框选界面中的管线文字描述部分，如图 2-13 所示。

框选完需要识别的文字，会再次弹出“系统编号的识别”对话框，这时在对话框中可看到已经有了线路内容，包括电线的直径、型号、敷设根数、保护管所用材料直径以及敷设方式等内容，如图 2-14 所示。

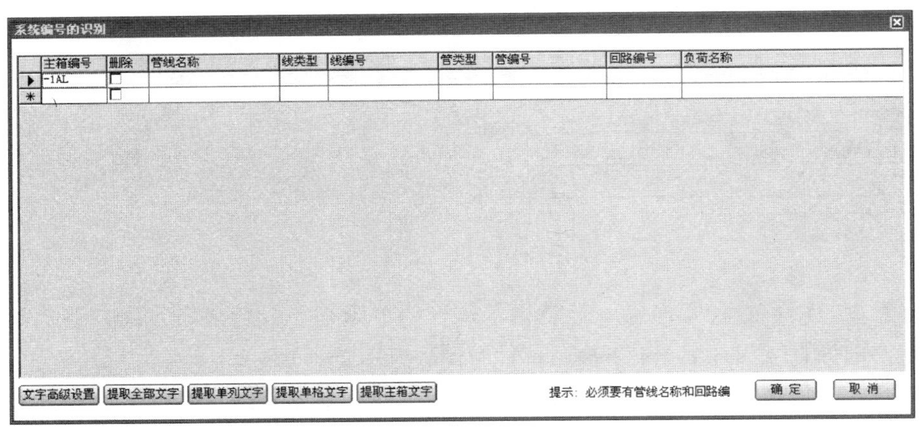

图 2-12 选择电箱编号后弹出“系统编号的识别”对话框

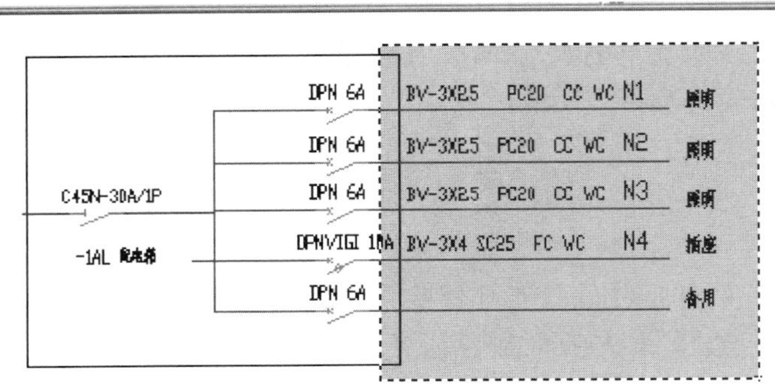

图 2-13 框选电源文字描述

点击〖确定〗按钮，这时我们点击“识别系统”命令，看到在对话框中已经载入了电箱“-1AL”的编号，点开电箱“-1AL”文件夹，会看到有识别出来的照明、插座的回路编号、电线配管型号及敷设方式，如图 2-15 所示。

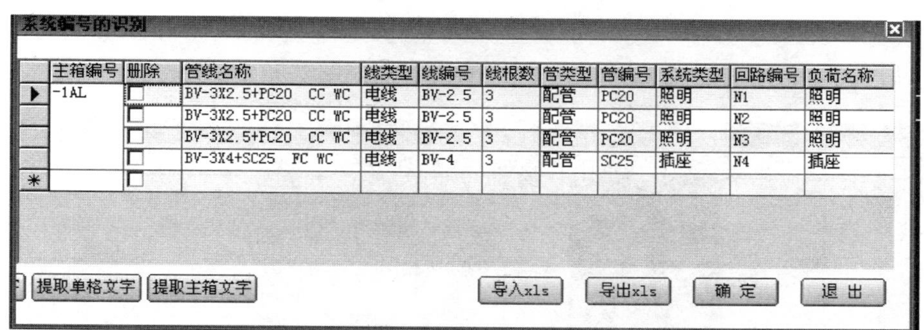

系统编号的识别

主箱编号	删除	管线名称	线类型	线编号	线根数	管类型	管编号	系统类型	回路编号	负荷名称
-1AL	□	BV-3X2.5+PC20 CC WC	电线	BV-2.5	3	配管	PC20	照明	N1	照明
	□	BV-3X2.5+PC20 CC WC	电线	BV-2.5	3	配管	PC20	照明	N2	照明
	□	BV-3X2.5+PC20 CC WC	电线	BV-2.5	3	配管	PC20	照明	N3	照明
	□	BV-3X4+SC25 FC WC	电线	BV-4	3	配管	SC25	插座	N4	插座
	□									

提取单格文字　提取主箱文字　导入xls　导出xls　确 定　退 出

图 2-14　已识别的电源回路文字

通过上述步骤的操作，就将系统图的内容识别出来了。重复上述方法可以将所有楼层的系统图一次性的全部识别完，识别完了的内容全部记录到图 2-15 识别系统导航器中。

图 2-15　导航器中已经有了识别的内容

2. 识别材料表

现在开始“识别表格”（图 2-16）。所谓识别表格，是指提取原始图纸上的“设备图例”表格中的图例信息，并以此为模板，批量识别图面上的所有设备器件。

点击“识别表格”按钮，弹出“设备识别”对话框，见图 2-16。

设备识别

删除	构件类型	示意图形	三维图形	构件名称	规格型号	构件标高(mm)	回路编号
□							
□							

提取表格　提取单列　导入编号　保存编号　转 换　设 置　退 出

图 2-16　“识别设备”对话框

这时看到对话框中还没有内容，点击〖提取表格〗按钮，光标变为“■”选择状态，同时命令栏提示“请选择文字和图块:”，框选（或点选）要识别的文字和图块，从右向左框选，选中后右键，对话框中就显示出了识别的内容，如图 2-17 所示。

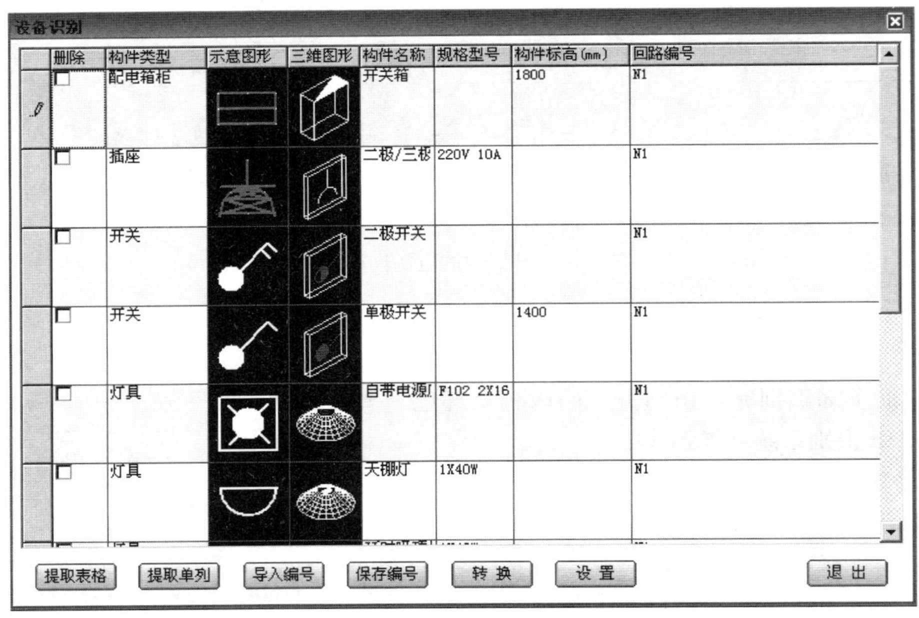

图 2-17　对话框中已经记录了内容

这些初步识别出来的内容还不能直接利用，还需要进一步调整。图中有些构件类型与二维图、三维图形不对应，规格型号，构件标高与设计内容也不吻合。我们可以根据实际规格型号进行修改，将“设备识别”栏目中的内容全部调整正确后，点击〖转换〗按钮，光标变为“□”选择状态，界面返回 CAD 界面，同时命令栏提示“请选择需要识别的设备:”，从右上角至左下角在图上框选需要识别的设备图形（注意：不要再将图例表格中的图形选上，否则会将图例中的图块识别成一个设备），选中后右键，被选中对应的设备图形就被识别成设备了，识别后的设备颜色就有了变化。

同时，识别的设备属性内容已经记入到定义对话框里面了。如点击【设备二】菜单中的“灯具布置”按钮，在弹出的导航器中可看到已经有识别成功并记录下来的器件名称。

3. 识别设备

在“识别表格”中，如能将所有的设备一次性识别完毕，则不需要用到识别设备的功能。而实际操作的电子图中往往有些图例所表示属性与图面上的图形不相符，导致“识别表格”时无法正常将其识别出来，这时，就需要用到“识别设备”功能。

电气系统中的设备一般包括灯具、配电箱、开关、插座等。现在以配电箱为例，介绍识别设备的方法。

将地下室平面布置图置于界面中，先识别配电箱。

点击屏幕菜单中的【识别】菜单，这是菜单会向下展开，执行“识别设备”命令，弹出识别设备导航器，如图 2-18 所示。

点击导航器中的“3D 图”按钮，弹出“图库管理”对话框，在图库管理中双击所需要的配电箱柜名称和图形，重新回到图 2-18 界面，设置相应的标注图层，属性，系统类型，回路编号，点击〖提取〗按钮；光标变为"▣"选择状态，同时命令栏提示"选择单个图例"，在界面图中框选单个图形，右键确认；同时命令栏提示"请输入块的插入点："，在图上选择设备的插入点，命令栏又提示"请输入块的插入点：请输入块的方向："；根据图形的方向，在图上选择插入设备的方向，这时命令栏又提示"选择需要识别图块"，框选整个需要识别的设备图形，右键确认，被框选的配电箱就被识别出来了。其他的电器设备以及附件都是用同种方法识别。

4. 识别管线

所有的设备、附件识别完成之后，进行管线识别，就是把设备与设备连接起来形成一个整体系统，系统是由系统回路组成的，每一条管线都有自己的回路编号和回路信息，我们之前已经提取识别了系统图，知道了所有的回路信息，下面就可以根据图纸所给信息进行管线的识别转换。识别菜单下执行"识别系统"命令，弹出回路属性对话框和电气设备连立管对话框，设置好自动生成立管的参数之后确定。在导航器展开的选项栏中选取准备识别的系统编号和要识别的回路编号，如图2-19所示。

由于前面已经进行过系统图的识别，每个回路都带有管线的材料、规格型号等描述信息。这不同于单根的管线，用系统编号进行识别处理等同于单根管线的识别一样，实际上单根管线的材料、型号、规格等已经存在于分别的类型选项中。

图2-19中的内容操作步骤如下：

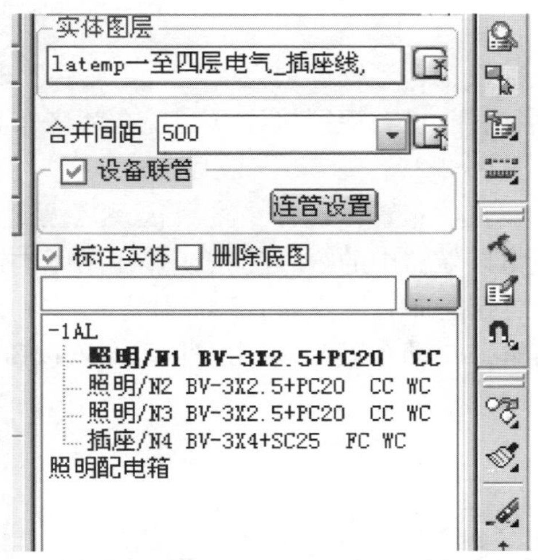

图2-18　识别设备导航页面

图2-19"识别系统"对话框

1）由于现在是在进行地下室器件布置，地下室的系统编号是-1AL，就选择"-1AL"文件夹；

2）在展开的文件夹中选择"照明回路"，当然也可以选择"插座回路"，视正在识别的回路而定。在这里选择"N1"回路；选择好回路编号后，点击"实体图层"栏后的〖▣〗按钮，此时命令行会提示"提取水平的线"，因为绘制电线的线形属于一个图层，识别管线时不能用框选整个的方式进行识别，这样做会将所有管线都识别成一个回路。

选择界面中属于“N1”回路的图线，右键确认后，命令行提示“选择需要识别水平的线”，光标再到界面中点选要识别成 N1 回路的线，右键后就将线路识别出来了。因为识别管线是按回路编号来进行的，在图面上选择回路线型最好一次性将对应的回路图层选完。选择好“N1”回路编号后，会显示出识别出来的结果；管线的回路编号、类型、敷设方式，图上也已经标出。其他回路也按上述方法识别即可。

照明回路部分识别完后，将选项选到“插座”回路编号上，选择插座部分的电线回路进行识别，操作方法同上。全部回路识别完成后，软件会根据之前电气设备连立管设置自动生成立管，如图 2-20 所示。

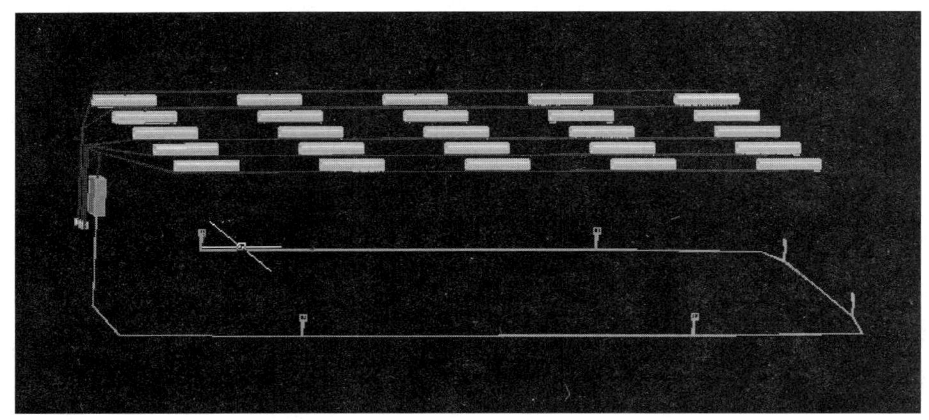

图 2-20　设备管线布置完成

全部设备、管线识别完成之后，最后发现插座电源线在转角的地方应该有接线盒，因为识别材料时没有识别接线盒，现在就来布置接线盒。执行【附件】菜单内的“接线盒”命令，见图 2-21。

接线盒的布置方式有“管上布置 选管布置 自动布置 点布置”四种。

点击导航器中的〖新建〗按钮，在图库中选择接线盒的类型，接着选择布置方式。“管上布置、选管布置、点布置”三种方式可在电线、电缆、管线上任意位置进行布置。现在重点讲解“自动布置”。点击“自动布置按钮”弹出对话框如图 2-22 所示。

图 2-21　接线盒命令

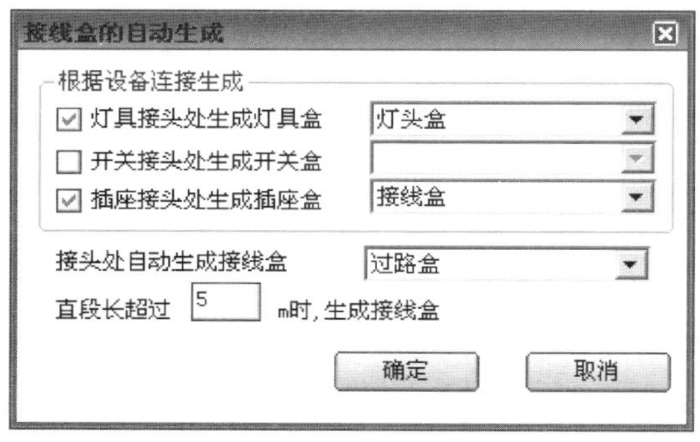

图 2-22　“接线盒的自动生成”对话框

在“灯具接头处生成灯具盒”下拉列表中选择灯具接头处自动生成的灯头盒类型。在“开关接头处生成开关盒”下拉列表中选择开关接头处自动生成的接线盒类型。在“插座接头处生成插座盒”下拉列表中选择插座接头处自动生成的接线盒类型。在“接头处自动生成接线盒”下拉列表中选择中间接头处自动生成的接线盒类型。

将接线盒的相关信息设置好后，点击确定，软件自动在相应的位置生成接线盒。实例地下室的电气部分就做完了，显示结果见图 2-23。

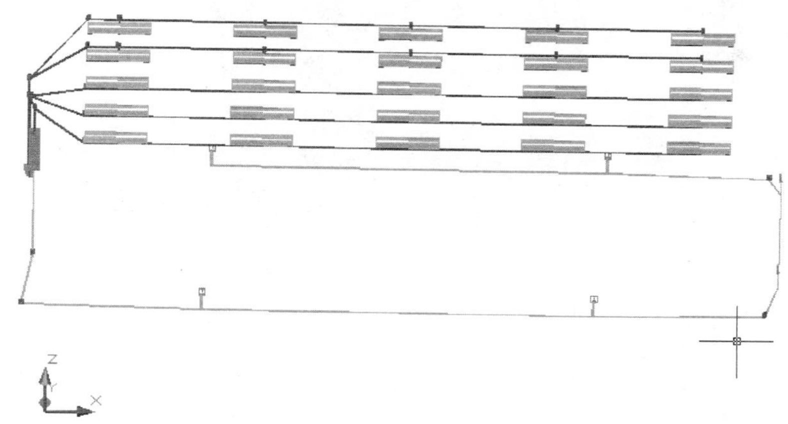

图 2-23　地下室电气器件布置完成图

2.2.3　做法挂接

现在整个系统识别转化完成之后我们来对识别的设备、管线挂接做法。

点击“构件”菜单命令展开，点选“构件筛选”命令，软件会跳出“构件筛选”对话框，见图 2-24，可以根据需求挑选自己需要挂接做法的设备和管线回路，这里以单管荧光灯为例，如图 2-24 所示。

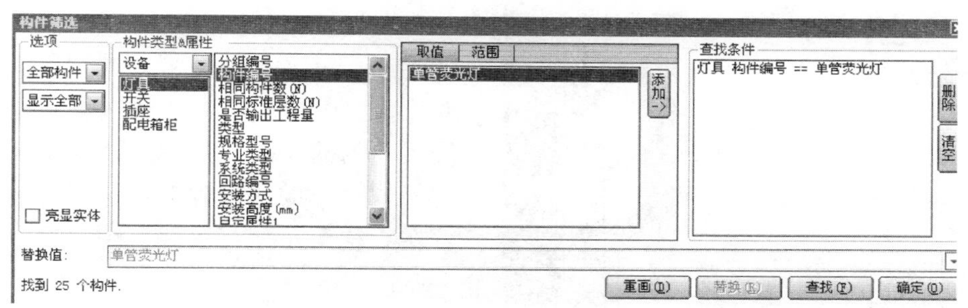

图 2-24　“构件筛选”对话框

这里要注意构件类型属性（设备、管线、附件）分三种类型，选择好取值添加到查找条件里面点确定，软件会选择到所有的单管荧光灯，之后在图纸上所有的单管荧光灯会变成虚线，选择任意一个单管荧光灯右键，软件会弹出“查询构件”对话框，见图 2-25。在“查询构件”对话框可以看到“属性”和“做法”的选择项，属性既是构件的属性值，点开“做法”选项，在这里就可以根据实际的做法进行清单定额的做法挂接，见图 2-25。做法挂接完成后点击确定，这时会发现所有挂接做法的设备发生了颜色的改变。

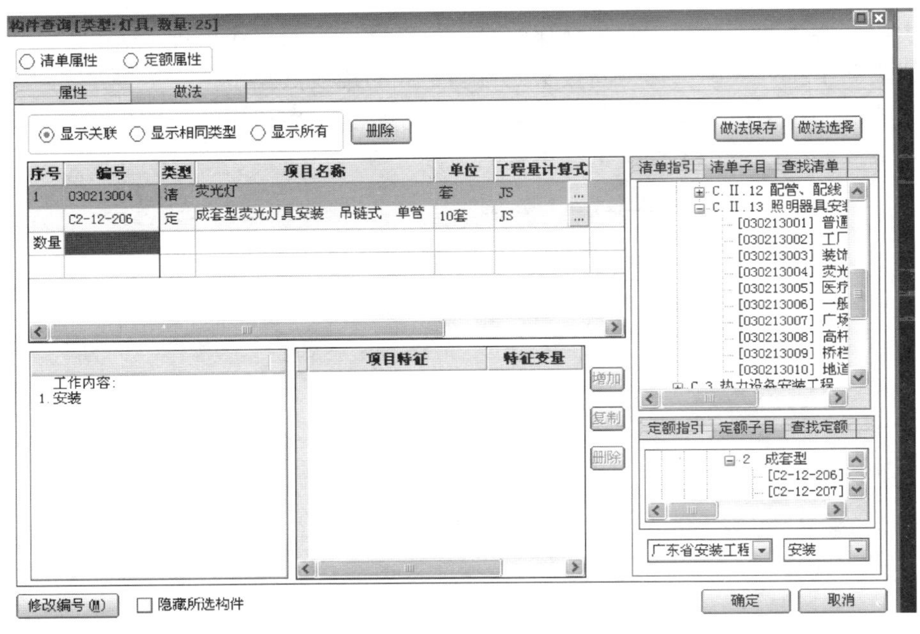

图 2-25 “查询构件”对话框

以上述的方法对所有的设备、管线、附件进行做法挂接就可以了，这里不再详细介绍。

2.2.4 手工布置

实例是在有电子图文档的情况下编写的，故前面几乎全部是对识别作的介绍，现在来谈谈没有电子图文档时怎样进行操作。

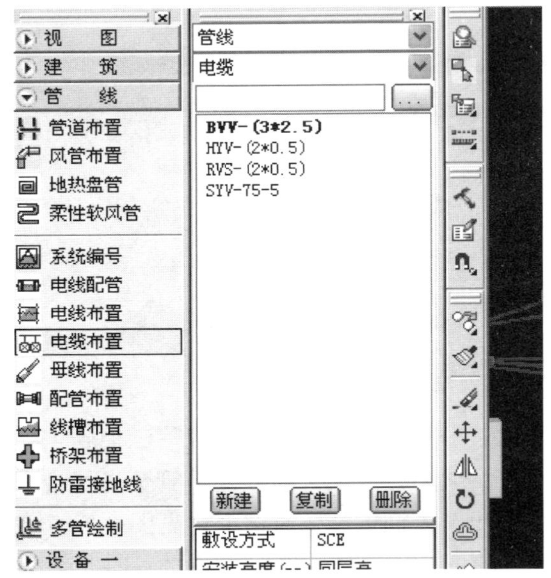

图 2-26 电缆布置对话框

在没有电子图时，所有的安装器件只能用手工定义进行布置。同识别一样，先对设备、附件等定义录入，设备定义在系统菜单的【设备二】中；附件定义的位置在系统菜单的【附件】中；管线定义的位置在系统菜单的【管线】中。现在用布置一条进户电缆为例加以说明，点击【管线】菜单执行【电缆布置】命令，弹出导航器，见图 2-26。

点击导航器中的〖新建〗按钮，弹出电缆材质表，见图 2-27。

表内电缆规格不满足当前的需要时，用户可以向表内添加电缆的规格和型号，点击“规格参数”栏下〖增加〗按钮，进入电缆规格选择对话框，见图 2-28。

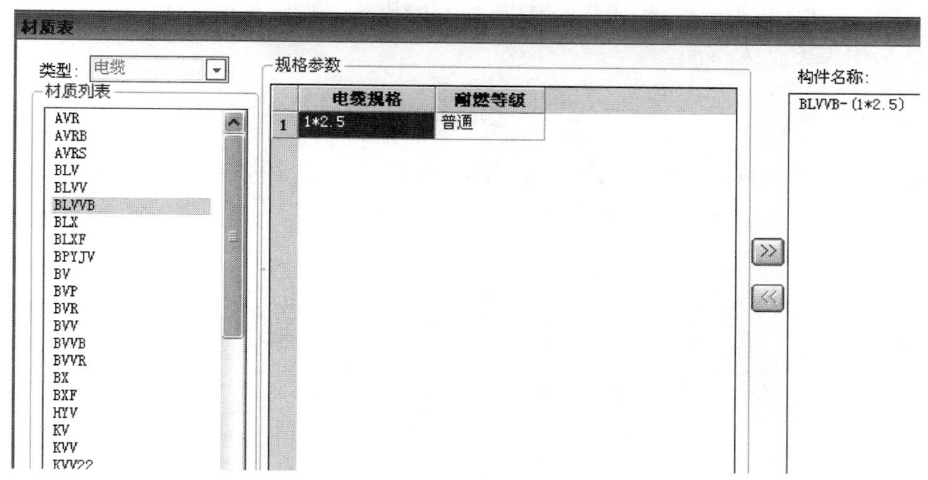

图 2-27　材质表

在对话框中，选择所需要的规格和芯数，并单击〖增加〗按钮，将选中的内容添加到对话框的右边栏目内，反之亦可以将已有的内容从栏目中选上点击〖删除〗按钮，将之删除。点击〖确定〗按钮。返回主界面，同时光标变成"■"形，命令行提示"起点<退出>或 两线定位(G) 沿线定位(Y) 立管布置(Q) 选线布置(S) 选设备布置(N)"，在界面中点画电缆的起点与终点，右键后即可生成一条手绘电缆。设备与附件可利用相同的做法进行布置。

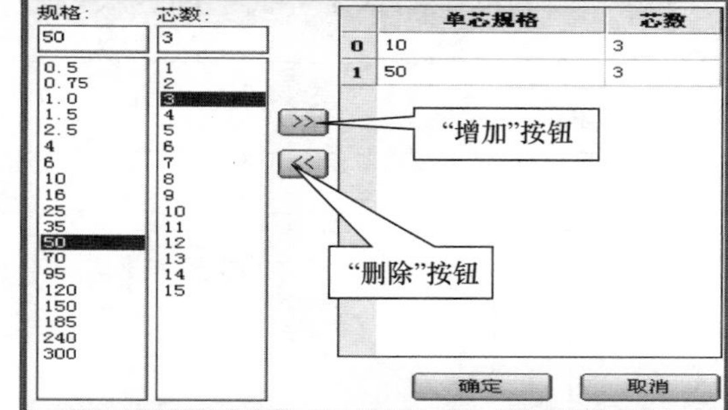

图 2-28　电缆规格选择

上述就是手工布置电缆的方法，其他设备、附件、管线都可以用上述方法进行手工新建布置，这里就不一一介绍了。

2.2.5　习题与上机操作

1. 读系统图时该注意一些什么细节？
2. 识别管线回路时，要注意哪些细节？
3. 挂接做法时用到的是什么命令全选相同构件？
4. 上机操作完成整个实例系统的识别以及做法挂接。
5. 上机温习手工布置命令，自己尝试操作新建布置其他构件。

2.3　给水排水系统布置

2.3.1　操作说明

本系统主要计算管道长度、表面积，设备个数，附件个数。软件建模可选择识别建模、手动建模两种方式，操作详见：第 2.3.2～2.3.4 小节。

注意，本系统算量时，请先参看基础知识部分进行工程新建及工程设置，方可执行第 2.3.2～2.3.4 小节的相应操作内容。另外，以下内容需调用到的工程图纸均以附录二中的给水排水相关图纸为参照。

2.3.2 自动识别

（1）楼层确定为首层，调用【图纸】菜单中的导入设计图，将例子工程中“一至四层给水排水”图放置到绘图区中。如图 2-29 所示。

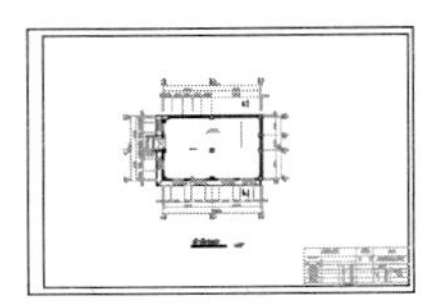
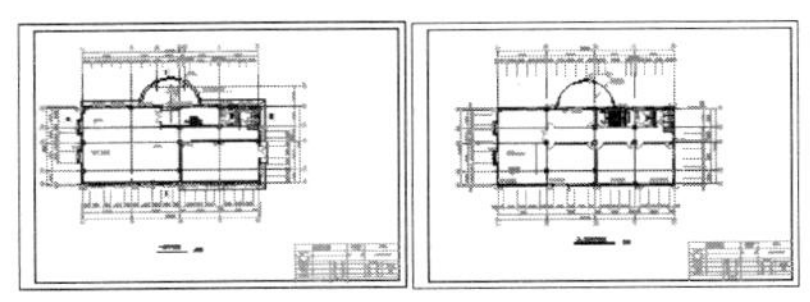
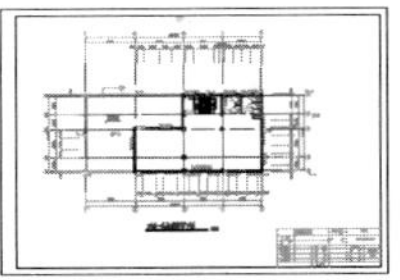
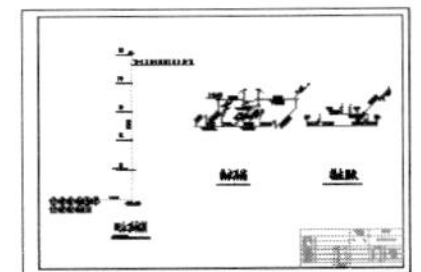

图 2-29　导入设计图

由于工程较小，图中没有专门绘制材料表，只有系统图。给水排水系统不同于电气系统，编号只能靠手工录入。实例给水排水电子图一共有五张，四张楼层平面布置图，一张给水排水系统图。图中地下室部分没有器件布置，从一层至三层每层的洗手间内有布置，还有十一条屋面雨水落水管。

（2）在首层中，应对应识别首层给水排水的相关管道及设备，我们具体学习该系统识别建模的操作情况。

将一层的电子图置于界面中间放大，让视图能看清楚，如图 2-30 所示。

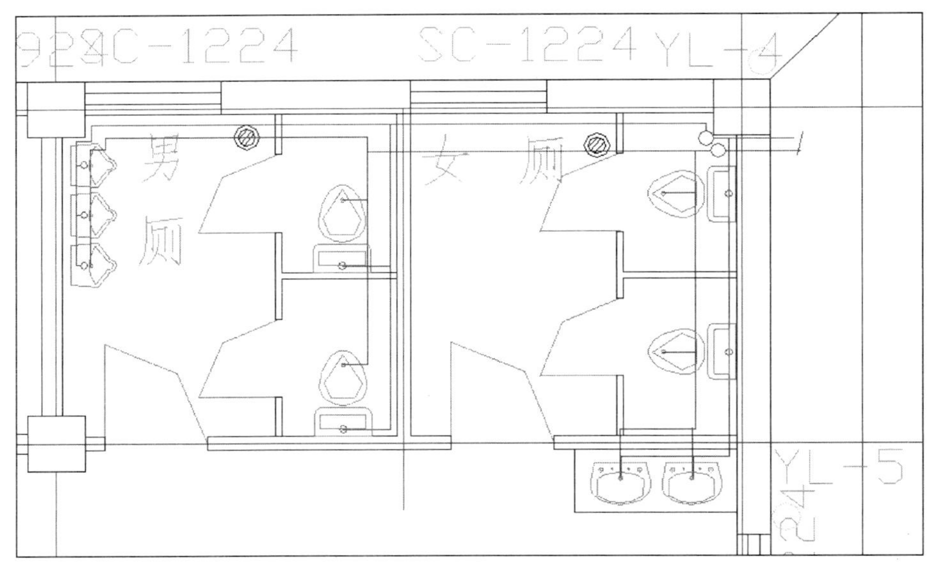

图 2-30　放大视图

（3）给水管水平管道识别。

点击屏幕菜单上的“图纸”菜单，在展开的选项中选择【分解设计图】命令将电子图进行分解。接下来执行“识别”菜单中识别管道命令，将弹出如图 2-31 所示的窗口。

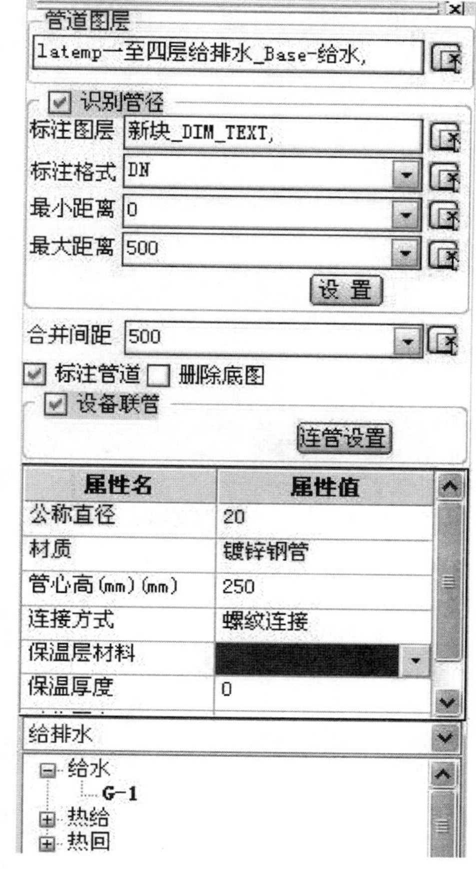

图 2-31　识别管道界面

给水管道的识别将分三个部分来进行：

a. 提取管道及管径的相应图层。

b. 设置管道的属性值。

c. 选择电子图中需要识别为管道的相应线条，鼠标右键确定。

这三点的操作重点如下：

1）层的提取方式如下：点击，鼠标变为白色拾取框，此时提取电子图中表示给水管道的线条右键即可。如果出现同种管道的线条为不同图层时，请在提取图层时多次选择，选择到的图层线条将隐藏，当表示同种管道的线条都隐藏后，再点击右键确定，这样才可保证提取成功。标注图层的提取参照管道图层的提取方式来进行操作，需要注意的是，标注距离管道的距离设置，这里需要根据具体图纸进行处理，目的是告诉软件，标注与管的距离在【最小距离～最大距离】的范围内，才进行标注识别。

2）管道的属性值主要是根据设计说明进行设置，重点关注：材质、管心标高、连接方式、所属系统等的设置。

3）选择需要识别为相应管道的线条进行单选识别或多选识别，如果每选择一根线条就点击鼠标右键确定，则为单选识别；如果同时选择多根线条再点击鼠标右键确定，则为多选识别。在此可根据图纸情况灵活使用识别方式。注意：线条变为虚线则表示选中了该线条。

识别成功的管线会变为绿色，并同步标注其管径情况，如图 2-32 所示。

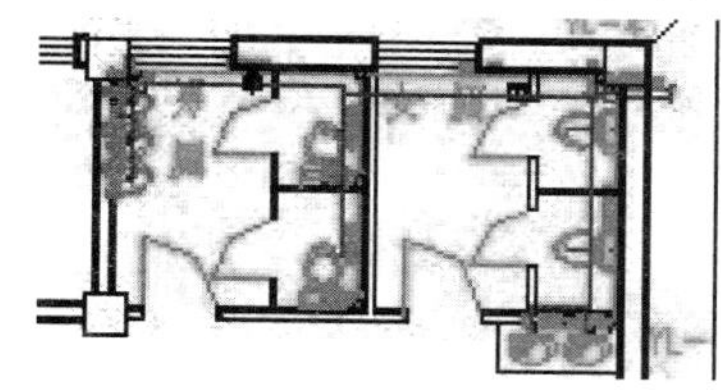

图 2-32　识别成功的管线

如果因为标注，觉得图纸杂乱，可通过视图菜单—属性图示命令，将管道的标注进行取消。方法：在弹出窗口中，将管道设置为不勾选即可。

注意：此方法适用于安装专业所有系统中的所有构件。

（4）给水管立管识别：参见水平管识别方式，但不同的是立管的标高需要指定起点高及终点高，而且在识别的同时，直接指定管径情况，如图 2-33 所示。

属性名	属性值
公称直径	40

图 2-33　指定管径

（5）排水管道的识别：可参见给水管道的识别方法进行处理，以下重点讲解雨水立管的识别。

图 2-34 中靠墙边的黄色圈（本教材用圆圈表示），表示是雨水落水立管。

布置雨水管最好单独在一个楼层上布置，因为屋面雨水管是从屋面到底层一次性设置高度的。

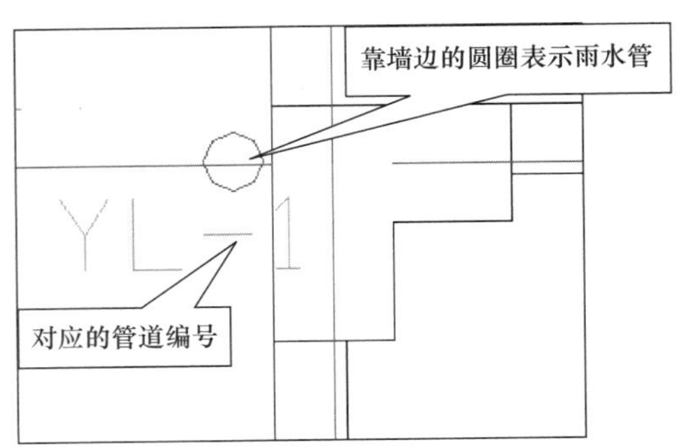

图 2-34　雨水落水立管

管道图层

latemp一层水平面图_Base-F

☑ 识别管径

标注图层

标注格式

最小距离 0

最大距离 946

设 置

最大管径 400

☑ 标注管道 ☐ 删除底图

属性名	属性值
公称直径	110
材质	排水用PVC-U
起点高(mm)(mm)	0
终点高(mm)(mm)	同层高
连接方式	承插粘接
保温层材料	聚氨酯泡沫
保温厚度	0
工作压力	1.0

给排水

- 给水
- 热给
- 热回
- 污水
- 雨水
  - YS-1
- 废水
- 通气
- 饮水
- 中水
- 压力废水
- 压力污水
- 压力雨水
- 虹吸雨水
- 给水进水

图 2-35　在对话框中将相关的参数设置好

执行“识别”内的【识别管道】命令，在弹出的“导航器”中将系统类型选为“雨水”项，识别方式选择，立管识别，其他项根据设计要求设置好，高度暂不设，将管道识别成功后再进行调整，见图 2-35。

实例设置的内容有，管道材质为“PVC-U”管，公称直径为“110mm”，连接方式为“承插粘接”。

设置完后就可以选择相应的立管圆圈进行识别管道了，方法同前述，效果见图 2-36。

在图 2-36 中看到的管道高度只有一个楼层高，可用“构件查询”命令将水管的长度进行调整，调整方法见前述相关内容。

注意：根据系统图，所有雨水管覆土 0.7m，而编号为 YL-3、4、5、6、7、8、9 的管顶部又处于出屋顶层的层顶，这一部分又高出其他水管 3.0m。从 ±0.000 到三层屋顶的高为 10.8m，那么得出各编号水落管的长度为：

YL-1＝10.8＋0.7＝11.5m

YL-2＝10.8＋0.7＝11.5m

YL-3＝10.8m＋0.7＋3.0m＝14.5m

YL-4＝10.8m＋0.7＋3.0m＝14.5m

YL-5＝10.8m＋0.7＋3.0m＝14.5m

YL-6＝10.8m＋0.7＋3.0m＝14.5m

YL-7＝10.8m＋0.7＋3.0m＝14.5m

YL-8＝10.8m＋0.7＋3.0m＝14.5m

YL-9＝10.8m＋0.7＋3.0m＋4.2＝18.7m

YL-10＝10.8＋0.7＋4.2＝15.7m

YL-11＝10.8＋0.7＋4.2＝15.7m

屋面雨水管经过上面高度数据的调整，结果如图 2-37 所示。

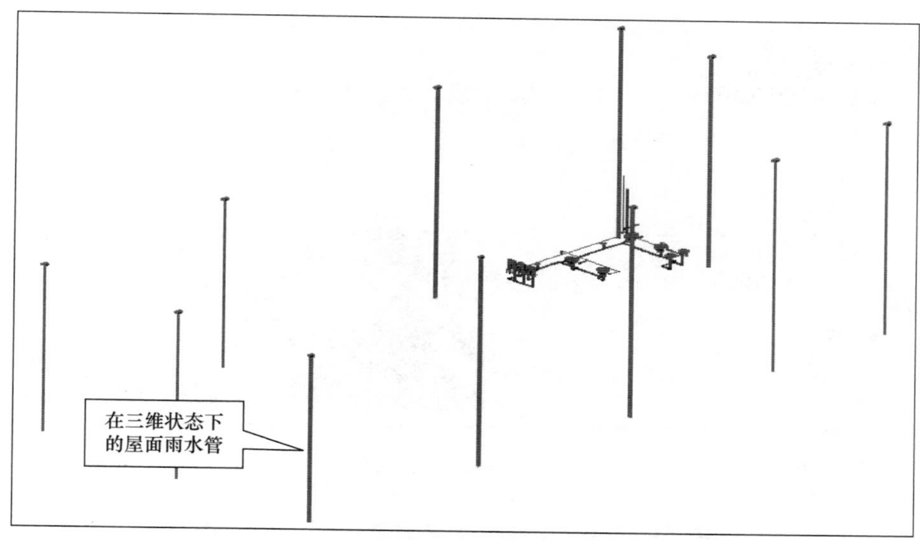

图 2-36　识别出来立起来的雨水管

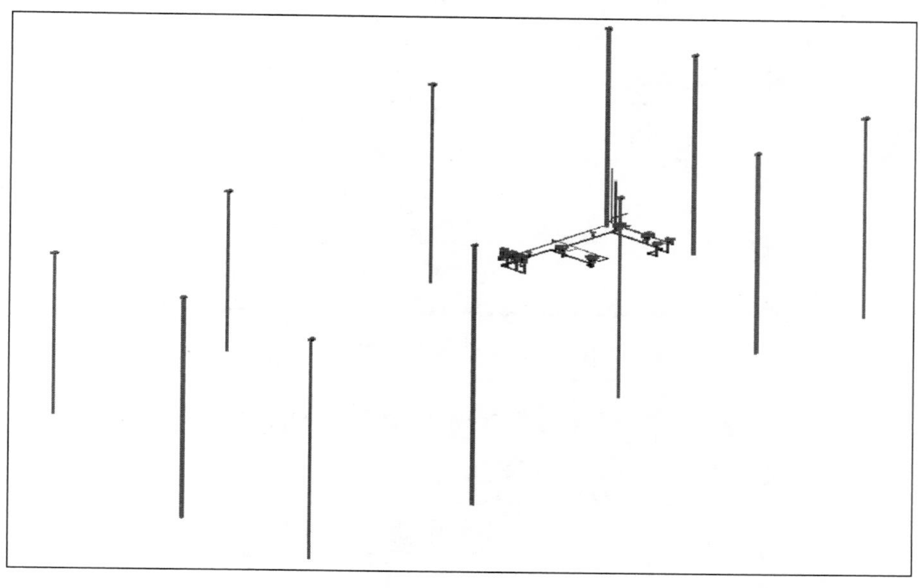

图 2-37　调整过的屋面水落管

一层给水排水系统至此布置完毕。若第二层的大部分构件型号与第一层一样，可进行编号的复制，快捷方便。

点击“构件”菜单，在下拉列表中选择【定义编号】，弹出“定义编号”对话框，见图 2-38。

点击左上角的〖复制〗按钮，弹出“楼层间编号复制”对话框，见图 2-39。

在目标楼层下拉列表中选择“第 2 层”点击“确定”按钮，则首层的而构件编号就复制到二层了。

（6）水系统中设备的识别：如地漏、卫生洁具等，执行识别菜单—识别设备命令，弹出如图 2-40 所示的窗口。

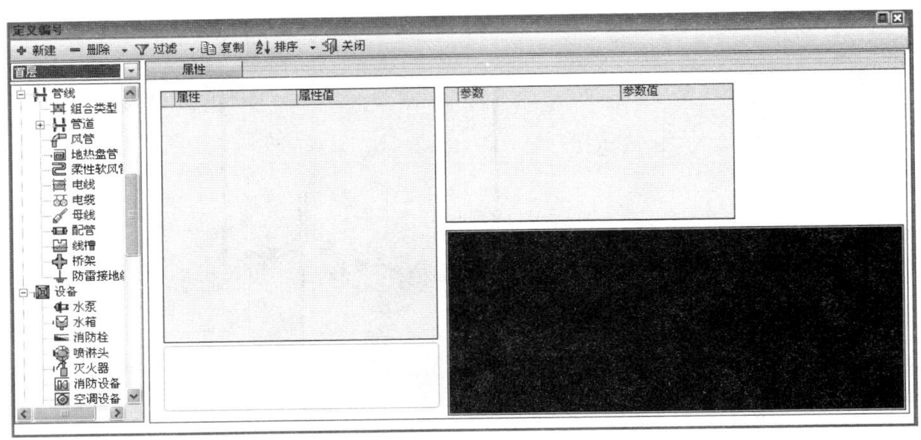

图 2-38　定义编号对话框

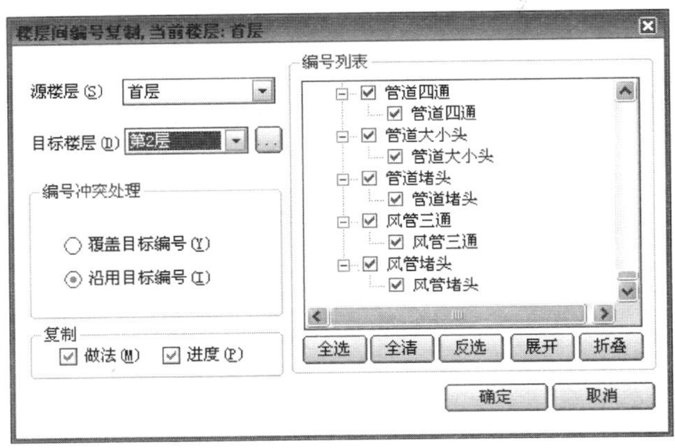

图 2-39　楼层间编号复制

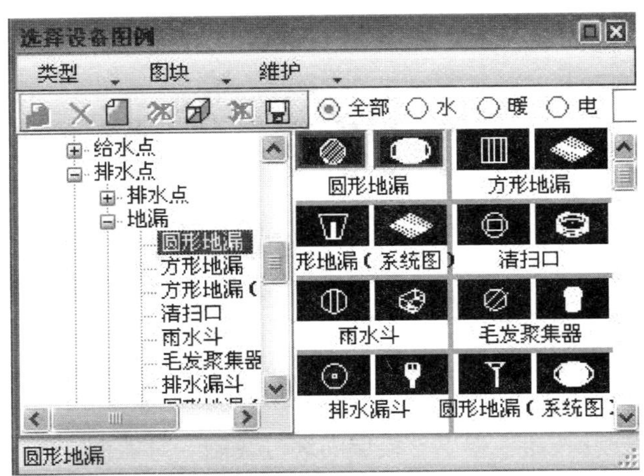

图 2-40　水系统中设备识别窗口

在此对需要识别的设备进行三维图形的指定，指定完成后，鼠标为白色拾取框，此时，请到电子图中指定相应的设备平面图。提取的步骤分为：a 选择图块，右键；b 指定图块定位点，右键；c 指定图块方向，右键，通过这三步操作，在识别的导航栏目中将出现该设备的平面图，此时表示图块提取成功。

图块提取成功后，请对该设备的属性进行设置，如图 2-41 所示。

重点对安装高度、规格型号、所属系统类型进行设置。

属性设置完成后，点击鼠标左键，鼠标此时为白色拾取框，可单选识别或通过过滤图块的方式多选识别相应设备。

单选识别很简单，下边重点讲解多选识别的方法：

鼠标白色拾取框，点击命令行的“过滤选择”，在绘图区的电子图中选择一个需要识别的图块，然后从右往左进行框选，右键确定，软件将自动过滤出需要识别的同种图块，再次点击右键，将成功识别该图块为相应设备。

注意：其他设备的识别方法参照此即可，该方法试用于任何系统中的任何设备识别。

图 2-41　属性设置

2.3.3　做法挂接

构件做法挂接可灵活应用构件查询功能进行快捷操作，方法如下：

在绘图区单击鼠标右键，在下拉列表中选择【构件查询】命令，鼠标变为白色拾取框，此时命令行提示“选择需要查询的对象”，用鼠标点取一个编号的构件，然后再看命令行，此时提示：一共选择1个构件 从左向右选择同编号的构件，从右向左选择同类型的构件，根据提示，我们挂接做法是对同编号构件进行的操作，所以使用鼠标从左往右框选整张图形，右键确定，如图 2-42 所示。

构件查询[类型:管道,数量:3]

○清单属性　◉定额属性

属性　做法

属性名称	属性值	属性和
- 物理属性		
分组编号 - FZBH	室内	
构件编号 - BH	给水用PP-R-DE20	
相同构件数(N) - XTGJS	1	
相同标准层数(N) - XTS	1	
是否输出工程量 - GCL	是	
材质 - CZ	给水用PP-R	
规格型号 - GG	R-DE20	
- 几何属性		
公称直径(mm) - GCZJ	20	
壁厚(mm) - BIH	4.100	
外径(mm) - WJ	20	
长度(m) - L	7.53;4.49;14.46	26.49
- 施工属性		
专业类型 - ZYLX	给排水	
系统类型 - XTLX	给水	
回路编号 - HLBH	G-1	
连接方式 - LJFS	螺纹连接	

属性说明：

展开(K)　折叠(F)

修改编号(M)　□隐藏所选构件　确定　取消

图 2-42　构件查询窗口

该窗口中不但可以对构件进行属性修改，也可以点击左下边的“修改编号”进入构件的编号定义窗口进行做法的挂接，如图 2-43 所示。

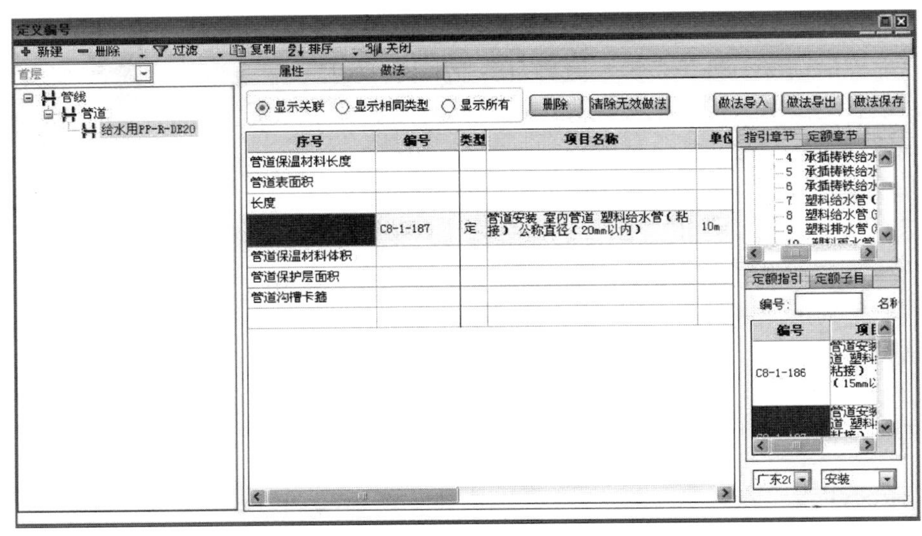

图 2-43 编号定义窗口

到了此窗口则根据构件具体情况挂接相应的定额即可。挂接方式为双击所需要的定额条目。在此请注意工程量计算式是否为所需计算的工程量。一旦确定做法挂接完成，点击关闭，将回到构件查询窗口，点击该窗口右下角的确定按钮，则该构件的做法就挂接成功了。

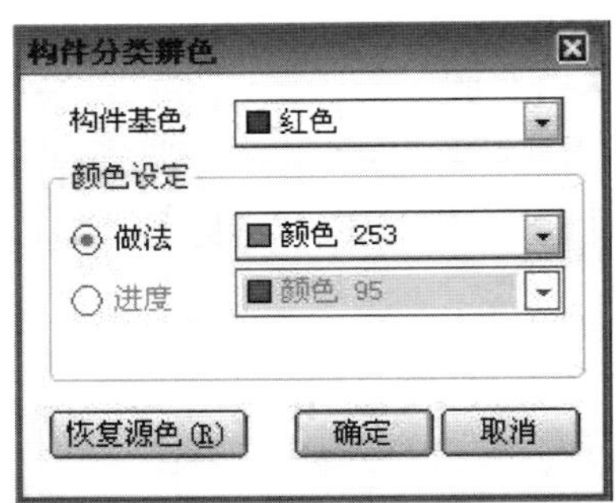

图 2-44 构件分类辨色窗口

注意：整个工程有很多个编号的构件，快速判定哪些构件挂接了做法，哪些没有挂接做法，可使用“构件辨色”的功能来完成。在绘图区点击右键即可找到该命令，也可点击常用工具栏的图标即可，点击后如图 2-44所示。

点击确定后，挂接过做法的构件将变为灰色，没有挂接过做法的将变为红色，这样我们就可以通过颜色最直观地判断和检查构件做法挂接的情况。

2.3.4 手工布置

（1）给水排水管道的手动布置

执行管线菜单，管道布置命令，窗口如图 2-45 所示。

在中间的栏目窗口，点击，进入编号定义窗口，如图 2-46 所示。

点击新建，在弹出的窗口中选择相应材质、规格，然后添加到构件名称中，点击确认，则新建成功了管道编号。点击布置，回到绘图区。此刻，软件默认的管道布置方式为水平布置，我们仅需定义好该构件的相应属性后，像在 cad 中画线条一样将构件绘制到绘

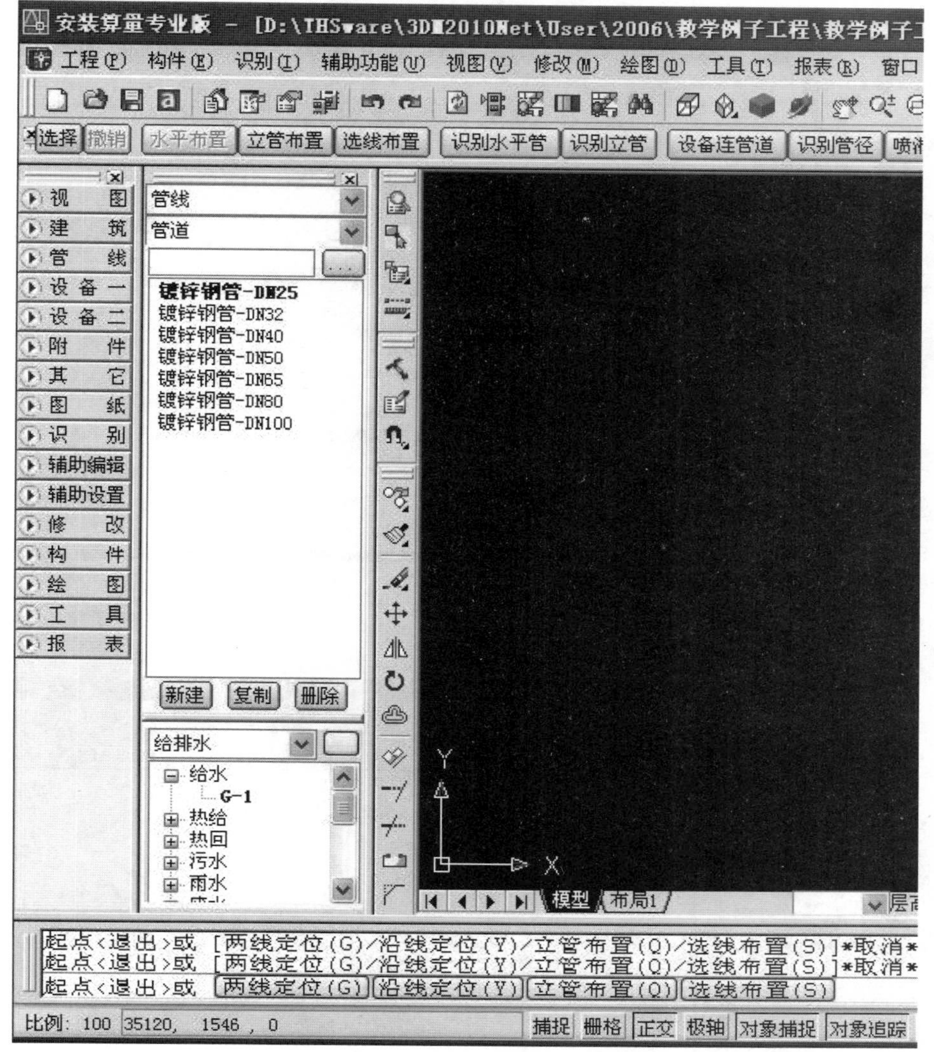

图 2-45　管道布置窗口

图区，这样水平管道的模型就搭建好了。

执行导航栏的立管布置，进行相应设置，则立管也布置好了，如图 2-47 所示。

（2）给水排水设备、附件等的手动布置

布置低水箱坐便器：将“设备二”菜单展开，执行菜单中的【卫生洁具】命令，弹出导航器，这时构件类型栏为“卫生器具”，点击新建，将弹出如图 2-48 所示窗口。

在对话框中选择所需的低位水箱坐便器。回到导航器中按设计要求修改安装高度、系统类型。这时命令行提示“输入插入点<退出>两线定位(G)沿线定位(Y)”，在界面上选择插入点，若是图块方向与实际不符，在导航器上点击转角栏后的“”按钮，在下拉列表中选择旋转角度，或是点转角栏后的“”按钮，根据命令行提示，在图面上选择实体的坐标原点及旋转角度。低位水箱坐便器布置好的结果如图 2-49 所示。

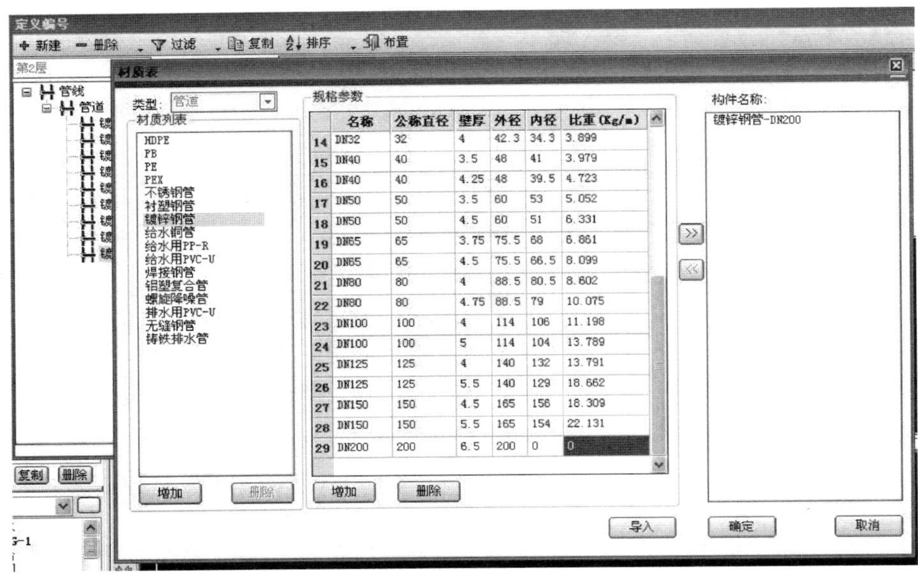

图 2-46　编号定义窗口

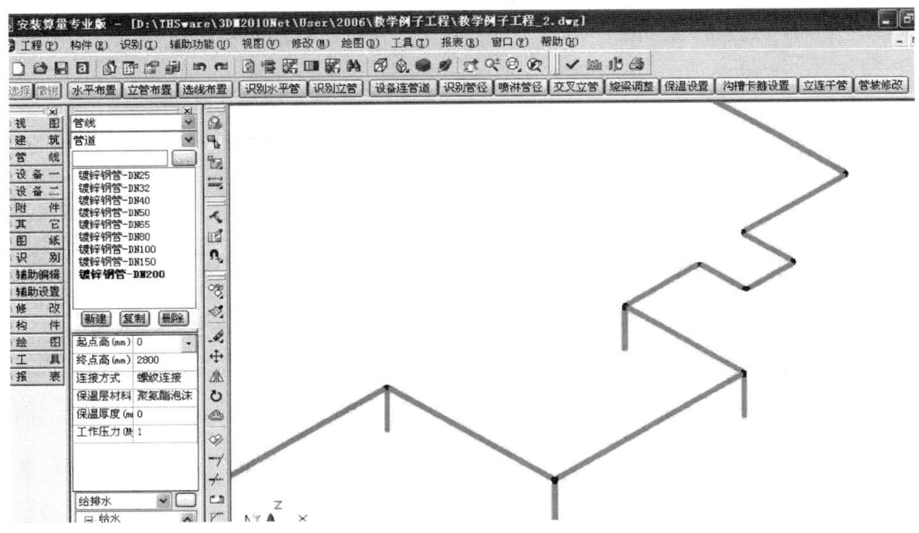

图 2-47　立管布置界面

用同样的方法将小便器、大便器高水箱、洗手盆等布置上，同时调整好安装高度。

卫生洁具构件也可以用识别的方法来生成，识别的方法同电气设备的识别。

布置完设备后，请使用“辅助编辑”内的【设备连管道】命令将洁具与水管连接起来，“设备连管道”命令的操作方法同“设备连管线”的操作方法一样，只是将管线改为管道而已。具体可参看电气部分的相关讲解。将设备与管连接好后，最后得到最终完成的给水布置图，如图 2-50 所示。

图 2-50 中坐便器的安装高度为“0mm”，小便器为挂斗式，安装高度“500mm”，洗

手盆的安装高度“800mm”，进户管安装高度“500mm”。附件的布置方式类似于设备的布置方法，在此省略。

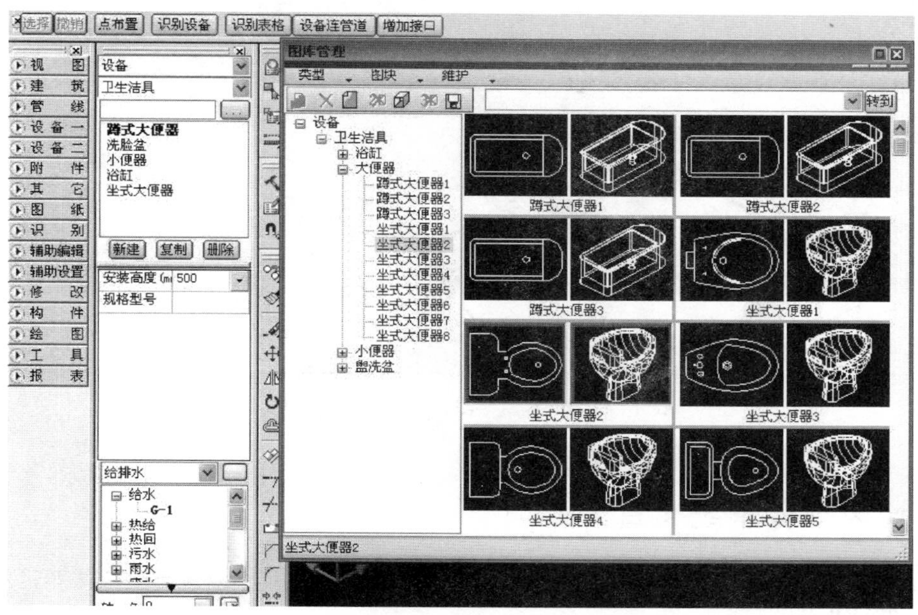

图 2-48 卫生器具布置窗口

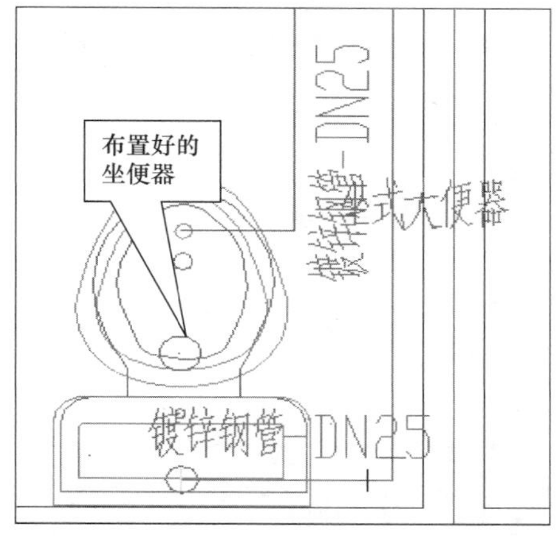

图 2-49 布置好的坐便器

2.3.5 习题与上机操作

1. 练习识别给水排水管道。
2. 练习识别给水排水立管。
3. 练习识别给水排水设备。
4. 手动布置卫生间给水排水，重点掌握立管布置、设备连管道的命令。

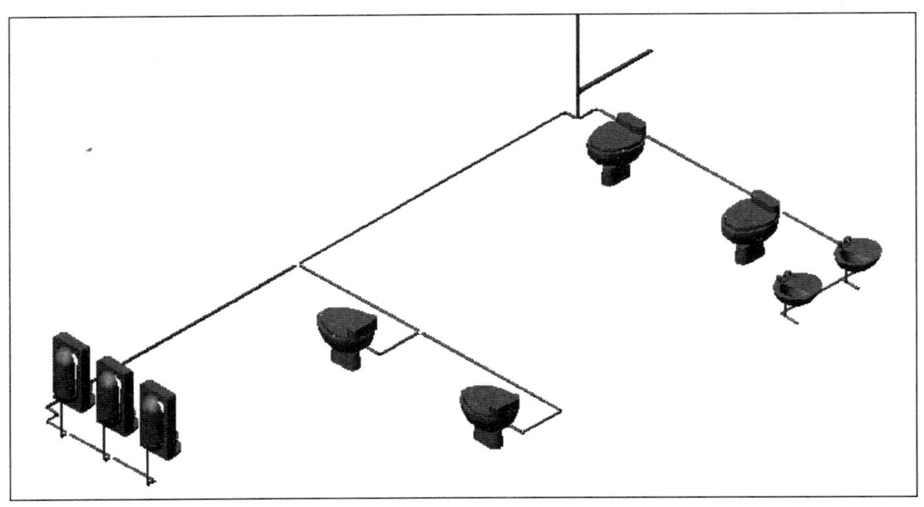

图 2-50　最终完成的给水布置图

2.4　通风空调系统布置

2.4.1　操作说明

本系统主要计算风管表面积、设备个数、附件个数。软件建模可选择识别建模、手动建模两种方式，操作详见第 2.4.2～2.4.4 小节。

注意，本系统算量时，请先参见基础知识部分进行工程新建及工程设置，方可执行第 2.3.2～2.3.4 小节的相应操作内容。另外，以下内容需调用到的工程图纸均以附录二中空调系统相关图纸为参照。

2.4.2　自动识别

(1) 导入设计图操作方法同前述，略。

设计图导入后，如图 2-51 所示。

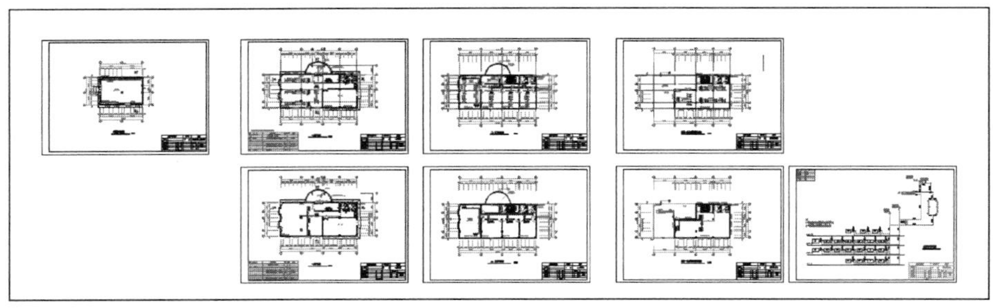

图 2-51　导入设计图

看到界面中有八张图，因为空调系统是由风系统和水系统组成，所以图中就有风系统平面布置和水系统平面布置图。风系统平面布置图如图 2-52 所示。

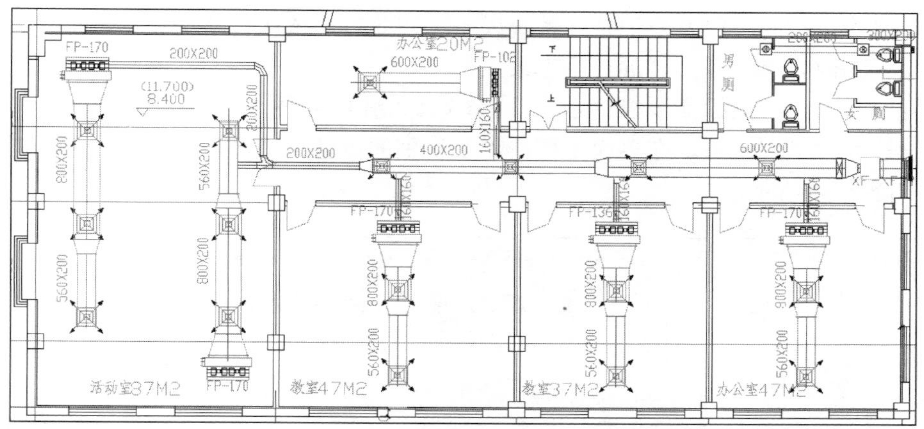

图 2-52　风系统平面布置图

在图 2-52 中可以看到有新风机、风管、风口、风机盘管等器件。

空调供水平面图如图 2-53 所示。

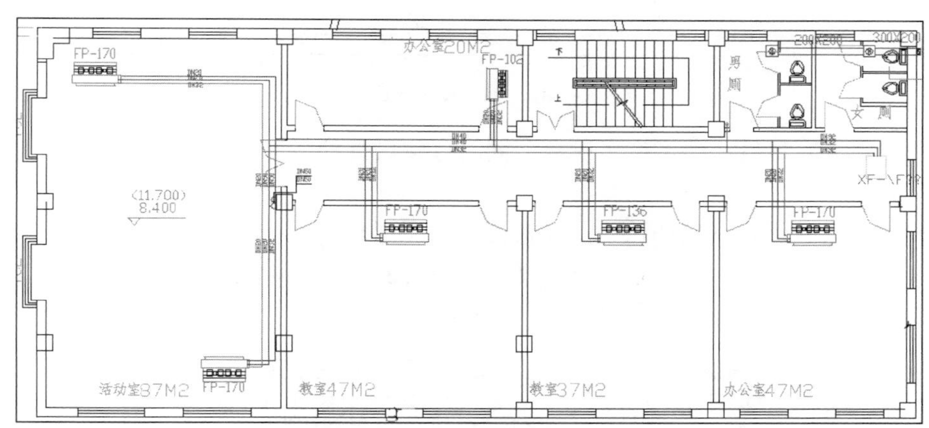

图 2-53　空调供水平面图

在图 2-53 中看到有各种管道、风机盘管等器件，在这里风机盘管的型号位置都是与风系统平面图上面的一样，说明两个图上面有些器件是共用的，计算时不要重复了。

设计图导入后就可以进行识别操作了。

（2）风管识别。

实例有四层楼的空调平面布置，二、三层的稍微复杂点，现在就用二、三层的平面布置图作讲解。

将二、三层的平面布置图置于界面中间，同前面讲述的一样，在识别器件之前应该将插入的电子图进行分解，然后执行“识别”菜单下的【识别风管】命令。

在对话框中看到有些栏目的后面有“ ”的按钮，表示该栏目内的内容可以到界面的电子图中提取。

先点击“风管图层”后面的〖 〗按钮，命令栏提示；“提取风管边线”，按提示在界面中选择风管的图形边线，如果有多个颜色的风管线，可以一次性将这些边线都选上，右键确认之后，风管边线的图层就被记录在系统内了。用此方法依次将所有要提取的内容都进行提取。栏目的内容也可以直接进行手工录入。

设置好参数后，根据命令栏提示："选择单选识别需要的风管边线 提取回路(O) :"。软件默认风管边线为识别对象，在界面中框选需要识别的风管，右键，图中的风管就被识别出来了，如图 2-54 所示。

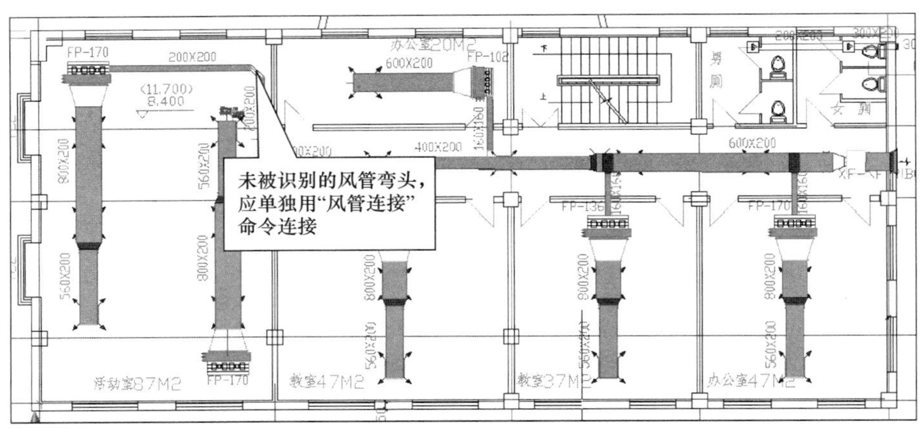

图 2-54　风管识别

在图中看到，风管的线型变了颜色，同时也将风管的截面尺寸、壁厚等内容用绿色文字标注出来了。

（3）风管设备识别（例如风口及风机盘管的识别）。

风口识别：执行"识别"菜单下的【识别设备】功能，识别设备的方法见第 2.3.2 小节的第（2）点。识别成功的风口如图 2-55 所示。

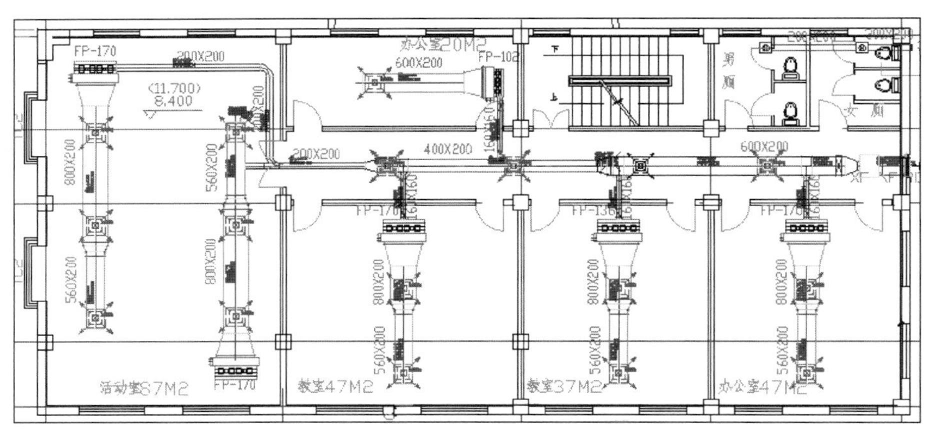

图 2-55　识别成功的风口

若发现识别的风口中有颜色还没有变化，表示没有被识别，可单独对此风口进行识别。没有被识别的风口图层是由于该图层与其他图层不一样造成的，要再进行一次图层识别之后才能正常识别风口。操作方法是再次执行"识别设备"命令，再次点击"原始图层"栏目后面的"　"图标，对没有被识别的风口图层再次提取，按上述识别方法对没有被识别的风口再次进行识别，就可以了。

风机盘管识别：在识别设备对话框，点击“3D 图”，在弹出的图库管理中只需在“风机盘管”栏目选择风机盘管类型，如图 2-56 所示。

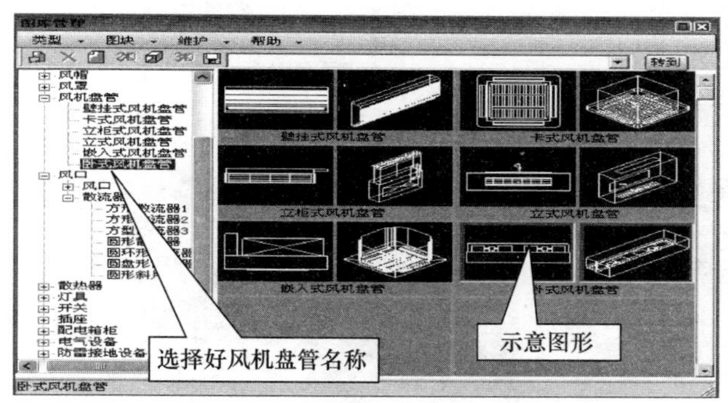

图 2-56　选择风机盘管类型

现在看到竖向栏中的图形已经变化，因为图面上对风机盘管标注的关键代号是“FP”，所以应该在关键字栏内将关键字符设置为“FP”。点击“标注图层”后面的〖 〗按钮，按命令栏提示在界面中选取风机盘管的标注文字，右键之后，对界面中的盘管图形进行点选和框选，右键，风机盘管就被识别成功了，如图 2-57 所示。

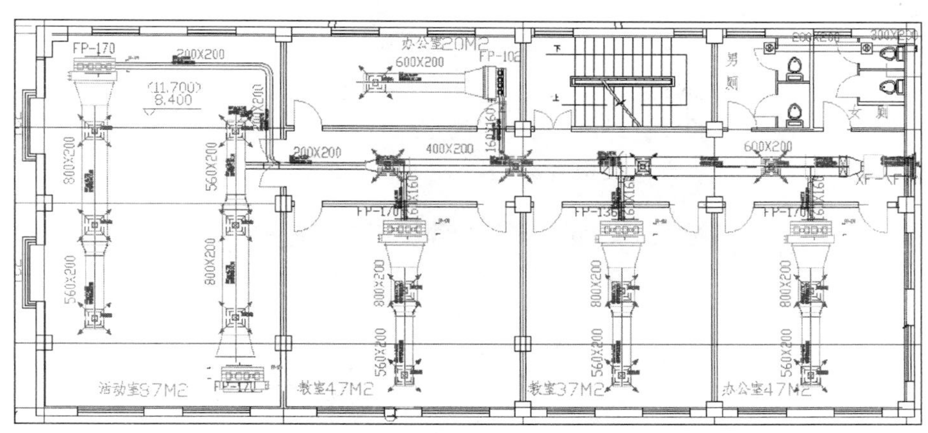

图 2-57　识别成功的风机盘管

经过检查，发现还有新风机、洗手间内一条抽风管和排风扇没有识别。

继续用上述方法将新风机、洗手间内的抽风管和排风扇进行识别。识别方法参照以上方式进行。

（4）风管自动连接。调整好风管的大小长短后，还需用变径、三通、四通、弯头等风管接头将风管连接起来，才能将各风管组成一个完整的送风通道。如图 2-58 所示的情况就需要进行三通的连接。

执行“辅助编辑”内的【风管连接】命令，弹出“风管连接”对话框（图 2-59）：点击风管连接件设置后的〖设置〗按钮，弹出“风管连接统一设置”对话框，如图 2-60 所示。

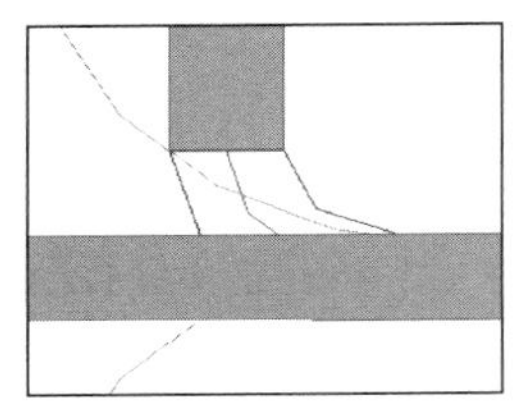

图 2-58　需采用三通连接的风管

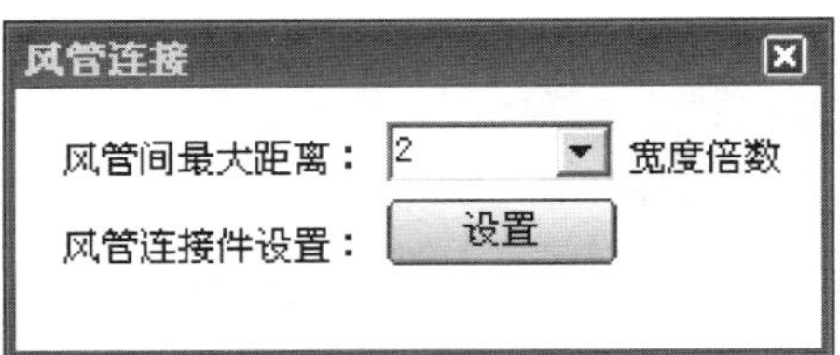

图 2-59　“风管连接”对话框

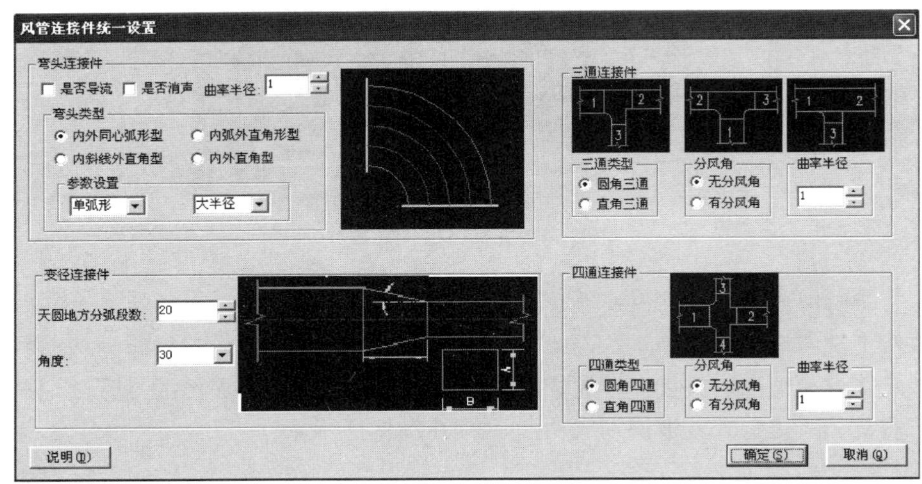

图 2-60　“风管连接件统一设置”对话框

根据需要选择连接件的设置条件，点击〖确定〗按钮，命令行提示“选择风管”框选需生成三通的风管，弹出“风管连接检查应用”对话框，如图 2-61 所示。

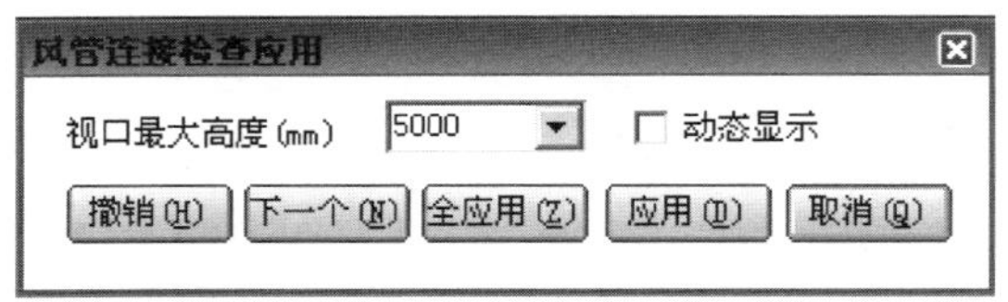

图 2-61　风管连接检查应用

同时图面上显示风管连接时生成的连接件——风管三通（图 2-62）。

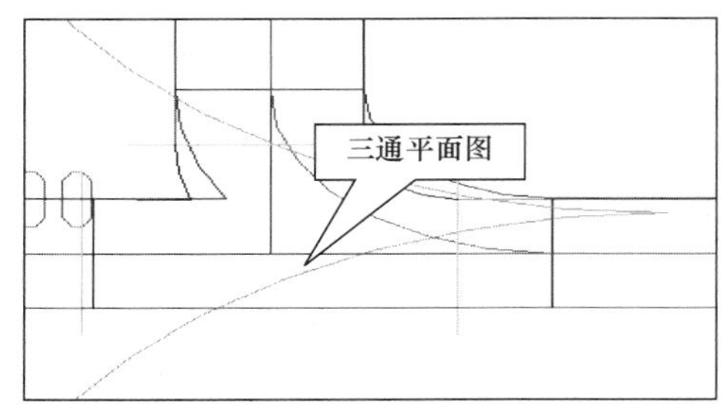

图 2-62　风管三通

点击〖应用〗按钮，风管三通就生成了。依次可生成风管连接件，或点击〖全应用〗按钮，一次性生成风管连接件，如图 2-63 所示。

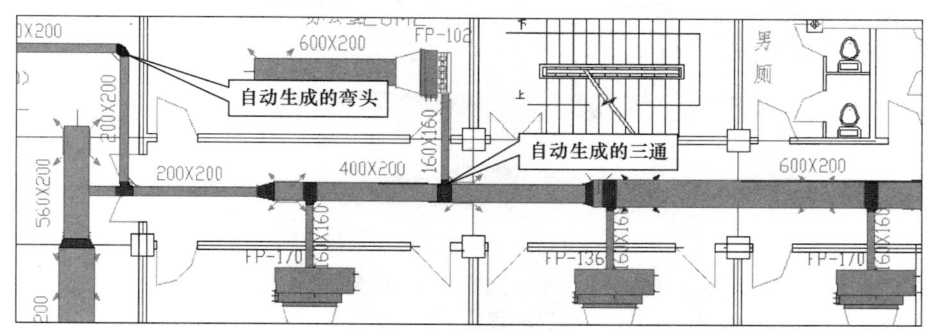

图 2-63　一次性生成风管连接件

参照三通生成的方法，将风管上的四通、弯头等器件全部生成好。

(5) 风口与水平风管间的竖风管自动生成。

当风口与风管标高不同时，两者之间有一段短管相连接。现运用【管连风口】功能将两者连接起来。执行“辅助编辑”内的【管连风口】命令，弹出“管连风口”对话框，见图 2-64。

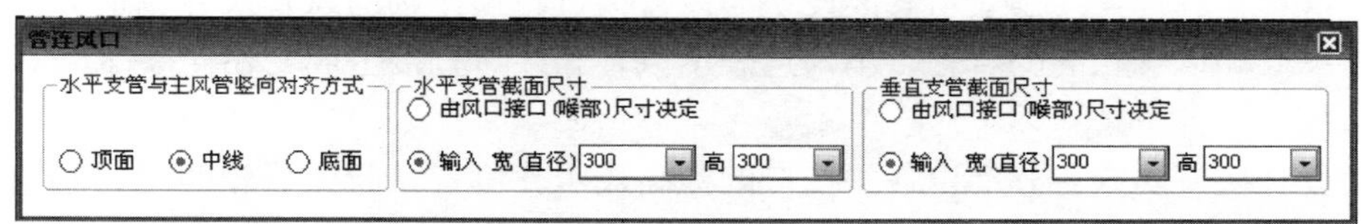

图 2-64　管连风口

选择“中线”连接方式；水平、垂直支管截面尺寸由风口接口（侧面）尺寸决定，命令栏提示：“选择主风管<退出>:”，到界面上选择主风管，右键确定，命令栏又提示：“选择风口<退出>:”，接着在界面上选择需要连接的风口，右键确定，风管与风口之间就生成了一段连接风管（图 2-65）。

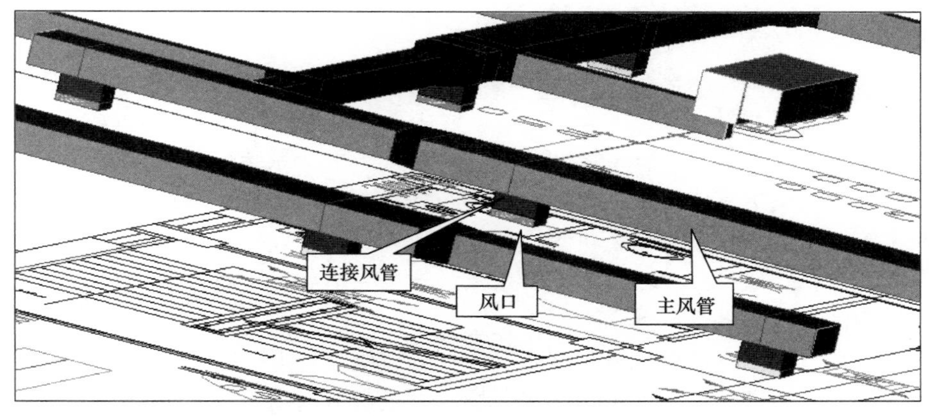

图 2-65　连接风管

(6) 除了风口之外，空调系统中其他设备与风管的连接也是可以自动处理的。执行“辅助编辑”菜单下的【设备连风管】命令。命令行提示：选择要与风管相连的设备:，选择界面中要进行连风管的设备，右键确定，命令行又提示：选择风管:，框选要和设备相连的风管，弹出设备连风管设置对话框，见图 2-66。

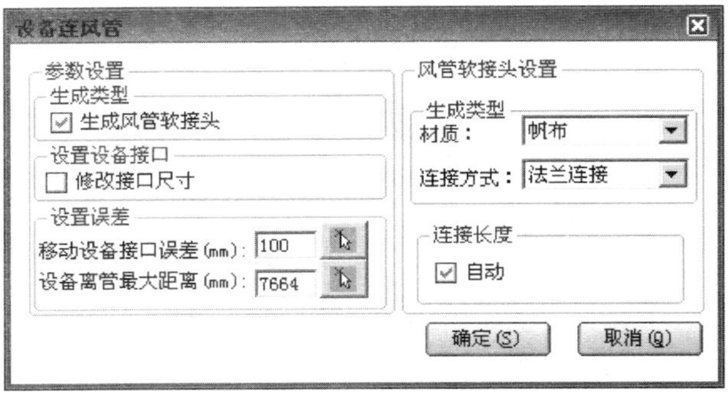

图 2-66　设备连风管

设置好各参数后，点击〖确定〗按钮即生成风管软接头。

各设置项解释如下：

“生成类型”：勾选表示生成风管软接头，不勾选表示直接生成风管连接件。

“设置设备接口”：勾选表示修改设备的风管接口与预连接的风管尺寸相适应，生成的连接件为尺寸和风管相同的直管。不勾选表示风管和接口直接生成变径连接件。

“设置误差”：

移动设备接口误差：移动设备的接口的标高或水平位置，与风管相匹配，避免生成短小构件。

设备离管最大距离：设备和风管间的最大距离。

“生成类型”：

材质：设置生成的风管软接头的材质。

连接方式：设置风管软接头与风机盘管及风管间的连接方式。

“连接长度”：

设置风管软接头的连接长度，是按风机盘管接口与风管间的距离直接生成还是按指定长度生成。

(7)【空调水系统】：实例空调主要是供冷，用户如果是供暖的工程，参照实例的管道和设备布置操作方式即可。

为了表达清晰，本教程是将空调部分的供风系统与水冷系统分开来建的模，前面已经将供风系统的内容识别完成了，现在开始识别布置空调供水管道。空调供水管道的布置需要用前面布置好的风机盘管、新风机等设备作定位参照，所以要先将前面识别布置的风机盘管、新风机设备等拷贝到水系统上，待水系统建模完毕后，再将重复的设备过滤出来删除掉，将实例图显示如图 2-67 所示。

将设备拷贝后，剩下的事情就是将水管连接到风机盘管上。

下面开始对管道进行识别。识别方式同给水排水章节内给水排水的识别方法。关于管道的回路指定、连接方式、安装高度；一般情况下一种用途管道的连接方式在一个工程项

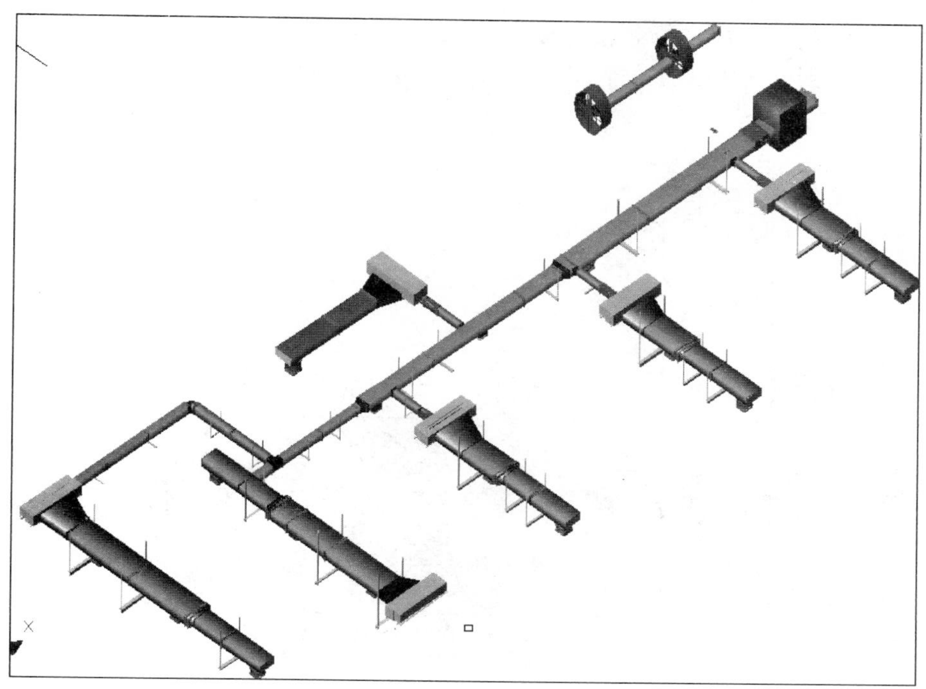

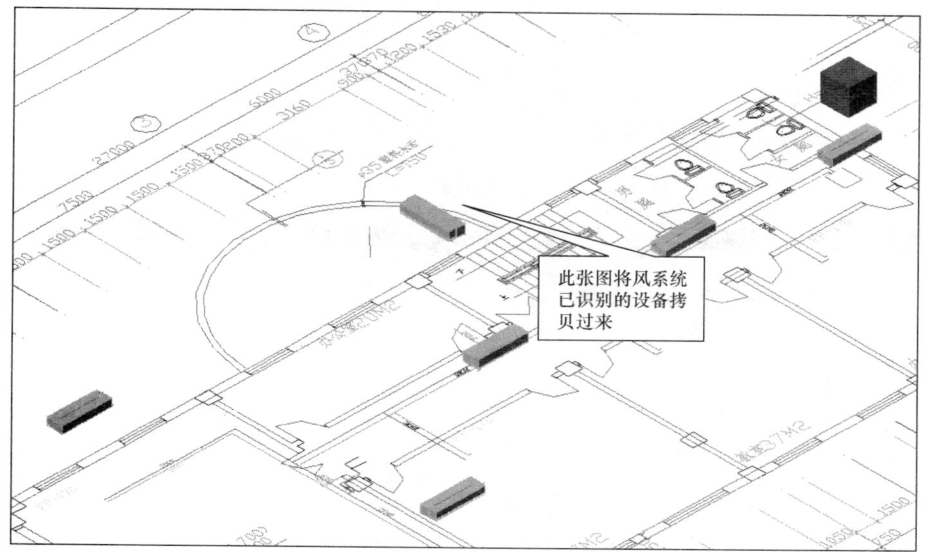

图 2-67　设备拷贝示意

目内大致是一样的，可以进行统一设置。如实例工程的空调供水管的连接方式为“螺纹连接”。至于安装高度，由于管道在实际工程中不可能全部统一在一个水平面，要依据建筑结构的实际位置不断地进行调整，所以建议用户对管道的安装高度预先大略的设置一个安装高度，在管道识别完之后再分别进行单独调整。

【空调水系统内的设备连管】：管道识别完后，还有最后一道工序，就是将供水管道与风机盘管进行“设备连管”，系统默认图库中已经增加了常用的管道接口，当默认接口与实际情况不符时，需预先在风机盘管上增加水管接口。增加水管接口方法；执行“辅助设置”下的【增加接口】命令，命令栏提示“选择设备”，同时光标变为“□”选择状态，依据命令栏提示到界面中选择一个需要增加管道接口的风机盘管（最好将捕捉点就近选择），见图 2-68。

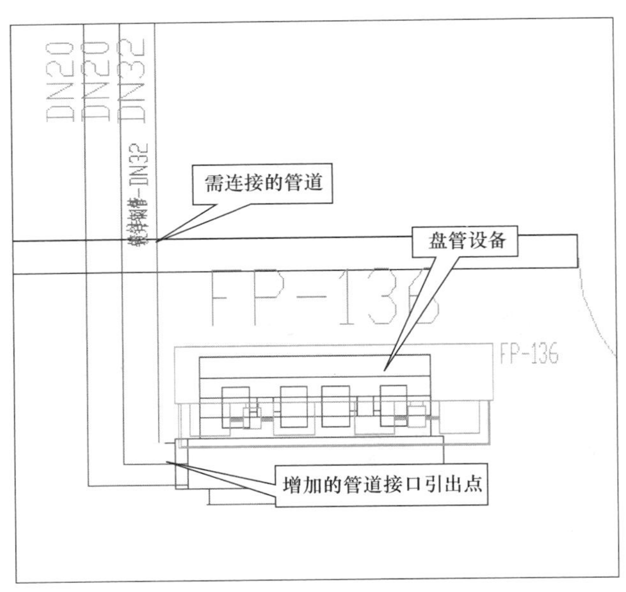

图 2-68　增加接口

选择好一个需增加管道接口的风机盘管后，会弹出“设备增加接口”对话框，如图 2-69 所示。

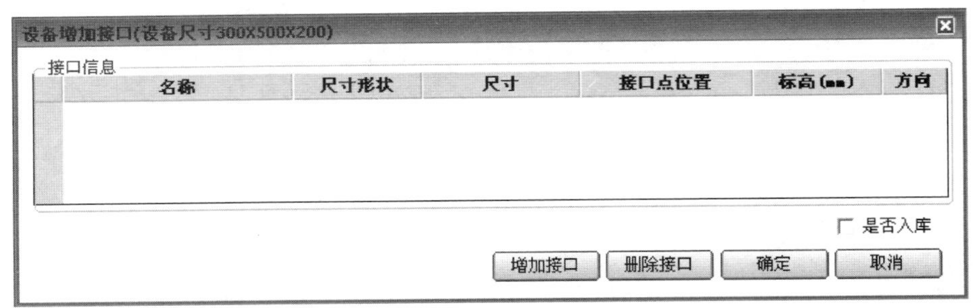

图 2-69　“设备增加接口”对话框（一）

点击〖增加接口〗按钮，命令栏提示：

“选择入口点”。

在选中的设备上点选增加管道接口的位置，回到“设备增加接口”对话框（图 2-70）。

点击“名称”列单元格内的〖...〗按钮，弹出“系统类型管理”对话框，根据需要选择系统类型及类型名称。

点击“尺寸形状”列单元格内的〖▾〗按钮，选择尺寸（截面）的形状。

点击“尺寸”列单元格内的〖...〗按钮，出现下拉列表，□，输入接口的直径，右键确定。

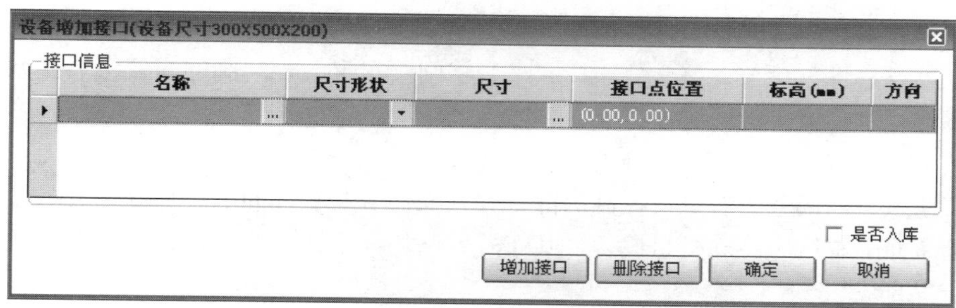

图 2-70　“设备增加接口”对话框（二）

在“标高”列单元格内输入接口的标高，此处标高是指接口中心点相对于设备基点的标高。

在“方向”列内设置+X 接口方向是朝 X 轴正轴方向，—X 接口方向是朝 X 轴负轴方向。

第四步：点击〖确定〗按钮，接口增加完成。

执行“辅助编辑”下的【设备连管道】命令，命令栏弹出“选择要与管道相连的设备:”的提示，同时光标变为“□”选择状态，依据命令栏提示到界面中选择要连接管道的风机盘管，回车或右键，弹出“设备连管道”对话框，如图 2-71 所示。

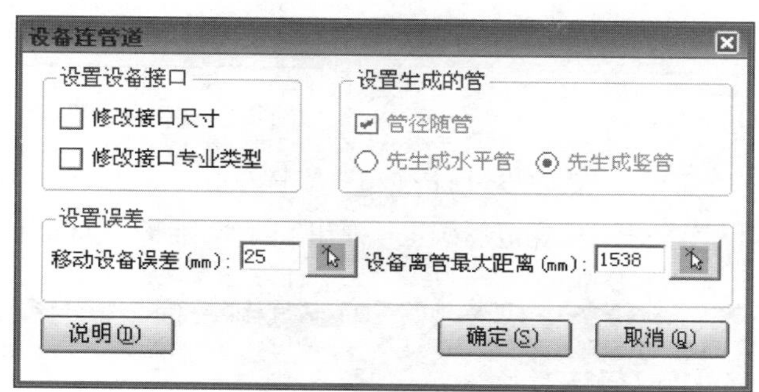

图 2-71　设备连管道

对话框中的各项设置请参看软件联机帮助。设置好连接参数后单击〖确定〗按钮，命令行提示：选择管道:，选择要连接的管道，回车或右键，管道与风机盘管就连接上了，见图 2-72。

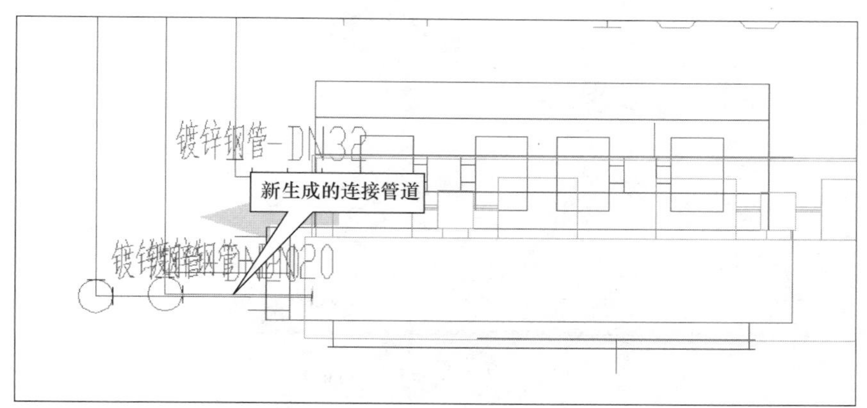

图 2-72　连接管道

将图形转换为三维状态，效果如图 2-73 所示。

依上述方法将盘管与管道全部连接起来，将闸阀布置上，闸阀的布置参看给水排水相关章节，就可对管道进行做法挂接了。

将做法挂接后就可对空调部分进行分析统计。

其实通风空调部分还有电气控制的部分，其操作方法全部同电气部分，故略。

实例屋面上有风冷冷冻机组设备，其布置方法均同上述方法，用户可参照上述方式自己将其布置完成。

【空调专业保温设置】：在空调专业中的其管道和设备一般情况下是需要保温的，软件提供保温设置的功能。执行“管线”菜单下的【管道布置】命令，在导航栏点击【保温设置】，命令栏提示“请选择管道|全部(Q)|<退出>:”，框选图面上需要保温的管道，右键确认，弹出“自动设置”对话框，如图 2-74 所示。

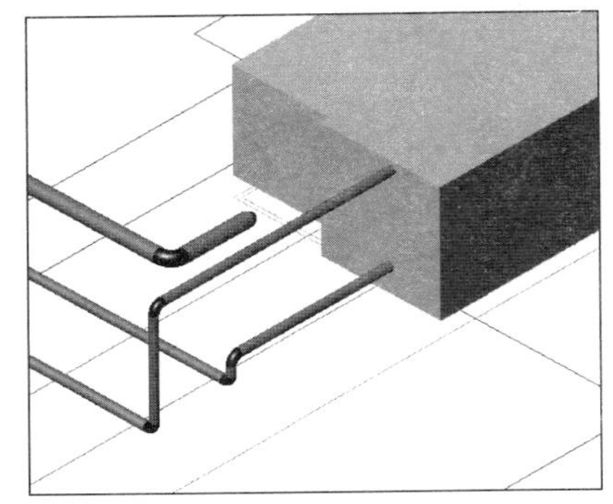

图 2-73　连接管道三维图

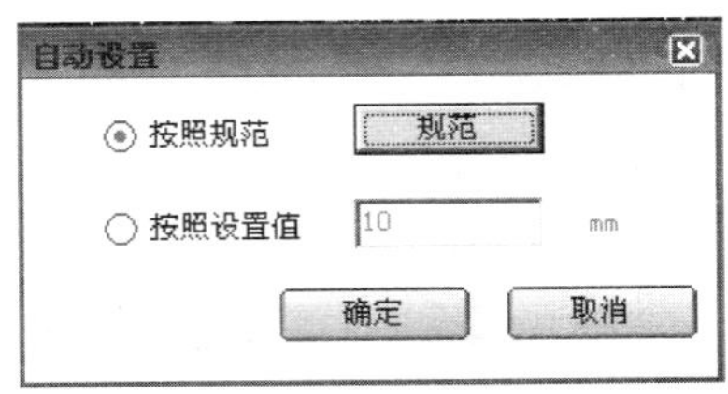

图 2-74　“自动设置”对话框

软件内有《采暖通风与空气调节设计规范》GB 50019—2003 的保温厚度缺省设置，用户也可进入自定义设置，点击〖规范〗按钮，弹出“系统维护”对话框，见图 2-75。

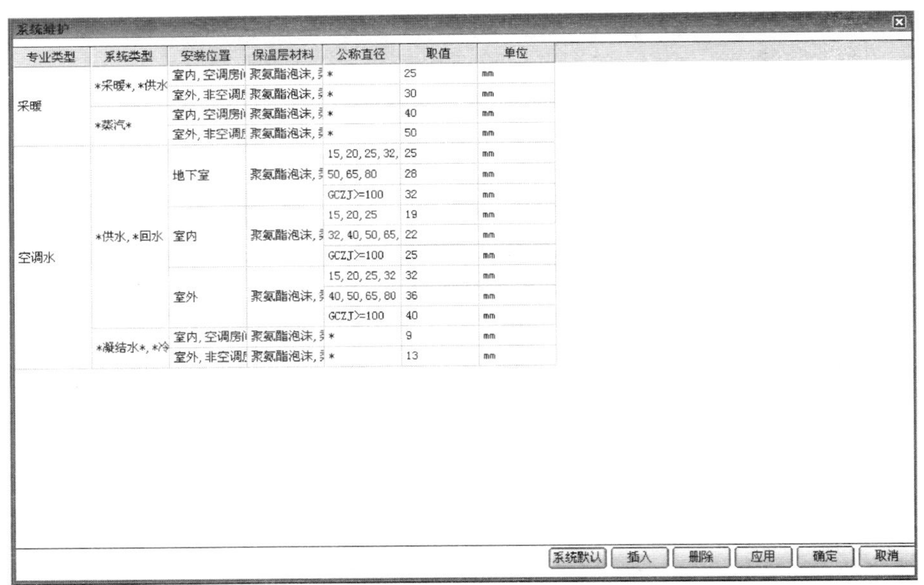

图 2-75　“系统维护”对话框

将栏目内的数据按照专业类型、安装位置、保温材料等进行保温厚度重新设置，点击

〖确定〗按钮退出对话框。

到界面中双击空调冷冻水管道，弹出“构件查询”对话框，在对话框中可看到保温层厚度数据已经根据设置值进行了改变。

2.4.3　做法挂接

构件做法挂接可灵活应用构件查询功能进行快捷操作，方法如下：

在绘图区单击鼠标右键，在下拉列表中选择【构件查询】命令，鼠标变为白色拾取框，此时命令行提示“选择需要查询的对象”，用鼠标点取一个编号的构件，然后再看命令行，此时提示：一共选择1个构件 从左向右选择同编号的构件，从右向左选择同类型的构件，根据提示，我们挂接做法是对同编号的构件进行的操作，所以使用鼠标从左往右框选整张图形，右键确定，见图 2-76。

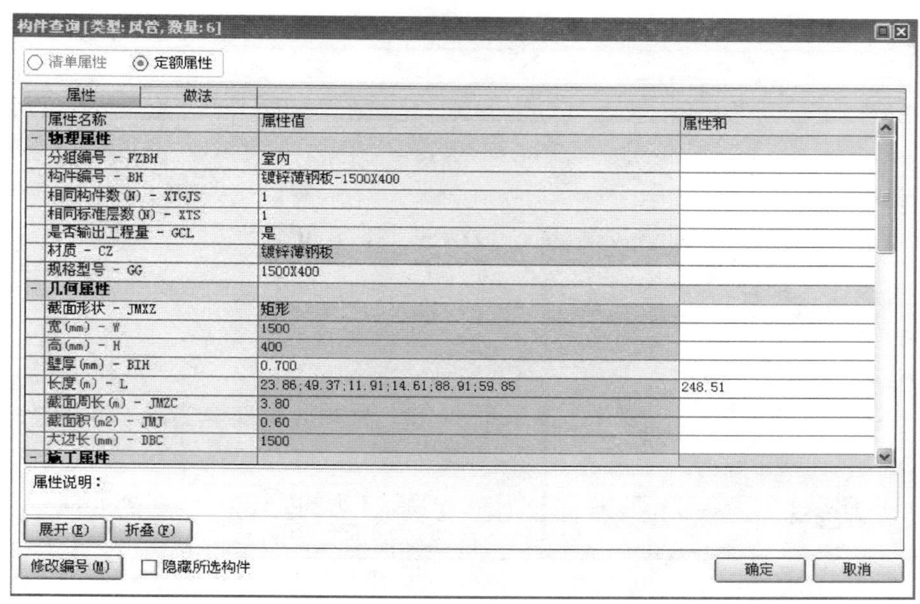

图 2-76　“构件查询”对话框

该窗口中不但可以对构件进行属性修改，也可以点击左下边的“修改编号”进入构件的编号定义窗口进行做法的挂接，见图 2-77。

到了此窗口则根据构件具体情况挂接相应的定额即可。挂接方式为双击所需要的定额条目。在此请注意工程量计算式是否为您所需计算的工程量。一旦确定做法挂接完成，点击关闭，将回到构件查询窗口，点击该窗口右下角的确定按钮，则该构件的做法就挂接成功了。

注意：整个工程有很多个编号的构件，快速判定哪些构件挂接了做法，哪些没有挂接做法，可使用“构件辨色”的功能来完成。在绘图区点击右键即可找到该命令，也可点击常用工具栏的图标即可，点击后如图 2-78 所示。

点击确定后，挂接过做法的构件将变为灰色，没有挂接过做法的将变为红色，这样我们就可以通过颜色最直观地判断和检查构件做法挂接的情况。

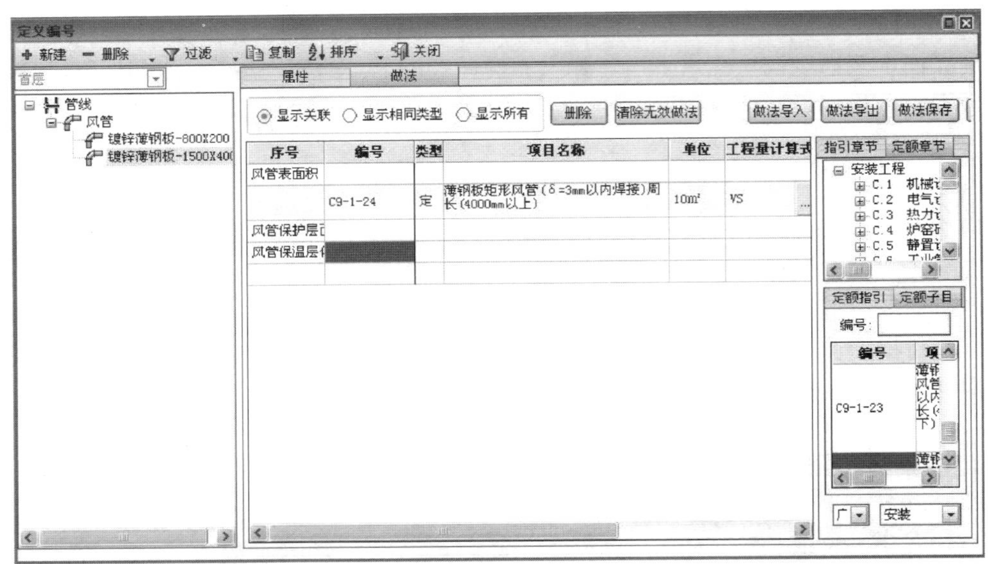

图 2-77　修改编号

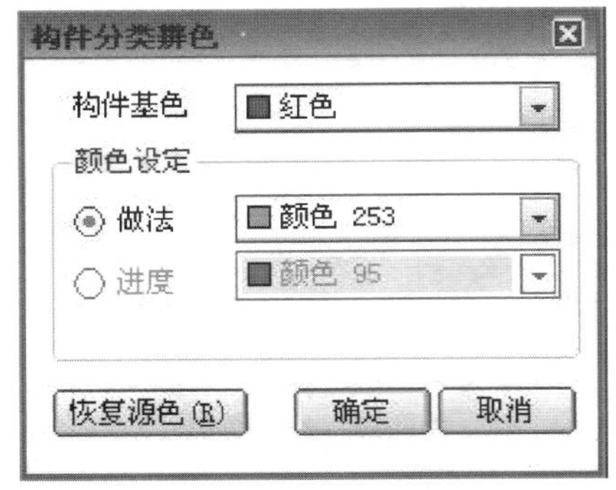

图 2-78　构件分类辨色

2.4.4　手工布置

（1）风管布置

执行“管线”菜单，风管布置，弹出如图 2-79 所示窗口。

进行新建并属性定义，点击布置即回到导航栏目窗口。

选择相应布置方式，即可进行水平风管的布置或竖直风管的布置。

注意：手动布置风管的操作中，风管的连接件是自动生成的（如：三通、四通、弯头、变径等）。

（2）设备布置：执行“设备一”中的 空调设备；风帽布置；风罩布置；风机盘管；风口布置；散热器；这几个命令，均可实现设备的定义和布置。具体操作方法同其他专业的设备布置方法。

（3）附件的布置：执行附件菜单中风管附件的相应布置命令，如 风管阀门；风管法兰；风管支吊架，即可进行附件的定义及布置。下边分构件进行重点讲解：

【风管阀门】：在新风机与风管连接的部位看到有一个风阀，应将风阀布置到图面上去。执行“附件”菜单下的【风管阀门】命令，阀门布置可直接使用管上布置的方式即可。在界面中进行布置了，结果见图 2-80。

【风管法兰】风管设备识别布置完后，还有法兰要布置。法兰的生成有三种方法，这里重点介绍“自动布置”，点击〖自动布置〗按钮，弹出“自动布置”对话框，见图 2-81。

自动布置风管法兰有两种方法，第一种是按照国家规范设定风管法兰的个数；第二种是在图面上按照指定的间距直接进行布置。点击〖规范〗按钮，弹出系统维护对话框，见图 2-82。

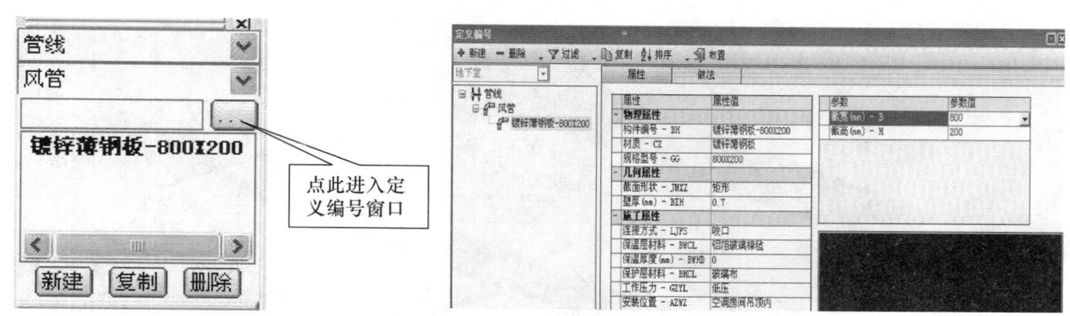

图 2-79　定义编号

对话框中数据是按照《通风占空调工程施工质量验收规范》GB 50243—2002 设置的，在这里可以按照材质、大边长等进行风管法兰的自动布置，点击〖确定〗按钮，风管法兰就生成了。效果见图 2-83。

图 2-80　风管阀门

风管支吊架、管道支架、套管、风管壁厚、保温设置的自动布置同风管法兰。右键点击“构件查询”，可看到风管壁厚、保温设置的相应数据。

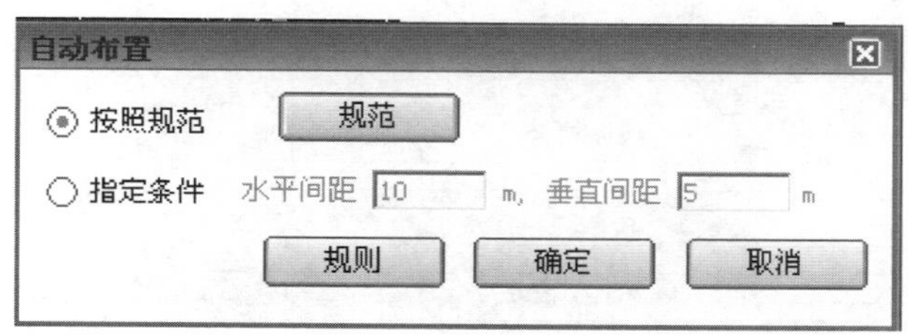

图 2-81　“自动布置”对话框

系统维护

材质	截面形状	大边长	取值	单位
钢板，*铝板	矩形	DBC<=630	法兰间距：2；材质：25X3/M6，角钢；	m
		630<DBC<=1500	法兰间距：2；材质：30X3/M8，角钢；	m
		1500<DBC<=2500	法兰间距：2；材质：40X4/M8，角钢；	m
		2500<DBC<=4000	法兰间距：2；材质：50X5/M10，角钢；	m

图 2-82　系统维护对话框

（4）在手动布置过程中，同样要使用到管连风口，设备连风管等命令，这些命令的使用方法可参照风管识别部分的相应内容。

（5）构件属性修改方法：

当布置好风管或设备后，发现标高错误或者管径错误等，软件均可实现快速修改，具体方法如下：

1）单构件修改的方法：点击构件查询命令，鼠标变为白色小框，点选需要进行属性

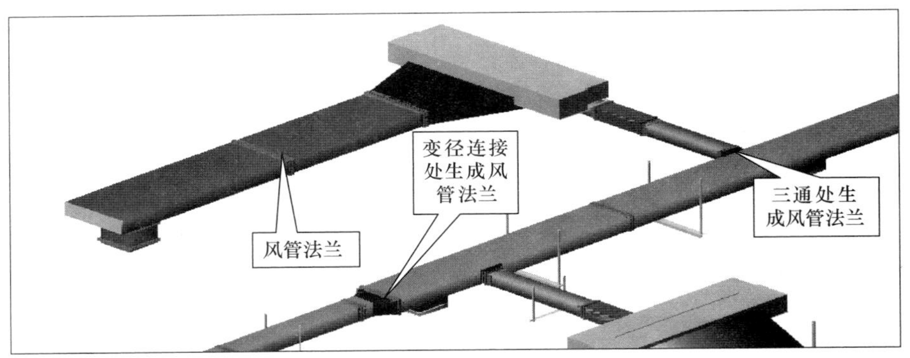

图 2-83　生成风管法兰

修改的单个构件，右键确定。弹出图 2-84 所示窗口。

构件查询[类型: 风管, 数量: 6]

○ 清单属性　◉ 定额属性

属性　做法

属性名称	属性值	属性和
- 物理属性		
分组编号 - FZBH	室内	
构件编号 - BH	镀锌薄钢板-1500X400	
相同构件数(N) - XTGJS	1	
相同标准层数(N) - XTS	1	
是否输出工程量 - GCL	是	
材质 - CZ	镀锌薄钢板	
规格型号 - GG	1500X400	
- 几何属性		
截面形状 - JMXZ	矩形	
宽(mm) - W	1500	
高(mm) - H	400	
壁厚(mm) - BIH	0.700	
长度(m) - L	23.86;49.37;11.91;14.61;88.91;59.85	248.51
截面周长(m) - JMZC	3.80	
截面积(m2) - JMJ	0.60	
大边长(mm) - DBC	1500	
- 施工属性		

属性说明：

展开(E)　折叠(F)

修改编号(M)　☐ 隐藏所选构件　确定　取消

图 2-84　“构件查询”窗口

倘若构件不是 1500×400 的风管，需要修改为 800×300 的风管，操作方法可直接在构件编号列进行下拉选择，选择为：镀锌薄钢板—800×300 即可（此方法的前提为风管里已经存在 800×300 的风管编号方可，如果没有此编号的风管，就通过修改编号进入到定义编号的窗口，在里面先进行编号的新建，然后才可以在此进行选择修改）。

2）多构件的修改

执行常用工具栏的构件筛选命令，弹出如图 2-85 所示窗口。

在此我们可以根据构件类型及属性进行查找替换。如图 2-86 的设置，点击替换—确定后，所有标高为 2800mm 的风管都将标高变为 3500mm。

以上筛选的方法可结合构件查询的方法使用，只需先根据指定条件查找—确定后，执行构件查询命令，即可针对刚才筛选处来的构件进行调整，非常方便。

（6）拷贝楼层命令的使用方法：

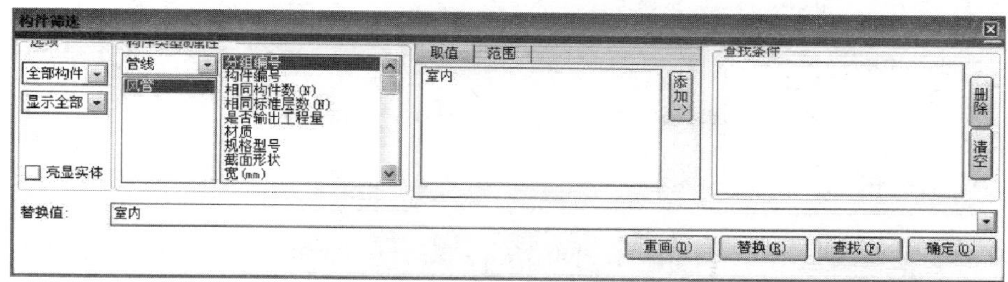

图 2-85　“构件筛选”窗口

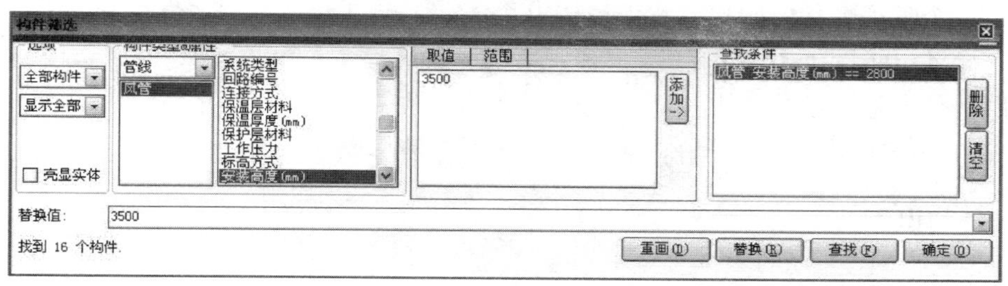

图 2-86　对构件类型及属性查找替换

执行常用工具栏—拷贝楼层命令，弹出楼层复制的窗口如图 2-87 所示。

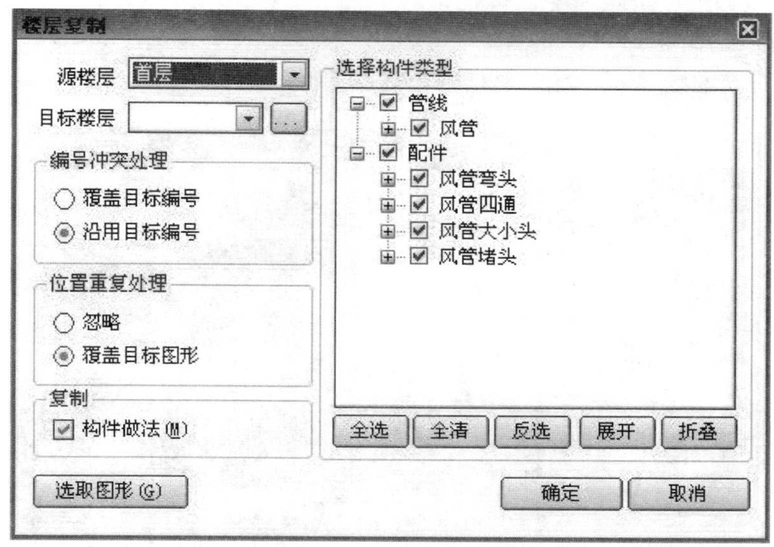

图 2-87　“数据复制”窗口

使用此方法请重点理解源楼层、目标楼层及构件类型的处理。

2.4.5　习题与上机操作

1. 练习风管识别及设备识别。
2. 练习管连风口、风管连接命令。
3. 练习拷贝楼层命令的使用。

2.5 弱电系统布置

2.5.1 操作说明

实例的弱电系统包括电视、电话、网络等内容。弱电的一切操作均与电气部分大致相同，大概就是识别转换或者是手工布置设备、附件、管线。

(1) 新建工程文件

新建一个工程名称，叫作“实例（弱电系统）”，包括建立工程属性等。

(2) 导入电子图纸

参照其他专业图纸导入方法，将电子图纸导入软件中。

将导入的电子图纸进行分解，这样我们才可以进行操作。

2.5.2 自动识别

由于软件系统中暂时没有专门的弱电系统识别，实例中弱电部分借用电气部分的布置和识别功能进行操作，事实上弱电的内容也等同电气内容，都是管线和器件布置。下面就看一下对弱电系统进行识别的方法。首先是识别设备和附件，从图中材料表可以了解到构件的名称，识别弱电设备跟强电设备是相同方法，展开“识别”菜单，点击“识别设备”把相应的设备识别出来即可，如图 2-88 所示，对应输入安装高度、3D 图块，点击“提取”按钮，十字光标会变成“□”对话框，提取选择需要识别的二维图形确定，这样电话

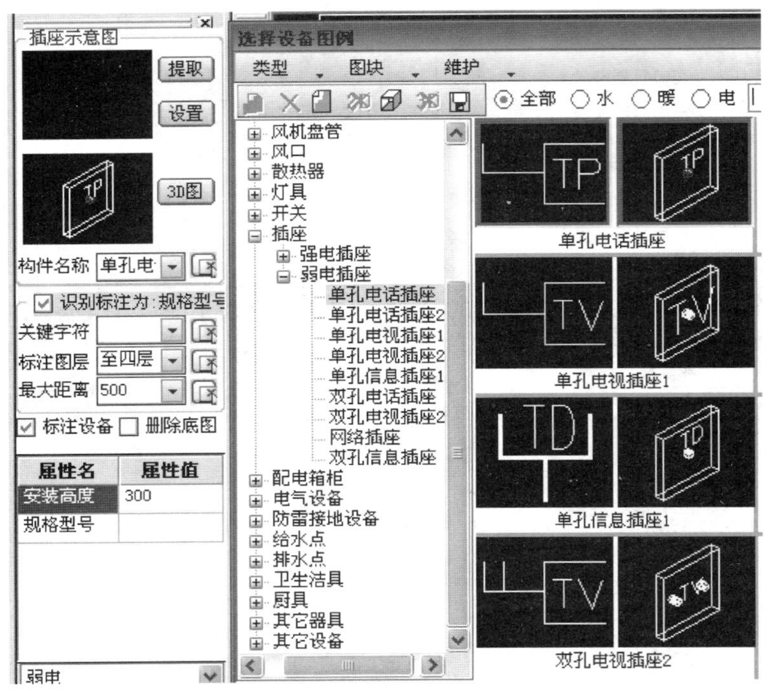

图 2-88 识别设备

插座就识别成功。其他的设备附件可参照此方法识别转换。

设备识别完成之后，接下来对管线进行识别。在软件没有系统相对应的系统规格时，可以自己新建管线编号，就是每一条弱电系统的回路信息，在这里可以用“识别”菜单命令下的“识别管线”命令，点击之后软件弹出“组合类型”识别对话框，见图 2-89。

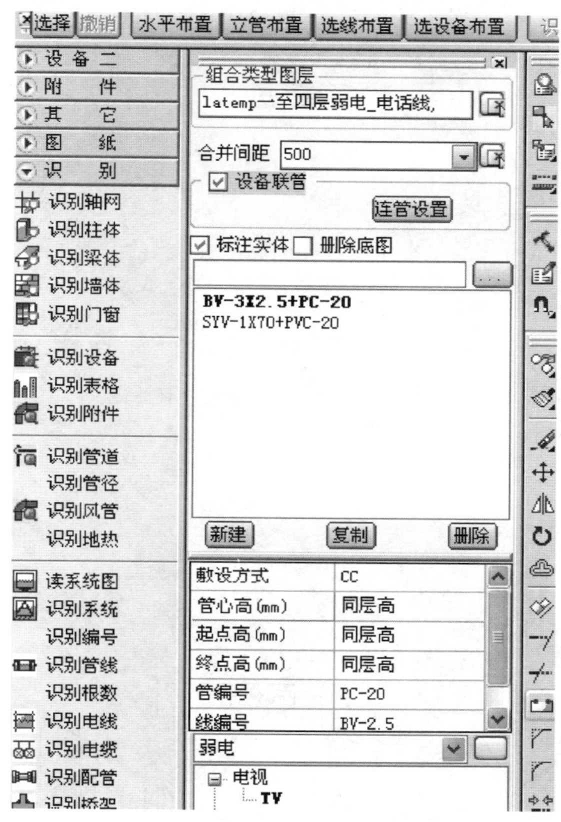

图 2-89　“组合类型”识别对话框

点击“新建”这时软件会弹出“电线配管管理”对话框，见图 2-90。

这时就可以根据实际工程数据录入管线规格，如图 2-90 所示，“选择的配管”PVC20、“选择的电线”SYV70 的线，点击“添加编号”这样一组管线组合就添加好了，可以根据上述方法把所有的，电话、网络、电视的管线规格新建出来。这时点击“布置”命令，软件会跳回“组合类型”识别对话框（图 2-89）；你会发现十字光标会变成一个“回”模式，可以看到这个跟强电的识别方法相同，提取需要识别的管线系统图层，之后选择提取后的图层识别证转换即可，识别完成的系统会有管线规格标注上去。用相同的方法把所有的电话、网络、电视的管线识别转换即可。管线、设备全部识别完成之后，设备与管线之间的立管部分需要连接，展开“辅助编辑”菜单下的“设备连管线”命令，十字光标会变成一个“回”模式，这时软件命令行会提示选择所有设备，框选所有设备右键，软件命令行会提示选择需要与设备相连的管线，框选所有管线右键，软件会弹出“电器设备连立管设置”窗口，根据实际需求选好立管的属性确定即可。如果有接线盒需要布置的话可参照强电部分的自动布置接线盒。图 2-91 所示即为通过识别完成的弱电系统。

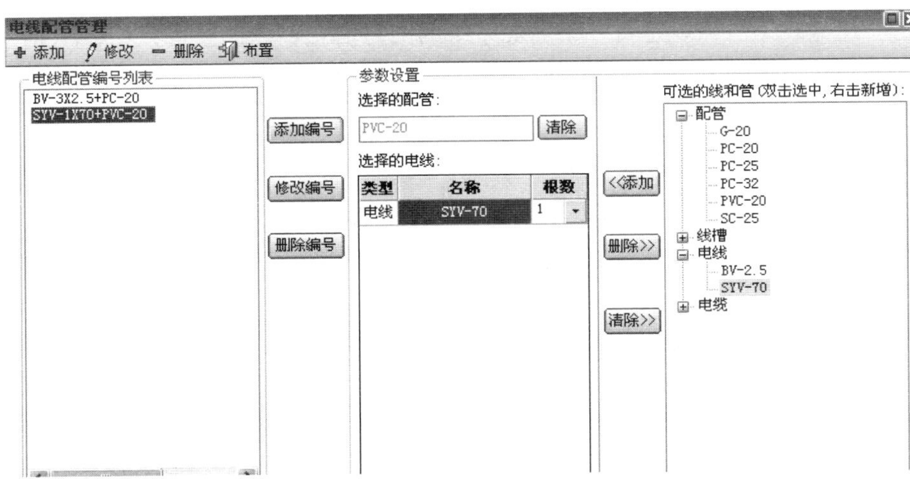

图 2-90 “电线配管管理”对话框

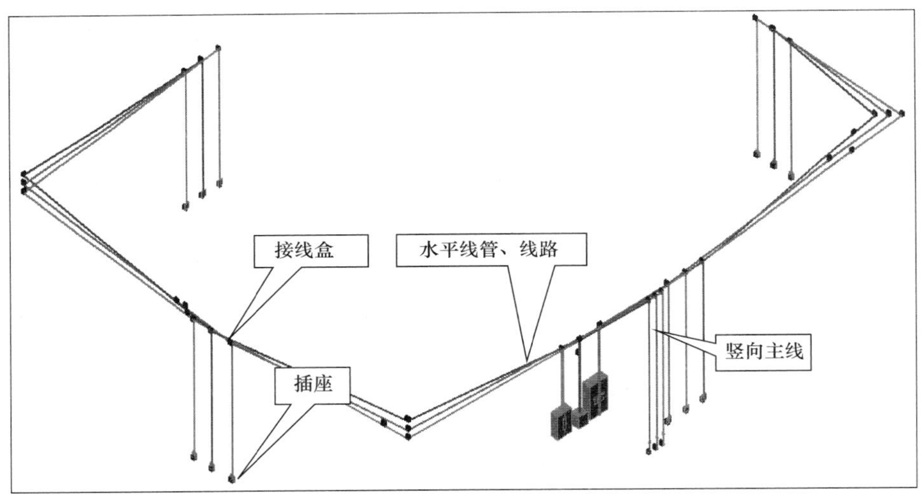

图 2-91 完成弱电系统

2.5.3 做法挂接

挂接做法可以通过几种方法，第一种可参照强电部方法进行分挂接做法。这里我们讲另外一种挂接做法的方法，软件中还可以在定义编号时挂接做法，简述如下：

在定义编号界面（图 2-92），点击“做法”选项，进入做法挂接界面（图 2-93）。

在右上角的标准栏选择正确的定额章节，在右下角的查找栏选择正确的定额编号，双击该定额编号，则这条定额条目就挂接到该构件上了。以后再布置该构件时，都是挂有做法的构件了。

上述就是在定义编号处挂接做法的方式。

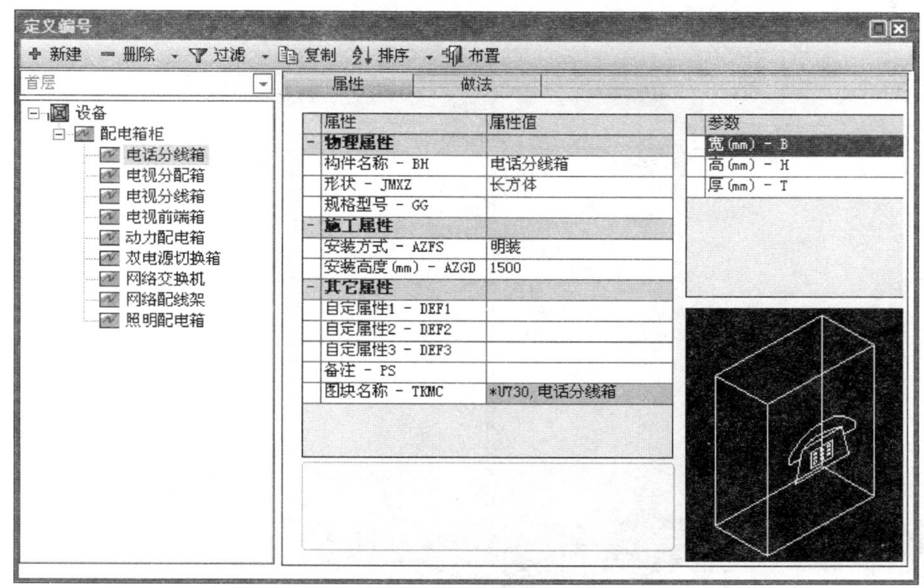

图 2-92　定义编号界面

图 2-93　挂接做法界面

2.5.4　手工布置

对于弱电部分的手工布置方法也比较简单，下面就拿例图地下室为例讲解，从图中看到，电视、电话、网络的主控设备都在地下室楼层内，我们定义也先从地下室开始。

先进行系统编号的录入。在没有电子图时，所有的操作只能用手工录入布置。同识别一样，先要进行系统图和材料内容的录入，现在以录入一条“HYV-40（2X0.5）SC40”的电线配管为例进行说明。

执行“管线”菜单【电线配管】命令，弹出导航器，见图 2-94。

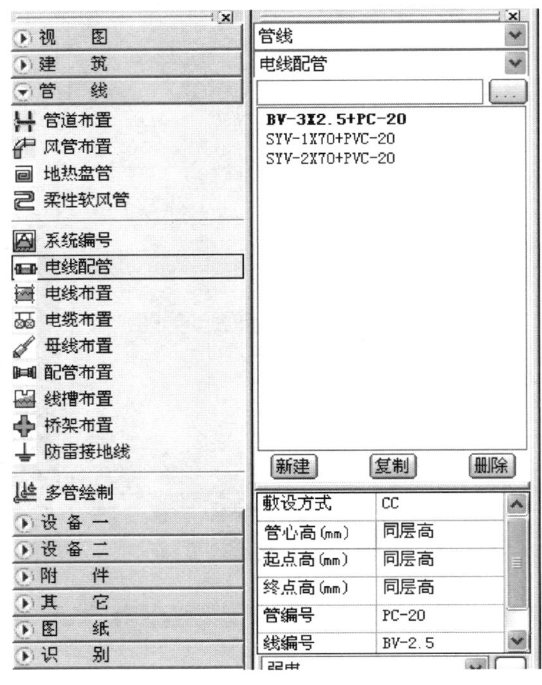

图 2-94　电线配管导航器

在框中点击〖...〗按钮，弹出“电线配管管理”对话框（点击“新建”按钮是相同的命令），软件会弹出“电线配管管理”对话框，见图 2-95。

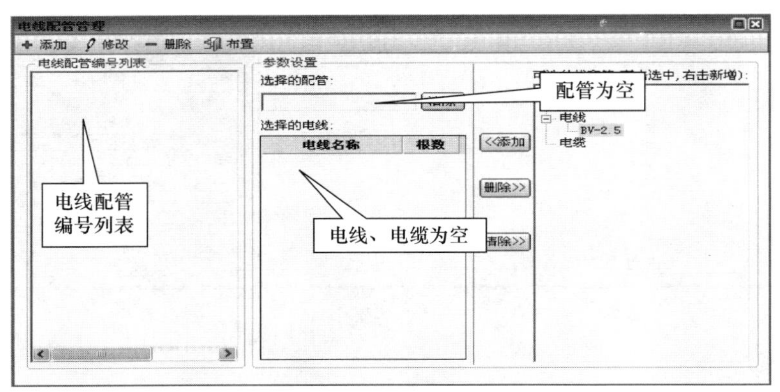

图 2-95　“电线配管管理”对话框

在“可选的线和管中”栏目中右键点击“电缆”弹出“新建编号”点击“新建编号”，弹出“材质表”对话框，见图 2-96。

在材质列表中没有材质为“HYV－N”电缆可选，需增加这种材质。点击“材质列表”下的“增加”按钮，弹出电缆规格选择对话框，见图 2-97。

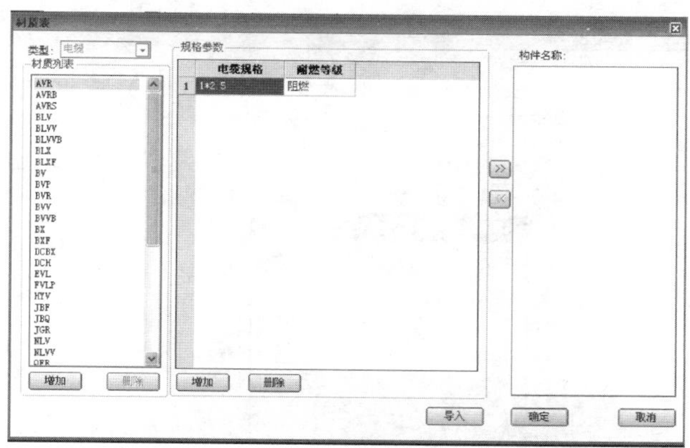

图 2-96　“材质表”对话框

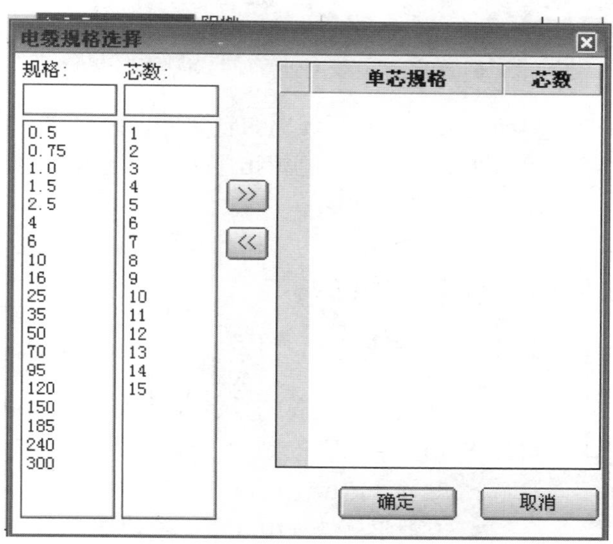

图 2-97　电缆规格选择对话框

在规格栏中双击 0.5，在芯数中双击 2，点击〖确定〗按钮，规格参数中就显示出所需的电缆规格了，将耐火等级选为普通级。有了规格还不行，还需指定型号，返回“材质表”对话框中，这时“材质列表”栏的底部出现“新材质”输入框，在框中填上“HYV—N”点击〖»〗按钮，构件名称栏中就显示出“构件名称: HYV-N-(2*0.5)”增加的内容，点击〖确定〗按钮，电缆编号就新建好了。用同样的方法新建配管编号。

双击配管、电缆型号，参数设置中填入了数据，可根据实际需要改变电缆的根数，点击“+添加”按钮，电缆配管编号列表中就出现了电线配管编号，见图 2-98。

如果有多条选项记录要填写，按上述方法依次将所有记录填写完成，就可进行电缆布置了。

点击“电缆配管管理”对话框中的〖布置〗按钮，即可在界面中布置电缆了。

布置的过程中可在导航器中对电缆的如：安装高度、系统类型等进行指定，之后再在

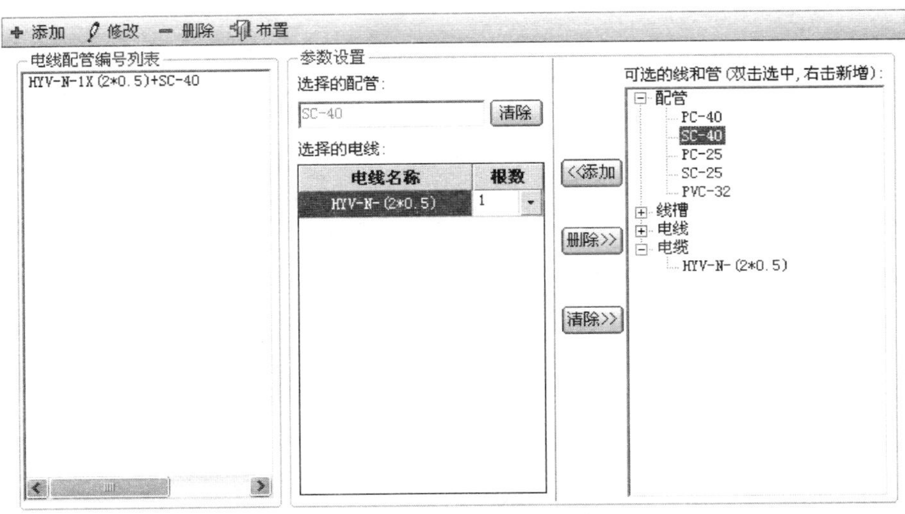

图 2-98 “电线配管管理”对话框

界面中布置。水平线路布置完后，按照“设备连管线”的操作方法，将电线配管与电箱相连接，上述就是弱电部分的手工布置方法，见图 2-99。

其余没有电子图文档的设备、管线的录入布置方式都大概相似，可参照本节方法。

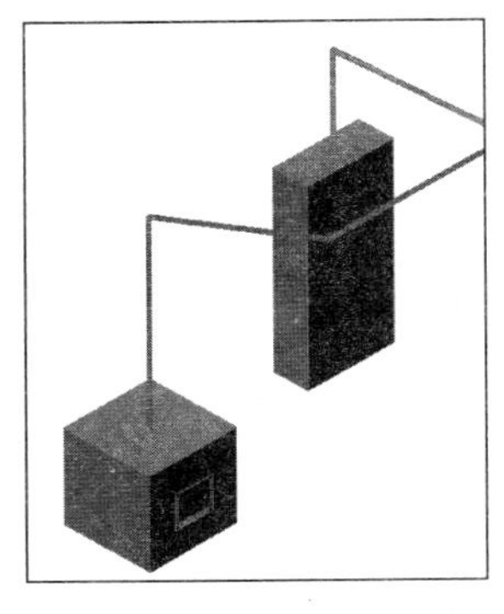

图 2-99 设备连管线

2.5.5 习题与上机操作

1. 思考当一种弱电设备无法在图库中找到时，用什么方法可以将此设备布置出来。
2. 思考挂接做法可以用几种方法。
3. 识别实例教程中的二、三层弱电平面图。

2.6 消防系统布置

2.6.1 操作说明

消防系统包括供水管道、喷淋设备、监视布线、控制设备、其他器件。注意，本系统算量时，请先参看基础知识部分进行工程新建及工程设置，方可执行【2.6.2～2.6.4】的相应操作内容。另外，以下内容需调用到的工程图纸均以附录二中消防系统相关图纸为参照。

2.6.2 自动识别

【喷淋系统】

（1）新建一个工程名称，叫作“实例（喷淋消防系统）”，包括建立工程属性等。

（2）插入实例喷淋部分的电子图，将导入的电子图进行分解。这里我们用实例第一层的安装内容作说明，其电子图见图 2-100。

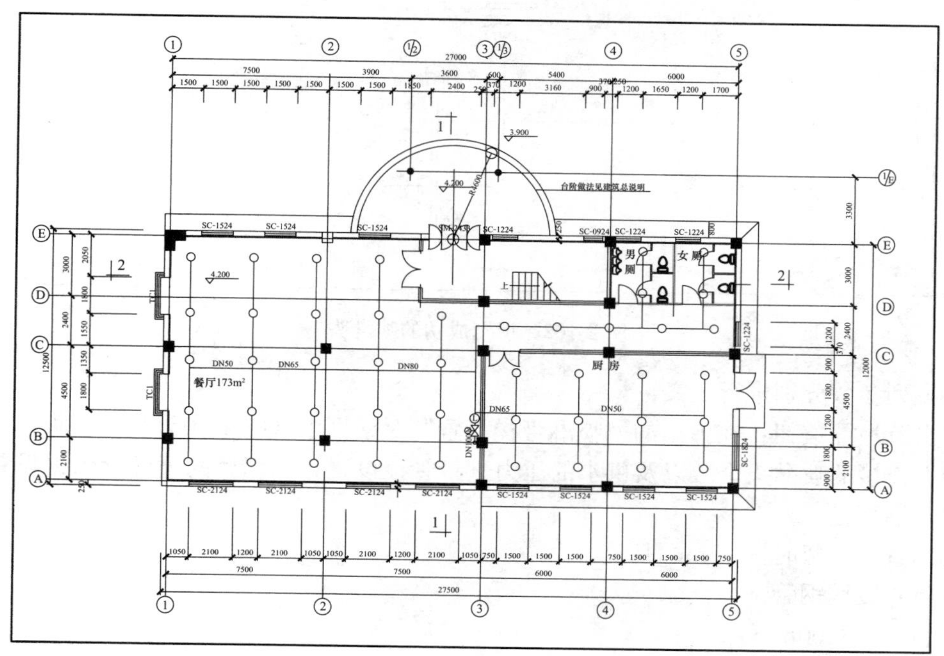

图 2-100　实例第一层的喷淋电子图

（3）识别喷淋头：先进行喷淋头的识别。图面上看到的一个一个的圆圈，表示是喷淋头，见图 2-101。

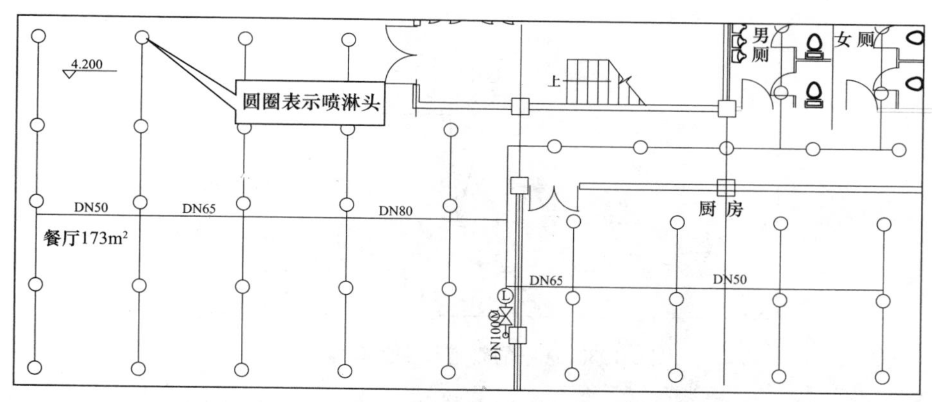

图 2-101　喷淋头图形

识别方法同 2.3.2 第（6）点，只需将图库中的图形换成喷淋头即可，属性值根据要求填入。识别成功的喷淋头，可看到圆圈旁边出现了器件的图示文字，并且切换到三维状态看看到立体效果，见图 2-102。

（4）喷淋管道识别：将电子图居于屏幕中央，执行“识别”菜单下的【识别管道】命令，方法同 2.3.2 第（3）点，只需将系统类型改为“消防一喷淋”即可。

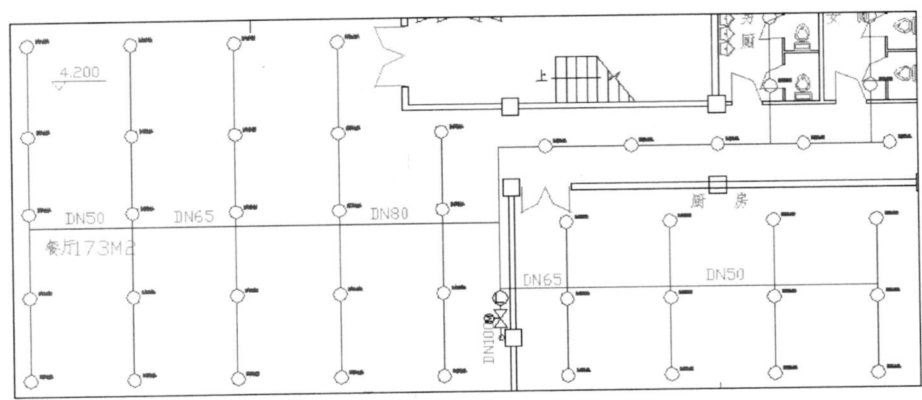

图 2-102　识别成功的喷淋头

将下列参数分别进行定义：

点击〖设置〗按钮：在弹出的“喷淋管径设置”对话框中（图 2-106），根据防火危险等级和管上连接的喷淋头个数以及供水的压力进行管径设置，识别后的喷淋管依据设置自动生成的喷淋管径。

公称直径：暂时按 25mm 默认。

材质：镀锌钢管。

管心高：3200mm。

连接方式：螺纹连接。

对话框中各参数设置好后，根据命令栏内的提示：

“选择需要识别水平管道的线 立管识别(O)”，光标至界面中单选或框选需要识别的水管线，选中的图线会变虚亮显，见图 2-103。

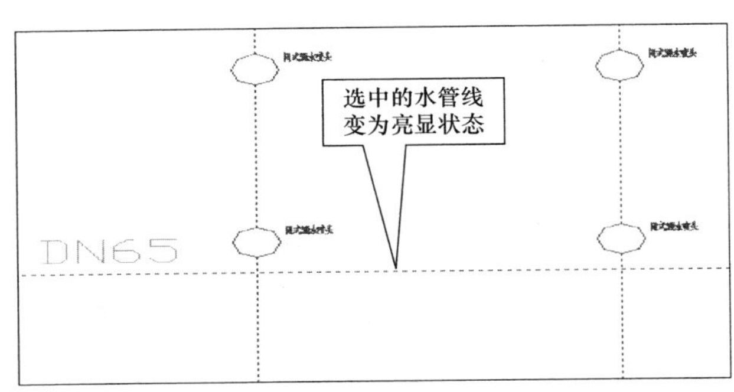

图 2-103　选中的管道线变为亮显状态

回车或右键后，选中的管线就会变为绿色，表示管道已经被识别成功。见图 2-104。

将图形置于三维状态下，可看到立管与水平管同时被识别了，同时喷淋头与管道也自动连接上了。见图 2-105。

若是设备与管道没有连接上，可用“设备连管道”命令将其连接。方法同电气系统中的设备连管线命令，只是把管线换为管道而已。

管道识别完成时，软件会自动根据识别之前设置的喷淋管径与连接喷头个数的对应关系调整管径，当然也可以单独执行喷淋管径的命令，操作见下节。

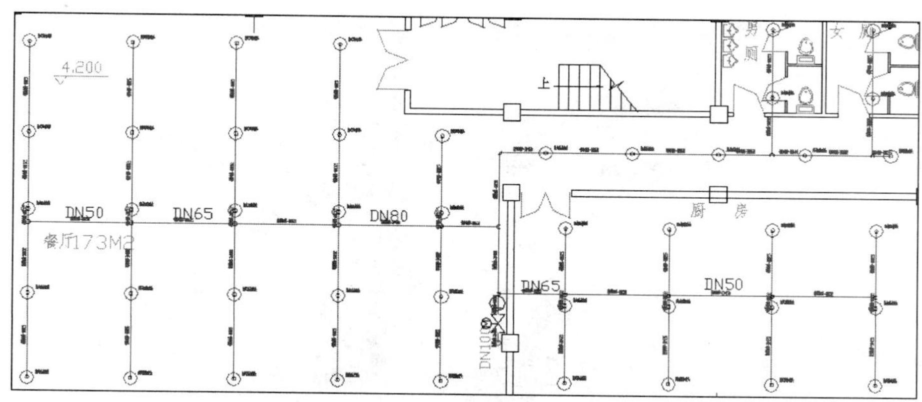

图 2-104　识别成功的管道变为绿色

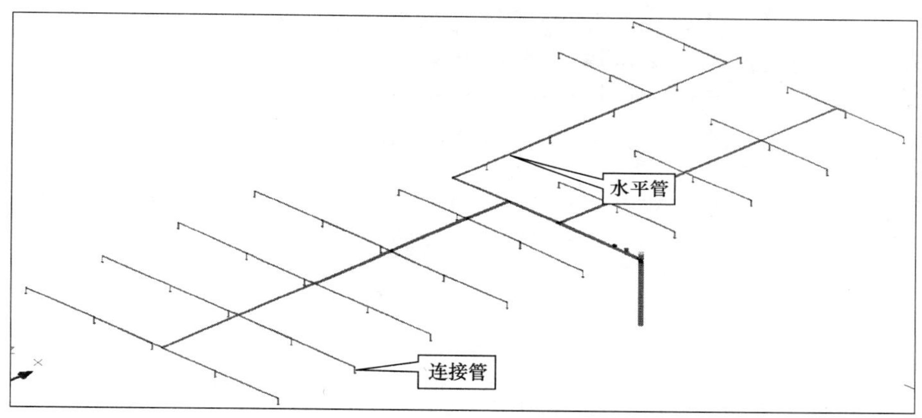

图 2-105　识别成功的管道三维图

（5）喷淋管径的自动判定。

执行“辅助编辑”中的【喷淋管径】命令，弹出“喷淋管径设置”对话框，见图 2-106。

对话框中缺省的管径是根据《自动喷水灭火系统设计规范》GB 50084—2001 设置的，实例默认缺省值，用户在实际工程中可依据设计内容修改其中的内容。

点击〖确定〗按钮，命令栏提示“选择喷淋干管<退出>”，依据提示在界面中选择喷淋管道的干管。注意：在此提示的干管是连接所有喷淋最前端的管道，系统将自动计算出管道由最粗供水的管道直至最末段喷淋头的管道的管径，以便供水压力均匀。

选择好干管后右键或回车，命令栏提示“是否为该对象？[是(Y)]否(N)]<Y>:”右键确认，这时看到界面中的管道经过软件的计算，自动调整到相应的管径了，并且在每根管道的边上都标出了管道的直径，见图 2-107。

管道上显示一些管径标注，不利于操作，可点击工具栏中的〖 〗“属性图示”按钮，到界面中将“管道”前的钩去掉，将管径标注隐藏起来，以便于其他器件的布置操作。

（6）附件识别：识别方式同其他专业的附件识别，执行识别菜单—识别附件—选择 3D 图块，选择平面图进行识别即可。注意：识别附件的命令只能在附件需要依存的管线存在的情况下，才可使用此命令。且附件的标高、规格等可根据承载它的实体来进行自动判定。

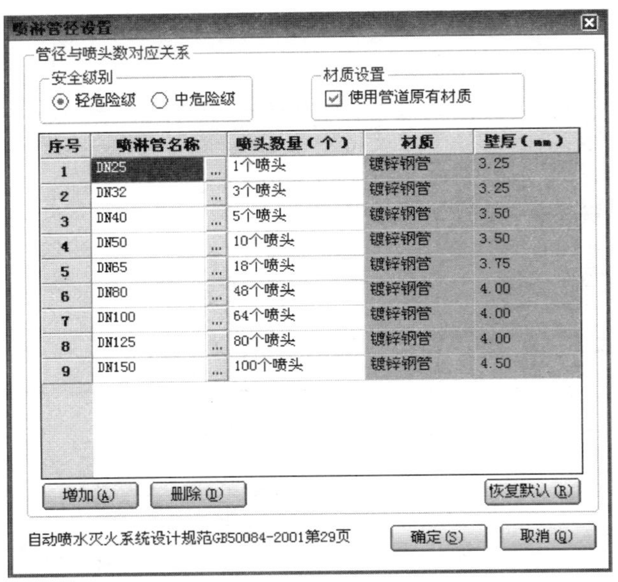

图 2-106　喷淋管径设置对话框

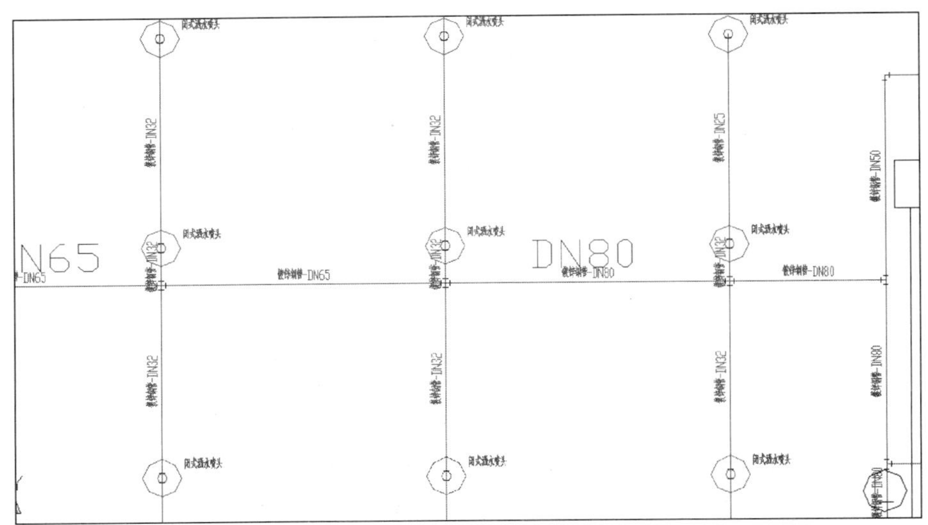

图 2-107　管道管径自动生成了，并标出了管径

【消防报警系统】

（1）插入消防报警电子图，将导入的电子图进行分解（图 2-108）。

实例喷淋部分是对第一层楼面的内容进行布置的，报警部分我们也对第一层进行布置。由于报警部分的控制设备置于地下室部分，故实例将地下室也应进行布置。由于报警部分与喷淋没有器件相连，故不需将两个电子图重合。插入实例消防报警电子图；将地下室的图面置于界面中间，先进行设备识别。

（2）消防报警设备识别。

实例地下室层面的消防报警设备有：消火栓泵控制柜、喷淋泵控制柜、集中电源、广

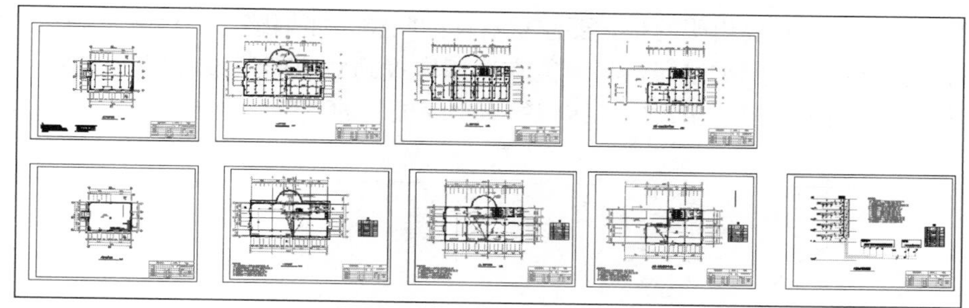

图 2-108　插入的消防报警电子图

播主机、报警控制器主机、电话主机、联动控制柜。

设备识别的方法同其他专业，执行“识别设备”命令后，弹出“识别设备”对话框及导航器；点击导航器中的〖3D 图〗按钮，弹出“图库管理”对话框，在图库管理中双击一个配电箱柜名称和图形，重新回到设备识别导航栏界面，设置相应的标注图层、属性、系统类型、回路编号，之后点击〖提取〗按钮；光标变为“□”选择状态，同时命令栏提示“选择单个图例”，在界面上单选一个图例，右键确认；同时命令栏提示“请输入块的插入点:”，在图上选择设备的插入点，同时命令栏提示“请输入块的插入点:请输入块的方向:”；根据图形的方向，在图上选择插入设备的方向，同时命令栏提示“选择需要识别图块”，框选整张图纸，右键确认，整张图纸中的电箱就识别出来了，见图 2-109。

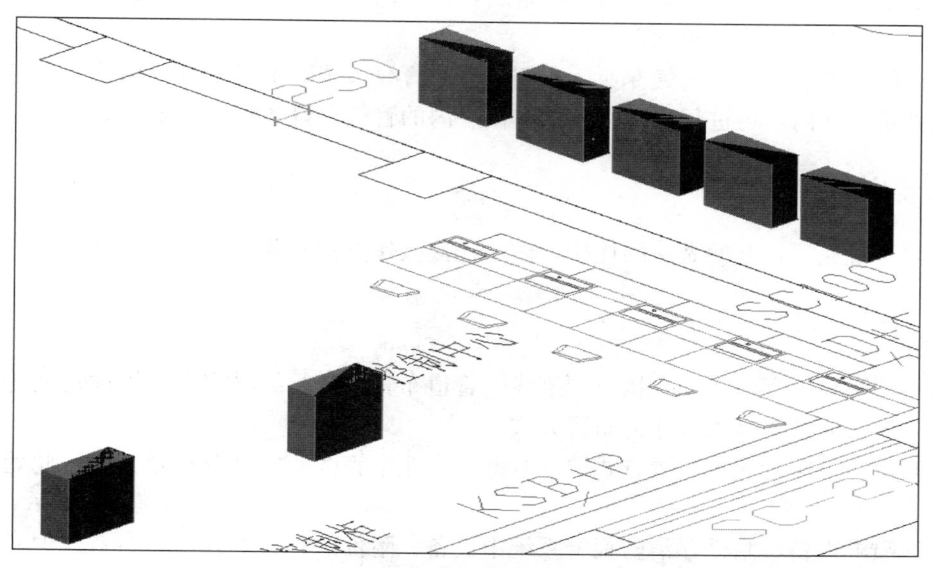

图 2-109　识别成功的设备效果图

温馨提示：

消火栓、泵、控制柜等设备图库中没有，需选择相似的图块表示出来，如：配电箱，同时更改“构件名称”即可。

地下室层的设备识别出来后，将界面切换到第一层。将第一层的设备和器件也识别出来，识别方法同上。需要说明的是，要注意器件的归类，如烟感、广播喇叭等在消防内是属于设备的类型，如果归类错误，将不能在图库内找到对应的三维图形相匹配。图 2-110 是将烟感、报警喇叭、模块箱、启动按钮等识别完成了的效果。

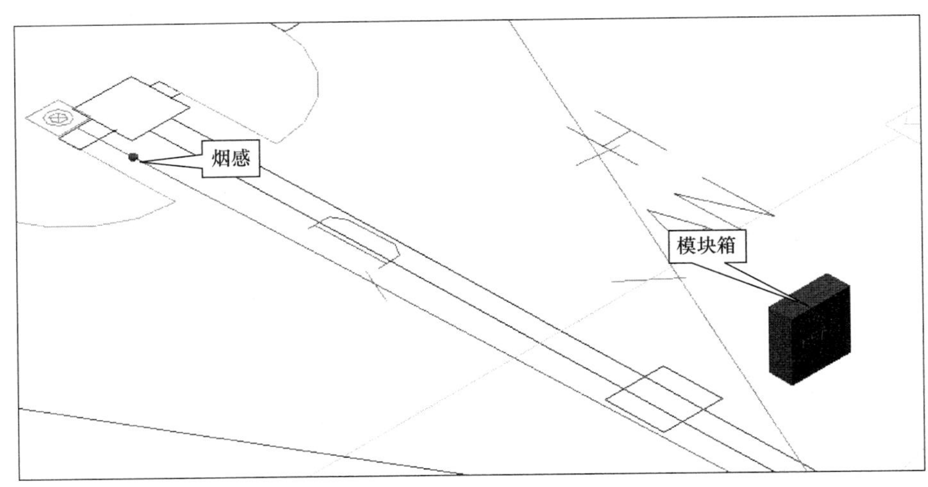

图 2-110　识别成功的烟感等设备的效果

地下室和第一层的设备识别布置出来后，就可以进行管线的识别布置了。

(3) 消防报警管线识别。

管线的识别的方法同电气专业，实例的消防管线系统图不可识别，用手工先将管线数据录入到定义框内，再进行识别。地下室楼层内的管线和设备三维效果见图 2-111。

2.6.3　做法挂接

器件布置完后，开始做法的挂接，做法挂接操作方式同前面有关章节说明。

2.6.4　手工布置

(1) 消防喷淋管道布置：执行"管线—管道布置"进行编号定义、属性定义等即可进行布置，方法同给水排水专业的布置方式。

(2) 消防报警管线的布置方式请参看电气专业中管线的定义及布置方式，此处不做详细讲解。

(3) 喷淋设备、附件，消防报警系统中设备、附件的布置方式，可参考其他专业的布置方法来处理，此处不做详细讲解。

2.6.5　习题与上机操作

1. 练习调整喷淋管径的命令。
2. 练习识别管径命令。
3. 练习首层消防报警系统的识别。

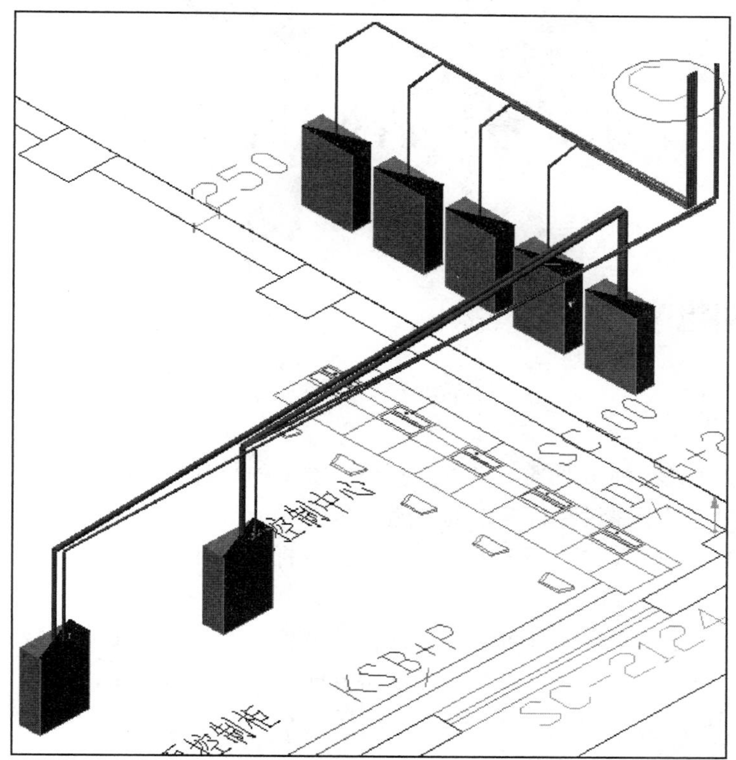

图 2-111　地下室设备管线三维效果图

第3章　清单计价软件

3.1　基础知识

3.1.1　软件简介

清单计价软件是深圳市斯维尔科技有限公司推出的集计价、招标管理、投标管理于一体的计价软件，应用于建设工程开发商、施工单位、造价咨询单位、建设监理单位、政府造价监管部门等编制或审核工程招标控制价、投标报价和工程结算价等诸多计价工作当中。

本软件能同时适用于定额计价、综合计价和清单计价。软件提供二次开发功能，可挂接不同地区及不同专业定额，可以自定义取费程序和报表，满足不同地区、不同专业的招标投标报价的需求。

3.1.2　功能与操作界面

（1）文件菜单，主要包括以下功能：

1）新建：

① 单位工程：可选择专业定额和计价方法，创建一个单位工程计价文件。

② 建设项目：创建一个建设项目文件，用于管理和组织多个单位工程。

③ 审计工程：选择送审单位工程，创建一个审核文件，进入审计审核操作模式。

2）打开：打开工程文件，进入编辑状态。

3）保存：保存当前文件，或另存为新的文件。

4）预算书工具：

① 工程比较：同步比较两个单位工程的各项数据，实时以颜色标注差异。

② 合并单位工程：将两个或多个单位工程的数据合并到一个单位工程中。

③ 备份单位工程：将选择的单位工程，压缩为备份文件保存到指定路径中。

④ 恢复单位工程：将备份文件恢复为一般的单位工程。

⑤ 导入算量文件：导入三维算量、安装算量软件的工程量计算结果，创建一个单位工程。

（2）招标投标菜单，主要包括以下功能：

1）新建或打开项目文件：新建或打开一个可接多个单位工程的项目文件。

2）导入商务标招标文件：导入招、投标管理软件转化的招标XML文件，生成项目文件。

3）导出商务标招标文件：由项目文件可导出招、投标管理软件相应的借口文件。

（3）数据维护：

维护定额库、清单做法库、工料机库、清单子目、取费文件等系统数据，以及导入、导出信息价和编制信息价文件等功能。

（4）软件的主要操作界面——分部分项，如图 3-1 所示。

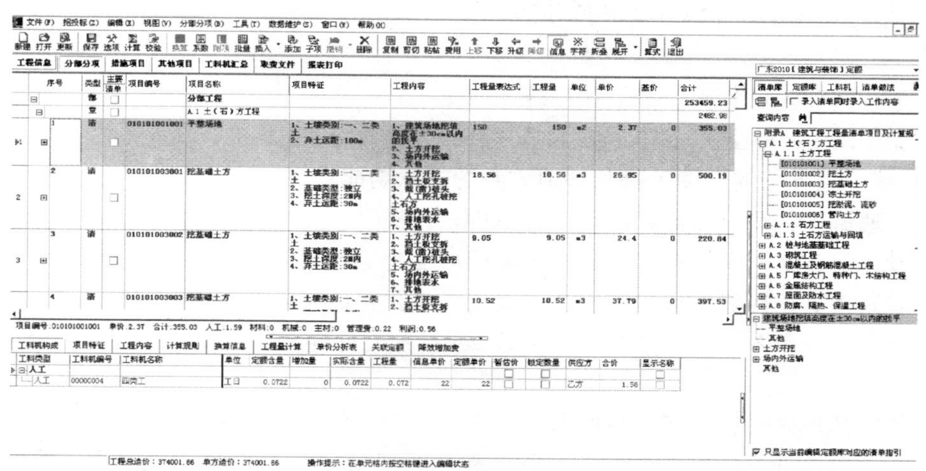

图 3-1　操作界面示例

3.1.3　操作流程与基本操作

软件的基本操作时秉承简单、快速及实用的理念，挂接清单或定额等子目时，可通过双击、拖曳或直接在编码处输入相应编号即可实现挂接。而整个预算书的操作流程，如图 3-2 所示。

3.1.4　计价操作的一般方法

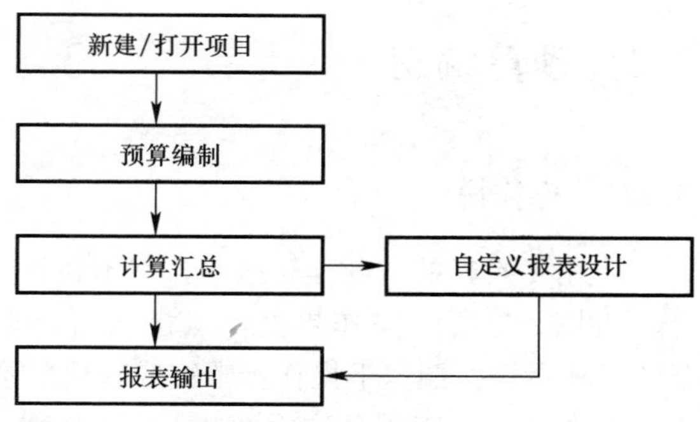

图 3-2　操作流程示例

（1）招投标预算书编制：用于编制工程招投标文件，以及编制预结算书。一般的操作流程是按工程信息、分部分项、措施项目、其他项目、工料机汇总、取费文件、报表打印等功能模块逐步进行的。

1）工程信息：包括基本信息、工程特征信息、预算编制信息、工程造价信息等。

2）分部分项：属工程文件的实体项目数据（可以是清单子目、定额子目、工料机或估价项目），实现项目数据的编制、换算等功能。

3）措施项目：属工程文件的措施项目数据（由措施费用和措施定额组成），实现措施项目数据的编制、换算等功能。

4）其他项目：由暂列金额、暂估价、总承包服务费和计日工组成，实现其他项目数据的编制功能。

5）工料机汇总：由工料机汇总、主要材料、三材汇总等组成，实现汇总单位工程的人材机的用量和造价，以及主要材料的筛选和价格调整等功能。

6）取费文件：包括取费文件和单价分析模板，实现取费调整和造价计算，以及修改单价分析模板等功能，并且可建立不同专业的多个取费文件，实现分专业取费计算功能。

7）报表打印：包括标书封面、编制说明等文档的编辑、打印，以及设计和打印各类报表，输出报表到 Excel 格式文件等功能。

（2）系统设置：

1）工程选项：设置操作习惯和系统选项。

2）显示设置：可控制分部分项、措施项目、其他项目、工料机、取费文件页面显示方式。

（3）编制预算书的辅助工具和各地方版的特殊功能：

1）快速调价：快速按比例调整子目单价，并提供“撤销调价”功能。

2）设置降效：用于设置建筑超高、高层增加费等费用的计算。

3）砂浆换算：可将工程里的制作砂浆转换为预拌砂浆，并符合政府文件的相关规定。

4）导入 Excel 格式工程量清单：从 Excel 格式文件导入工程量清单到分部分项或者措施项目。

5）复制清单做法：可将以前所做工程同样清单下的定额直接借用作为现时的做法。

6）设置单价分析模板：由于管理费率和利润费率分专业不同，可使同一取费模板对应不同专业单价分析模板。

7）关联定额：录入某些特定定额时可以自动弹出相关联的其他定额，可以选择录入关联定额及关联系数。

3.1.5 习题与上机操作

1. 打开清华斯维尔广东 2013 版清单计价，熟悉本章软件功能操作界面及属性。
2. 熟悉软件操作流程。

3.2 预算编制

3.2.1 操作说明

点击工具栏的“新建”按钮，弹出新建向导操作界面，如图 3-3 所示。

在图 3-3 所示操作界面，点击【新建单位工程】进入新建单位工程操作界面，如图 3-4 所示，按照以下操作步骤完成新建单位工程操作。

步骤一：在工程名称栏，录入工程名称“例子工程-建筑装饰工程”；

步骤二：在定额名称栏，点击下拉按钮，选择定额库“广东 2010 建筑与装饰定额”；

步骤三：在计价方法栏，点击下拉按钮，选择“国标清单计价”；

步骤四：在清单选择栏，点击下拉按钮，选择“国标清单（2013）”；

步骤五：在取费文件栏，点击下拉按钮，在树型下拉列表中，选中所需的取费文件，双击鼠标或按回车键选择取费文件，系统会自动根据您选择的取费文件，设置专业类别和工程类别，本实例教程中我们选用“广东省清单计价建筑工程”为取费模板；

步骤六：信息价选择栏，点击后弹出设置工程信息价，可添加相应季度信息价作为指导价，此功能与工料机汇总界面的相对应；

步骤七：地区类别，点击下拉按钮，根据各地区的管理费选择相应的类别，本实例教

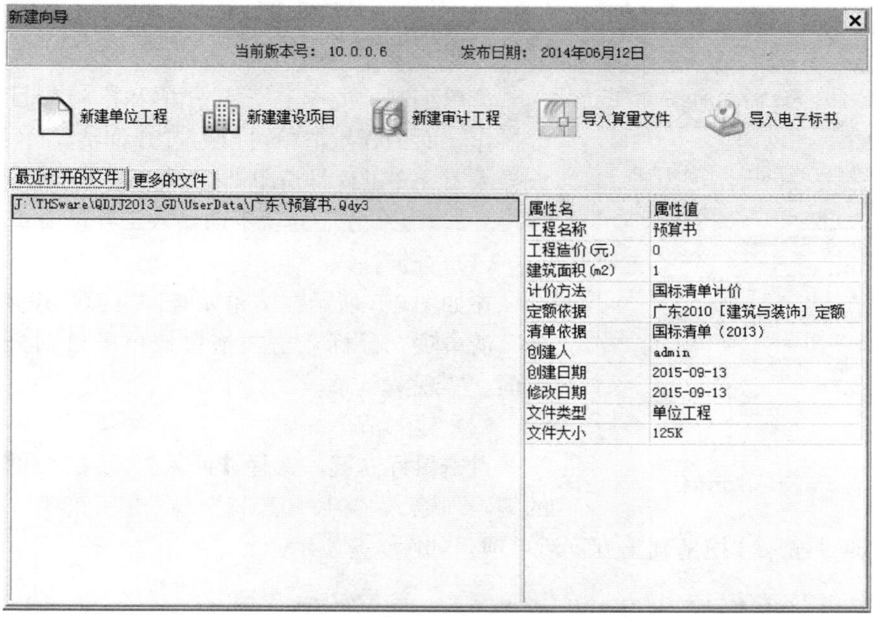

新建向导

当前版本号：10.0.0.6　　发布日期：2014年06月12日

新建单位工程　新建建设项目　新建审计工程　导入算量文件　导入电子标书

最近打开的文件 | 更多的文件

J:\THSware\QDJJ2013_GD\UserData\广东\预算书.Qdy3

属性名	属性值
工程名称	预算书
工程造价(元)	0
建筑面积(m2)	1
计价方法	国标清单计价
定额依据	广东2010［建筑与装饰］定额
清单依据	国标清单（2013）
创建人	admin
创建日期	2015-09-13
修改日期	2015-09-13
文件类型	单位工程
文件大小	125K

图 3-3　新建工程示例

程中按广州的管理费选择“一类地区”；

步骤八：完成以上设置后，点击【确定】按钮，完成新建单位工程，文件自动保存在软件安装路径下的 UserData 文件夹中，此例子工程文件保存在 *D:\THSware\清单计价 TH-BQ2013 广东标准版\UserData* 路径下。

新建预算书

按向导新建 | 按模板新建

工程名称：例子工程-建筑装饰工程

标　　段：

工程编号：　　招投标类型：标底

地区标准：广东

定额标准：广东2010［建筑与装饰］定额

计价方法：国标清单计价

清单规范：国标清单（2013）

取费标准：广东省清单计价 建筑工程

价格文件：

地区类别：一类地区

单位工程建筑面积：建筑面积在300m2以上

□ 保存时用工程名称为文件名保存到默认路径　　确 定　　取 消

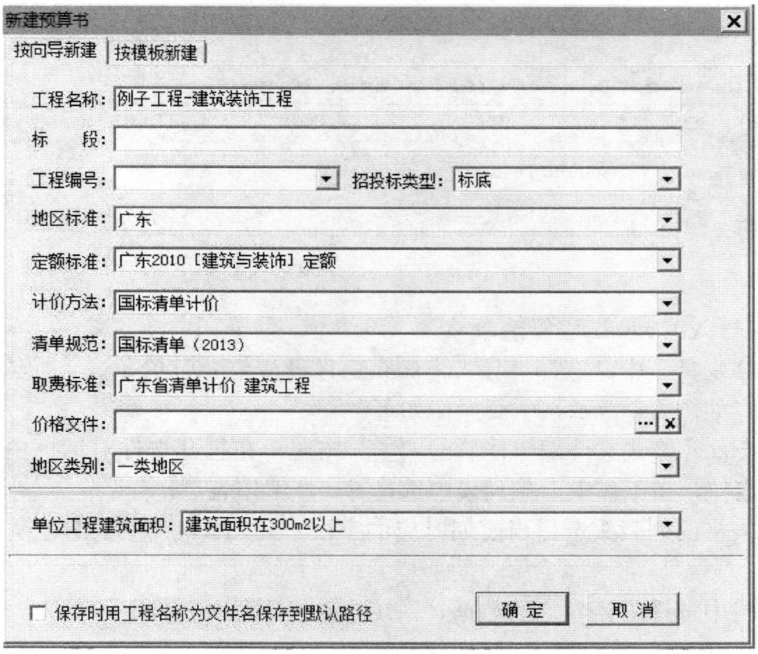

图 3-4　工程信息示例

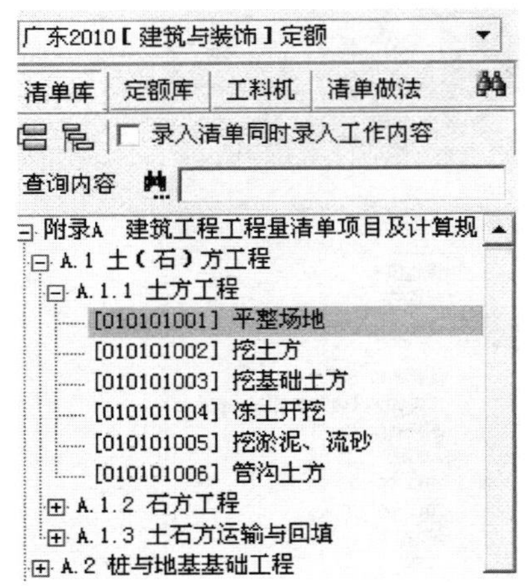

图 3-5 清单库示例

3.2.2 清单编制

清单编制主要是在分部分项和措施项目这两大部分操作，而工程量清单可以通过查询清单库手工输入，或导入 Excel 工程量清单，下面将逐一介绍。

3.2.2.1 分部分项手动输入工程量清单

（1）查询输入

在如图 3-5 所示在清单库查询页面，找到“平整场地”清单项，鼠标双击或拖曳清单子目到分部分项主界面，实现清单录入。

（2）输入清单编码

点击鼠标右键，选择【插入】或【添加】，在空行的编码列输入“010101003”，点击回车键，在弹出的窗口回车即可输入“挖基础土方”清单项，如图 3-6 所示。

工程信息 | 分部分项 | 措施项目 | 其他项目 | 工料机汇总 | 取费文件 | 报表打印

		序号	类型	主要清单	项目编号	项目名称	项目特征	工程量表达式	工程量	单位
	⊟		部	□		分部工程				
1		1	清	□	010101001001	平整场地		1	1	m2
▷2		2	清	□	010101003001	挖基础土方		1	1	m3

图 3-6 手动录入清单示例 1

如果接下来的清单在上一条清单的章节下，如“010101006”，只要在上一条清单编辑完之后，直接在项目编号单元格中输入“6”回车即可完成输入“管沟土方”清单项，如图 3-7 所示。

工程信息 | 分部分项 | 措施项目 | 其他项目 | 工料机汇总 | 取费文件 | 报表打印

		序号	类型	主要清单	项目编号	项目名称	项目特征	工程量表达式	工程量	单位
	⊟		部	□		分部工程				
1		1	清	□	010101001001	平整场地		1	1	m2
2		2	清	□	010101003001	挖基础土方		1	1	m3
▷3		3	清	□	010101006001	管沟土方		1	1	m

图 3-7 手动录入清单示例 2

3.2.2.2 导入 Excel 工程量清单

在主菜单“工具”中，选择“导入 Excel 工程量清单”菜单，进入导入 Excel 工程量清单操作界面，如图 3-8 所示，主要操作如下：

（1）单击 Excel 格式文件编辑框后的“…”按钮，在打开文件对话框中选择工程量清单 Excel 格式文件，在工作表下拉列表中选择 Excel 工作表。

（2）单击表格的列表头选择当前列对应的字段，如图 3-8 所示，带“★”的字段必须配置对应的列。

（3）从表格中选择需要导入的数据，系统提供以下几种选项：

① 从当前行开始导入：将从当前选择的记录开始到表格结束的所有数据导入到分部分项。

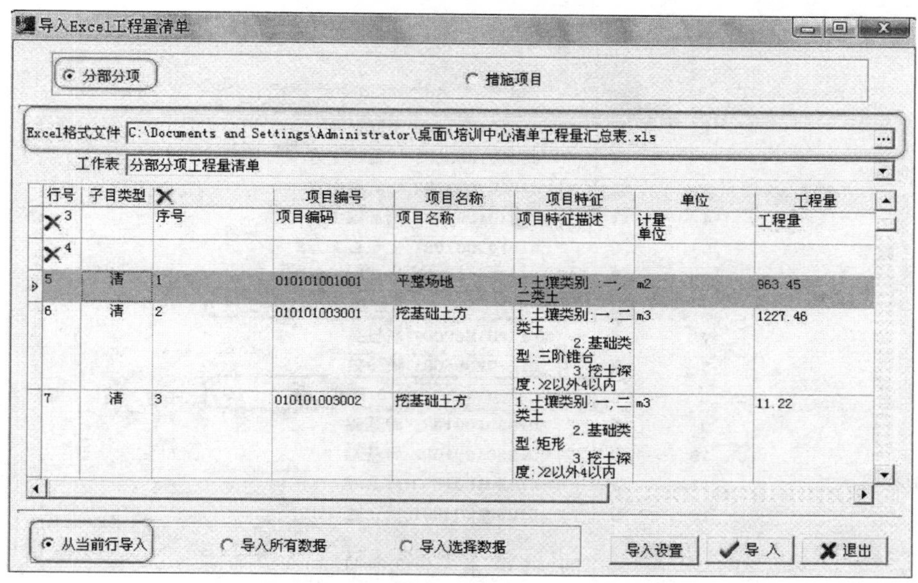

图 3-8　导入 Excel 工程量清单示例

② 导入所有数据：将当前工作表的所有数据导入到分部分项。

③ 导入选择数据：将选中的所有数据导入到分部分项。

(4) 选择子目类型：如果 Excel 表格中有“分部”、“备注”等记录，则需在图 3-8 窗口的“子目类型”列下拉选择相应的子目类型，清单、定额子目不需选择，系统可自动识别。

(5) 如果数据错误或数据和字段类型不匹配，单击“导入”按钮后，系统将不匹配的记录用颜色标识，可在表格中直接修改数据。

3.2.2.3　调整显示顺序

系统提供以下方式调整分部分项数据的显示顺序：

(1) 按录入顺序显示：自动隐藏册、章、节等数据，分部分项数据按录入的先后顺序显示和输出报表。

(2) 按章节顺序显示：用户可选择添加册、章、节等数据，分部分项数据按册、章、节层次结构排序显示和输出报表。

点击主菜单“分部分项”，在主操作界面单击右键选择“调整显示顺序”菜单，进入调整显示顺序操作窗口，如图 3-9 所示。按提示设置相关选项，点击【确定】按钮，完成分部分项数据按选定的方式排序，如图 3-10 所示。

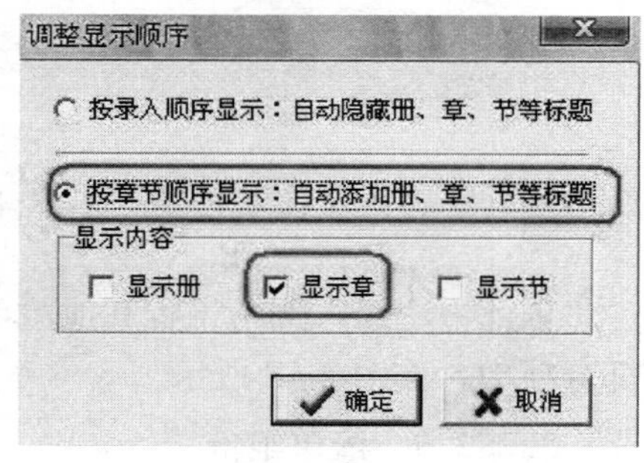

图 3-9　调整显示顺序示例

3.2.2.4　项目特征的应用

注意事项：

根据《建设工程工程量清单计价规范》GB 50500—2013 中 4.2.1 规定，分部分项工程量清单应载明项目编码、项目名称、项目特征、计量单位和工程量。

	序号	类型	主要清单	项目编号	项目名称
⊟		部	☐		分部工程
⊟		章	☐		A.1 土(石)方工程
	1	清	☐	010101001001	平整场地
	2	清	☐	010101003001	挖基础土方
	3	清	☐	010101003002	挖基础土方
	4	清	☐	010101003003	挖基础土方
	5	清	☐	010103001001	土(石)方回填
	6	清	☐	010103001002	桩项回填级配砂石
⊟		章	☐		A.2 桩与地基基础工程
	7	清	☐	010201002001	凿桩头
	8	清	☐	010202004001	喷粉桩
⊟		章	☐		A.3 砌筑工程
	9	清	☐	010301001001	砖基础
	10	清	☐	010301001002	砖基础
	11	清	☐	010301001003	砖基础
	12	清	☐	010302004001	填充墙

图 3-10　录入分部章节

根据《建设工程工程量清单计价规范》GB 50500—2013，项目特征必须描述，因为其描述的是工程项目的实质，直接决定工程的价值。例如砖砌体的实心砖墙，按照计价规范"项目特征"栏的规定，就必须描述砖的品种：是页岩砖、还是灰砂砖；砖的规格：是标准砖还是非标砖，是非标砖就应注明规格尺寸；砖的厚度：是 1 砖（240mm），还是 1 砖半（370mm）等；因为砖的品种、规格、强度等级直接关系到砖的价格，所以这些描述必不可少。

点击当前清单如"010302004 填充墙"在工料机构成界面点击【项目特征】，在特征描述中选择相关特征或补充相关特征描述，软件即会自动将项目特征生成至右边对话框，同时该项目特征也会显示在分部分项下面项目特征列中；如图 3-11 所示。

工料机构成 | 项目特征 | 工程内容 | 计算规则 | 换算信息 | 工程量计算 | 单价分析表 | 关联定额 | 降效增加费

项目特征	特征描述	显示特征名
砖的品种规格及强度等级		☑
墙体类型	外墙	☑
墙体厚度	0.20	☑
勾缝要求		☑
砂浆强度等级、配合比	M7.5	☑
砖品种、规格、强度等级	混凝土砌块	☐

项目特征列
1. 墙体类型:外墙
2. 墙体厚度:0.20
3. 砂浆强度等级、配合比:M7.5
4. 砖品种、规格、强度等级:混凝土砌块

◉ 生成项目特征列内容
序号 1.
依据 特征：特征描述
○ 生成项目特征描述
应用全部清单
隐藏项目特征列

图 3-11　录入项目特征

依此方法录入例子工程其他清单的项目特征。点击"应用全部清单"将全部特征应用至分部分项中，如图 3-12 所示。

3.2.2.5　清单组价

注意事项：

根据《建设工程工程量清单计价规范》GB 50500—2013 第 2.0.4 条规定，分部分项工程量清单应采用综合单价计价，综合单价是指完成一个规定计量单位的分部分项工程和措施清单项目所需的人工费、材料和工程设备费、施工机具使用费和企业管理费、利润以及一定范围内的风险费用。

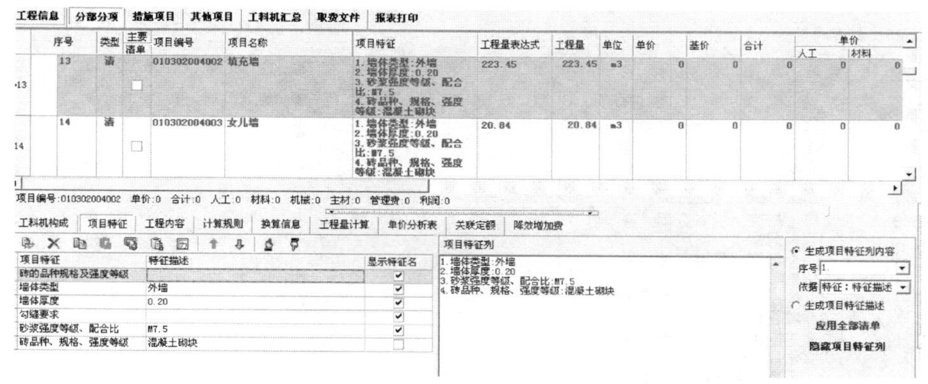

图 3-12　生成项目特征

清单综合单价由人工费、材料费、机械费、管理费和利润，以及一定范围内的风险费用组成。人工费、材料费、机械使用费的费用一般由定额子目得出，管理费和利润由人工费、材料费、施工机械使用费中的一项或者几项乘以管理费费率和利润率得出。

通常情况下清单套定额组价一般有以下三种方式：

（1）定额编码录入

在分部分项的“项目编号”列直接输入定额编码，按回车键。

定额编码录入法，采用定额编码智能匹配规则，生成匹配的定额编码，录入时和上一条定额子目前面相同部分可以省略，只需录入不同部分（如：上一条定额子目是“A1-2”，假如下一条需要录入“A1-5”，只需在项目编码中录入“5”，即生成相应的编码：A1-5），如图 3-13 所示。

图 3-13　定额编码录入

（2）查询定额库

在查询定额库窗口，双击定额子目或拖曳定额到分部分项，如图 3-14 所示。

查询清单库相关操作：

1）自动定位：按下“自动定位”按钮，分部分项中定额子目移动时，在清单查询窗口自动定位到相应的定额子目，其所在章节。

2）查找：在查找页面，输入查找值，选择按编码和名称查找匹配的定额子目。

3）过滤：在查找页面，输入过滤值，可选择按编码和名称过滤匹配的定额子目。

4）定额借用：在定额库列表中选择定额库和定额子专业，在查找页面显示当前定额的章节和定额子目。

补充定额：切换到“补充”页面，显示用户补充定额。

（3）查询清单指引

清单计价可通过查询清单指引录入定额，点击分部分项右边界面的清单库选择相关清单，在清单库下方将显示该条清单的清单指引，如图 3-15 所示窗口，在清单指引窗口双击定额子目，将定额子目添加到清单下，作为清单的子节点，实现清单套价；或者点击分部清单项目编码下拉框弹出该条清单的清单指引，如图 3-16 所示，双击选择所需定额子目。

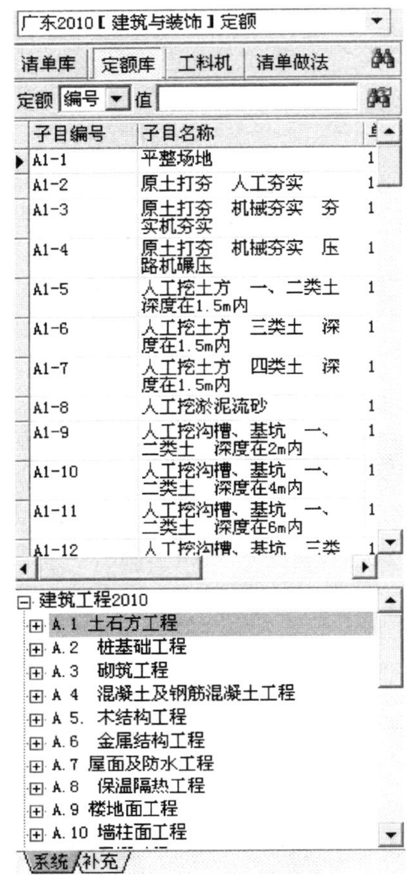

图 3-14 查询定额库

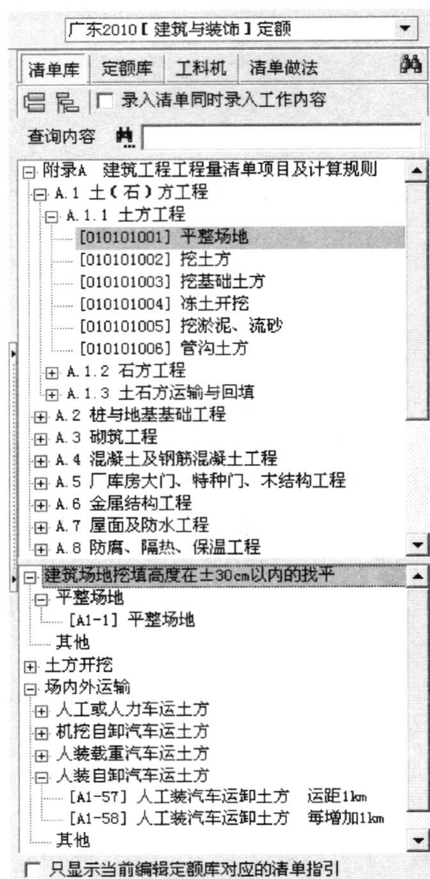

图 3-15 查询清单指引(一)

图 3-16 查询清单指引(二)

可以按照上述三种方法挂接清单下定额，实现清单套定额组价。

3.2.3　定额编制

3.2.3.1　定额子目工程量的输入

在前面章节讲解了怎么编制清单，以及由清单指引出相应的定额子目；接下来对挂接定额子目进一步讲解；在录入定额后，软件默认定额子目工程量与清单工程量相同，以Q表示，实际工程中定额工程量可能与清单工程量不相同，在这种情况下：

（1）在当前定额的工程量表达式栏中编辑工程量表达式，按回车键，得出定额工程量。

（2）点击工料机构成界面的“工程量计算”，如图3-17所示，在“计算表达式”栏中编辑工程量表达式；也可点击右下方的“查询使用系统公式”按钮，在弹出的“工程量表达式”编辑窗口提供了系统函数、简单构件图形编辑公式，如图3-18所示，依次录入边长数据后把光标放到计算式中，然后单击“在插入点引用”，点击【确定】按钮，回到图3-16界面，按右边的“计算”按钮，得出定额工程量。

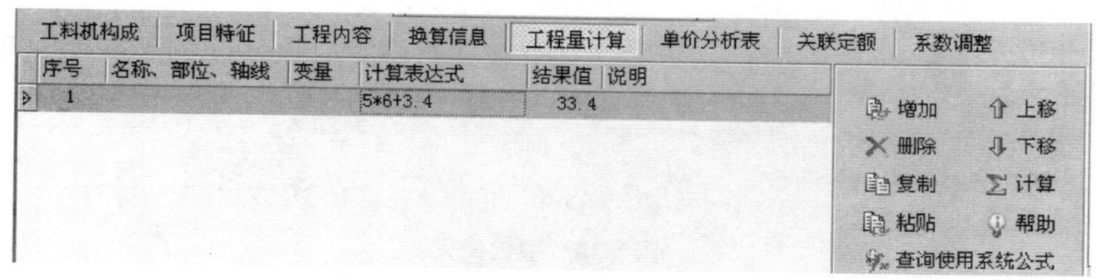

图3-17　编辑计算表达式

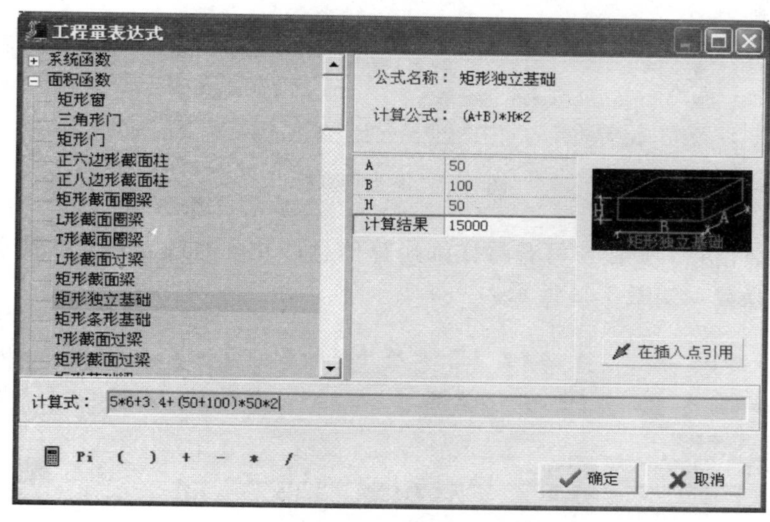

图3-18　工程量表达式

注意事项：

工程选项对工程量计算的作用：

1. 如果工程选项中的工程量表达式设置为“使用自然单位”，则：工程量＝工程量表达式计算结果/定额单位系数（如：某定额单位是“100m”，工程量表达式是“2×3.5”，则：工程量=2×3.5/100）；

2. 如果工程选项中的工程量表达式设置为“使用定额单位”，则：工程量=工程量表达式计算结果（如：某定额单位是“100m”，工程量表达式是“2×3.5”，则：工程量=2×3.5）。

3.2.3.2　定额的一般换算

定额换算通常有系数换算、智能换算、组合换算、主材换算、混凝土砂浆换算等，下面在例子工程中逐一介绍。

（1）系数换算

我们在挂接“平整场地”清单下录入定额“A1-1”时，考虑到工程的实际情况如施工环境恶劣、人工涨价等因素，可以对人工费进行系数换算。点击功能栏中的“换算”按钮弹出定额换算窗口，对该条定额人工费进行系数换算，输入“人工＊1.5”；如图 3-19 所示，点击【确定】按钮，完成换算操作。

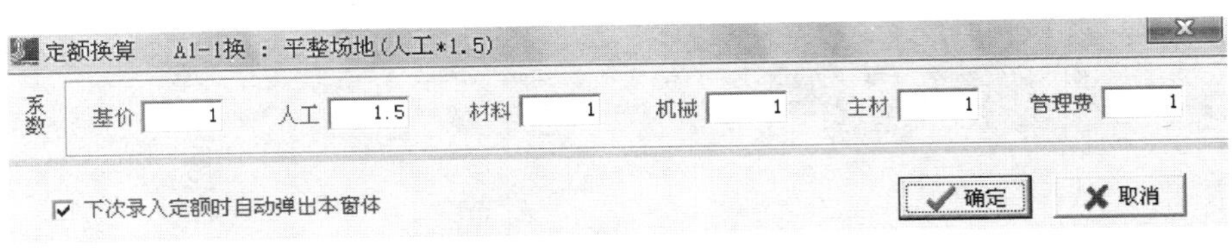

图 3-19　系数换算

同时在该条定额的项目编号后会自动加上“换”字，在项目名称中记录换算操作，如图 3-20 所示。

章	☐		A.1 土(石)方工程	
清	☐	010101001001	平整场地	1.土壤类别.:一,二类土
定	☐	A1-1换	平整场地(人工*1.5)	

图 3-20　系数换算标识

点击“换算信息”页面，可查看详细换算信息，并可通过点击【撤销选中换算】按钮，撤销选中换算，如图 3-21 所示。

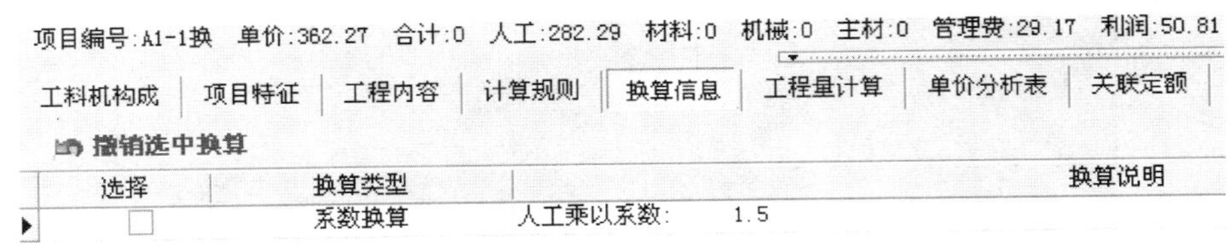

图 3-21　系数换算信息

系数换算包括人工、材料、机械等系数，如需对人、材、机统一调整为某一系数，只需在基价中输入综合系数即可；系数换算并不直接修改工料机构成的工料机消耗量，在计算时分别对定额人、材、机单价和工料机汇总用量乘以相应的系数。

（2）智能换算

智能换算是指根据定额书中的总说明或工程量计算规则中规定的各类换算条件，系统自动进行相应的工料机、系数等换算。

如在“010101003001 挖基础土方”清单下录入定额“A1-18”单击“换算”按钮，弹出定额换算对话框，可以选择一条或多条，根据实际工程情况，选择在“有挡土板支撑下挖土方”，如图 3-22 所示，点击【确定】完成换算。

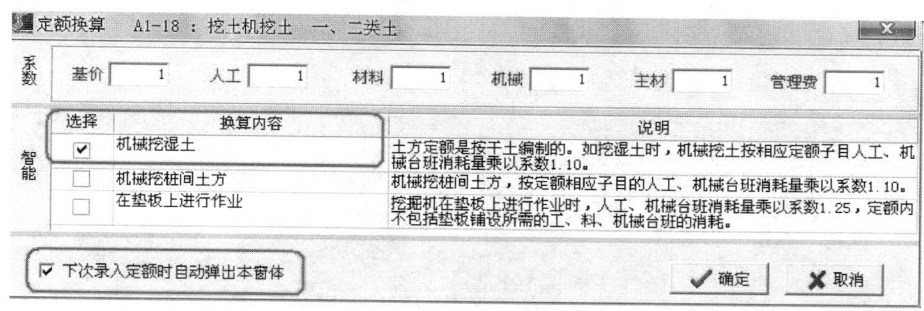

图 3-22　智能换算

此时定额“A1-18”项目编号后也会自动加上“换”字，并且在定额的项目名称中自动标注换算信息，如图 3-23 所示。

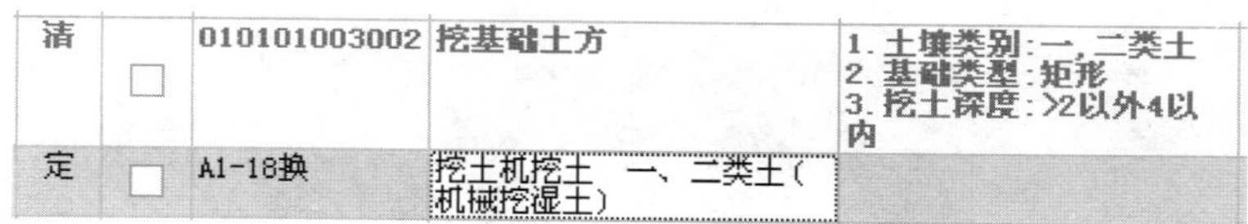

图 3-23　智能换算信息

（3）组合换算

组合换算是有关厚度、距离、高度等需要将一条基数定额与一条以上的增减定额组合使用的换算。

在“010101003 挖基础土方”清单下挂接定额“A1-57”后，在工具栏点击“换算”按钮，弹出定额换算对话框，输入实际值“25km”，如图 3-24 所示，单击【确定】完成组合换算操作。

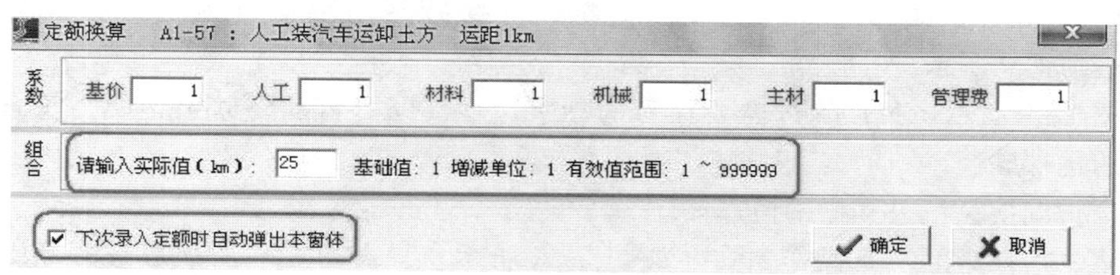

图 3-24　组合换算

系统自动将“A1-58”定额的增减量组合到定额“A1-57”中，并在项目编号后也会自动加上“换”字，在项目名称中标注换算信息，如图 3-25 所示。

清	□	010101003002	挖基础土方
定	□	A1-18换	挖土机挖土 一、二类土(机械挖湿土)
定	□	A1-57换	人工装汽车运卸土方 运距1km(实际值:25km)

图 3-25 组合换算信息

(4) 主材换算

主材换算通常出现在安装工程中，以“例子工程—安装工程”为例。

在镀锌钢管“030801001001”清单下挂接定额“C8-1-3”时，在工具栏中单击“换算”按钮，弹出定额换算操作界面，如图 3-26 所示。

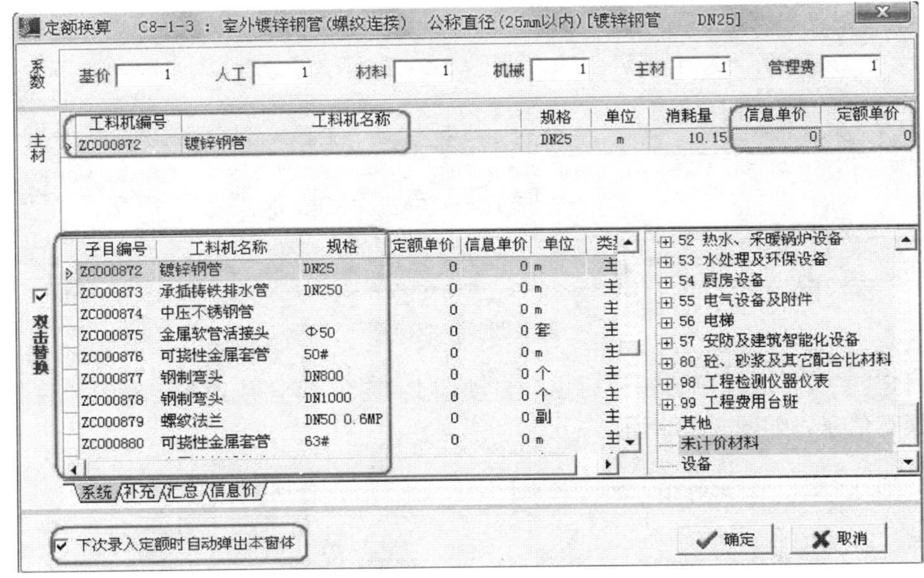

图 3-26 主材换算

点击图 3-26 所示操作界面的工料机编号，下方进行查询工料机操作界面，若需替换其他规格的主材，双击该条主材进行主材替换，同时录入该主材相应的市场价格后，点击图 3-26 所示操作界面的“确定”按钮，完成主材换算操作。

(5) 砂浆换算

在清单砖基础“010301001001”项目下，录入定额“A3-1”，弹出定额换算操作窗口，如图 3-27 所示。

在图 3-27 所示操作界面，点双击工料机查询操作界面里同规格的砂浆进行替换，点击确定回到分部分项界面；点击工具菜单，选择砂浆换算便进入最终换算界面，如图 3-28、图 3-29 所示。

如图 3-29 所示，只需勾选需要换算的砂浆，软件即可自动将砂浆转换为符合政府文件要求的预拌砂浆。

(6) 查询换算记录和撤销换算操作

方法一：在定额换算操作窗口，如图 3-30 所示，只需将之前所换算选择删除，点击“确定”按钮，可撤销选中换算操作。

方法二：点击清单“010101003002”下的定额“A1-18”，在换算信息中可以看到如图 3-31 所示，勾选想要撤销的换算信息，点击“✕ 撤销选中换算”按钮，可撤销选中的换算操作。

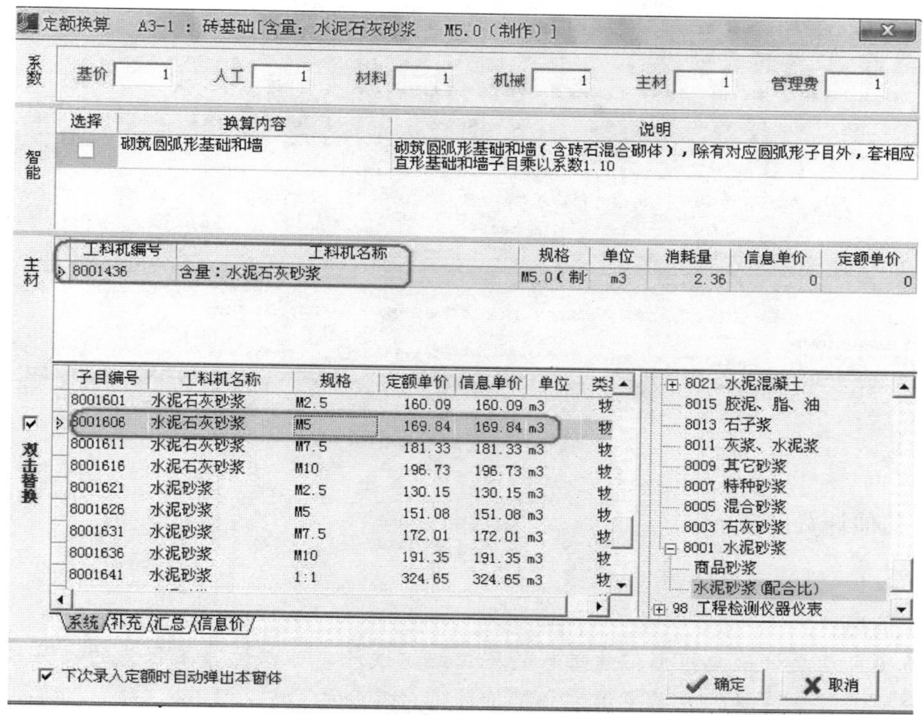

图 3-27　砂浆选择替换

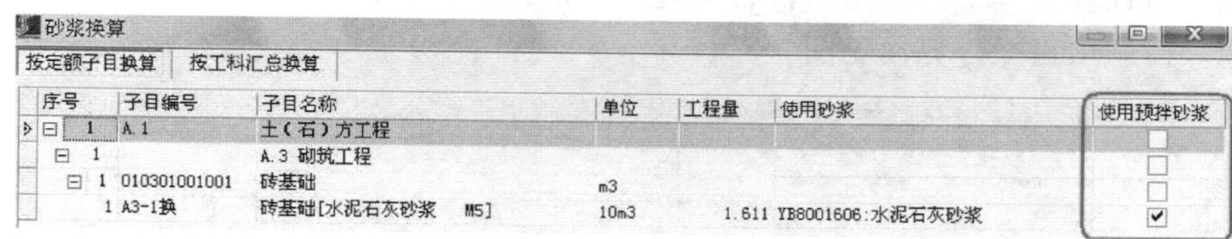

图 3-28　砂浆换算

工料机构成　项目特征　工程内容　计算规则　换算信息　工程量计算　单价分析表　关联定额　降效增加费

撤销选中换算

选择	换算类型	换算说明
☐	工料机换算	【8001436:含量：水泥石灰砂浆　消耗量=　2.36】换成【YB8001606:水泥石灰砂浆　消耗量=　2.36】
☐	工料机换算	【0001001:综合工日　消耗量=　9.162】换成【0001001:综合工日　消耗量=　7.274】

图 3-29　砂浆换算信息

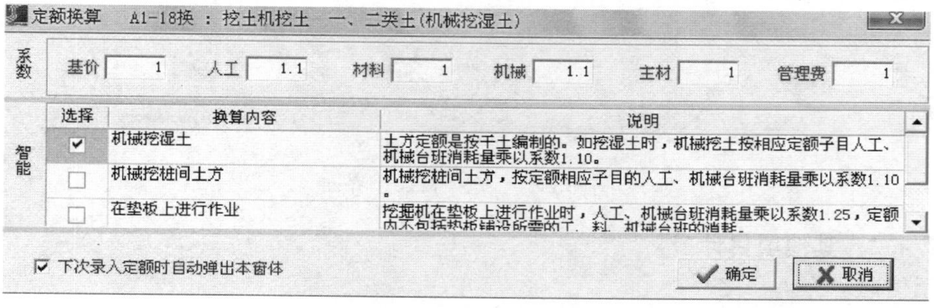

图 3-30　查询换算记录

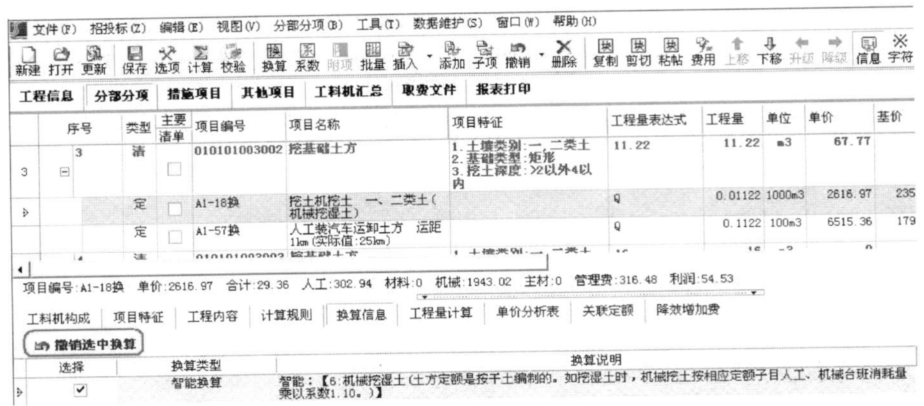

图 3-31　查询换算记录

3.2.4　其他计费部分

3.2.4.1　措施项目计费

提示信息：

措施项目清单计价应根据拟建工程的施工组织设计，可以计算工程量的措施项目，应按分部分项工程量清单的方式采用综合单价计价；其余的措施项目以“项”为单位的，应包括规费、税金外的全部费用。

习惯称可计算工程量的措施项目、专业工程措施项目为技术措施；其他的措施项目为其他措施。措施项目操作界面见图 3-32。

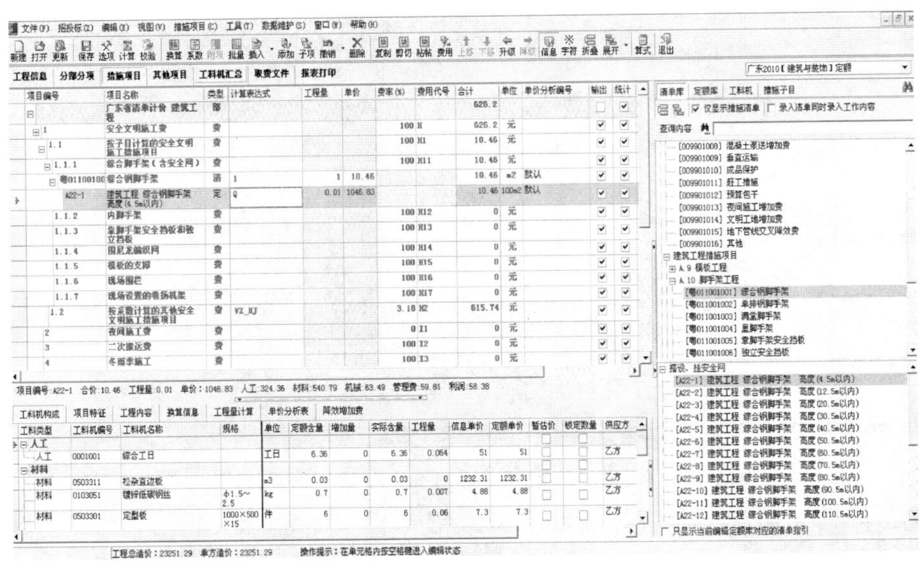

图 3-32　措施项目操作界面

3.2.4.2　其他项目计费

提示信息：

根据《建设工程工程量清单计价规范》GB 50500—2013 规定，暂列金额应根据工程特点，按有关计价规定估算；暂估价中的材料、工程设备暂估价应根据工程造价信息或参照市场价格估算；专业工程暂估价应分不同专业，按有关计价规定估算；计日工应按招标工程量清单中列出的项目根据工程特点和有关计价依据确定综合单价计算；总承包服务费应根据招标工程量清单列出的内容和要求估算。

根据广东省2010综合定额及相关规定，其他项目包含如图3-33所示费用，其中暂列金额、材料暂估价、材料进厂检验试验费、工程优质费及预算包干费是由分部分项合计乘以相应费率得出，其他金额可以根据工程实际情况直接录入金额。操作界面如图3-33所示。

图3-33 其他项目操作界面

3.2.4.3 工料机汇总

注意事项：

《建设工程工程量清单计价规范》GB 50500—2013 中规定了暂估价中的材料单价应根据工程造价信息或参照市场价格估算。

在编制招标控制价时，材料暂估价应按招标人在其他项目清单列出的单价计入综合单价。

在工料机汇总界面，可对工程所涉及的人工材料机械进行统一修改，比如设置材料暂估价、主要材料表、材料供应商以及修改市场价格的取值等，如图3-34所示。

3.2.4.4 取费文件

点击任务栏的“取费文件”，切换至取费文件窗口，如图3-35所示，在此界面可修改计费程序的费率，编辑费用计算表达式，添加、删除费用项，以及建立多个专业取费文件等操作；同时还可以设置当前工程的单价分析程序。

3.2.5 报表编制

切换至报表打印页面，如图3-36所示，提供报表打印、设计、输出Excel，以及封面编辑、打印功能等。

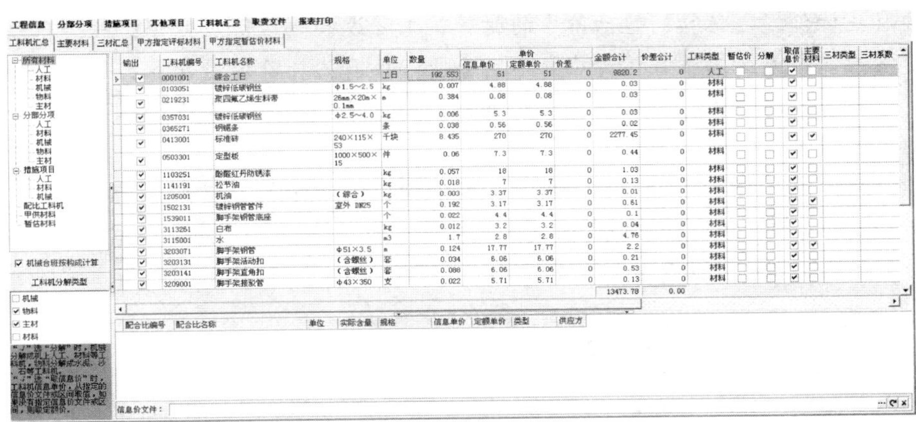

图 3-34　其他项目操作界面

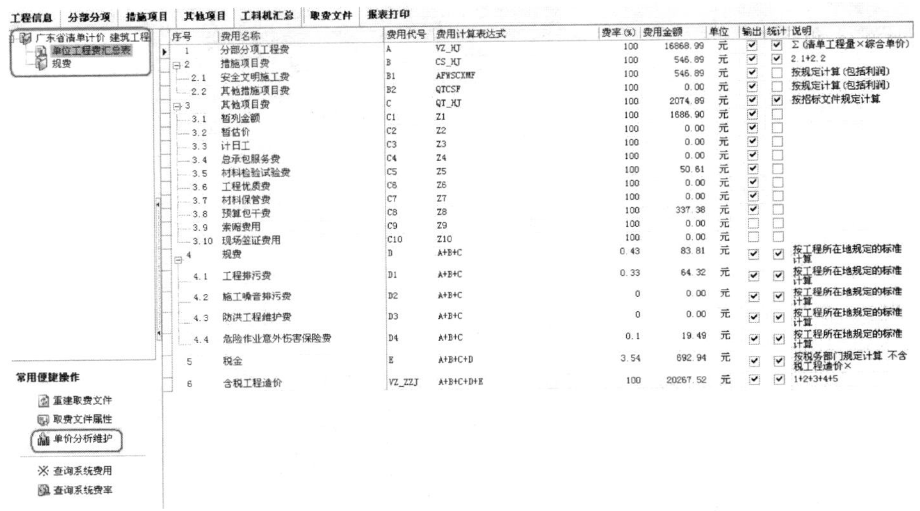

图 3-35　取费文件界面

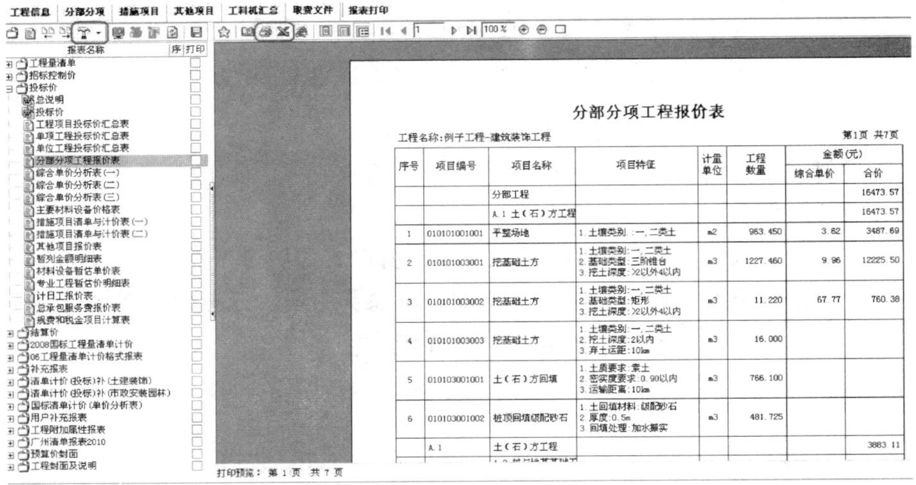

序号	项目编号	项目名称	项目特征	计量单位	工程数量	金额(元)	
						综合单价	合价
		分部工程					16473.57
		A.1 土(石)方工程					16473.57
1	010101001001	平整场地	1.土壤类别：一、二类土	m2	963.450	3.62	3487.69
2	010101003001	挖基础土方	1.土壤类别：一、二类土 2.基础类型：三阶椎台 3.挖土深度：2以外4以内	m3	1227.460	9.96	12225.50
3	010101003002	挖基础土方	1.土壤类别：一、二类土 2.基础类型：矩形 3.挖土深度：2以外4以内	m3	11.220	67.77	760.38
4	010101003003	挖基础土方	1.土壤类别：一、二类土 2.挖土深度：2以内 3.弃土运距：10km	m3	16.000		
5	010103001001	土(石)方回填	1.土质要求：素土 2.密实度要求：0.90以内 3.运输距离：10km	m3	766.100		
6	010103001002	桩顶回填级配砂石	1.土回填材料：级配砂石 2.厚度：0.5m 3.回填处理：加水夯实	m3	481.725		
	A.1	土(石)方工程					3883.11

图 3-36　报表打印界面

设计报表：点击设计报表界面，如图 3-37 所示，可对应报表的页面设置、页眉页脚以及表头进行设置修改等操作。

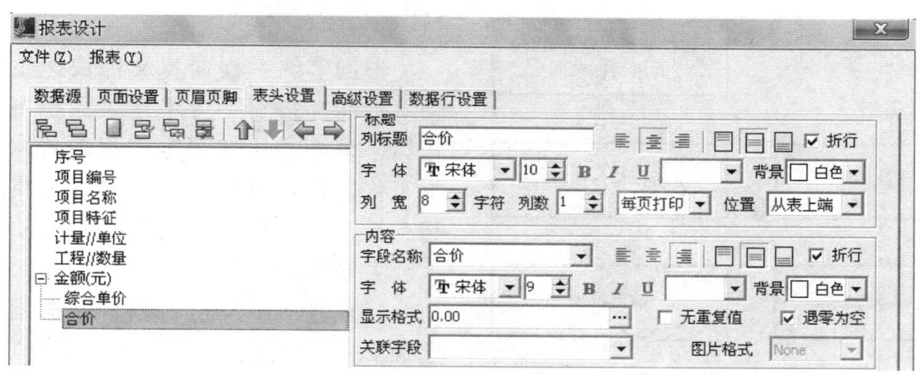

图 3-37　设计报表界面

3.2.6　习题与上机操作

1. 新建工程，以附录建筑装饰工程图纸为例，完成指导教师指定部分工程分部分项工程量清单中清单项目和定额项目的录入、措施项目的录入和其他项目的录入。

2. 根据本章所述，将问题 1 中的工程量清单做出一份预算并导出 Excel 表。

3.3　其他操作

3.3.1　操作说明

本章主要是对软件数据维护涉及范围的认识以及对于专业版几个大操作模块的应用，以便更深入地了解计价程序及工艺。专业版主要模块分别是指标分析、工程审计和计量支付。

3.3.2　数据维护

在本节中，我们将介绍如何对系统进行维护。

了解怎样在定额数据库中添加新的定额及定额库的导入和导出；

了解怎样在系统工、料、机库中增加新的工、料、机及工、料、机库的导入和导出；

了解怎样管理系统的取费标书、费用模板、计价规则；

了解如何导入、导出材料价格信息以及进行定额库管理。

1）定额库；其中包含了标准定额库，是指软件根据定额书设置自带的标准定额；补充定额库，是指提供给用户自己补充的符合特殊要求的定额。

2）工料机库；界面与定额库相似，可为用户提供对工料机进行查询、增加和修改等功能。

3）清单库；提供查询清单子目信息，清单做法关联常用定额和补充清单功能。

4）取费模板、单价分析；可查询或编辑软件的计费程序，方便用户取值。

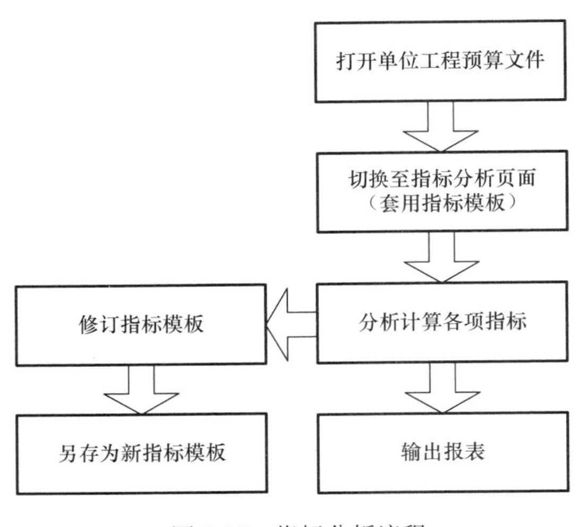

图 3-38　指标分析流程

5）信息价—信息价编制；可查询相应季度的市场信息价文件。

3.3.3　指标分析

根据单位工程预算文件快速生成各种经济指标和每百平方米建筑面积主要技术指标，是企业快速测定工程造价水平，计算工程造价经济指标，指导投资决策的理想工具。其操作流程如图 3-38 所示。

主要指标：

（1）分项工程造价指标：根据清单或定额和指标项的关系，计算出分项造价、单方造价和占总造价百分比指标。

（2）主要项目指标：用户可输入参数筛选出主要项目，并计算其单方造价和占总造价百分比指标。

（3）主要人材机指标：筛选出影响造价较大的人材机，并计算其单方造价和占总造价百分比指标。

（4）三材分类指标：按三材类型计算和输出三材分类指标。

（5）主要费用指标：从取费文件中提取主要费用项指标。

（6）每平方米建筑面积主要技术指标：计算每平方米建筑面积主要项目和主要材料的用量。

3.3.4　工程审计

根据送审数据生成审计工程文件，实时对照送审数据和审计数据的差异，生成多种审计报表，该项功能可应用于审计单位、造价主管部门和工程造价主管领导用于工程造价审计。其操作流程如图 3-39 所示。

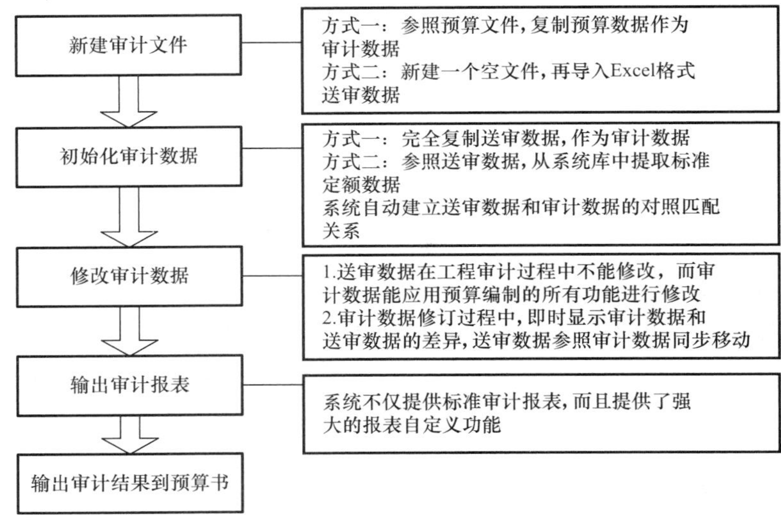

图 3-39　工程审计流程

3.3.4.1　建立审计工程

操作步骤如下：

步骤一：点击主界面“文件”菜单下的“新建审计工程”菜单，进入新建审计工程的界面。

步骤二：此时的操作界面如图3-40所示。可以选择送审数据的生成方式：从一个已经存在的预算书或者先建立空的审计文件，以后再导入送审数据。如果选择从一个已经存在的预算书文件生成送审数据则系统会自动生成送审和审计两份数据，两份数据是完全一样的，这时候没有任何差别，可以对审计数据进行需要的改动。

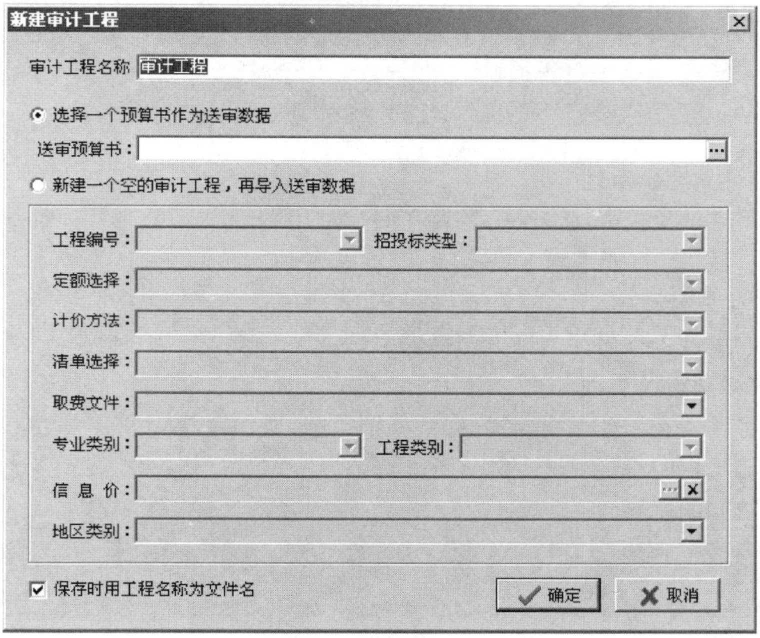

图3-40　新建审计工程

3.3.4.2　审计工具

审计相关的工具在“审计”菜单下面。

3.3.4.3　初始化审计数据

操作界面如图3-41所示。

初始化审计数据有两种方式：完全复制送审数据和从系统库中提取送审相关数据。

从系统库中提取送审相关数据就是将送审数据中的定额子目根据相应的定额库重建，去除所有换算信息。

3.3.4.4　导入送审数据

适用于送审数据由Excel文件生成的情况。选择Excel文件数据源以及导入目标数据类型后，系统会将Excel文件的内容显示出来供用户决定导入的范围，并可以在此做需要的修改，如图3-42（此功能与在预算书中导入Excel工程量清单相似，不再赘述）。

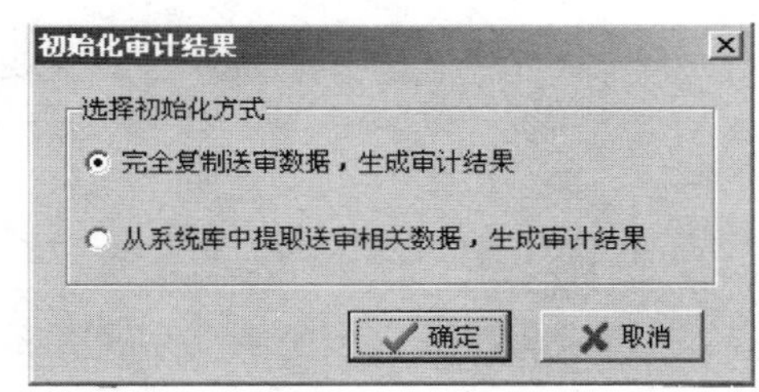

图3-41　初始化审计数据

导入送审数据

分部分项　措施项目　其他项目　零星项目　价差表　取费文件

Excel格式文件

工作表

行号

从当前行开始导入　导入所有数据　导入选择数据　导入　退出

图 3-42　导入送审数据

3.3.4.5　导入造价审计

导入造价审计就是选择从一个已经存在的审计工程或预算书或者标准的 MDB 文件产生审计数据。

3.3.4.6　生成预算书

将编辑好的审计工程另存为预算书格式文件。

3.3.4.7　编制审计工程

审计工程包含送审数据和审定数据，如图 3-43 所示，送审数据显示在工程的左边，审定数据显示在工程的右边，送审数据不能修改，审定数据用户可任意修改，实时对照送审数据和审计数据的差异。

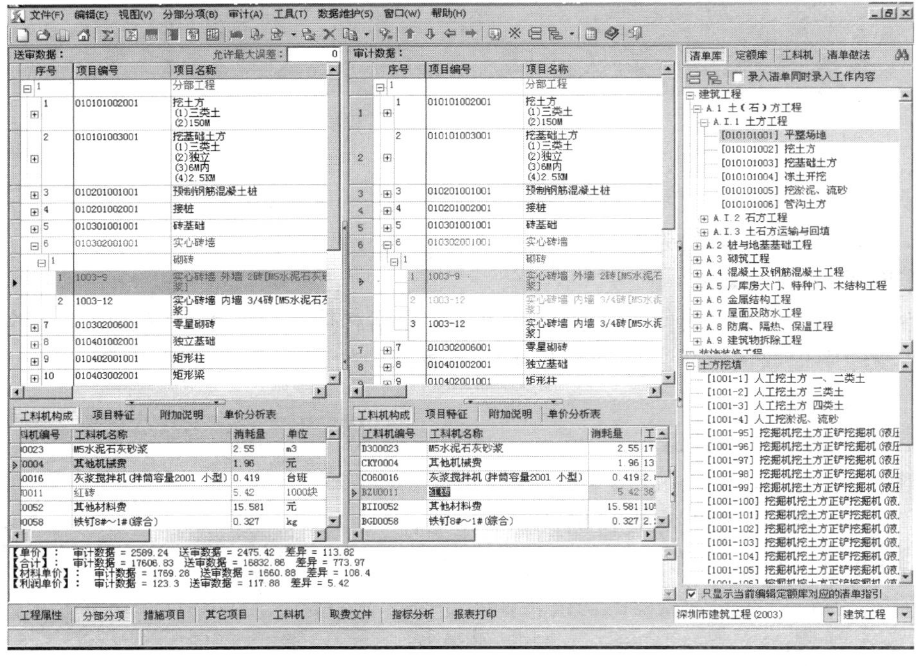

图 3-43　审计工程

拖曳审定数据到送审数据节点，建立送审数据和审定数据的关联关系。

拖曳送审数据到审定数据节点，复制送审数据到审定数据页面。

3.3.5　计量支付

可设置计量支付期数，为各期分配工程量，设置信息价文件，计算各期工程造价，输出当前期造价报表，可用于工程施工过程中的进度款支付。其操作流程如图 3-44 所示。

3.3.5.1　设置计量支付期

根据工程进度的需要，设置工程计量支付期数，操作界面如图 3-45 所示。首先设置总期数，这时系统会自动生成各期的数据，选择好需要编辑的当前期次，设置当前期工程量计算表达式和信息价（注意本页面中的工程量计算表达式只是对设为当前期的期次起作用，并且只有在确定以后才会有效）。

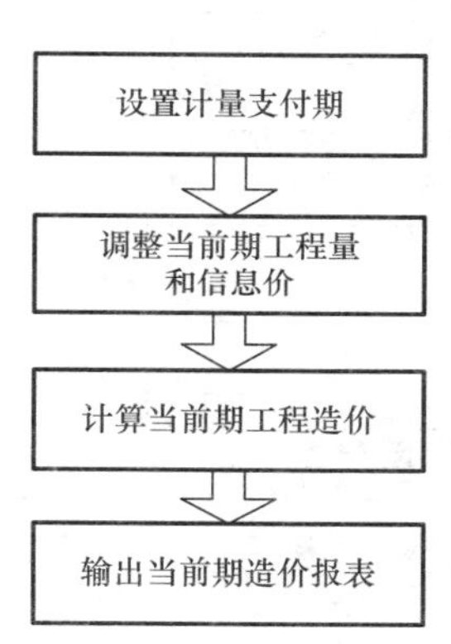

图 3-44　计量支付操作流程

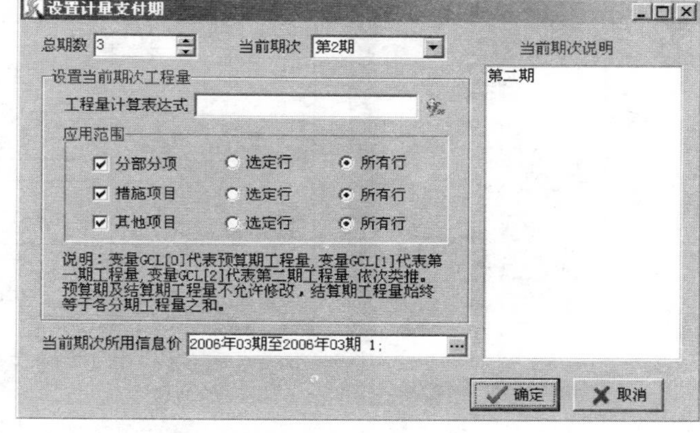

图 3-45　设置计量支付期

结算期的工程量等于各分期工程量之和。点击“确定”后，预算书页面数据会根据设置发生变化：分部分项中是将工程量分期，措施项目和其他项目中是将费用金额分期，这时预算书页面中只能对当前期的数据进行修改。

3.3.5.2　调整当前工程量和信息价

设置计量支付期数后，分部分项界面如图 3-46 所示，可编制当前期的工程量和信息价。

	序号	项目编号	项目名称	消耗系数	工程量表达式	工程量(当前期：第1期)					
						预算期	第1期	第2期	第3期	第4期	结算期
	1		分部工程	1		0	0	0	0	0	0
	1		A.1 土（石）方工程	1		0	0	0	0	0	0
1	1	010101001001	平整场地 (1)三类土 (2)10km (3)12km	1	180	360	180	360	0	0	540
	1	A1-1	平整场地	1	180*100	360	180	360	0	0	540
2	2	010101002001	挖土方	1	150	300	150	300	0	0	450
	2		A.2 桩与地基基础工程	1		0	0	0	0	0	0
▷3	1	010201001001	预制钢筋混凝土桩	1	18	36	18	36	0	0	54
4	2	010201001002	预制钢筋混凝土桩	1	18	36	18	36	0	0	54
	3		A.3 砌筑工程	1		0	0	0	0	0	0
5	1	010301001001	砖基础	1	15	30	15	30	0	0	45
6	2	010301001002	砖基础	1	75	150	75	150	0	0	225
7	3	010302001001	实心砖墙	1	15	30	15	30	0	0	45
8	4	010302002001	空斗墙	1	15	30	15	30	0	0	45

图 3-46　设置计量支付期

3.3.5.3 计算当前期工程造价

点击“计算”按钮，按当前期的工程量和信息价，计算当前期工程造价。

3.3.6 报表编制

点击报表打印页面，选择报表目录树的相应的报表，具体操作参考第 3.2.4 小节；如图 3-47～图 3-49 所示。

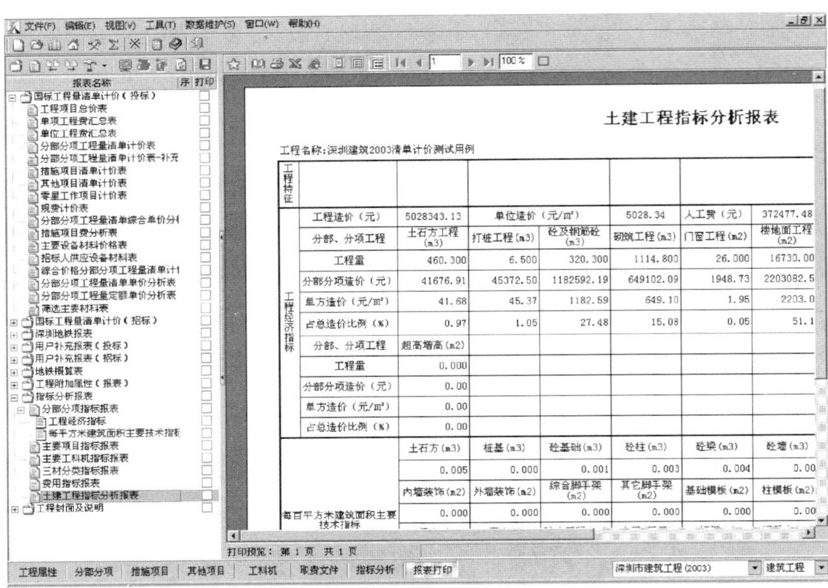

图 3-47 指标分析报表

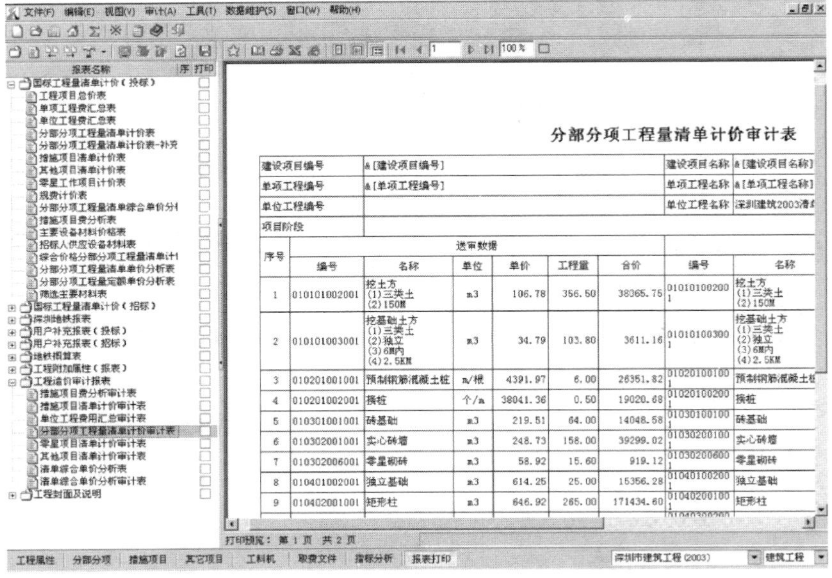

图 3-48 工程审计报表

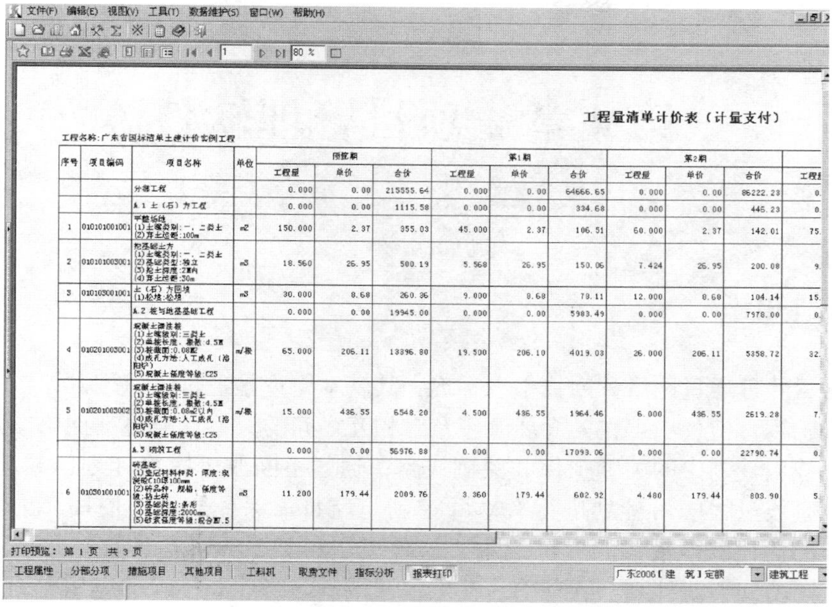

工程量清单计价表（计量支付）

工程名称:广东省国标清单土建计价实例工程

序号	项目编码	项目名称	单位	预控期			第1期			第2期			
				工程量	单价	合价	工程量	单价	合价	工程量	单价	合价	工程量
		分部工程		0.000	0.00	215555.64	0.000	0.00	64666.65	0.000	0.00	86222.23	0.
		A.1 土（石）方工程		0.000	0.00	1115.58	0.000	0.00	334.68	0.000	0.00	446.23	0.
1	010101001001	平整场地 (1)土壤类别:一、二类土 (2)弃土运距:100m	m2	150.000	2.37	355.03	45.000	2.37	106.51	60.000	2.37	142.01	75.
2	010101003001	挖基础土方 (1)土壤类别:一、二类土 (2)基础类型:独立 (3)挖土深度:2M内 (4)弃土运距:30m	m3	18.560	26.95	500.19	5.568	26.95	150.06	7.424	26.95	200.08	9.
3	010103001001	土（石）方回填 (1)松填:松填	m3	30.000	8.68	260.36	9.000	8.68	78.11	12.000	8.68	104.14	15.
		A.2 桩与地基基础工程		0.000	0.00	19945.00	0.000	0.00	5983.49	0.000	0.00	7978.00	0.
4	010201003001	混凝土灌注桩 (1)土壤级别:三类土 (2)单桩长度、根数:4.5M (3)桩截面:0.08M2 (4)成孔方法:人工成孔（洛阳铲） (5)混凝土强度等级:C25	m/根	65.000	206.11	13396.80	19.500	206.10	4019.03	26.000	206.11	5358.72	32.
5	010201003002	混凝土灌注桩 (1)土壤级别:三类土 (2)单桩长度、根数:4.5M (3)桩截面:0.08m2以内 (4)成孔方法:人工成孔（洛阳铲） (5)混凝土强度等级:C25	m/根	15.000	436.55	6548.20	4.500	436.55	1964.46	6.000	436.55	2619.28	7.
		A.3 砌筑工程		0.000	0.00	56976.88	0.000	0.00	17093.06	0.000	0.00	22790.74	0.
6	010301001001	砖基础 (1)垫层材料种类、厚度:混凝C10厚100mm (2)砖品种、规格、强度等级:粘土砖 (3)基础类型:条形 (4)基础深度:2000mm (5)砂浆强度等级:混合M.5	m3	11.200	179.44	2009.76	3.360	179.44	602.92	4.480	179.44	803.90	5.

图 3-49　计量支付报表

3.3.7　习题与上机操作

以附录的图纸为例，使用以上清单计价软件的相关操作，完成指导教师指定部分工程的工程量清单计价操作，导入前面利用土建算量或安装算量的成果文件并按要求输出全套清单计价的电子表格。

第 4 章　项目管理软件

4.1　基础知识

工程项目管理通过网络计划技术来实现，其基本原理是：首先应用网络图形来表示一项计划（或工程）中各项工作的开展顺序及其相互之间的关系；通过对网络图进行时间参数的计算，找出计划中的关键工作和关键线路；通过不断改进网络计划，寻求最优方案，以求在计划直线过程中对计划进行有效的控制与监督，保证合理地使用人力、物力和财力，以最小的消耗取得最大的经济效果。这种方法得到世界各国的公认，广泛应用在工业、农业、国防和科研计划与管理中。在工程领域，网络计划技术的应用尤为广泛，称为"工程网络计划技术"。

网络计划技术的基本模型是网络图。所谓网络图，是指"由箭线和节点组成的，用来表示工作流程的有向、有序网状图形"。所谓网络计划，是指"用网络图表达任务构成、工作顺序，并加注工作时间参数的进度计划"。

4.1.1　软件简介

智能项目管理软件是清华斯维尔软件科技有限公司在认真分析研究国内建设行业项目管理的历史与现状，充分总结其经验与不足，吸取国内外同类软件优点，为国内建设行业精心定制的项目管理软件。其将网络计划技术、网络优化技术应用于建设工程项目的进度管理中，以国内建设行业普遍采用的双代号时标网络图作为项目进度管理及控制的主要工具。在此基础上，通过挂接建设行业各地区的不同种类定额库与工料机库，实现对资源与成本的精确计算、分析与控制，使用户不仅能从宏观上控制工期与成本，而且还能从微观上协调人力、设备与材料的具体使用，并以此作为调整与优化进度计划，实现利润最大化的依据。

该软件具有如下主要特点：

（1）软件设计符合国内项目管理的行业特点与操作惯例，严格遵循《工程网络计划技术规程》JGJ/T 121 以及《网络计划技术》GB/T 13400，提供单起单终、过桥线、时间参数网络图等主要功能，将计算机信息技术在网络计划的全过程中进行应用，是网络计划技术与计算机信息技术有机结合。

（2）操作流程符合项目管理的国际标准流程，首先通过项目的范围管理，在横道图界面中方便的进行工作任务分解，建立任务大纲结构，从而实现项目计划的分级控制与管理。在此基础上分析并定义工作间的逻辑关系，并通过定额数据库、工料机数据库等进行项目资源的合理分配，最终完成项目网络模型的构筑。系统将实时计算项目的各类网络时间参数，并对项目资源、成本进行精确分析，其数据结果作为项目网络计划优化与项目追踪管理的依据。

（3）除横道图建模方式外，为方便用户操作也提供了双代号网络图、单代号网络图等多种建模方式，同时能够模拟工程技术人员手绘网络图的过程，提供拟人化智能操作方式，实现快速高效绘制网络图的功能。智能流水、搭接、冬歇期、逻辑网络图等功能更好地满足实际绘图与管理的需要。

（4）支持搭接网络计划技术，工作任务间的逻辑关系可以有多种：完成—开始（FS）关系、完成—完成（FF）关系、开始—开始（SS）关系、开始—完成（SF）关系，同时可以处理工作任务的延迟、搭接等情况，从而全面反映工程现场实际工作的特性。

（5）图表类型丰富实用、制作快速精美，满足工程项目投标与施工控制的各类需求。用户可任选图形或表格界面录入项目的各类任务信息数据，系统自动生成施工横道图、单代号网络图、双代号时标网络图、资源管理曲线等各类工程项目管理图表，输出图表美观、规范，能够满足建设企业工程投标的各类需求，增强企业投标竞争实力。

（6）兼容微软 PROJECT 2000 项目管理软件，十分快捷、安全地从 Microsoft project 2000 中导入项目数据，可迅速生成国内普遍采用的进度控制管理图表——双代号时标网络图。并可完成工程项目套用工程定额等操作，实现对工程项目资源、成本的精确计算、分析与控制等功能，使其更能满足建设行业项目管理的实际需求，从而实现国际项目管理软件的本地化与专业化功能。

（7）满足单机、网络用户的项目管理需求，适应大、中、小型施工企业的实际应用。系统既可支持单机用户的使用，又可充分利用企业的局域网资源，实现企业多部门、多用户协同工作。

4.1.2　功能与操作界面

智能项目管理软件可实现横道图任务操作、单代号网络图、双代号网络图和逻辑时标图，且各图表互相联动。

主要操作界面如图 4-1～图 4-3 所示。

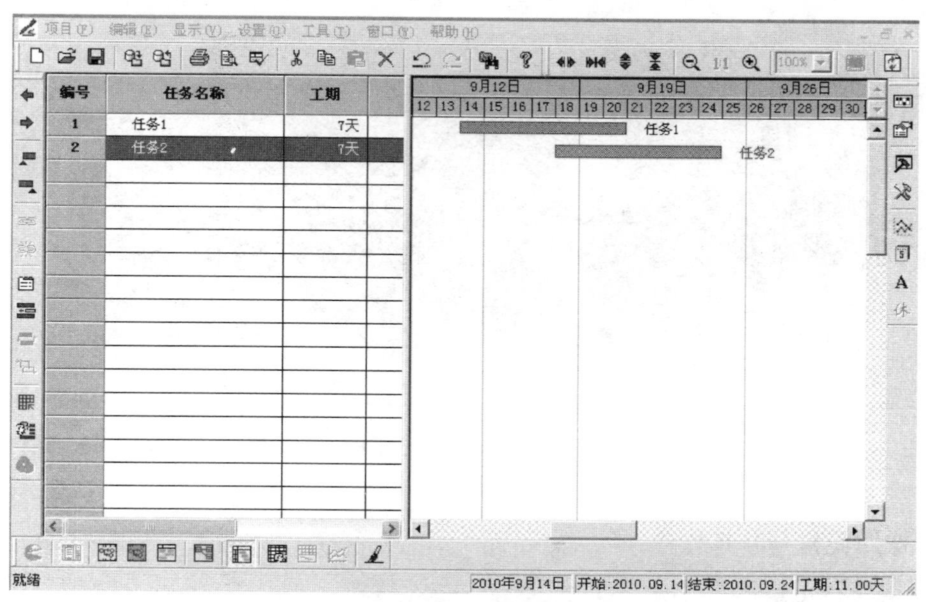

图 4-1　横道图任务操作界面

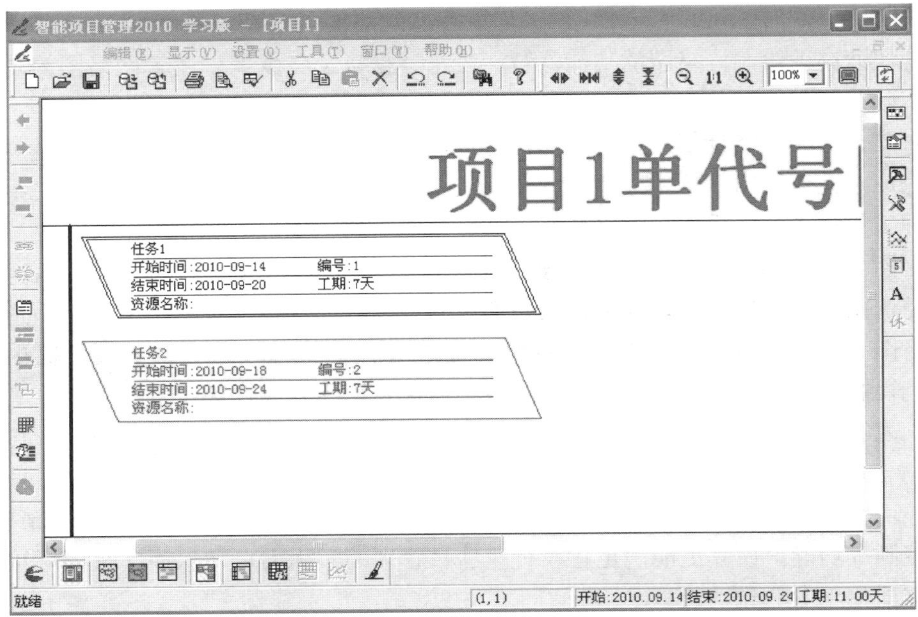

图 4-2　单代号网络图

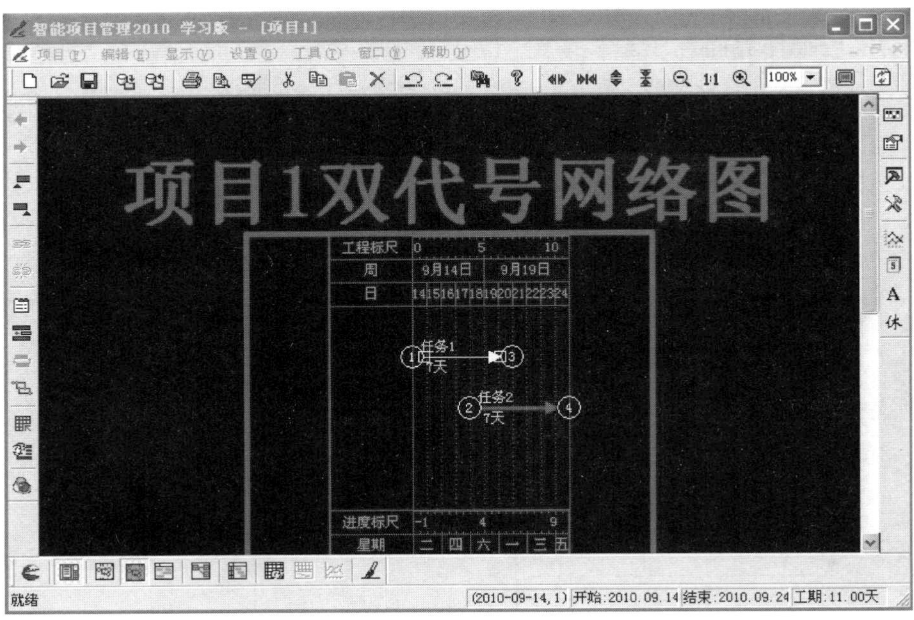

图 4-3　双代号网络图

4.1.3　操作流程与基本操作

软件基本操作流程图见图 4-4。

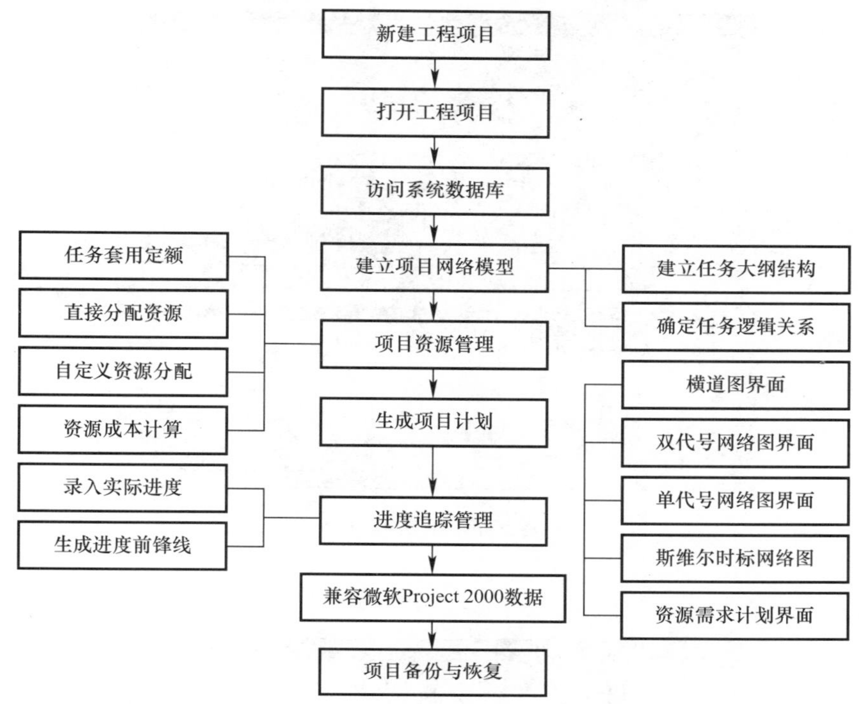

图 4-4　软件基本操作流程图

4.1.4　软件操作的一般方法

4.1.4.1　启动软件

从“开始”菜单选择或者在桌面上直接双击图标启动本系统。如图 4-5 所示。

4.1.4.2　新建工程项目

当用户启动智能项目管理软件后，便可弹出如图 4-6 所示的“新建”对话框。

选择“新建空白项目”，单击“确定”按钮，系统将弹出“项目信息”对话框，如图 4-7 所示。

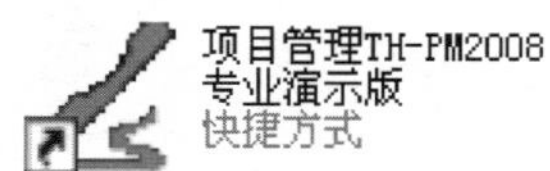

图 4-5　直接双击桌面快捷启动

用户可在“项目信息”对话框中录入项目的各类信息，包括：项目常规信息、工程信息、各类选项信息以及备注信息等。按“确定”按钮完成项目信息的录入。

在介绍任务的基本操作前，首先向大家简单介绍一下软件中最经常使用的一个对话框——“任务信息”对话框，用户在横道图界面、网络图界面中均可通过该对话框完成各类基本的任务操作，如：新建任务、编辑任务、修改或添加任务逻辑关系、进行任务的资源分配、查阅任务的类型以及成本费用值等。“任务信息”对话框有以下一些选择卡构成：“常规”选择卡、“任务类型”选择卡、“前置任务”选择卡、“资源”选择卡、“成本统计”选择卡以及“备注”选择卡。因此“任务信息”对话框汇总了一个任务在软件中具有的各方面信息。

1. “常规”选择卡

“常规”选择卡集中了该任务的各类基本信息，如：任务名称、工期、开始结束时间、

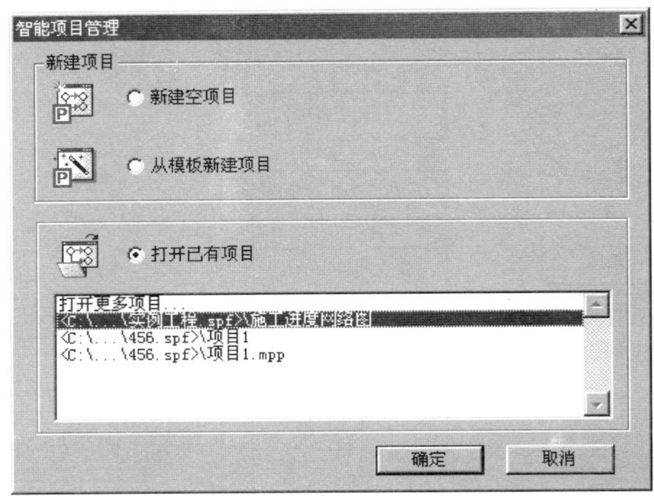

图 4-6　新建对话框

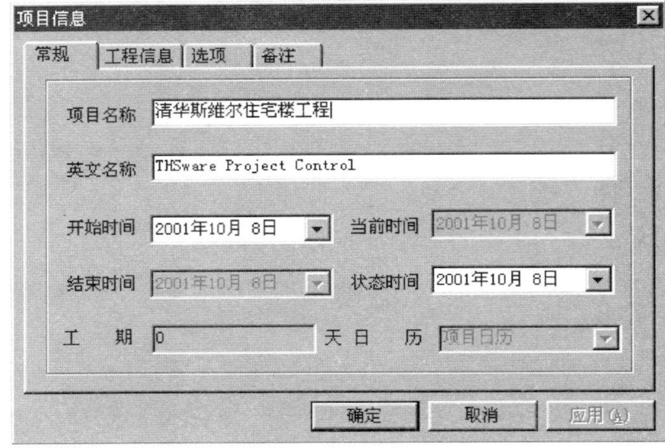

图 4-7　“项目信息”对话框

网络时间参数值、WBS码值、状态信息、进度信息、成本信息、字体信息等。其中，有一些信息用户可以直接编辑（高亮显示的数据项）；另一些信息主要是系统经过计算后的结果，供用户查询（变灰的数据项）。“常规”选择卡如图 4-8 所示。

2. “任务类型”选择卡

“任务类型”选择卡主要显示该任务的具体类型，以方便用户查阅。如图 4-9 所示。

3. 前置任务选择卡

“前置任务”选择卡主要显示该任务的前置任务编号、名称以及两者间的逻辑关系与延迟时间。任务间的逻辑关系可以有四种：完成—开始（FS）关系、完成—完成（FF）关系、开始—开始关系、开始—完成关系，同时用户可确定延隔时间值（正负均可）。“前置任务”选择卡如图 4-10 所示。

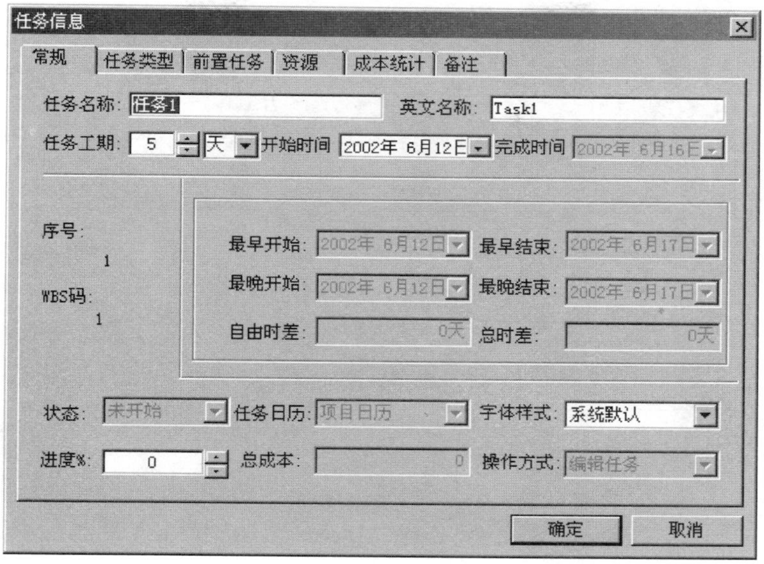

图 4-8 “任务信息”对话框“常规”选择卡

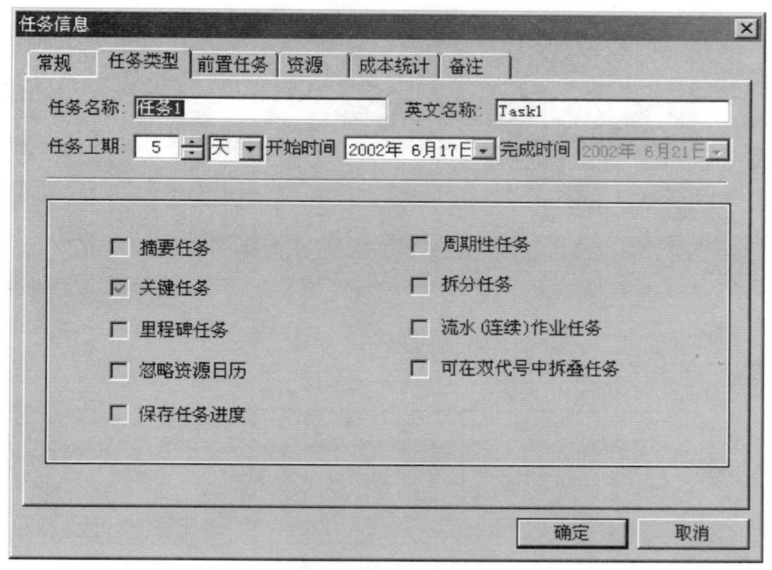

图 4-9 “任务类型”选择卡

4. “资源”选择卡

“资源”选择卡如图 4-11 所示。

“资源”选择卡用来显示和分配任务的资源，界面上部是该任务套用的定额信息、界面下部是该任务具体消耗的资源信息。通过该界面用户可以进行任务的资源分配工作。

5. 成本统计选择卡

“成本统计”选择卡主要显示任务的成本计算结果，系统将成本类型划分为六类：人

图 4-10 “前置任务”选择卡

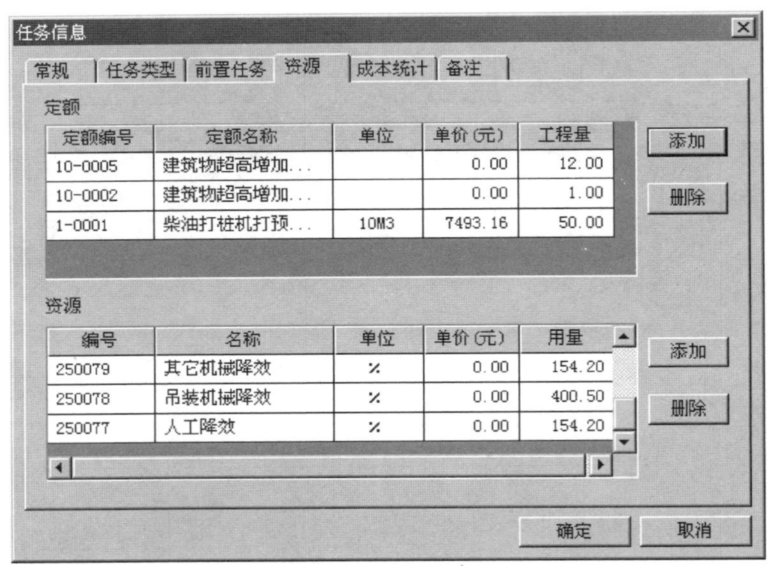

图 4-11 “资源”选择卡

工费、材料费、机械费、设备费、费用、其他费，每一类均与工料机数据库相应类型对应，具体对照关系可点击“说明”按钮。同时依据费用来源将费用划分为标准与自定义两类，“标准”表示该费用来源于系统工料机数据库中的资源消耗，“自定义”表示该费用来源于用户自定义资源库中的资源消耗。“成本统计”选择卡如图 4-12 所示。

6. “备注”选择卡

“备注”选择卡主要记录任务的各类备注信息。“备注”选择卡如图 4-13 所示。

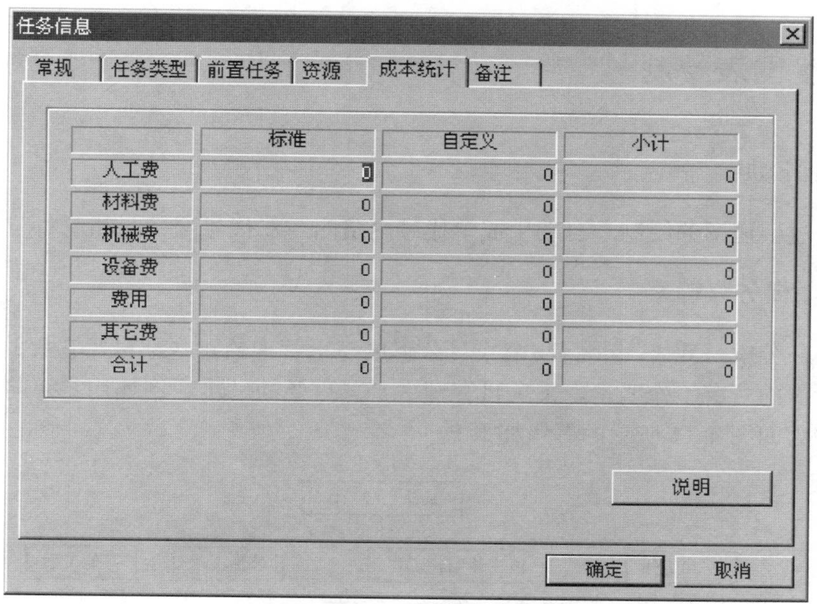

图 4-12　“任务信息”对话框“成本统计”选择卡

图 4-13　任务信息对话框“备注”选择卡

4.1.5　习题与上机操作

新建一个工程项目，建立任务，填写任务名称、工期、开始结束时间、网络时间参数值、WBS 码值、状态信息、进度信息、成本信息、字体信息等，设置任务信息，给相应任务挂接资源。

4.2 进度图表绘制

4.2.1 操作说明

软件通过横道图的绘制，自动生成单代号网络图、双代号网络图和逻辑时标图。

4.2.2 工作任务分解

工作任务分解（WBS）是将一个项目分解成易于管理的一些细目，它有助于确保找出完成项目所需的所有工作要素，是项目管理中十分重要的一步。例如用户可将本住宅楼工程具体分解为如图 4-14 所示的等级树形式。

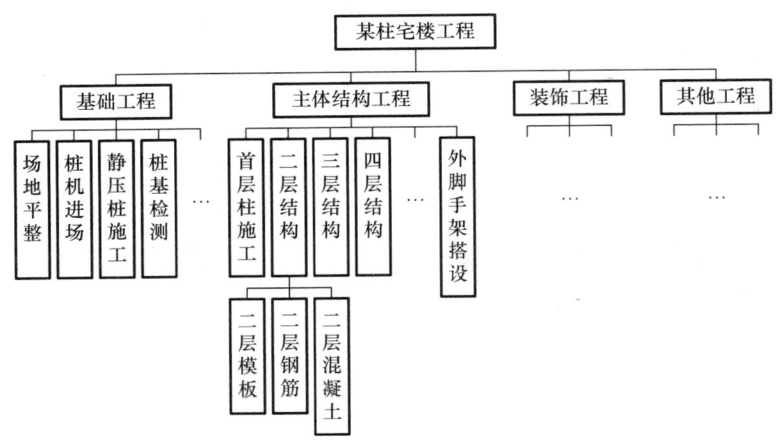

图 4-14　某住宅楼工程的 WBS 结构

4.2.3 网络图绘制

在软件中的横道图新建任务进行工作任务的分解。在此界面中进行任务信息的录入，如图 4-15 所示。

4.2.3.1 新建任务

在横道图界面中新建任务的方式主要有三种：

（1）通过菜单命令新建任务。

用鼠标点击“编辑”菜单的“插入任务”命令，或直接用鼠标点击“添加新任务”快捷按钮，系统将弹出“任务信息”对话框，在该对话框中用户可录入新建任务的基本信息，主要有：任务名称与任务工期。同时对于任务的“开始时间”缺省时为项目的开始时间，当该任务与其他任务间存在逻辑关系时，任务的开始时间依据系统网络时间参数自动计算；当该任务与其他任务间不存在逻辑关系时，任务的开始时间可由用户自行指定。

（2）直接在任务表格中输入新任务信息。

在横道图界面左侧的任务表格中，用户可直接录入新增任务信息——任务名称与任务工期，具体如图 4-16 所示。另外对于开始时间项与前述规定的相同。

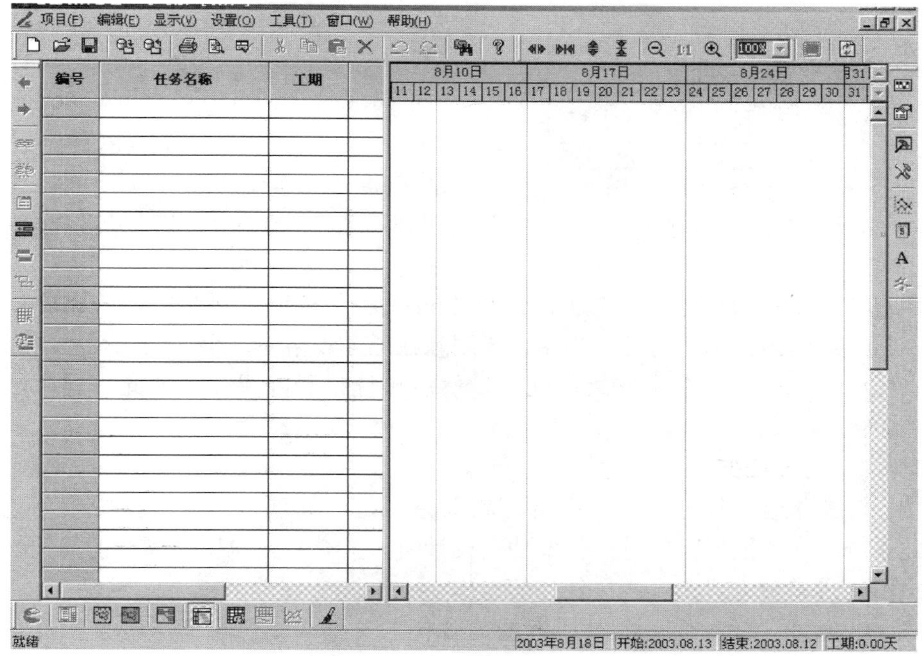

图 4-15　横道图编辑界面

同时需要注意的是，在横道图界面新建任务时可能有两种新建任务类型，一种是插入的新任务，即在鼠标选中的当前任务表格位置插入新的任务；另一种是添加的新任务，即在任务表格的最尾部添加新的任务。工具栏中的“添加任务”快捷按钮是指在任务表格的最尾部添加新任务，而“编辑”菜单中的“插入任务”命令则是在鼠标指向的任务表格的当前位置处插入新任务。同时为方便用户的插入与添加操作，用户在任务表格中单击鼠标右键便会弹出快捷菜单，选择需要进行的具体操作。

编号	任务名称	工期	
1	施工准备	5天	

图 4-16　在任务表格中新增任务

（3）在横道图条形图中通过鼠标拖曳新建任务。

4.2.3.2　编辑/查询任务信息

当用户需要编辑/查询任务的各类信息时，如：修改任务名称、调整/查询任务工期、重新定义任务间逻辑关系、修改/查询任务分配的资源等，均可通过软件提供的编辑任务功能实现。首先用户应用鼠标选择好待编辑的任务，然后可选取“编辑”菜单的“编辑任务”命令，或直接点击工具栏上的“编辑任务”快捷按钮，系统将弹出前述介绍的“任务信息”对话框，通过该对话框用户可方便地修改/查询任务的各方面信息。

实际上，为方便用户的编辑/查询操作，在横道图界面中系统提供了多种方式和途径进行简化操作。例如：在任务表格中直接双击任务所在行的各类信息（任务名称、工期、开始时间等）或直接双击横道图界面右侧任务对应的条形图，系统均将弹出任务信息对话框。在任务表格中选中任务后，单击鼠标右键，在弹出的快捷菜单中也提供了“编辑任务”命令。

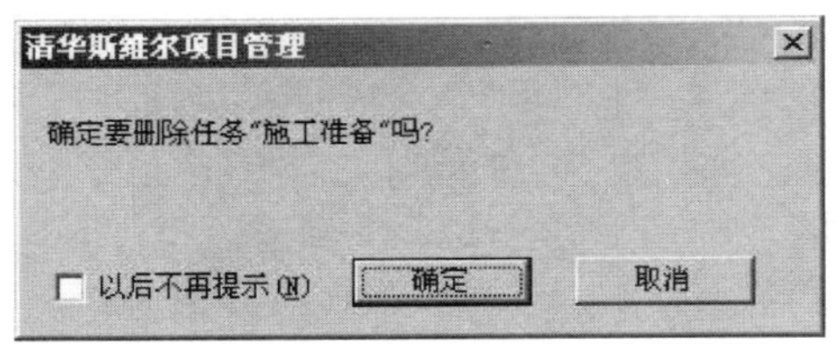

图 4-17　删除任务提示信息

4.2.3.3　删除任务

当用户需要删除任务时，首先在任务表格中选择待删除的任务，然后选取“编辑”菜单的“删除任务”命令，后点击鼠标右键在弹出的快捷菜单中，选择“删除任务”命令。此时系统将弹出如图 4-17 所示的提示信息，要求用户确认。

若用户在该提示信息界面中选中“以后不再提示”选项，则在以后的删除任务操作中，将不再继续给出提示。另外，当用户要删除在任务表格中多个连续的任务时，可首先用鼠标在任务表格中选中多个连续的任务，然后再选择删除操作，如此可同时删除多个任务。

4.2.3.4　链接任务

链接任务是指建立任务与任务间的逻辑关系，是建立项目网络模型中十分重要的一步。因此系统在横道图界面的链接任务功能设计时，要充分考虑用户操作的简便性与方便性，用户可通过多种方式实现链接任务的操作。

方式一：通过“任务信息”对话框的前置任务选择卡，实现任务链接操作，具体如图 4-18 所示。

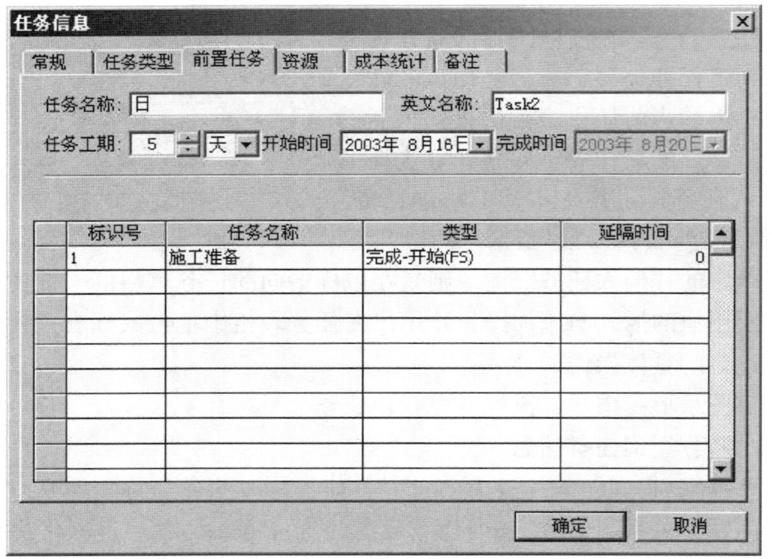

图 4-18　链接任务方式一

在“前置任务”选择卡中，用户首先应通过“标识号”的下拉列表或“任务名称”下拉列表，选择当前任务的前置任务，然后通过“类型”的下拉列表确定当前任务与前置任务间的逻辑关系类型，同时如果任务间存在延隔时间，需要在“延隔时间”项中输入的具体的数值，默认情况下时间单位为天（d）。

方式二：在横道图界面的条形图中通过鼠标直接拖曳，完成连接任务操作。现以施工准备与土方工程两任务为例，讲解任务链接的具体操作步骤。施工准备与土方工程两者为完成—开始类型的逻辑关系，施工准备为该逻辑关系的前置任务，土方开挖为该逻辑关系的后继任务，具体步骤如下：

（1）将鼠标放置在横道图右侧的任务条形图中的前置任务上，等光标的形式变为十字形，如图 4-19 所示。

（2）此时，按住鼠标左键，此时鼠标形式将变为链接形式，表明可以进行链接操作。按住鼠标左键的同时，进行拖曳操作，将关系线拖曳至后继任务的条形图上，如图 4-20 所示

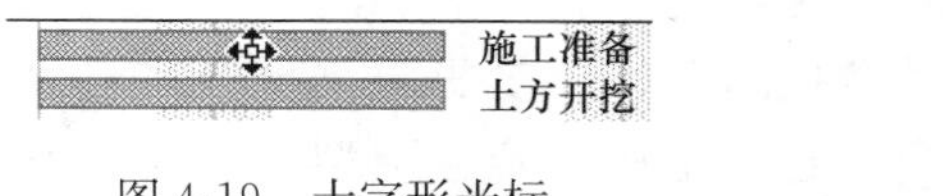

图 4-19　十字形光标

链接形式的光标

图 4-20　拖曳图标

（3）则将两任务的逻辑关系设置为完成—开始类型。注意，采用该种方式链接任务时，任务间的逻辑关系默认为完成—开始类型。以上操作后的结果如图 4-21 所示。

（4）当用户要修改任务间的逻辑关系类型时，例如将上述关系由“完成—开始”类型修改为“开始—开始类型”，并需要考虑 5 天延隔时间，即施工准备工作开始后 5 天才进行土方开挖工作，可通过以下方法修改任务的逻辑关系类型。首先在将鼠标移动至关系线位置处，然后双击鼠标左键，系统将弹出如图 4-22 所示的任务相关性对话框。

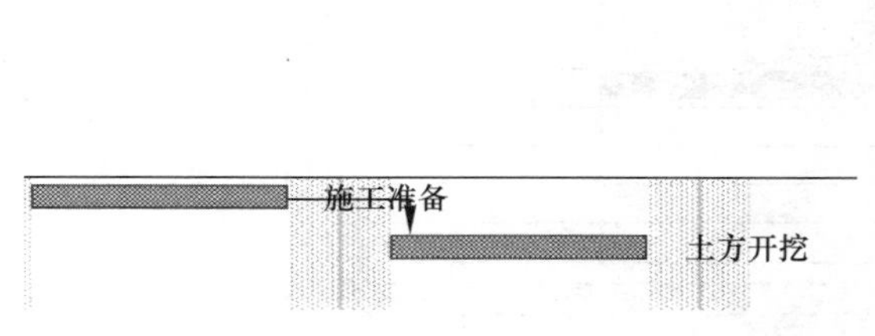

图 4-21　任务链接后的结果

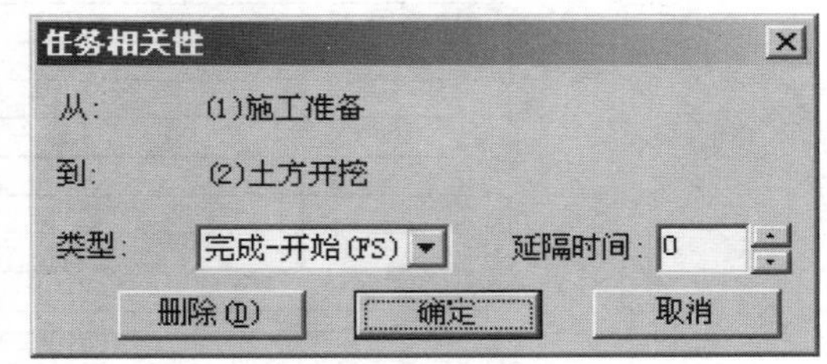

图 4-22　任务相关性对话框

在该对话框的类型下拉列表中选择“开始—开始（SS）”类型，然后在延隔时间处输入 5 天的数值，最后按“确定”按钮，修改后的条形图变为如图 4-23 所示。

方式三：当用户需要链接在任务表格中多个连续的任务时，为方便用户可采用以下操作：用鼠标在任务表格中选中多个连续的任务，如图 4-24 所示。

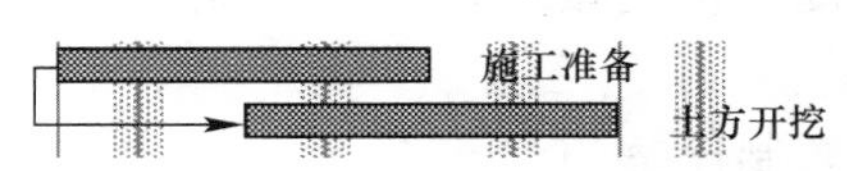

图 4-23　修改逻辑关系后的条形图

编号	任务名称	工期	开
1	施工准备	10天	
2	土方开挖	10天	
3	垫层施工	10天	
4	基础砌筑	10天	
5	土方回填	10天	

图 4-24　选中多个连续任务

然后，选取“编辑”菜单的“链接任务”命令，或直接点击工具栏的“链接任务”快捷按钮，则系统将按顺序将以上任务的逻辑关系设定为“完成—开始”类型，其条形图如图 4-25 所示。

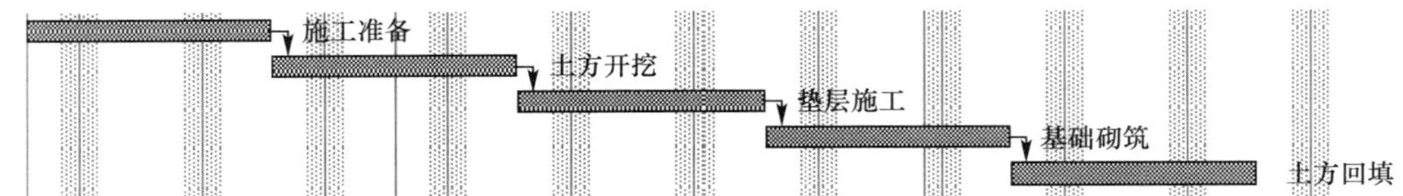

图 4-25　对连续任务采用链接命令后的条形图

4.2.3.5　取消任务链接

取消任务连接的操作主要有以下三种方法，其中第一种和第二种方法主要是针对非连续链接的任务，第三种方法主要针对连续链接的任务。方法一：选中已链接任务中的后继任务，在该任务信息对话框的“前置任务”选择卡中设定“类型”项为“无”，如图 4-26 所示。

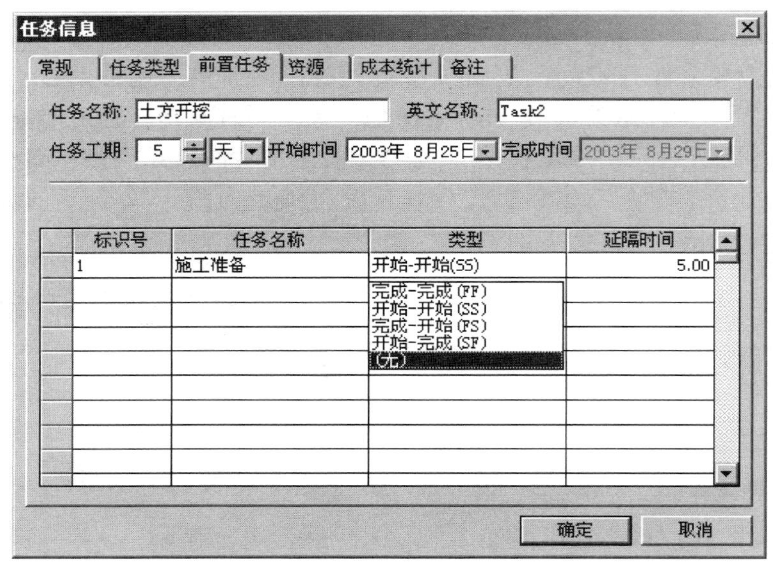

图 4-26　取消任务链接方法一

方法二：直接在条形图界面中，将鼠标移动至待取消链接的关系线位置，双击鼠标左键，在弹出的“任务相关性”对话框中设定“类型”项为“无”，如图 4-27 所示。

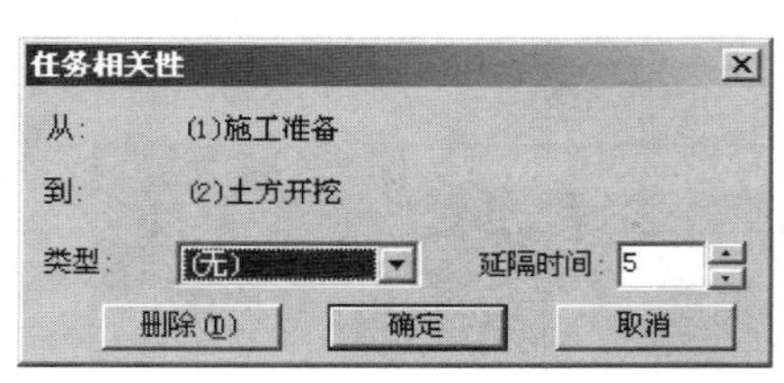

图 4-27　取消任务连接方法二

方法三：该操作主要针对连续链接的任务。首先在任务表格中用鼠标选中连续任务，然后选取“编辑”菜单的“取消链接”命令，或直接点击工具栏的“取消链接”快捷按钮，便可完成取消链接操作。

4.2.3.6　复制任务

为方便用户的操作，系统提供了任务复制功能。具体操作方法如下：首先用户应在任务表格中选择需要复制的任务，选择的任务或者为单个任务或者为连续的多个任务。然后选取“编辑”菜单的“复制任务”命令，或在任务表格界面中单击鼠标右键并在弹出的快捷菜单中选取“复制任务”命令。最后，用户可选择需要进行任务复制的具体位置，选取“粘贴任务”命令，完成任务的复制与粘贴操作。注意，当是复制多个连续任务时，任务间的逻辑关系也一同复制，如图 4-28 所示（该例中复制了“垫层施工”、“基础砌筑”、“土方回填”三任务）。

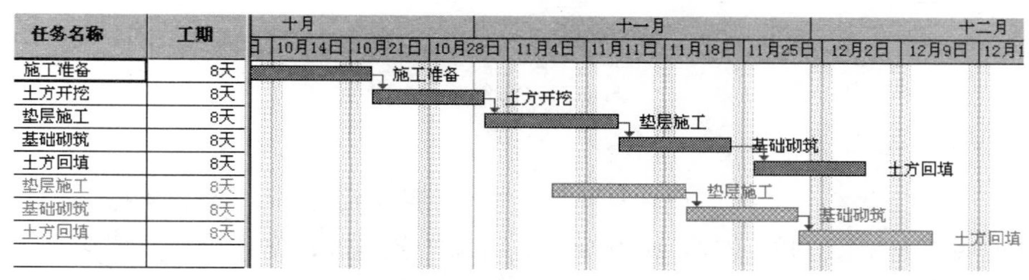

图 4-28　复制任务

4.2.3.7　剪切任务

与复制任务类似的便是剪切任务操作，两者的唯一区别是，复制任务不删除原有的任务，而采用剪切任务操作，原有任务将被删除，因此当在移动某些任务时请采用剪切与粘贴命令。

4.2.3.8　查找任务

当用户操作的任务较多时，有时需要查找某一任务，系统为用户提供了任务查找功能。用户可点击“编辑”菜单的“查找任务”命令，或直接点击工具栏上的“查找任务”快捷按钮。系统将弹出如图 4-29 所示的“查找任务”对话框。

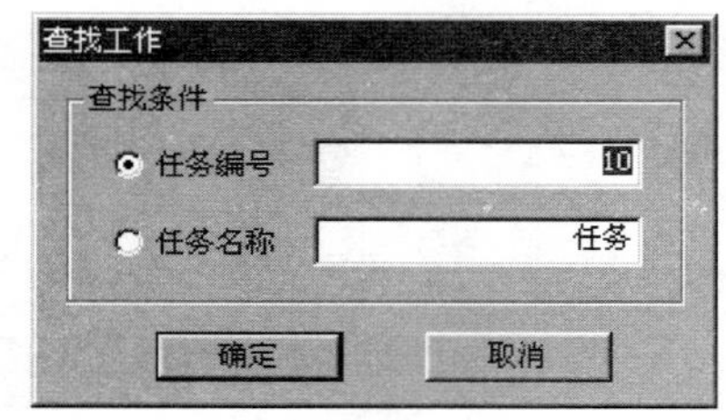

图 4-29　查找工作对话框

系统提供了两种查找任务的方式，一种是按任务的编号查找任务，该种方式较为简单；另一种便是按任务名称查找任务。

4.2.3.9　子网操作

为方便用户进行工作任务的分解，建立任务的 WBS 结构，系统为用户提供了子网操作命令。子网操作命令主要有两种：降级命令、升级命令。如图 4-30 所示。

1. 降级命令

图 4-30　升降级按钮

降级命令是将当前选中任务的级别降一级。任务级别指的是它的 WBS 结构，因此 WBS 码可以正确地反映任务级别，在 WBS 码中，每增加一个小数点则表明该任务的级别又降了一级。例如：基础工程由土方工程、垫层施工、基础砌筑和土方回填四项工作构成，则通过降级命令可以正确地反映任务间的这种构成关系。首先在任务表格中选中土方工程等四个任务，然后点击“编辑”菜单的“降级”命令或直接点击工具栏上的“降级”快捷按钮，便可将土方工程等四个任务作为基础工程的子任务，在系统中我们将基础工程类型的任务称为摘要任务，与之对应的便是子任务。图 4-31 显示了任务间的这种层次关系。

另外，在摘要任务的左侧有一个标记，当标记显示为“－”号时表明已经显示了该大纲任务下的子任务，当标记显示为“＋”号时表明已经隐藏了该大纲任务下的子任务。

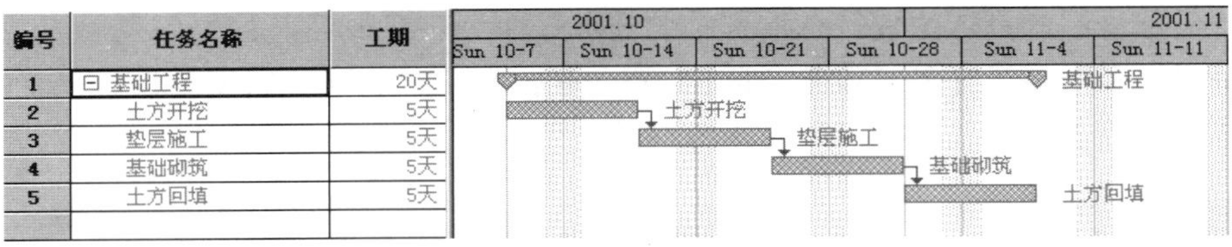

编号	任务名称	工期
1	⊟ 基础工程	20天
2	土方开挖	5天
3	垫层施工	5天
4	基础砌筑	5天
5	土方回填	5天

图 4-31　降级操作

2. 升级命令

升级命令是降级命令的逆过程，是使当前选中任务的级别升一级，当然如果选中任务的级别本身便是最高级别的任务，则升级命令对该任务不起任何作用。升级命令的操作过程与降级命令类似，首先选中待升级的任务，然后选择“编辑”菜单中的“升级”命令或直接点击工具栏的“升级”快捷按钮。例如，若要将上述示例中的任务回复到未降级之前的情况可对土方工程等四个任务实施升级操作。最后通过软件的操作将 WBS 的任务大纲结构的编码体系 WBS 码在软件中表示出来，如图 4-32 所示。

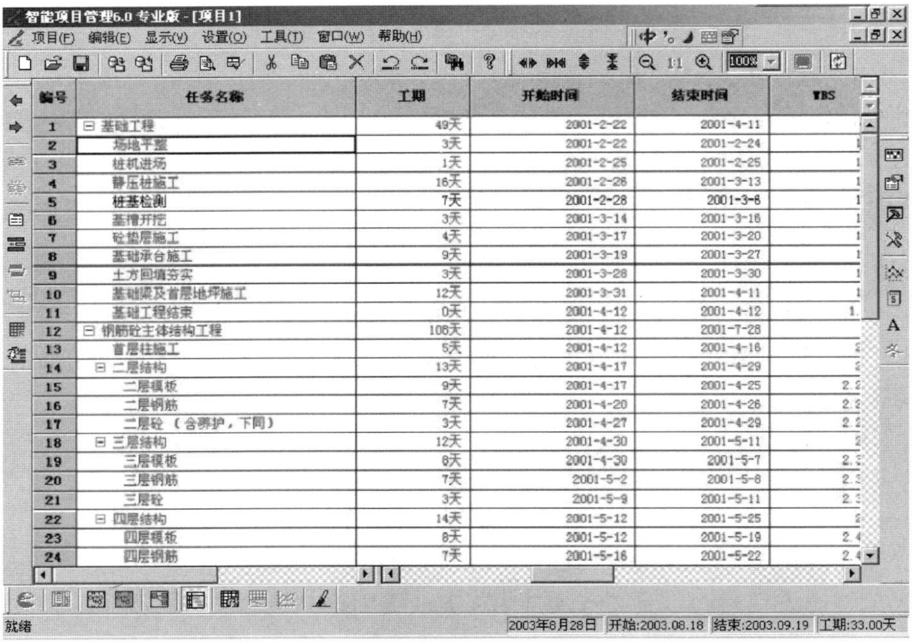

编号	任务名称	工期	开始时间	结束时间	WBS
1	⊟ 基础工程	49天	2001-2-22	2001-4-11	
2	场地平整	3天	2001-2-22	2001-2-24	1
3	桩机进场	1天	2001-2-25	2001-2-25	1
4	静压桩施工	16天	2001-2-26	2001-3-13	1
5	桩基检测	7天	2001-2-28	2001-3-6	1
6	基槽开挖	3天	2001-3-14	2001-3-16	1
7	砼垫层施工	4天	2001-3-17	2001-3-20	1
8	基础承台施工	9天	2001-3-19	2001-3-27	1
9	土方回填夯实	3天	2001-3-28	2001-3-30	1
10	基础梁及首层地坪施工	12天	2001-3-31	2001-4-11	1
11	基础工程结束	0天	2001-4-12	2001-4-12	1.
12	⊟ 钢筋砼主体结构工程	108天	2001-4-12	2001-7-28	
13	首层柱施工	5天	2001-4-12	2001-4-16	2
14	⊟ 二层结构	13天	2001-4-17	2001-4-29	2
15	二层模板	9天	2001-4-17	2001-4-25	2.2
16	二层钢筋	7天	2001-4-20	2001-4-26	2.2
17	二层砼（含养护，下同）	3天	2001-4-27	2001-4-29	2.2
18	⊟ 三层结构	12天	2001-4-30	2001-5-11	2
19	三层模板	8天	2001-4-30	2001-5-7	2.3
20	三层钢筋	7天	2001-5-2	2001-5-8	2.3
21	三层砼	3天	2001-5-9	2001-5-11	2.3
22	⊟ 四层结构	14天	2001-5-12	2001-5-25	2
23	四层模板	8天	2001-5-12	2001-5-19	2.4
24	四层钢筋	7天	2001-5-16	2001-5-22	2.4

图 4-32　工程中任务的 WBS 码

4.2.3.10　确定任务的持续时间

确定任务持续时间的方法主要有两种：一种是采用定额套用法，一种是采用“三时估计法”。具体可参阅第一篇项目管理基础中的 2.3 节“网络时间参数计算”的相关部分。当用户确定好任务的持续时间后，可在“任务信息”对话框的“任务工期”数据域中输入该任务的工期。具体如图 4-33 所示。

4.2.3.11　确定任务间的逻辑关系

确定任务的常规信息后（任务名称、持续时间、WBS 结构等），便可确定任务与任务间的逻辑关系，通过逻辑关系的确定建立项目基本的网络模型。软件支持搭接网络计划技

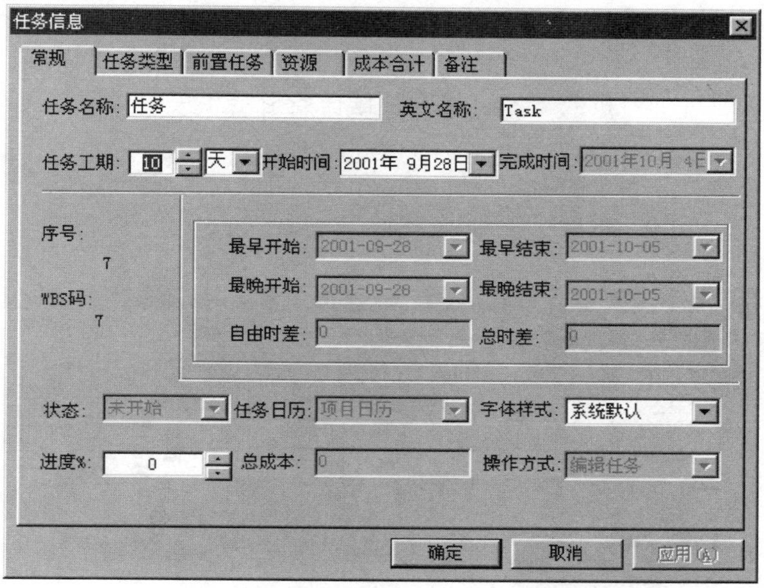

图 4-33　确定任务持续时间（任务工期）

术，任务和任务之间的逻辑关系可以有四种：完成—开始关系、完成—完成关系、开始—开始关系和开始—完成关系（图 4-34）。同时在软件中还可方便地设置任务的正负延迟时间等搭接特性。

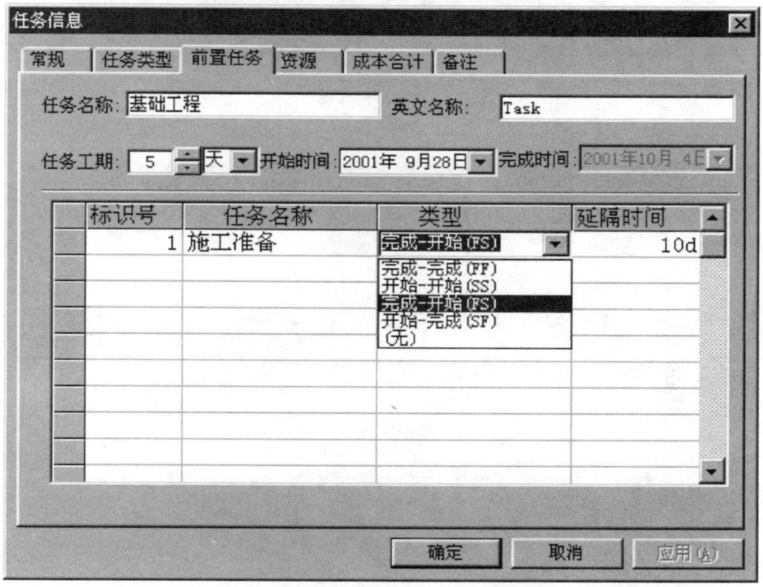

图 4-34　确定任务间的逻辑关系

4.2.3.12　任务资源分配及成本计算

为体现建设行业的资源管理特点，系统提供了定额数据库与工料机数据库，用户可通过三种方式进行资源分配工作：

方式一：可对工作任务套用相关定额，系统将依据定额含量自动进行工料机分析，将定额信息转化为资源信息，实现资源的分配工作。

方式二：可通过工料机数据库直接对工作任务指定相关的资源，实现资源的分配工作。

方式三：可通过定额指定与工料机指定相结合的方式，实现资源的分配工作。

具体如图 4-35、图 4-36 所示。

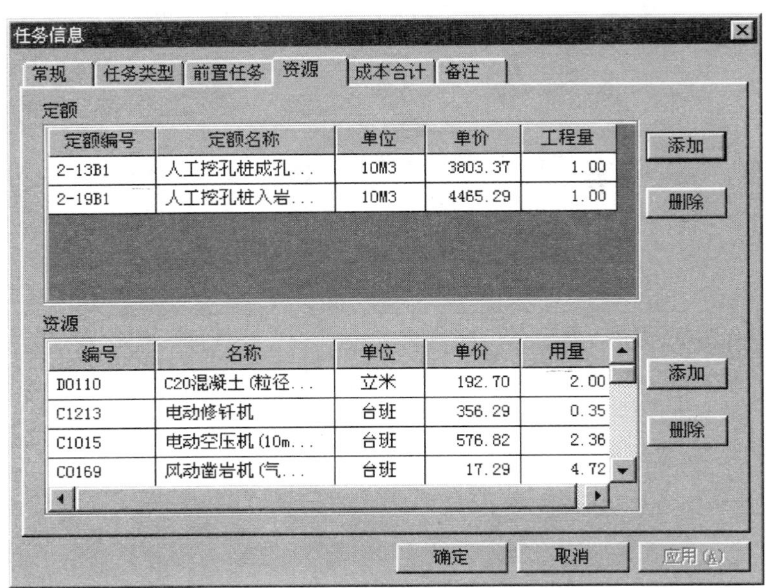

图 4-35　任务资源分配

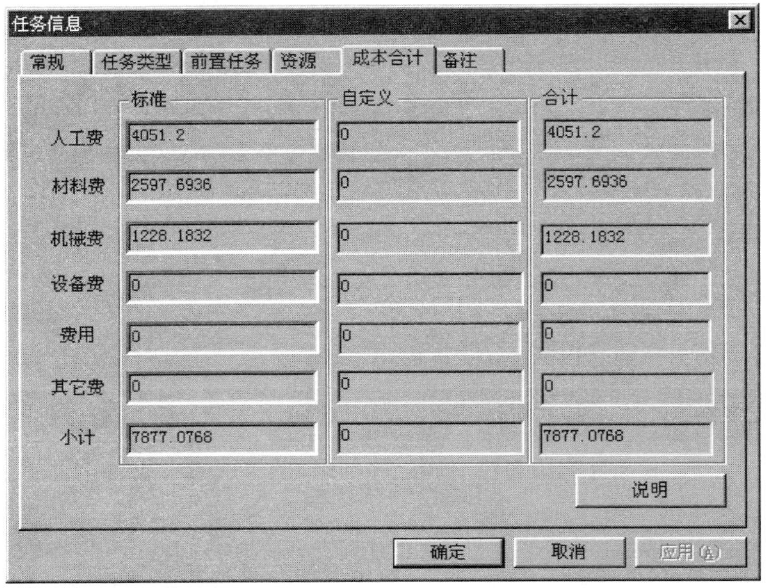

图 4-36　任务成本计算

4.2.3.13　进行网络优化，确定项目规划

完成以上步骤后，项目的初步规划阶段便已经结束，用户可依据系统计算的各类网络时间参数值以及项目的资源、成本值，利用网络优化技术对项目的初步规划进行优化，以确定最终的项目规划。网络优化可以采用以下一些方法：①资源有限、工期最优；②工期确定、资源均衡；③费用成本优化等。在项目规划的确定过程中，用户可生成各类项目计划图表，包括单代号网络图、双代号网络图、时标逻辑图等。下面就来依次介绍这几种项目计划图表。

4.2.4　单代号网络图

4.2.4.1　添加任务

用户可在网络图操作界面中方便地添加工作任务，选取“编辑”菜单的“添加任务”命令，或直接点击工具栏中的“添加任务”快捷按钮，将网络图的当前编辑状态设定为“添加任务”状态。

在单代号网络图界面中新建任务的操作，具体步骤如下：选取“编辑”菜单的“添加任务”命令，或直接点击工具栏中的“添加任务”快捷按钮，将网络图的当前编辑状态设定为“添加任务”状态。

在单代号网络图界面中，在需要添加任务的位置，单击鼠标左键，按住鼠标左键不放，同时拖曳鼠标，界面中将出现一个在单代号网络图中用来表示任务的矩形框，然后放开鼠标左键，此时系统将弹出该新建任务的“任务信息”对话框，通过该对话框用户可输入新建任务名称，修改任务开始时间、工期等操作，最后完成新建任务的任务信息录入工作。

4.2.4.2　编辑/查询任务

要在单代号网络图界面中查阅/编辑任务，有两种方法：将鼠标移动至待查看任务图框上（单代号网络图中默认情况下用矩形框表示任务），双击鼠标左键；先在视图中选择一个任务，然后单击工具栏上的“编辑任务”按钮或者单击“编辑”菜单下的“编辑任务”命令。

用上面两种方法执行后，系统将弹出该任务的“任务信息”对话框，通过任务信息对话框，用户可完成对任务的各类信息的查询或编辑操作。

4.2.4.3　删除任务

选中需要删除的任务后点击 Delete 键或选择菜单“删除任务”，软件将执行删除任务操作，删除前软件将进行删除操作的确认，确认要删除时将最终完成任务的删除操作。

4.2.4.4　调整任务与节点

在单代号网络图编辑界面，用户可以方便地调整节点在网络图中的位置，单代号网络图界面中的调整任务操作与双代号网络图界面十分类似，具体操作如下：

按照前述的方法，将单代号网络图操作界面的编辑状态设定为“调整任务”状态。

将鼠标移动到需要调整位置的任务图框上（默认单代号网络图中默认情况下用矩形框表示任务），光标将变为如图 4-37 所示的十字形光标形式。

此时用户可以按住鼠标左键不放，同时移动鼠标，将任务图框移动至需要的位置。此时软件将自动调整相关节点与箭线的位置，并保证网络图的整体美观。

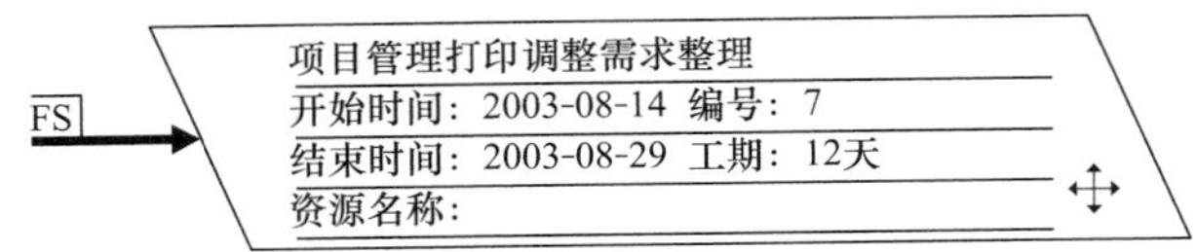

图 4-37　十字形光标

4.2.5　双代号网络图

4.2.5.1　新建任务

用户可在网络图操作界面中方便地添加工作任务，选取“编辑”菜单的“添加任务”命令，或直接点击工具栏中的“添加任务”快捷按钮。在双代号网络图界面中添加任务主要有三种方式：通过任务箭线添加；通过任务节点添加；在空白处添加。

1. 通过任务箭线添加

通过任务箭线添加任务又可分为两类，分别为左添加和右添加。

（1）左添加

左添加是指将光标移至任务箭线的尾部（左端），当光标的形状变化为“左箭头”形式时，双击鼠标左键，可以将一个新任务 X 添加到任务 A 的左侧，并设定任务 X 为任务 A 的直接前置任务。若任务 A 原来的前置任务为任务 B，则将任务 X 插入至任务 A 与 B 之间，设定任务 X 为任务 A 的前置任务，并设定任务 X 的前置任务为任务 B。如图 4-38 所示。

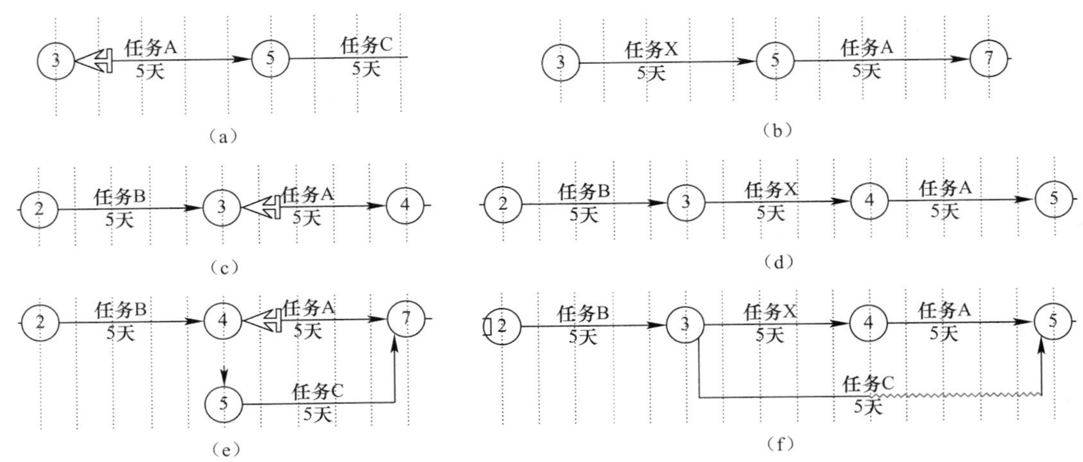

图 4-38　左添加任务

（a）任务插入前；（b）任务插入后；（c）任务插入前；（d）任务插入后；（e）任务插入前；（f）任务插入后

（2）右添加

右添加是指将光标移至任务箭线的头部（右端），当光标变为“右箭头”形式时双击鼠标左键，可将一新任务 X 添加至任务 A 的右侧，设定任务 X 的前置任务为任务 A。若任务 A 原来的后继任务为任务 C 时，则将任务 X 插入任务 A 与任务 C 之间，设定任务 A 的后继任务为任务 X，任务 X 的后继任务为任务 C。具体如图 4-39 所示。

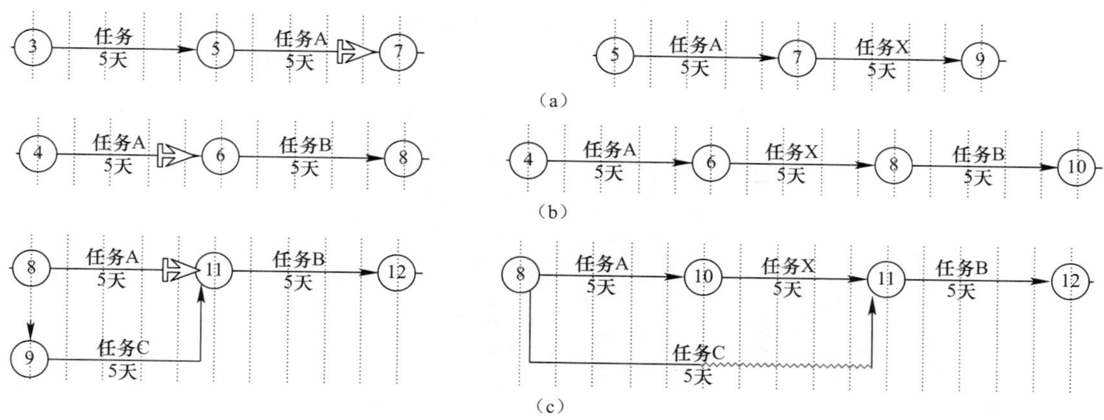

图 4-39　右添加任务

(a) 任务 A 无后继任务时右添加任务 X；(b) 任务 A 有后继任务 B 时右添加任务 X；
(c) 任务 A 有平行任务 C 时右添加任务 X

2. 通过任务节点添加

通过任务节点添加又可分为三类：节点到节点添加、节点到空白处添加以及节点本身添加。

(1) 节点到节点添加

节点到节点添加是指用鼠标直接点击待添加任务的第一个节点，光标将改变为节点添加形式，接着用户可用鼠标点取待添加任务的第二个节点，从而在两节点间添加一任务 X。此时任务 X 的前置任务为以第一个节点为结束节点的任务，任务 X 的后继任务为以第二个节点为开始节点的任务，同时设定任务 X 的最早开始节点等于第一个节点的最早时间，任务的持续时间等于两节点在时标轴上的投影距离。具体如图 4-40 所示。

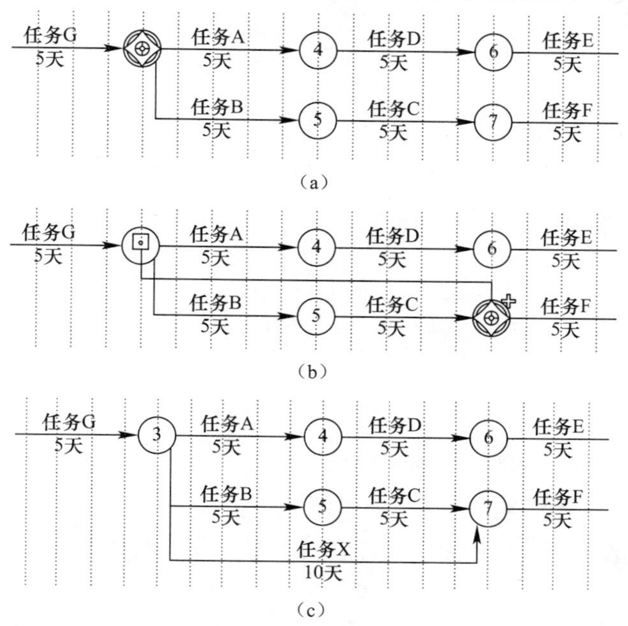

图 4-40　节点到节点添加任务

(a) 选中第一个节点；(b) 在两节点间添加任务；(c) 在节点 3、7 间添加任务 X 的效果

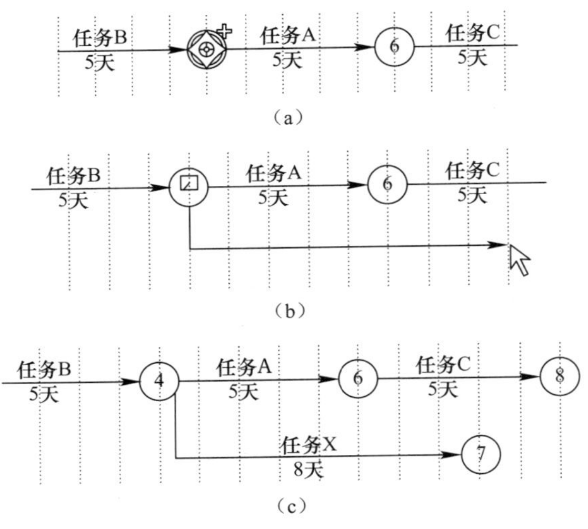

图 4-41　节点到空白添加任务

(a) 选中第一个节点；(b) 在节点和空白处添加任务；(c) 在节点 4 和空白处添加任务 X 的效果

(2) 节点到空白添加

节点到空白添加是指用鼠标点击待添加任务的第一个节点（开始节点），光标将变为节点添加形式，接着用户可在一空白处单击鼠标左键，此时系统将在第一个节点与空白位置处添加一任务 X。此时任务 X 的前置任务是以第一个节点为结束节点的任务，并且任务的最早开始时间等于节点的最早时间，任务的持续时间等于第一个节点到空白位置处在时标轴上的投影距离。具体如图 4-41 所示。

(3) 节点本身添加

节点本身添加是指在某一任务节点上双击鼠标左键将添加一新任务 X，并且任务 X 的前置任务为以该节点为结束节点的任务，任务 X 的后继任务为一该节点为开始节点的任务。具体如图 4-42 所示。

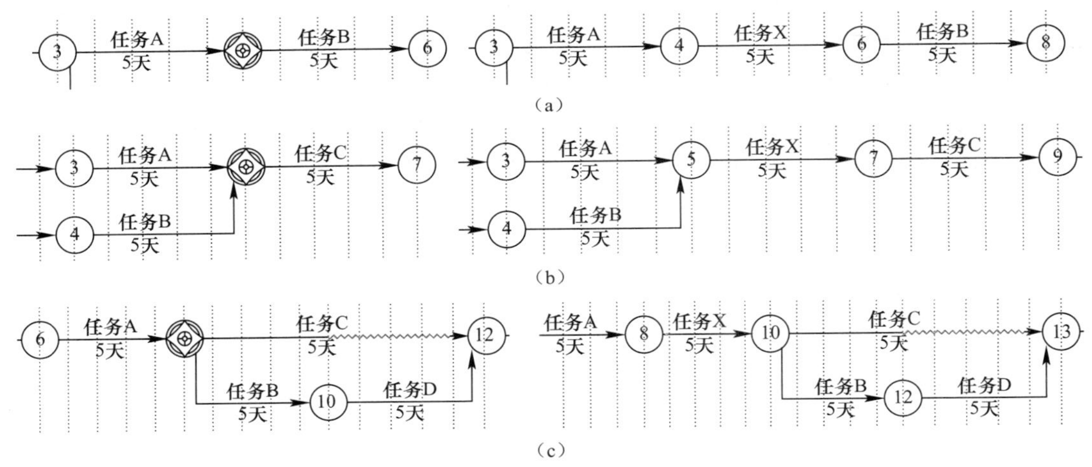

图 4-42　节点本身添加任务

(a) 在节点 4 处添加任务；(b) 当有多个前置任务的情况；(c) 当有多个后继任务时的情况

3. 空白处添加

空白处添加是指在双代号网络图的空白位置处点击鼠标左键，软件将以此位置作为新添加任务的开始节点，然后用户可在另一空白位置处再次点击鼠标左键，软件将把该位置作为新添加任务的结束节点，从而实现任务的添加工作，具体如图 4-43 所示。

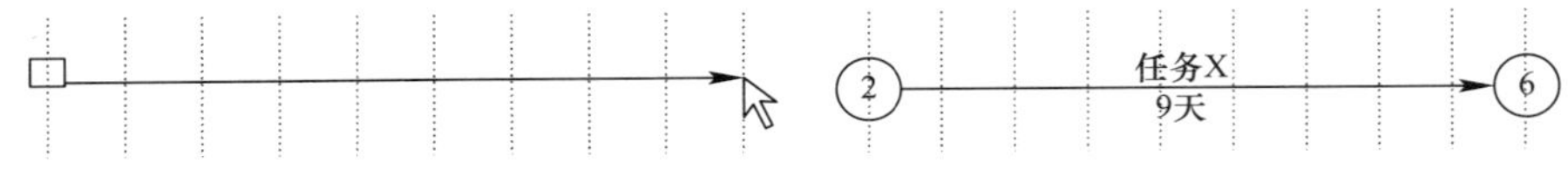

图 4-43　空白处添加任务

4.2.5.2　编辑/查询任务信息

1. 编辑任务

在双代号网络图操作界面中，编辑任务的操作步骤如下：

(1) 将鼠标移动至双代号网络图上待编辑或查看的任务箭线上，使光标变为如图 4-44 所示的双向箭头形式。

(2) 此时双击鼠标左键，将弹出该任务的“任务信息”对话框。

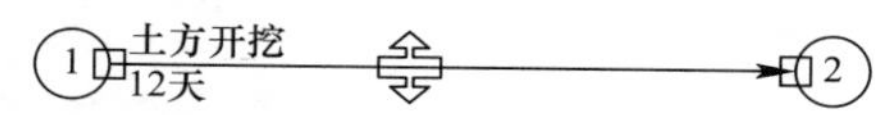

图 4-44　编辑/查看任务鼠标样式

(3) 或者在选取了任务后，选择“编辑”菜单的“编辑任务”命令，将弹出该任务的“任务信息”对话框。通过任务信息对话框，用户可完成对任务的各类信息的编辑操作。

2. 查询任务

(1) 按 Ctrl+F 键，或点击编辑菜单里的查找任务菜单。弹出查找工作对话框。见图 4-45。

(2) 在查找任务对话框里先选择按任务编号还是任务名称查询，然后输入任务名称或任务编号，如该任务存在，则任务就处于被选中状态。

4.2.5.3　删除任务

在双代号网络图界面中用户可采用以下两种方式删除任务：方式一直接删除单个任务；方式二框选删除指定区域内的任务。现分别进行介绍。

1. 直接删除单个任务

(1) 将鼠标移至要删除的任务中部，选中该任务，选中后任务的两个端点有两个小矩形。见图 4-46。

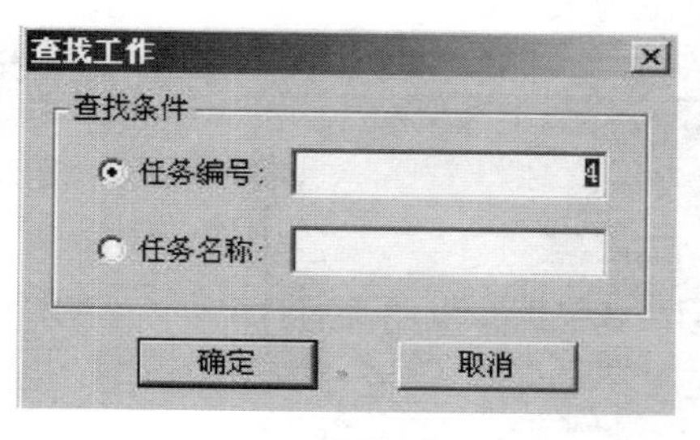

图 4-45　查找对话框

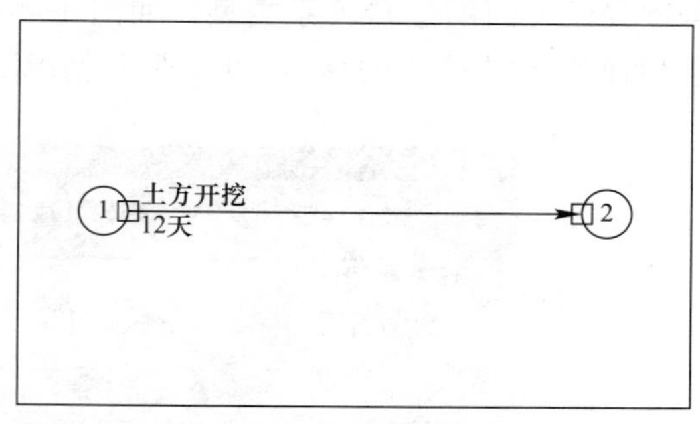

图 4-46　删除操作

(2) 按 Delete 键，或点击鼠标右键，在弹出菜单里选择删除任务按钮，或在编辑菜单里选择删除任务，软件将弹出如图 4-47 所示的提示信息对话框。

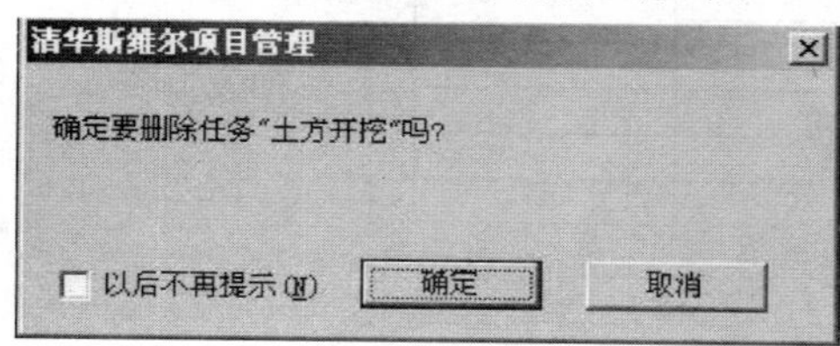

图 4-47　删除任务提示信息

(3) 选择“确定”按钮后可完成任务的删除工作。

2. 框选删除任务

(1) 用鼠标左键框选待删除任务的特定区域，具体如图 4-48 所示。

(2) 放开鼠标左键，现在任务已经选定。

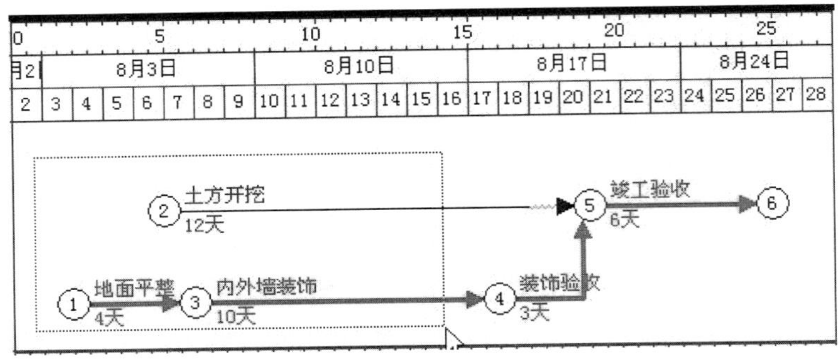

图 4-48　用鼠标框选任务

按 Delete 键，或点击鼠标右键，在弹出菜单里选择删除任务按钮，或在编辑菜单里选择删除任务，软件将弹出如图 4-48 所示的提示信息对话框，依次按确定删除选中的任务。

4.2.5.4　链接任务

链接任务是指建立任务与任务间的逻辑关系，是建立项目网络模型中十分重要的一步。因此系统在双代号网络的链接任务功能设计时，充分考虑的用户操作的简便性与方便性，用户可通过两种方式实现链接任务的操作。

1. 通过“任务信息”对话框设置

在双代号网络图里，选中任务，双击鼠标左键，在弹出的任务信息对话框里，选择前置任务选择卡，在“前置任务”选择卡中，用户首先应通过“标识号”的下拉列表或“任务名称”下拉列表，选择当前任务的前置任务，然后通过“类型”的下拉列表确定当前任务与前置任务间的逻辑关系类型，如图 4-49 所示，如果任务间存在延隔时间，需要在“延隔时间”项中输入的具体数值，默认情况下时间单位为天（d）。

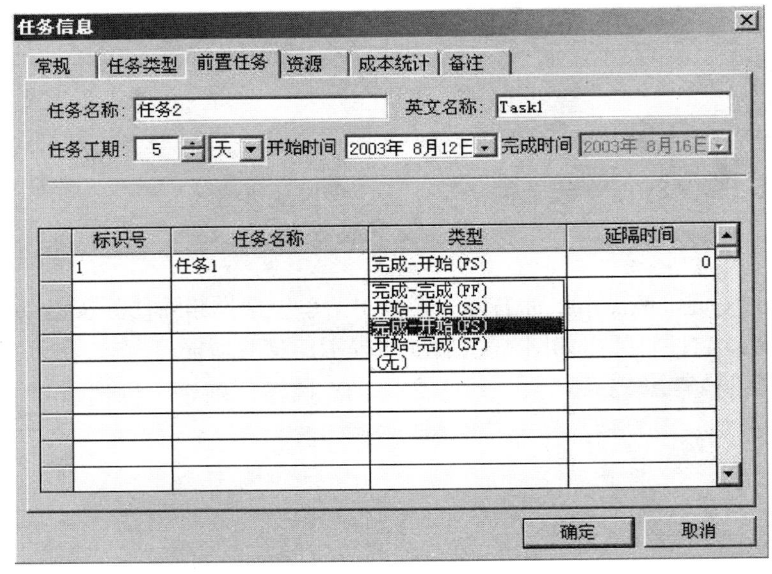

图 4-49　任务信息对话框

2. 通过鼠标链接

(1) 将鼠标移至任务的左端或右端，在鼠标样式变为图 4-50 所示的样式后，单击鼠标左键，然后放开鼠标左键。

(2) 拖动鼠标至目标任务的左端或右端，待鼠标后面出现链接关系代码后，单击鼠标左键，链接任务完成。如图 4-51 所示。

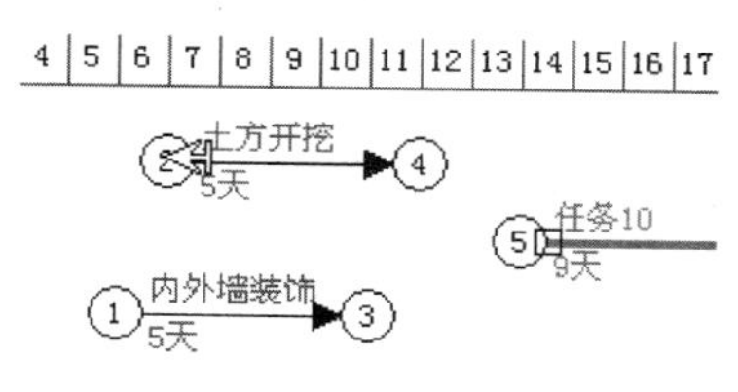

图 4-50　链接操作

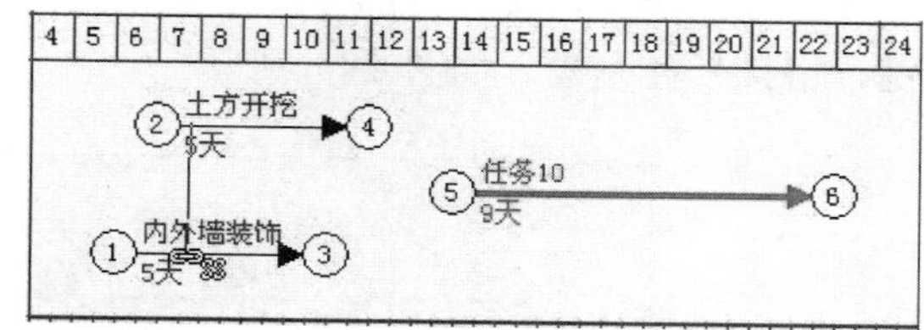

图 4-51　链接任务完成（图中的 SS 即为关系代码）

4.2.5.5　复制任务

为方便用户的操作，系统提供了任务复制功能。具体操作方法如下：首先用户应选择需要复制的任务，选择的任务或者为单个任务或者为连续的多个任务。然后选取“编辑”菜单的“复制任务”命令，或单击鼠标右键并在弹出的快捷菜单中选取“复制任务”命令。选取“粘贴任务”命令，完成任务的复制与粘贴操作。注意，当是复制多个连续任务时，任务间的逻辑关系也一同复制，如图 4-52 所示（该例中复制了“垫层施工”、“基础砌筑”两个任务）。

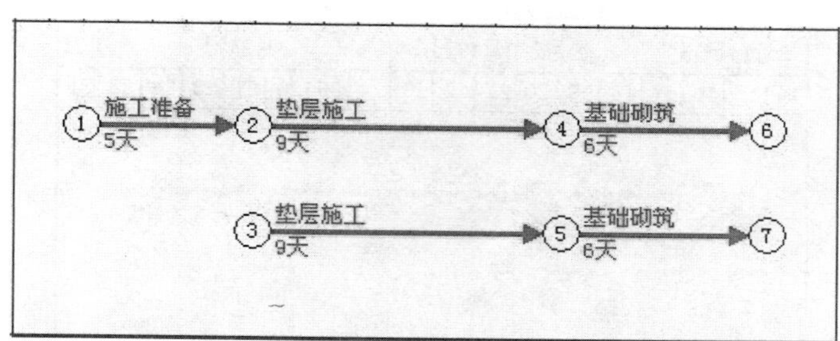

图 4-52　复制任务（复制了两个任务）

4.2.5.6　搭接任务

1. 搭接任务功能

目前任务间的链接可表达四种逻辑关系（SS/SF/FS/FF）和延迟关系。计算关键线路按整个工作持续时间来计算，不能表达一个工作中一段时间是关键线路，一段是非关键的情况。

由于在实际工作中出现一个工作开始一段时间后另一个工作开始是很常见的，而且会有一个工作中一段是关键线路，一段是非关键的情况。按照《工程网络计划技术规程》JGJ/T 121—2015 要求在这种情况下需要把一个工作拆开为任务 1、任务 2 等。为了表达清楚这种关系，在智能项目管理 6.0 软件里面新添加了搭接任务功能。

2. 搭接任务操作

按住 Ctrl 键，同时将鼠标移至要操作的任务上，在鼠标样式变为图 4-53 或图 4-54 所示时，按下鼠标左键。

图 4-53　移动鼠标至任务节点

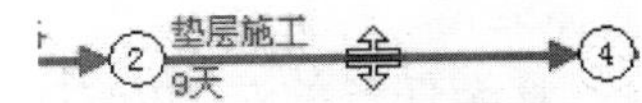

图 4-54　可移动状态

按住鼠标左键不用松开，将鼠标拖到目标任务上，在出现搭接任务对话框后，可在目标任务上移动以改变搭接任务的左部任务工期和右部任务工期。放开鼠标左键，然后松开 Ctrl 键，搭接任务完成。如图 4-55 所示。

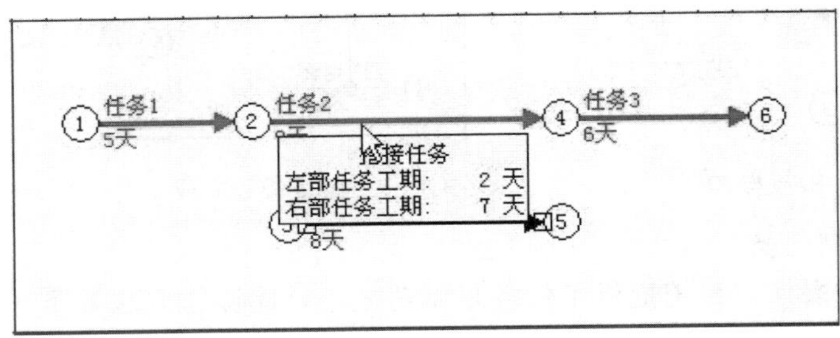

图 4-55　搭接完成任务

4.2.5.7　流水操作

在建设工程的实际施工中经常需要采用流水施工方法，流水操作的步骤如下：

(1) 选择需要创建流水的几个任务。如图 4-56 所示，选中了任务 1 和任务 2。

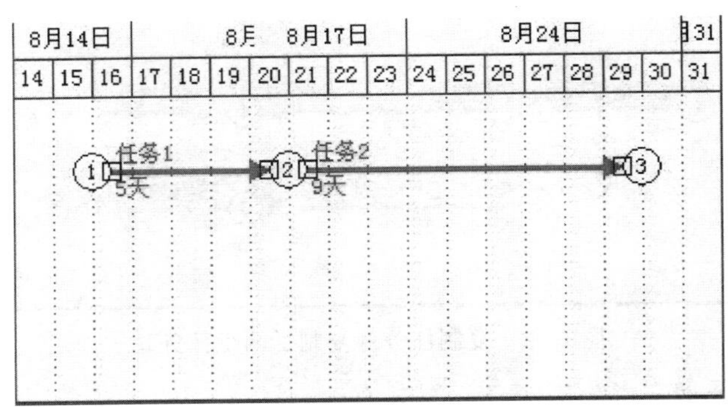

图 4-56　选择任务

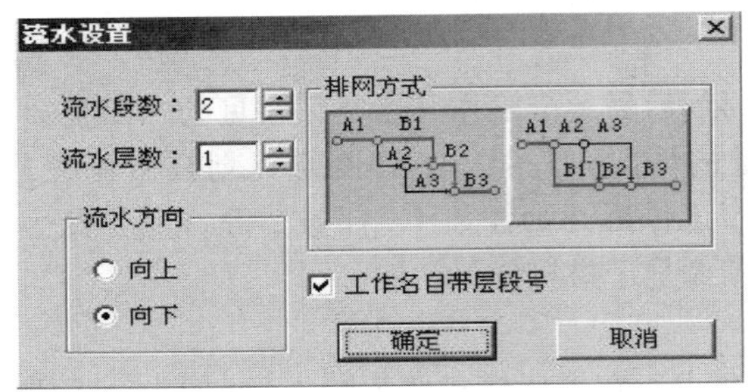

图 4-57　设定流水参数

(2) 单击左边工具栏上的流水按钮，弹出如图 4-57 所示的对话框。

(3) 选择段数，层数和排网方式等，点击“确定”按钮生成如图 4-58 所示的流水网络图。

4.2.5.8　调整任务

1. 位置调整

用户在双代号网络图界面中可方便地调整任务箭线与节点位置。移动节点的操作如下：

(1) 移动鼠标至任务节点上，当鼠标样式变为如图 4-59 所示时，按下鼠标左键。

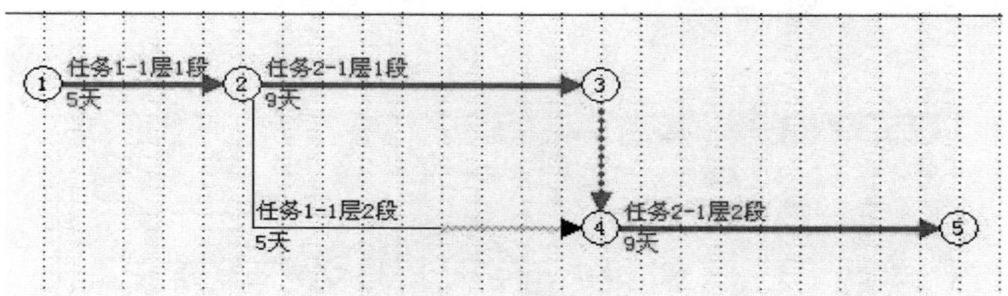

图 4-58　生成流水施工图

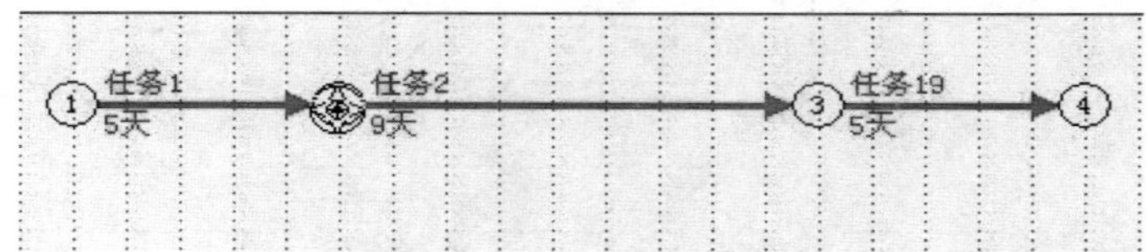

图 4-59　选择任务接点

(2) 拖动鼠标至合适的位置，松开鼠标左键，移动任务节点完成。如图 4-60 所示。

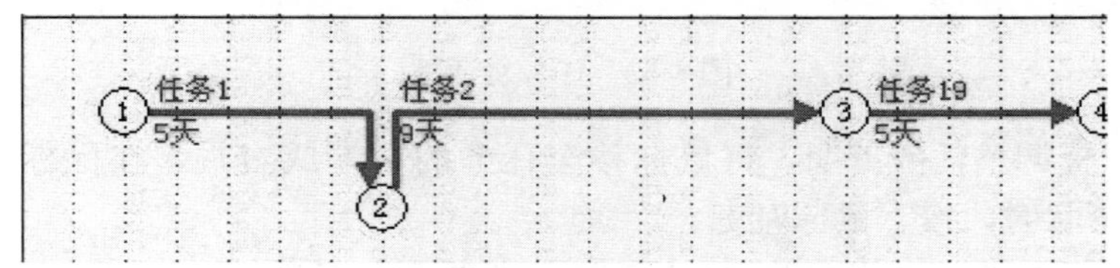

图 4-60　移动任务接点

移动任务的箭线位置操作如下：

(1) 选中该任务的箭线，在鼠标变为如图 4-61 所示的形状后，按下鼠标左键。

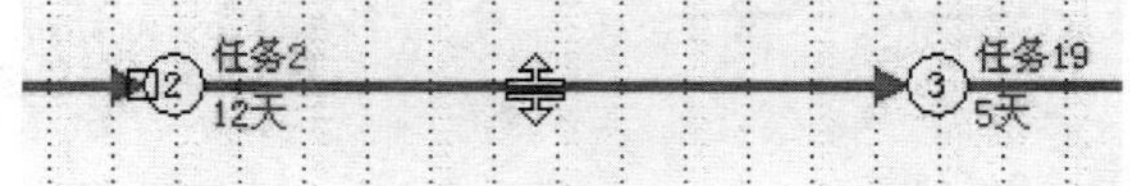

图 4-61　选择任务箭线

(2) 拖动鼠标至目标位置，松开鼠标左键，移动任务箭线位置操作完成，如图 4-62 所示。

图 4-62　完成箭线移动

2. 工期调整

工期调整有两种方式：

(1) 选中任务后双击任务，在弹出的任务信息对话框里直接修改任务工期，如图 4-63 所示。

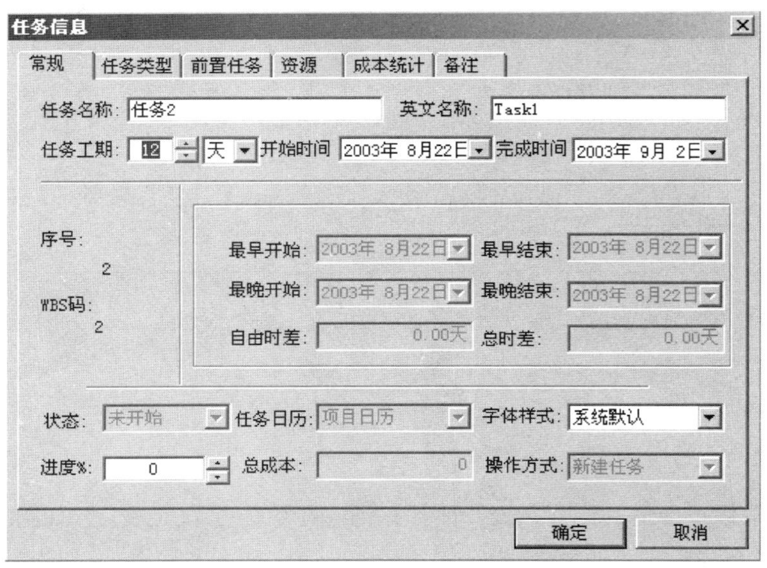

图 4-63 任务对话框

(2) 通过鼠标调整任务工期，将鼠标移至任务的左端或右端，在鼠标的样式变为如图 4-64 所示的形状时，按下鼠标左键。

然后拖动鼠标左键，在鼠标下方会出现对话框提示任务的新的工期，松开鼠标左键后修改任务工期完成。提示的对话框如图 4-65 所示。

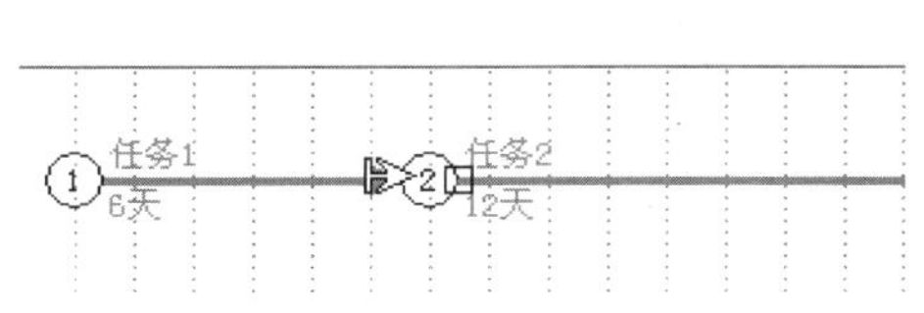

图 4-64 移动鼠标至任务两端

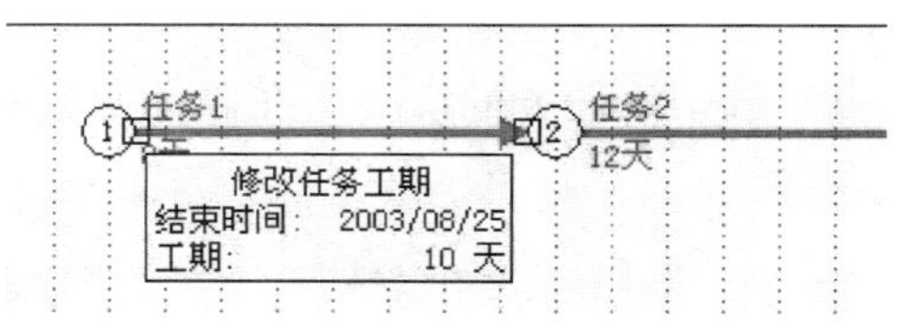

图 4-65 修改任务工期

4.2.5.9 逻辑关系调整

调整任务的逻辑关系分为调整任务的前置任务与调整任务的后继任务两类，现分别进行介绍：

1. 调整任务的前置任务

调整任务的前置任务共有两种方法：

(1) 通过鼠标调整：将鼠标放在需调整的任务的首部，在鼠标变为如图 4-66 所示的形状时，按下 Shift 键，同时按下鼠标左键。

现在松开鼠标左键和 Shift 键，移动鼠标至目标节点上，按下鼠标左键，弹出如图 4-67 所示的对话框，按确定，修改成功。

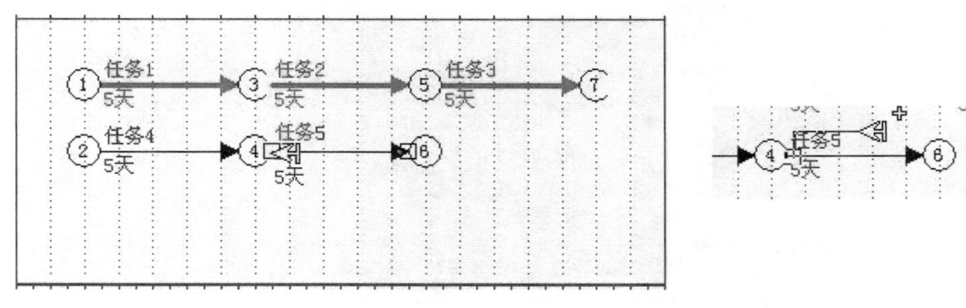

图 4-66　任务可编辑状态

（2）通过任务信息对话框操作：将鼠标移动到需调整的任务的中部，双击任务，弹出“任务信息”对话框，在对话框中选择“前置任务”选项卡。进入如图 4-68 所示的页面：

图 4-67　任务移动对话框

在页面的表格里点击“任务名称”标题下面的表格，修改前置任务，在下拉列表框里选择任务 1，调整任务的前置任务操作完成。如图 4-69 所示。

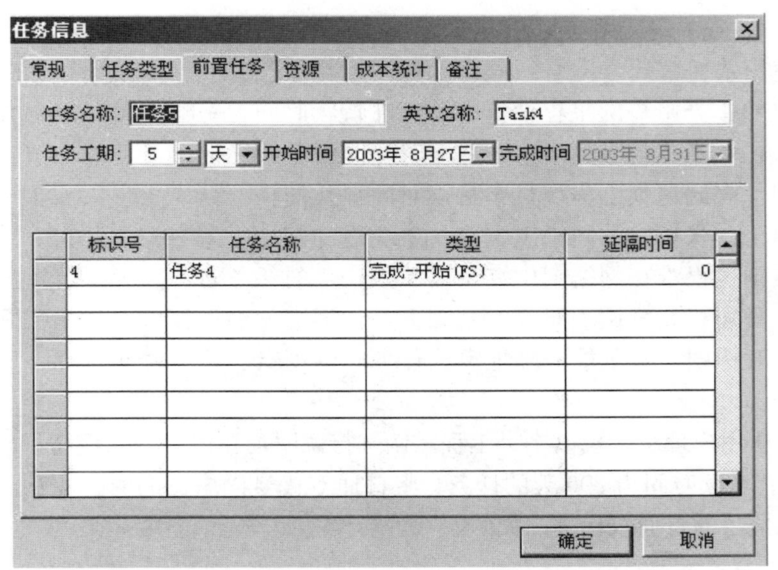

图 4-68　前置任务

2. 调整任务的后继任务

调整任务的后继任务只能通过鼠标调整，操作方式和调整任务的前置任务大体相同，不同之处是：调整任务的前置任务时将鼠标放在需调整的任务的首部，在调整任务的后继任务时将鼠标放在需调整的任务的尾部。其余操作可参考调整任务的前置任务操作。

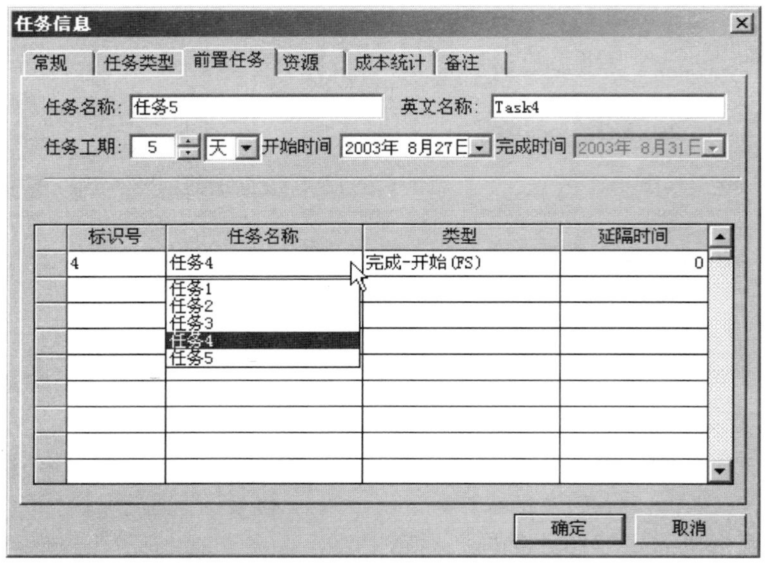

图 4-69　任务信息对话框

4.2.6　逻辑时标图

4.2.6.1　斯维尔时标网络图概述

用户在使用普通双代号网络图进行工程图纸打印、进度计划输出过程中，经常会遇到这样一个难题：当用户的工程项目中既存在持续时间很短的任务、又存在持续时间很长的任务时，在普通双代号网络图中由于时标是完全成比例，任务的箭线长度将反映任务的持续时间。因此这类工程项目中持续时间很长的任务其箭线将很长，用户很难将图形清晰地输出至一张正常的图纸上（如 A3 纸），同时对于持续时间很短的任务若任务的名称很长，则也很难在网络图中完全显示该任务的任务名称。为了解决上述难题，清华斯维尔软件公司在充分调查研究的基础上，依据广大工程技术人员的实际需要，提出了斯维尔逻辑时标图，其既能清晰地反映任务间的逻辑关系、时间特性，又能够有效地解决上述难题。

为更加方便用户理解，现以一个工程示例进行说明，在该工程示例中即有持续时间为 2 天任务、又有持续时间为 200 天的任务，将普通双代号网络图的时标主次刻度分别设置为月、旬后，项目的普通双代号图如图 4-70 所示。

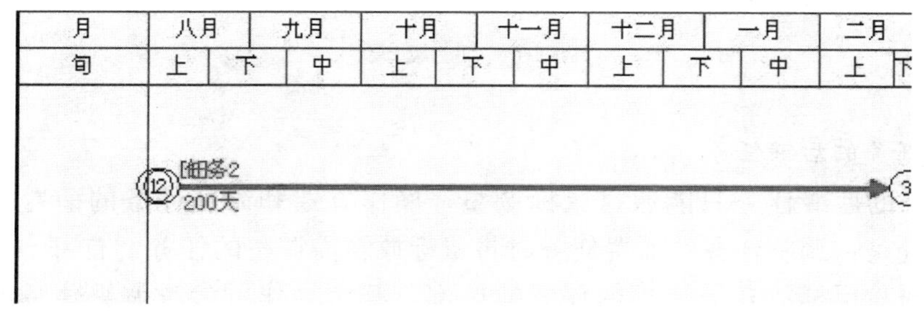

图 4-70　普通双代号图（任务 1 没有完全显示）

注意由于此时持续时间为两天的任务在网络图中已经无法完全显示，因此在普通双代号网络图中将不可能清晰的打印。将普通双代号网络图的时标主次刻度分别设置为周、日后，则压缩至最小值后，仍无法在一张常规的图纸上，必须要多页进行打印，或图纸的尺寸特别大。

通过选取“显示”菜单中“视图”子菜单的“逻辑时标网”菜单，或直接点击界面下方视图工具栏的“逻辑时标网”快捷按钮，将网络图切换至斯维尔逻辑时标网界面，通过该图既可以清晰地反映任务间的逻辑关系、时间关系，同时又很好满足了广大工程技术人员的实际需求。如图 4-71 所示。

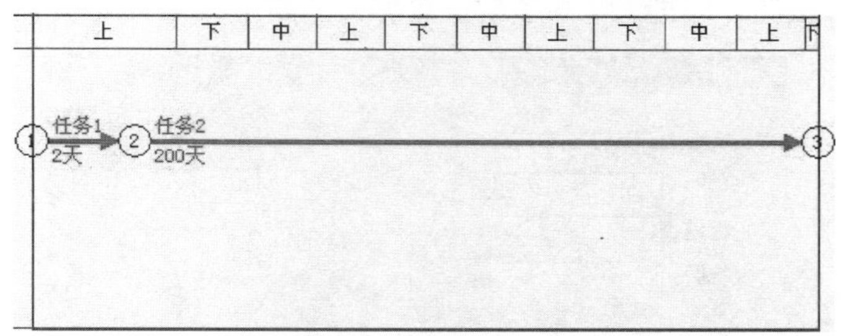

图 4-71　普通双代号图（任务 1 完全显示）

4.2.6.2　斯维尔时标网络图调整

在逻辑时标图中，由于在缺省设置下，时间刻度是由程序自动计算的，因此用户不能自己改变时间刻度。如需要改变时间刻度，应首先将“显示”菜单下的“时间标尺”里的“刻度自动适应”设为没选中状态。如图 4-72 所示。

然后在逻辑时标图中，将鼠标放在绘图区上方的时间标尺的分割线上，在鼠标样式变为如图 4-73 所示的形状后，就可以通过移动鼠标来改变时间标尺的刻度。

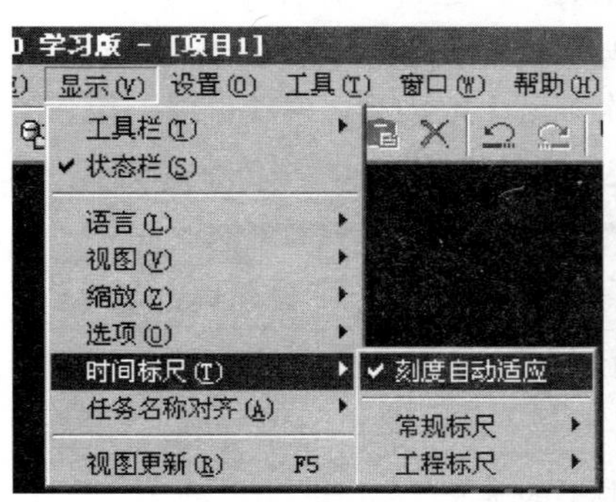

图 4-72　时间标尺设定

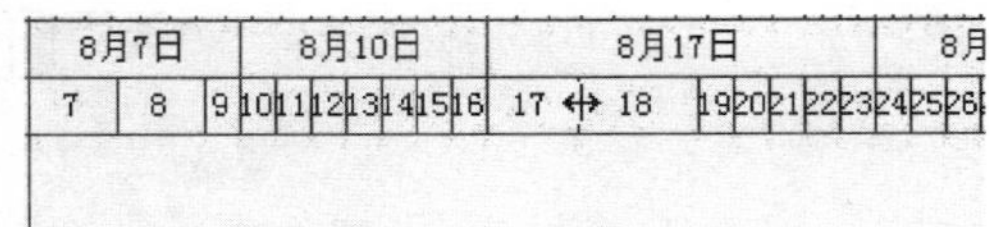

图 4-73　时间标尺显示

与在普通双代号里面不同的是，在逻辑时标图中，修改的是单个的时间标尺刻度，而在普通双代号里，所有的时间标尺刻度相同，因此修改了一个后，全部都改变了。

4.2.7　冬歇期功能

1. 冬歇期功能概述

在北方地区的工程施工中，由于冬季气温很低，因此在施工过程中，都要避开气温最低、不能施工的一段时间，这段时间叫作冬歇期。

在智能项目管理 60 之前，由于没有冬歇期设置功能，在绘制有冬歇期的双代号网络图时，冬歇期将整个视图分成孤立的两个部分，没有正确表现实际情况，图形很不美观；由于冬歇期不能施工，因此在计算任务工期时，将冬歇期也计算进去也不合理；在绘制包含跨越冬歇期任务的图时，在冬歇期较长的情况下，无法有效地对图形进行调整。基于以上原因，在新开发的智能项目管理 60 中，加入了冬歇期设置功能。

2. 冬歇期的使用

冬歇期功能只能在逻辑时标图中使用，进入逻辑时标图后，点击视图右边工具条上写有“冬”字的一个按钮，即进入了冬歇期设置界面。如图 4-74 所示。

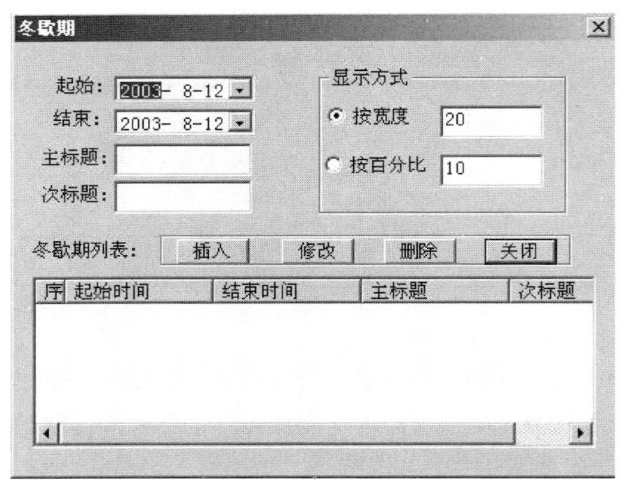

图 4-74　冬歇期设置界面

在图 4-74 中，起始和结束即冬歇期的起始和结束时间，起始和结束的日期必须在工程的工期内。起始和结束之间的时间按节假日处理，不计算在任务的任务工期内。该项必须填写。

主标题和次标题即显示在时间标尺的主刻度和次刻度上的内容。该项可以不填。在将主标题和次标题分别设置成“东北地区”和“冬歇期”之后，在逻辑时标图里的显示如图 4-75 所示。

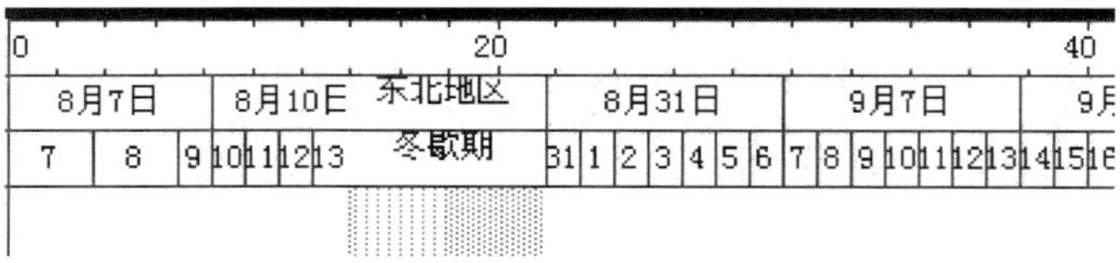

图 4-75　主标题和次标题的显示

显示方式框里的按宽度是指整个冬歇期在逻辑时标图里的宽度，单位是像素，按百分比是指冬歇期内每天的宽度和标准宽度的百分比。该项必须填写。图 4-75 里冬歇期的宽度就是按宽度为 70 设置的，如图 4-76 所示。

在填好相应数据后，单击插入按钮，即将冬歇期插入到了工程中，同一个工程里，可以创建多个冬歇期。在冬歇期列表中选中一项，即可进行修改、删除等操作。单击关闭按钮后关闭该对话框。

图 4-77 和图 4-78 是冬歇期设置前后的对比图，图的宽度较大，为了能全部显示出来，进行了缩放。

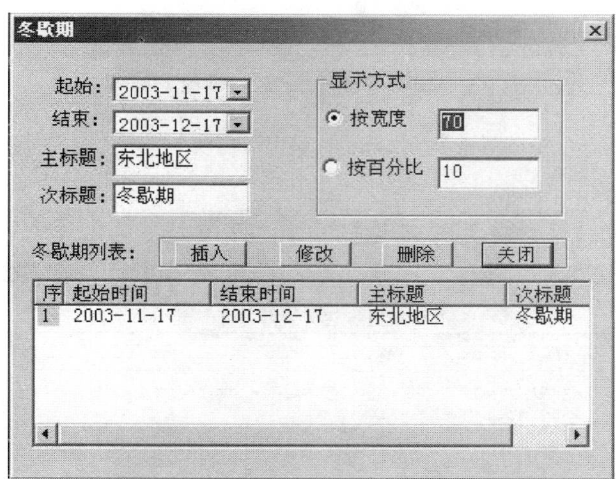

图 4-76　冬歇期设置对话框

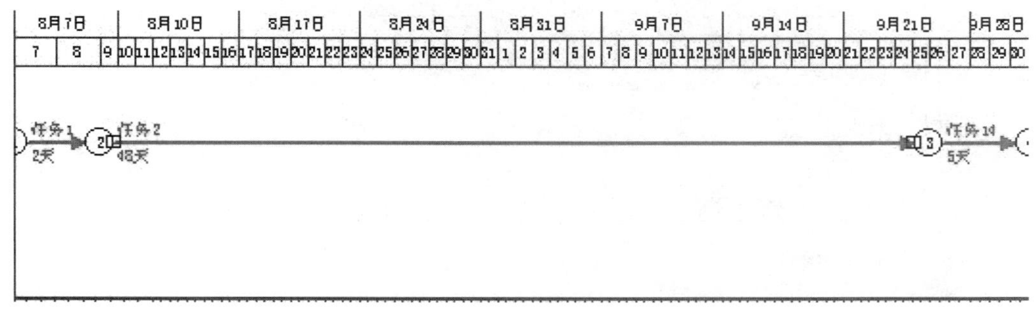

图 4-77　缩放后的图形

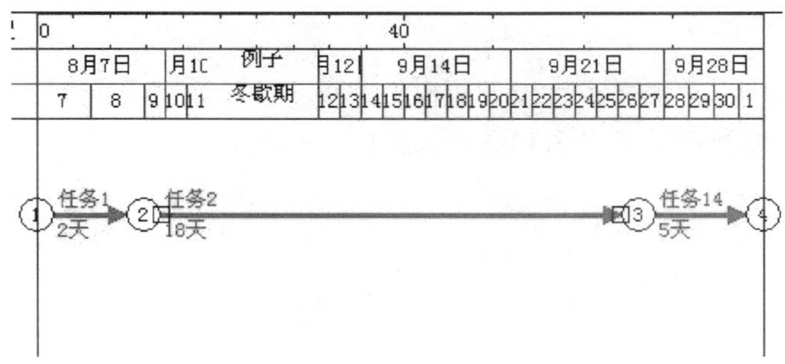

图 4-78　设置了冬歇期后

4.2.8　进度跟踪与管理

用户可在项目执行过程中，追踪项目的实际执行情况，以便及时发现问题，正确地进行处理。进度追踪与管理的工作主要是用实际进度前锋线。实际进度前锋线是在双代号时标网络图中任务实际进度前锋点的连线，用户可在任务的执行过程中随时更新任务的实际进度百分比，系统将在双代号网络图中生成状态时刻的实际进度前锋线，具体如图 4-79、图 4-80 所示。

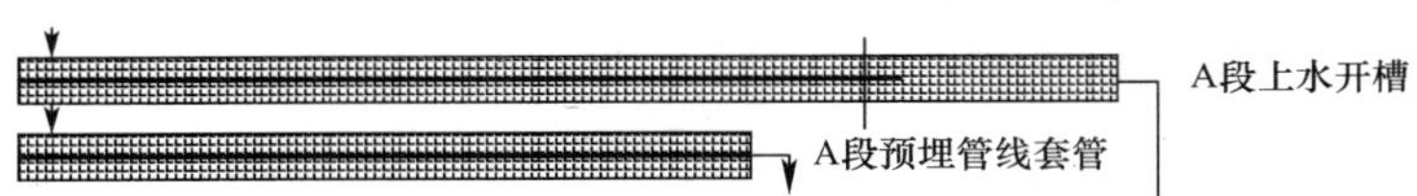

图 4-79　横道图显示的实际进度情况（黑线条表示实际完成程度）

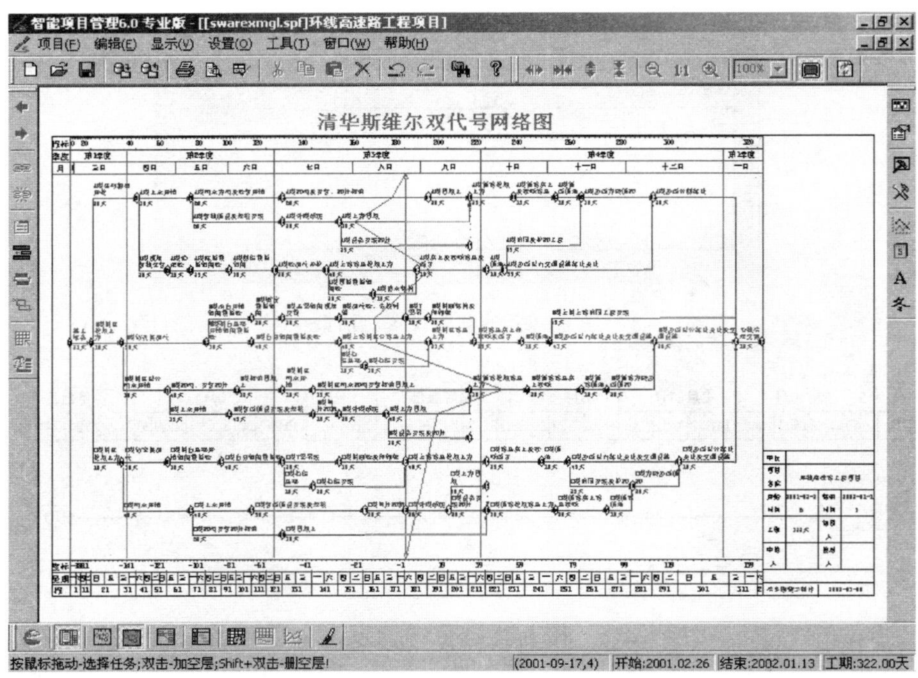

图 4-80　实际进度前锋线（图中纵向折线）

4.2.9　习题与上机操作

新建项目文件后，在横道图界面，新建多个任务。确定任务时间和前置任务，编辑任务，链接任务等。编制资源需求图和流水网络图，切换到单代号、双代号和逻辑时标图界面编辑相应任务。

4.3　报表设计与输出

4.3.1　操作说明

本软件提供了功能强大的报表功能，有关项目和工程的大部分信息都汇总到了报表中。在设置了报表的字体，标题，日历等信息后，可以将设置好的报表打印出来。

4.3.2　各类报表的功能及样式

4.3.2.1　施工劳动力计划表 I

施工劳动力计划表是指在施工期间按施工进度计划的安排，对所需工种及人数等进行具体编排及统计的一种计划报表。施工劳动力计划表Ⅰ统计的主要对象是工作任务，因此，通过该计划表用户可以了解每一任务在不同的时间段内对各工种劳动力资源的需求情况。值得注意的是，表中劳动力的统计单位有两种：“工日”与“人数”，用户可通过设置功能进行选择。当用户采用定额数据或工料机数据进行任务资源分配时，人工类型的资源单位均为“工日”，在此种情况下，软件无需进行单位换算便可直接显示结果。但当用户设定计划表中的劳动力统计单位为人时，则需要进行统计单位的换算，换算的公式为：总工时＝任务工期×资源数量，在资源消耗的总工时与任务工期已知的情况下，据此可求得资源的数量。采用此种方式的前提是资源需求在整个任务工期范围内是均衡的，即每人每天工作8小时。但实际工程中可能会有所不同，这点需要特别向用户说明。施工劳动力计划具体表格的形式如表4-1、表4-2所示。

施工劳动力计划表Ⅰ（劳动力统计单位：工日）　　**表4-1**

序号	任务名称	任务时间		工期	总工日数（工日）	主要工种施工工日数				
		开始时间	结束时间			普工	瓦工	钢筋工	混凝土工	吊装工
1	基础工程	2001-01-01	2001-03-01	60	1900	1250	200	200	250	
2	挖土	2001-01-01	2001-01-20	20	500	500				
3	垫层施工	2001-01-21	2001-01-30	10	200	150			50	
4	基础砌筑	2001-02-01	2001-02-20	20	1000	400	200	200	200	
5	回填土	2001-02-21	2001-03-01	10	200	200				
6	主体工程	2001-03-02	2001-08-01	150	9000	4500	1500	1800	1800	900
7	砌砖墙	2001-03-02	2001-07-01	120	1800	360	1200		240	
8	一层	2001-03-02	2001-03-21	20	300	60	200		40	
9	标准层	2001-03-22	2001-06-11	80	1200	240	800		160	
10	顶层	2001-06-12	2001-07-01	20	300	60	200		40	

施工劳动力计划表Ⅰ（劳动力统计单位：人）　　**表4-2**

序号	任务名称	任务时间		工期	总施工人数（工日）	主要工种施工数（人）				
		开始时间	结束时间			普工	瓦工	钢筋工	混凝土工	吊装工
1	基础工程	2001-01-01	2001-03-01	60	34	21	4	4	5	
2	挖土	2001-01-01	2001-01-20	20	25	25				
3	垫层施工	2001-01-21	2001-01-30	10	20	15			5	
4	基础砌筑	2001-02-01	2001-02-20	20	50	20	10	10	10	
5	回填土	2001-02-21	2001-03-01	10	20	20				
6	主体工程	2001-03-02	2001-08-01	150	60	30	10	12	12	6
7	砌砖墙	2001-03-02	2001-07-01	120	15	3	10		2	
8	一层	2001-03-02	2001-03-21	20	15	3	10		2	
9	标准层	2001-03-22	2001-6-11	80	15	3	10		2	
10	顶层	2001-06-12	2001-07-01	20	15	3	10		2	

4.3.2.2　施工劳动力计划表Ⅱ

施工劳动力计划表Ⅱ与计划表Ⅰ是有差别的，计划表Ⅰ是以工作任务为主要对象来进行劳动力分配，而施工劳动力计划表Ⅱ是反映以施工的各工种类别为主要对象来对工程项目的劳动力进行分配的。通过施工劳动力计划表Ⅱ，用户可了解每一施工工种在不同的时间段内的需求数量。与计划表Ⅰ类似，计划表Ⅱ中劳动力的统计单位也有两种，分别为

“工日”与“人数”，两者进行换算及假设条件均与计划表Ⅰ相同。施工劳动力计划表Ⅱ的具体表格形式如表 4-3、表 4-4 所示。

施工劳动力计划表Ⅱ（劳动力统计单位：工日）　　表 4-3

序号	（主要）施工工种	施工工时总需求（工日）	2001 年						
			1 月	2 月	3 月	4 月	5 月	6 月	7 月
1	普工	2020	250	280	300	300	330	300	260
2	瓦工	1100	0	200	200	200	300	100	0
3	钢筋工	800	100	150	150	200	200		
4	混凝土工	1000	100	200	200	200	200	100	
5	架子工	800	100	200	100	100	100	100	100
6	油漆工	400					100	100	200
	……	……	……	……	……	……	……	……	……
	总计	7000	700	800	1000	1200	1500	1000	800

施工劳动力计划表Ⅱ（劳动力统计单位：人）　　表 4-4

序号	（主要）施工工种	施工人员总需求（人）	2001 年						
			1 月	2 月	3 月	4 月	5 月	6 月	7 月
1	普工	33	25	28	30	30	33	30	26
2	瓦工	12	0	5	8	12	8	5	0
3	钢筋工	20	2	8	15	20	14	8	2
4	混凝土工	15	5	5	8	15	8	5	5
5	架子工	10	2	2	4	8	10	10	6
6	油漆工	5	0	0	2	4	5	5	5
7	……	……	……	……	……	……	……	……	……
8	总计	95	34	48	67	89	78	63	44

4.3.2.3 施工材料计划表

施工材料计划表是将施工期间所需要使用的各类材料（钢筋、水泥、砂、石、模板等）在单位时间内的使用量用表格的形式反映出来。通过施工材料计划表用户可了解各种材料在不同时间段内的需求量，材料计划表的具体表格形式如表 4-5 所示。

施工材料计划表　　表 4-5

序号	（主要）材料名称	单位	材料总用量	2001 年上半年					
				1 月	2 月	3 月	4 月	5 月	6 月
1	C40 混凝土	m^3	5000	500	800	1000	1000	1000	700
2	Φ25 钢筋	t	1000	100	200	200	200	200	100
3	……	……	……	……	……	……	……	……	……

4.3.2.4 施工机械计划表

施工机械计划表是将施工期间所需要使用的各类机械在单位时间内的使用量用表格的形式反映出来。通过施工机械计划表用户可以了解各种机械在不同时间段内的需求情况。与劳动力计划表类似，施工机械计划表中机械的统计单位也有两种，分别为：“台班”和“台数”，用户可通过报表设置功能进行选择。用户采用定额数据或工料机数据进行任务资源分配时，机械类型的资源单位均为台班（一般情况下，一个台班表示一台机械正常工作

8 小时），因此当计划表中劳动力的统计单位为台班时，软件无需进行单位换算便可直接显示结果。但当用户设定计划表中的机械统计单位为台数时，则需要进行统计单位的换算，换算的公式为：总台班＝任务工期×机械台数，在机械消耗的总台班与任务工期已知的情况下，据此可求得机械的数量。需要特别向用户说明的是采用此种方式需要先假定机械需求在整个任务工期范围内是均衡的，并且均是每天工作 8 小时，但实际工程中可能会有所延误。施工机械计划表具体表格的形式如表 4-6、表 4-7 所示。

施工机械计划表（机械统计单位：台班）　　**表 4-6**

序号	主要施工机械名称	施工机械总需要（台班）	2001 年					
			1 月	2 月	3 月	4 月	5 月	6 月
1	自卸汽车	850	100	150	280	200	70	50
2	1.5m³ 挖掘机	200	100	100				
3	……	……	……	……	……	……	……	……

施工机械计划表（机械统计单位：台）　　**表 4-7**

序号	主要施工机械名称	施工机械总需要量（台班）	2001 年					
			1 月	2 月	3 月	4 月	5 月	6 月
1	自卸汽车	20	10	15	28	20	20	10
2	1.5m³ 挖掘机	5	2	5	2	1	1	1
3	……	……	……	……	……	……	……	……

4.3.2.5　项目摘要表

项目摘要表以简明的方式反映项目的整体状况，包括项目的时间信息、任务信息、资源信息、成本信息以及其他相关信息等，通过项目摘要表用户能够快速地了解项目的整体情况。项目摘要表的具体表格形式如表 4-8 所示。

项目摘要表　　**表 4-8**

项目名称	清华斯维尔世纪大厦工程					
项目工期	项目开始时间	2001-01-01	项目结束时间	2001-10-01	总工期	270
项目任务信息	项目任务总数	100				
	摘要任务数目	8	关键任务数目	20	里程碑任务数目	5
	任务最高级别	3				
项目资源信息	项目资源总数	42				
	工种类别数量	5	材料类别数量	30	机械类别数量	5
	设备类别数量	2	其他类别数量	0		
项目成本信息	项目总成本	5000000				
	项目人工成本	180000	项目材料成本	3500000	项目机械成本	300000
	项目设备成本	500000	项目费用成本	20000	项目其他成本	0
项目工程信息	建设单位	清华斯维尔软件科技有限公司				
	设计单位	省建筑设计院				
	施工单位	省建一公司				
	监理单位	省监理工程公司				
	负责人	张三				

4.3.2.6 关键任务报表

关键任务报表显示了项目中的关键任务（包括摘要的关键任务），通过关键任务报表用户能够从任务数目繁多、关系复杂的项目任务中找到影响项目工期的关键性任务，从而指导项目管理者集中资源和力量保证项目计划的正常完成。关键任务报表的具体表格形式如表 4-9 所示。

关键任务报表 表 4-9

序号	关键任务名称	关键任务类型	工期	开始时间	结束时间
1	施工准备	关键一般	10	2001-01-01	2001-01-10
2	基础工程	关键摘要	50	2001-01-11	2001-03-01
3	挖土	关键一般	21	2001-01-11	2001-01-31
4	铺垫层	关键一般	10	2001-02-01	2001-02-10
5	筑基础	关键一般	15	2001-02-11	2001-02-25
6	回填土	关键一般	4	2001-02-26	2001-03-01
	……	……	……	……	……

4.3.2.7 摘要任务报表

摘要任务报表显示了项目中的所要摘要任务，通过摘要任务报表用户能够快速地了解项目的总体计划情况，从而可以从整体上把握工程进度计划。摘要任务报表的格式如表 4-10 所示。

摘要任务报表 表 4-10

序号	摘要任务名称	摘要任务类型	工期	开始时间	结束时间
1	施工准备	关键摘要	10	2001-01-01	2001-01-10
2	基础工程	关键摘要	50	2001-01-11	2001-03-01
3	主体工程	关键摘要	120	2001-03-02	2001-06-30
4	屋面工程	非关键摘要	30	2001-07-01	2001-07-30
……	……	……	……	……	……

4.3.2.8 里程碑任务表

里程碑任务表显示了项目中的所有里程碑，通过里程碑报表用户可以了解项目在进度计划中有里程碑性质的重要时刻及相关的里程碑事件，里程碑任务报表的具体格式如表 4-11 所示。

里程碑任务报表 表 4-11

序号	任务名称	任务类别	里程碑任务时间	序号	任务名称	任务类别	里程碑任务时间
1	施工准备完成	关键	2001-01-20	4	屋面工程验收	非关键	2001-08-20
2	基础工程验收	非关键	2001-03-1	5	水电工程验收	非关键	2001-09-01
3	主体工程验收	关键	2001-07-01	6	竣工验收	关键	2001-10-01

4.3.2.9 任务信息详表

任务信息详表显示了任务的各类时间进度信息，包括：任务的 WBS 码、任务的六类网络时间参数（最早开始、最早结束、最迟开始、最迟结束、自由时差、总时差）、任务的类型与进度状态。通过任务信息详表用户能够完整地了解任务的进度计划情况。任务信息详表的具体格式如表 4-12 所示。

任务信息详表　　表 4-12

状态时间：2001-01-01

序号	任务名称	WBS 码	任务类型	任务状态	最早开始	最早结束	最迟开始	最迟结束	自由时差	总时差
1	施工准备	1	关键一般	已完成	2001-01-01	2001-01-30	2001-01-01	2001-01-30	0	0
2	基础工程	2	关键摘要	正在进行	2001-02-01	2001-03-20	2001-02-01	2001-03-20	0	0
3	挖土	2.1	关键一般	已完成	2001-02-01	2001-02-20	2001-02-01	2001-02-20	0	0
4	铺垫层	2.2	关键一般	已完成	2001-02-21	2001-02-28	2001-02-21	2001-02-28	0	0
5	砌基础	2.3	关键一般	已完成	2001-03-01	2001-03-15	2001-03-01	2001-03-15	0	0
6	回填土	2.4	关键一般	已完成	2001-03-16	2001-03-20	2001-03-16	2001-03-20	0	0
	……	……								

4.3.2.10　滚动进度计划表

滚动进度计划表主要用来显示项目进度计划中从滚动周期的起始日期至滚动周期结束日期内的计划开工和正在进行（包括在该时间段内完成）的任务。因此通过滚动计划表并合理的设定滚动周期，用户能够进行工程项目的周报、旬报、月报、季报、年报甚至任意时间段内的进度计划表编制。因此在生成滚动计划表前，用户必须确定好计划的滚动周期开始时间和滚动周期结束时间，其具体的计算公式为：滚动周期结束时间＝滚动周期开始时间＋滚动周期。而滚动进度计划表中显示的任务实际是项目计划中与该确定的时间段有关联的各类任务。滚动进度计划表的具体表格形式如表 4-13 所示。

滚动进度计划表　　表 4-13

开始时间：2001-01-01　结束时间：2001-01-31　滚动周期：30 天

序号	任务名称	任务类型	任务状态	工期	开始时间	结束时间
1	施工准备	关键非摘要	正在进行	32	2000-12-15	2001-01-15
2	基础工程	关键摘要	未进行	31	2001-01-16	2001-02-15
3	挖土	关键非摘要	未进行	10	2001-01-16	2001-01-25
	……	……	……	……	……	……

4.3.2.11　任务进度状态报告

任务进度状况报告主要反映项目在进行的过程中，实际进度与计划进度的比较状况。软件中进度管理的主要工具是实际进度前锋线，实际进度前锋线与状态基线位置的比较可以得到项目的进度状态，在基线右侧的任务表示进度超前于计划，在基线左侧的任务表示进度滞后于计划。进度状态报告是对双代号时标网络图中的实际进度前峰线图形的报表化描述，其主要包括以下信息：任务类型、任务状态、进度状态、进度偏差、实际进度百分比、任务工期、任务开始时间（计划）、结束时间（计划）、自由时差、总时差以及相应提示信息等。同时软件对于进度有差异的任务进行了详细分析，任务的滞后情况可分为以下三类：

类型一：任务的滞后将直接影响项目的总工期。此时又可分为两种情况。一种是关键任务的滞后，当项目中的关键任务滞后时若不采取措施将肯定会影响项目的总工期；一种是非关键任务的滞后，当一个非关键任务滞后的天数大于该任务的总时差时，若不及时采取措施将肯定影响项目的总工期。对于影响项目总工期的任务滞后，软件中用红颜色标识，并在提示栏中标注“影响总工期”的文字，提醒项目管理者马上采取有效措施进行补救，防止项目工期的延迟。

类型二：任务的滞后目前还不会影响项目的总工期，但直接影响其后继任务。此种情况主要针对非关键任务的滞后，当进度滞后的天数大于该任务的自由时差而小于总时差时，会出现上述的情况。对于影响后继但不影响项目工期的任务滞后的情况，软件中用蓝颜色标识，并在提示栏中标注“影响后继任务”的文字，提醒项目管理者密切关注该任务的滞后，并采取有效措施防止滞后进一步扩大，从而最终发展到影响整个项目的工期。同时管理者也应适当调整后继任务的计划，以免造成资源供应混乱、施工组织失调等情况的发生。

类型三：任务的滞后目前既不会影响项目的总工期也不会影响其后继任务。此种情况主要是非关键任务的滞后，当进度滞后的天数小于该任务的自由时差时会出现上述情况。对于该种情况的任务滞后，软件中用深蓝颜色标识，此时项目管理者一般无需采取具体措施，而只要给予一定程度的注意便可，因为此种滞后可以在任务的机动时间内完全由任务本身进行调整便可消除。当任务的滞后进一步发展后，才需要采取具体措施。

任务进度状态报告的表格形式如表 4-14 所示。

任务进度状态报告 **表 4-14**

状态时间：2001-03-20

序号	任务名称	任务类型	任务状态	进度状态	进度（%）	进度偏差	工期	开始时间	结束时间	自由时差	总时差	提示
1	1号主体二层施工	关键一般任务	正在进行	滞后	40	−2	20	2001-03-11	2001-03-30	0	0	影响总工期
2	1号一层砌墙	一般任务	未开始	滞后	0%	−5	15	2001-03-16	2001-3-30	2	10	影响后继任务
3	2号土方开挖	一般任务	完成	超前	100%	+5	20	2001-03-06	2001-03-25	2	10	
4	3号施工准备	一般任务	正在进行	滞后	20%	−7	15	2001-03-11	2001-03-25	10	12	
……	……	……	……	……	……	……	……	……	……	……	……	……

4.3.2.12 资源需求汇总表

通过资源需求汇总表用户可以全面了解项目中的所有资源在不同时间段内的需求量。资源需求汇总表显示了项目中所有资源的需求计划，是对施工劳动力资源、材料资源、机械资源以及其他资源的汇总统计，汇总表的内容包含了工程投标类报表中的施工劳动力计划表Ⅱ、施工材料计划表、施工机械计划表三者的内容。对于劳动力资源软件可采用两种统计单位：“工日”和“人数”；对于机械资源也可采用两种统计单位：“台班”与“台数”。用户可通过报表设置功能选择资源的统计单位。在前述的报表（施工劳动力计划表Ⅰ、施工机械计划表）说明中已经详细介绍了两种单位间进行换算的方法与假设，在此不再赘述，资源需求汇总表的具体表格形式如表 4-15、表 4-16 所示。

资源需求汇总表（劳动力统计单位：工日，机械统计单位：台班）　　**表 4-15**

序号	（主要）资源名称	资源类别	单位	总需求量	2001年上半年					
					1月	2月	3月	4月	5月	6月
1	普工	人工	工日	2000	200	300	500	500	300	200
2	钢筋工	人工	工日	800		200	400	200		
3	推土机	机械	台班	200	150	50				
4	挖掘机	机械	台	300	150	100	50			
5	钢筋	材料	t	50	2	8	15	15	5	5
6	水泥	材料	t	15	1	2	3	6	2	1
	……	……	……	……	……	……	……	……	……	……

资源需求汇总表（劳动力统计单位：人，机械统计单位：台）　　**表 4-16**

序号	（主要）资源名称	资源类别	单位	总需求量	2001年上半年					
					1月	2月	3月	4月	5月	6月
1	普工	人工	人	50	30	38	46	50	40	30
2	钢筋工	人工	人	20	0	8	15	20	15	5
3	推土机	机械	台	15	15	15	10	5	5	5
4	挖掘机	机械	台	8	5	8	8	3	2	0
5	钢筋	材料	t	50	2	8	15	15	5	5
6	水泥	材料	t	15	1	2	3	6	2	1
	……	……	……	……	……	……	……	……	……	……

4.3.2.13　资源需求滚动计划表

资源需求滚动计划表显示了在滚动周期内具体资源的计划使用情况、规划情况，按照项目整体计划具体资源的需求用量情况。通过资源滚动计划表，用户可以进行资源需求周报、旬报、月报、季报、年报甚至任意时间段内的资源需求计划报表。因此在生成资源需求滚动计划表前，用户必须确定好计划的滚动周期开始时间和滚动周期结束时间，其具体的计算公式为：滚动周期结束时间＝滚动周期开始时间＋滚动周期。同时劳动力资源的统计单位分为“工日”与“人数”两种，机械资源的统计单位也分为“台班”与“台数”两种，用户可以通过报表设置功能选择其单位，在前述报表（施工劳动力计划Ⅰ、施工机械计划表）中已经详细介绍了两种单位间的换算方法与假设条件，在此不再赘述。资源需求滚动计划表的具体表格形式如表4-17、表4-18所示。

资源需求滚动计划表（劳动力统计单位：工日，机械统计单位：台班）　　**表 4-17**

开始时间：2001-03-1　结束时间：2001-03-31　滚动周期：30天

序号	（主要）资源名称	资源类别	单位	总需求量	2001年3月					
					1	6	11	16	21	26
1	普工	人工	工日	600	100	100	100	100	100	100
2	钢筋工	人工	工日	300			100	100	100	
3	挖掘机	机械	台班	80		20	20	20	20	
4	钢筋	材料	t	10	2	2	2	1	1	2
	……	……	……	……	……	……	……	……	……	……

资源需求滚动计划表（劳动力统计单位：人数，机械统计单位：台数） **表 4-18**

开始时间：2001-03-1 结束时间：2001-03-31 滚动周期：30 天

序号	（主要）资源名称	资源类别	单位	总需求量	2001 年 3 月					
					1	6	11	16	21	26
1	普工	人工	人	20	10	15	20	20	20	20
2	钢筋工	人工	人	10	0	0	5	10	10	10
3	挖掘机	机械	台	4	2	2	2	4	2	2
4	钢筋	材料	t	10	2	2	2	1	1	2
5	……	……	……	……	……	……	……	……	……	……

4.3.2.14 任务成本详表

任务成本详表主要显示了任务的各类成本信息，包括任务的总成本、人工成本、材料成本、机械成本、设备成本、费用成本和其他成本。并显示了任务类型、实际进度等相关信息。通过任务成本详表用户可以全面地了解项目中各任务的成本情况，任务成本详表的表格形式如表 4-19 所示。

任务成本详表 **表 4-19**

序号	任务名称	任务类型	任务状态	进度（%）	开始时间	结束时间	总成本	人工成本	材料成本	机械成本	费用成本	其他成本
1	施工准备	关键非摘要	已完成	100	2001-01-01	2001-01-31	50000	30000	10000	5000	5000	0
2	基础工程	关键摘要	正在进行		2001-02-01	2001-03-01	200000	50000	100000	30000	10000	10000
3	挖土	关键非摘要	完成	100	2001-02-01	2001-02-10	35000	15000	5000	10000	5000	
4	铺垫层	关键非摘要	完成	100	2001-02-11	2001-02-15	30000	15000	5000	5000	5000	
5	砌基础	关键非摘要	完成	80	2001-02-16	2001-02-25	100000	10000	80000	10000		
6	回填土	关键非摘要	未开始	80	2001-02-26	2001-03-01	35000	10000	10000	5000		10000

4.3.2.15 资金流量表

资金流量表显示了项目进行过程中各类资金在不同时间段内的需求量，通过资金流量表用户可以了解项目中资金流的整体情况并了解某一类别的具体资金在不同时间段内的变化情况，从而方便用户进行成本管理并制定相应的成本控制措施。资金流量表的表格形式如表 4-20 所示。

资金流量表 **表 4-20**

序号	资金类别	需求总量（万元）	2001 年上半年（万元）					
			1 月	2 月	3 月	4 月	5 月	6 月
1	人工费	50	5	10	15	15	50	
2	材料费	500	10	90	200	150	50	
3	机械费	100	10	40	30	20	10	
4	设备费	50		20	30			

续表

序号	资金类别	需求总量（万元）	2001 年上半年（万元）					
			1 月	2 月	3 月	4 月	5 月	6 月
5	专项费用	10	2	2	2	2	2	
6	其他费用	10	2		4	4		
7	项目总成本	720	29	162	281	191	112	

4.3.2.16　任务资源分配表

任务资源分配表主要显示了每一任务具体的资源需求情况，通过任务资源分配表用户可以全面地了解项目中每一任务资源的消耗情况。表格样式如表 4-21 所示。

任务资源分配表（劳动力统计单位：人，机械统计单位：台）　　**表 4-21**

序号	任务信息					资源信息			
	任务名称	任务类型	工期	开始时间	结束时间	资源名称	资源类别	单位	需求总量
1	施工准备	关键非摘要	10	2001-01-01	2001-01-10	普工	人工	人	20
						挖掘机	机械	台	5
						推土机	机械	台	5
						水泥	材料	t	0.5
2	基础工程	关键摘要	30	2001-01-11	2001-01-9	普工	人工	人	50
						混凝土工	人工	人	10
3	挖土	关键非摘要	20	2001-01-11	2001-01-30	普工	人工	人	30
						挖掘机	机械	台	10
						……	……	……	……
……	……	……	…	……	……	……	……	……	……

4.3.3　报表的设计与输出

用户选取“报表”菜单的“报表”菜单，系统将弹出如图 4-83 所示的“打印报表”对话框。

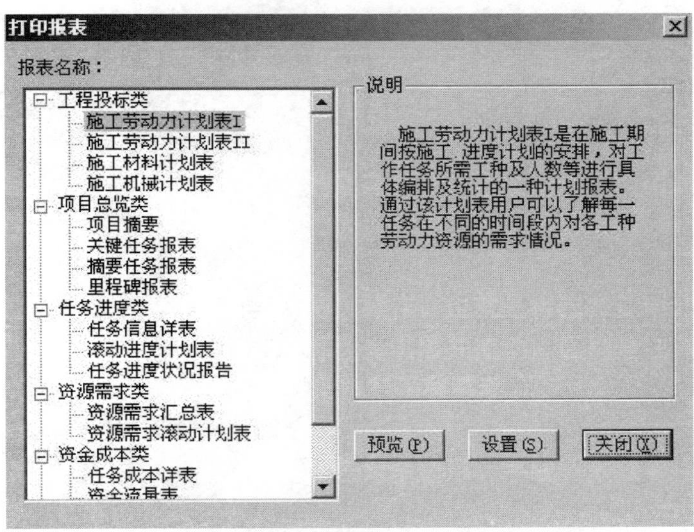

图 4-83　“打印报表”对话框

软件提供的报表共计 16 张，这些报表从不同的角度反映了工程项目的各类信息，主要可分为六类：工程投标类报表、项目总览类报表、任务进度类报表、资源需求类报表、资金成本类报表、任务资源分配报表。点到相应分类报表下面的具体报表，就为选中了该报表，点选“设置”按钮，可对选中的报表进行简单的设计。

在预览窗口里，除了可将内容打印出来外，还可以导出到 Excel 里面，生成格式，内容等同报表一致的电子文档，方便了用户对信息的多样化处理。

在预览窗口里单击导出到 Excel 按钮，程序就会启动 Excel，将报表的内容放到 Excel 里面去，在导出结束后，保存 Excel 文档就可以了。

4.3.4 习题与上机操作

对 4.2 节习题中做的项目，分别预览“施工劳动力计划表”、“施工材料计划表”、“施工机械计划表”、“项目摘要表”、“关键任务报表”、“滚动进度计划表”、“任务成本详表”、“资金流量表”、“任务资源分配表”，对相应报表按要求进行报表设置和页面设置. 然后导出为 Excel 格式文件。

第5章　平面图布置软件

5.1　基础知识

5.1.1　软件简介

在一套完整的施工组织设计中，现场施工平面布置图是重要的组成部分，而编制平面图一向费时、费力。施工平面图绘制软件是清华斯维尔自主开发的完全脱离 AutoCad 平台的矢量图绘制软件，采用先进高效的图形引擎、美观友好的用户界面、简单便捷的操作方式，降低操作人员对电脑知识的要求，快速、美观出图，符合绘制施工平面布置图的特点和要求。

5.1.2　功能与操作界面

软件能够很方便地制作出各种各样的工程图纸，包含了丰富的基本图形组件以及对这些基本图形组件的综合操作。通过组合和编辑这些基本图形组件可以生成各样的工程图形组件。软件自带的图元库包含了标准的建筑图形，使绘图更加便捷，并且可以将绘制的图形保存到图元库，方便下次使用。还可以插入图片、剪贴画、Word 文档以及其他任何支持插入的文档，使图纸更加美观，而且可以将绘制的图纸保存为通用的 BMP、EMF 等文件格式，方便图纸的交流。

(1) 便捷的属性设置。每个对象都可以定义属性，且软件为对象提供了丰富的属性设置，包括文本、线条、填充、阴影以及其他属性，除了在各个属性的设置对话框中修改对象的属性外软件还提供了在对象属性条中统一设置的方法。

(2) 通用的操作方式。每个对象都可以进行移动、编辑、复制、粘贴、缩放、组合等操作，而且软件也提供对对象操作的撤销与恢复。

(3) 便捷的新建功能。软件提供了齐全的工具，有直线、箭线、自由曲线、封闭自由曲线、多边形、封闭多边形、椭圆、圆形、矩形、正方形、贝赛尔曲线、封闭贝赛尔曲线、圆弧、文本、图片等标准操作，还提供了直线字线、圆弧字线、多线、边缘线、标注、塔吊、斜文本等专业的新建对象操作。

(4) 不失真的无级缩放。矢量图的最大优点就是图形的无级缩放，在图形自由放大、缩小的同时可以保证图形的质量。

(5) Visio 样式的图库操作。软件采用 Visio 样式的图库，即用鼠标直接将所需的图形组件拖曳到需要的位置，反之向系统图库中添加新的组件也只需将绘制好的图形拖曳到图库框中即可，大大提高了图库元素的使用效率以及图库维护的便捷。软件提供了建筑企业使用的图元库（根据国家规范）有地形地貌、动力设施、堆场、交通设施、控制点、施工机械以及其他，使用它们可以大大减轻工作量。

（6）符合 Cad 习惯的操作。软件提供采用鼠标控制的实时平移和实时缩放功能，可以自定义的多线，以及符合 Cad 规定习惯的快捷键设置。

（7）功能强大的 Ole。强大的 Ole 功能可以将 Word 文档、Excel 图表等电子文档插入平面图中，甚至 Cad 文档也可以，可以选择在平面图软件中新建 Ole 对象或者插入已经存在的电子文档。

（8）简单易用的图层。任何对象都是绘制在图层上的，可以将已绘制好的对象置于合适的图层，并根据需要设置它们的状态为隐藏、可编辑、只显示等。这对于绘制复杂的平面图来说是很实用的功能。

（9）与项目管理的结合。平面图中绘制的图形可以直接通过复制然后在项目管理软件中粘贴的办法实现与项目管理矢量图绘制模块的交互，而项目管理保存的网络图矢量图形也可以在平面图中进行进一步的改进与打印。

（10）便捷的打印调整与打印。

主要操作界面如图 5-1 所示。

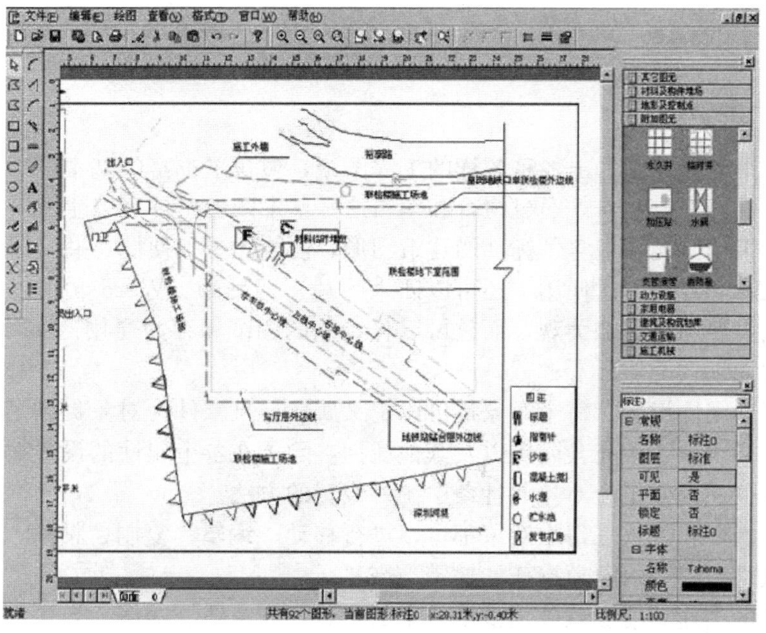

图 5-1　施工平面图绘制软件主要操作界面

5.1.3　操作流程与基本操作

新建→进入绘图界面→创建对象→图形编辑→图形显示→打印输出

5.1.4　软件操作的一般方法

通过组合和编辑基本图形组件生成各样的工程图形组件；从图元库中调出标准的建筑图形，布置到绘图区上。

5.1.5　习题与上机操作

了解软件的功能和操作流程，熟悉软件的操作界面。

5.2　图形绘制

5.2.1　操作说明

1. 施工平面图

新建施工平面图有三种方法：

(1) 系统启动时会默认新建一个空的施工平面图文档。

(2) 通过“文件”菜单或者“常用”工具栏中的［新建］命令新建一个空的施工平面图文档。

(3) 通过“查看”菜单中的“页面”菜单或者“工具”工具栏中的［添加一个页面］命令新建一个施工平面图页面。

由于系统允许创建多个项目文档，所以用户在创建新项目文档前，既可以关闭原先打开的项目文档（如果有文档存在），也可以不关闭它们，方法 1 与 2 正是通过该特性新建施工平面图文档。

由于系统允许在一个施工平面图文档中创建多个页面，所以方法 3 利用该特性在文档中新建页面。

2. 图纸设置

图纸设置包括图纸设置、边框设置、背景设置、页眉页脚、网格设置，用于设置施工平面图的图纸、边框以及绘图区背景属性等。

图纸设置包括图纸的大小、横纵向和比例尺，如图 5-2 所示。

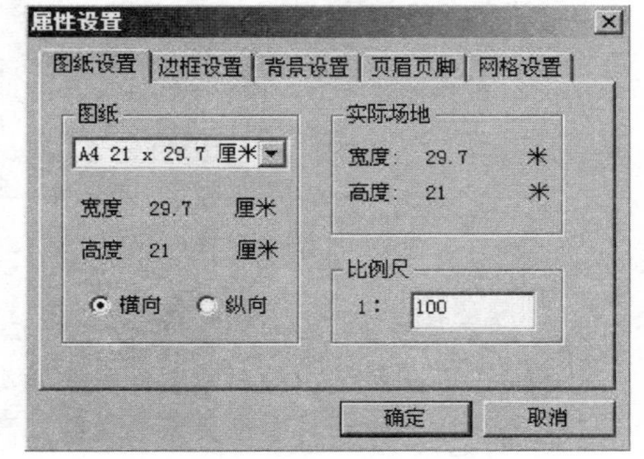

图 5-2　属性设置

在选取纸张大小“自定义”时，将显示另一对话框，如图 5-3 所示。

用户可以依据实际情况设置图纸的高、宽值，单位：毫米。边框设置，用于设置图纸四周的空余边框（默认值都为 10，单位：毫米）。以及边框线的宽度（默认值为 10，单位：1/10 毫米）和颜色（默认值为黑色）。如图 5-4 所示。

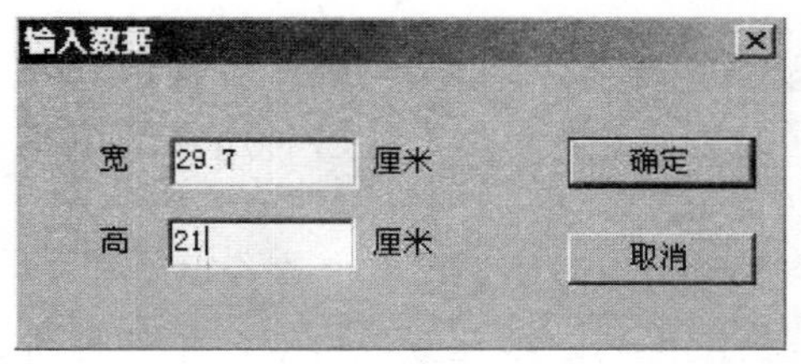

图 5-3　输入对话框

页眉页脚包括图纸左、中、右的页眉页脚文本以及字体设置。如图 5-5 所示。

背景属性包括绘图区背景的填充样式以及背景网格的显示样式。如图 5-6 以及图 5-7 所示。

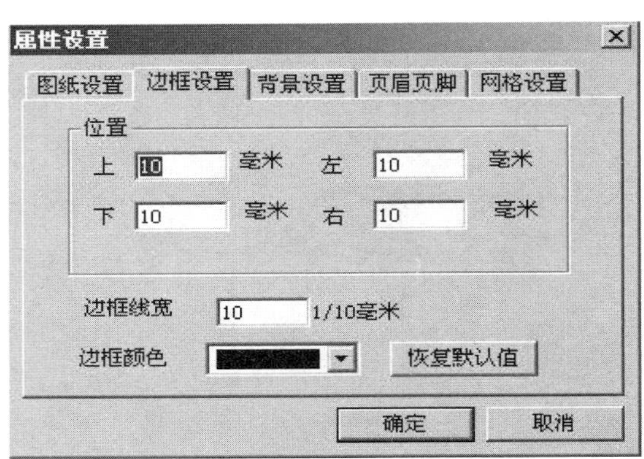

图 5-4 边框设置

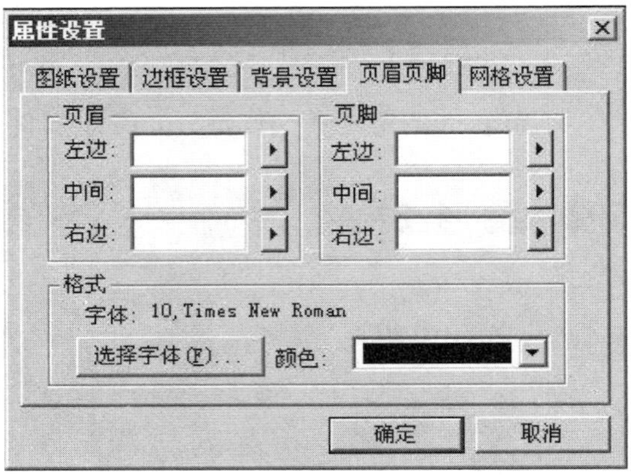

图 5-5 页眉页脚设置

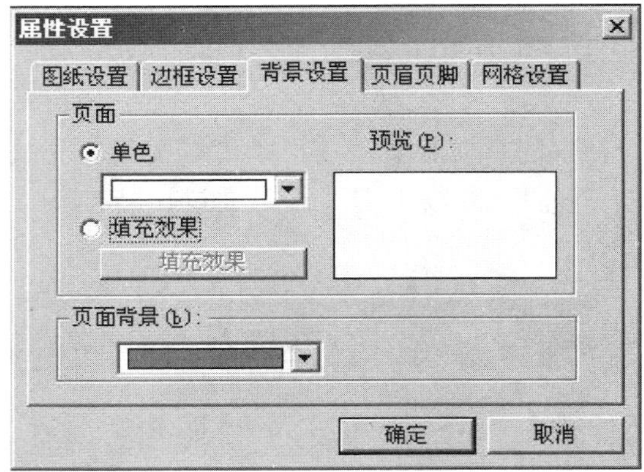

图 5-6 背景设置

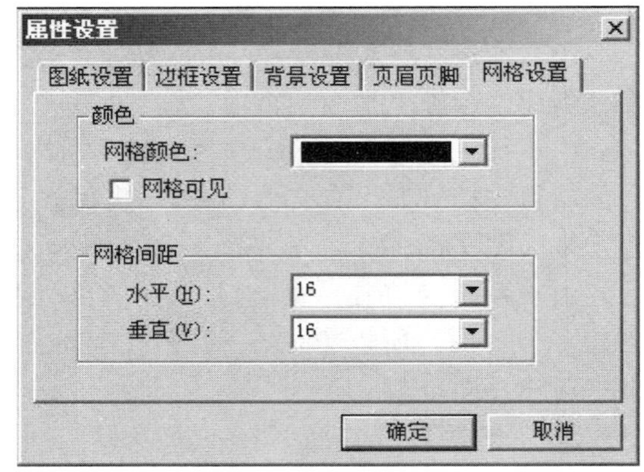

图 5-7 网格设置

3. 对象属性

施工平面图系统中的对象属性分为两类：一般属性与高级属性。

一般属性为所有对象都具备的属性，高级属性为某些对象自带的独特的设置（见创建对象中的专业图形绘制）。

一般属性包括对象常规属性、线条属性、填充属性、阴影属性。

常规属性对话框，显示所选组件的名称、是否可见、文本水平和垂直排列方式、字体样式等。如图 5-8 所示。

线条属性对话框，显示所选组件的线条颜色、线型、线宽以及左右箭头的设置。左右箭头的设置只是对线类对象才有效。如图 5-9 所示。

填充属性对话框，显示所选组建的填充样式以及填充颜色。系统共提供 92 种填充样式，分三页提供，包括模式、阴影、纹理，搭配不同的填充颜色可以产生各种所需的填充效果。填充只对封闭的图形和弧线才有效。如图 5-10 所示。

阴影属性对话框，显示所选组建的阴影样式、阴影颜色以及阴影位移。系统共提供 92 种阴影样式，分三页提供，包括模式、阴影、纹理，搭配不同的填充颜色可以产生各种所需的阴影效果。如图 5-11 所示。

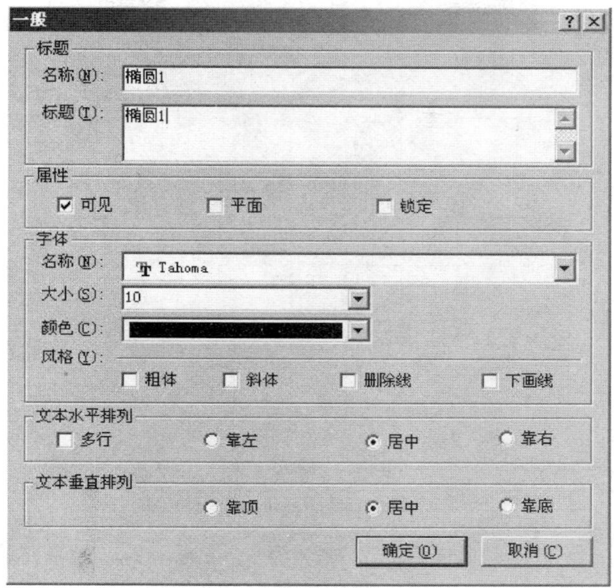

图 5-8　常规属性对话框

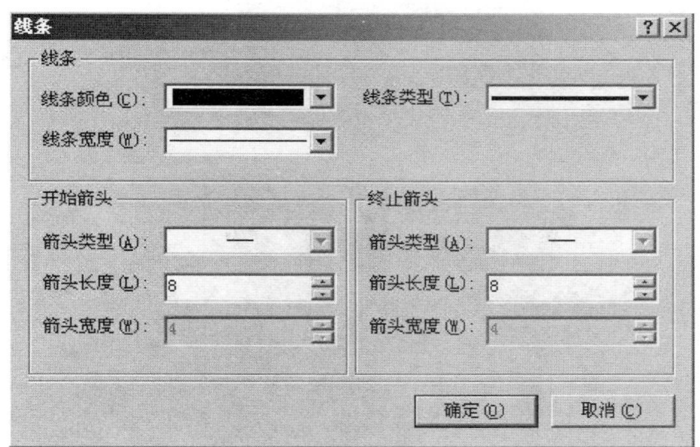

图 5-9　线条属性框

5.2.2　创建对象

1. 通用对象

(1) 绘制多边形

1) 访问命令

选择绘图菜单→通用图形→多边形，点击通用图形绘制条的按钮。

2) 绘制方法

选取该工具后，用户即可利用鼠标在编辑区内绘制折线，具体操作为：首先将鼠标移到编辑区所要绘制折线处，点一下鼠标左键松开，这样确定了该折线的一个端点，然后移

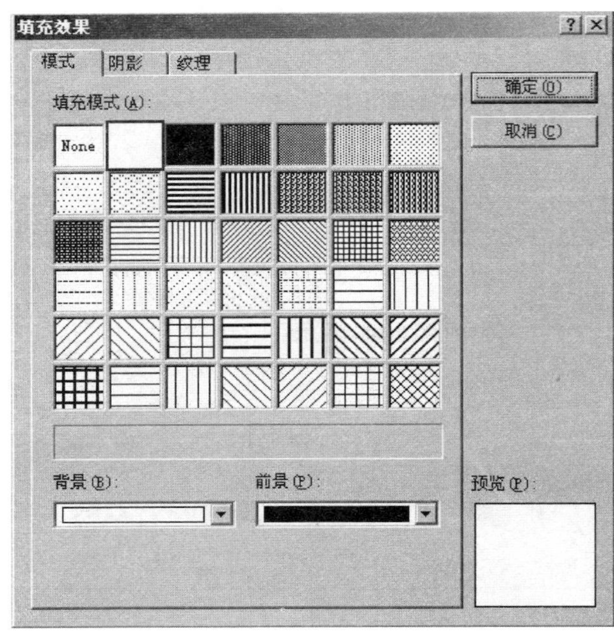

图 5-10　填充效果

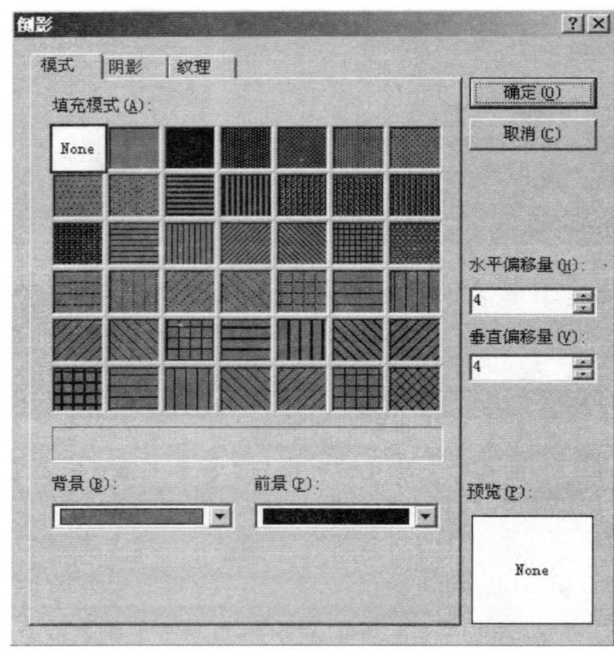

图 5-11　阴影属性对话框

动鼠标在折线经过处单击左键，并在最后一个点双击鼠标左键或者单击鼠标右键即可生成整条折线。

用户若想修改此折线，则选择该对象后，将鼠标移到该折线计划修改的那一段上的控制点上，按住鼠标的左键移动即可，满意后释放左键。

按住 Ctrl 键后将鼠标移到该折线上方将可以进行节点的添加与删除，相应的鼠标样式分别为⌖、×。

编辑直线属性可以通过右键菜单或者对象属性对话框。

（2）绘制封闭多边形

1）访问命令

选择绘图菜单→通用图形→封闭多边形，点击通用图形绘制条的按钮。

2）绘制方法

选取该工具后，用户即可利用鼠标在编辑区内绘制多边形，具体操作为：首先将鼠标移到编辑区所要绘制多边形处，点一下鼠标左键松开，这样确定了该折线的一个端点，然后移动鼠标在折线经过处单击左键，并在最后一个点双击鼠标左键或者单击鼠标右键即可生成多边形。

用户若想修改此多边形，则选择该对象后，将鼠标移到该多边形计划修改的那一段上的控制点上，按住鼠标的左键移动即可，满意后释放左键。

封闭多边形默认情况下不可以编辑节点，该操作由格式控制条上的按钮控制。

打开该开关后，按住 Ctrl 键后将鼠标移到该折线上方将可以进行节点的添加与删除，相应的鼠标样式分别为⌖、×。

编辑多边形属性可以通过右键菜单或者对象属性对话框。

（3）绘制矩形

1）访问命令

选择绘图菜单→通用图形→矩形，点击通用图形绘制条的按钮。

2）绘制方法

选取该工具后，用户即可利用鼠标在编辑区绘制矩形，具体操作为：先将鼠标移到所要绘制矩形的起点处，然后按住左键再移到矩形的终点处，过程中会有一虚线框随光标移动，它表示矩形的大小，此时释放鼠标左键，即可生成一个矩形。用户若想修改此矩形大小，可在选择该对象后，将鼠标移到该矩形四条边上加亮的方块上，当鼠标成拉伸状后按住鼠标左键移动即可，满意后释放左键。

（4）绘制正方形

1）访问命令

选择绘图菜单→通用图形→正方形，点击通用图形绘制条的按钮。

2）绘制方法

选取该工具后，用户即可利用鼠标在编辑区绘制正方形，具体操作为：先将鼠标移到所要绘制矩形的起点处，然后按住左键再移到矩形的终点处，过程中会有一虚线框随光标移动，它表示矩形的大小，此时释放鼠标左键，即可生成一个矩形。

用户若想修改此矩形大小，可在选择该对象后，将鼠标移到该矩形四条边上加亮的方块上，当鼠标成拉伸状后按住鼠标左键移动即可，满意后释放左键。

（5）绘制椭圆

1）访问命令

选择绘图菜单→通用图形→椭圆，点击通用图形绘制条的按钮。

2）绘制方法

选取该工具后，用户即可利用鼠标在编辑区绘制椭圆，具体操作为：先将鼠标移到所要绘制矩形的起点处，然后按住左键再移到矩形的终点处，过程中会有一虚线框随光标移动，它表示矩形的大小，此时释放鼠标左键，即可生成一个椭圆。

用户若想修改此矩形大小，可在选择该对象后，将鼠标移到该椭圆四周上加亮的控制点上，当鼠标成拉伸状后按住鼠标左键移动即可，满意后释放左键。

（6）绘制圆

1）访问命令

选择绘图菜单→通用图形→圆，点击通用图形绘制条的按钮。

2）绘制方法

选取该工具后，用户即可利用鼠标在编辑区绘制圆，具体操作为：先将鼠标移到所要绘制矩形的起点处，然后按住左键再移到矩形的终点处，过程中会有一虚线框随光标移动，它表示矩形的大小，此时释放鼠标左键，即可生成一个圆。

用户若想修改此矩形大小，可在选择该对象后，将鼠标移到该圆四周上加亮的控制点上，当鼠标成拉伸状后按住鼠标左键移动即可，满意后释放左键。

（7）绘制箭线

1）访问命令

选择绘图菜单→通用图形→箭线，点击通用图形绘制条的按钮。

2）绘制方法

选取该工具后，用户即可利用鼠标在编辑区绘制箭线，具体操作为：先将鼠标移到所要绘制箭线的起点处，然后按住左键再移到箭线的终点处，过程中会有一虚线随光标移动，它表示箭线的大小与方向，此时释放鼠标左键，即可生成一个箭线。

用户若想修改此箭线，可在选择该对象后，将鼠标移到该箭线两端加亮的控制点上，当鼠标成拉伸状后按住鼠标左键移动即可，满意后释放左键。

（8）绘制自由曲线

1）访问命令

选择绘图菜单→通用图形→自由曲线，点击通用图形绘制条的按钮。

2）绘制方法

在图形有效区域内按住鼠标左键移动即可绘制一条任意的自由曲线。

用户若想修改此自由曲线，可在选择该对象后，将鼠标移到该自由曲线两端加亮的控制点上，当鼠标成拉伸状后按住鼠标左键移动即可，满意后释放左键。

（9）绘制封闭自由曲线

1）访问命令

选择绘图菜单→通用图形→封闭自由曲线，点击通用图形绘制条的按钮。

2）绘制方法

在图形有效区域内按住鼠标左键移动即可绘制一条任意的封闭自由曲线。

用户若想修改此封闭自由曲线，可在选择该对象后，将鼠标移到该封闭自由曲线两端加亮的控制点上，当鼠标成拉伸状后按住鼠标左键移动即可，满意后释放左键。

封闭自由曲线默认情况下不可以编辑节点，该操作由格式控制条上的按钮控制。

打开该开关后，按住 Ctrl 键后将鼠标移到该折线上方将可以进行节点的添加与删除，相应的鼠标样式分别为。

（10）绘制两点贝赛尔曲线

1）访问命令

选择绘图菜单→通用图形→贝赛尔曲线，点击通用图形绘制条的按钮。

2）绘制方法

选取该工具后，用户即可利用鼠标在编辑区绘制贝赛尔曲线，具体操作为：先将鼠标移到所要绘制贝赛尔曲线的起点处，然后按住左键再移到贝赛尔曲线的终点处，过程中会有一虚曲线随光标移动，它表示贝赛尔曲线的形状，此时释放鼠标左键，即可生成一个贝赛尔曲线。

用户若想修改此贝赛尔曲线，可在选择该对象后，将鼠标移到该贝赛尔曲线四个加亮的控制点上，当鼠标成拉伸状后按住鼠标左键移动即可，满意后释放左键。

（11）绘制贝赛尔曲线

1）访问命令

选择绘图菜单→通用图形→贝赛尔曲线，点击通用图形绘制条的按钮。

2）绘制方法

选取该工具后，用户即可利用鼠标在编辑区内绘制贝赛尔曲线，具体操作为：首先将鼠标移到编辑区所要绘制贝赛尔曲线处，点一下鼠标左键松开，这样确定了该贝赛尔曲线的一个端点，然后移动鼠标在贝赛尔曲线经过处单击左键，并在最后一个点双击鼠标左键即可生成整条贝赛尔曲线。

用户若想修改此贝赛尔曲线，可在选择该对象后，将鼠标移到该贝赛尔曲线加亮的控制点上，当鼠标成拉伸状后按住鼠标左键移动即可，满意后释放左键。

（12）绘制封闭贝赛尔曲线

1）访问命令

选择绘图菜单→通用图形→封闭贝赛尔曲线，点击通用图形绘制条的按钮。

2）绘制方法

选取该工具后，用户即可利用鼠标在编辑区内绘制封闭贝赛尔曲线，具体操作为：首先将鼠标移到编辑区所要绘制封闭贝赛尔曲线处，点一下鼠标左键松开，这样确定了该封闭贝赛尔曲线的一个端点，然后移动鼠标在封闭贝赛尔曲线经过处单击左键，并在最后一个点双击鼠标左键或者单击鼠标右键即可生成整条封闭贝赛尔曲线。

用户若想修改此封闭贝赛尔曲线，可在选择该对象后，将鼠标移到该封闭贝赛尔曲线加亮的控制点上，当鼠标成拉伸状后按住鼠标左键移动即可，满意后释放左键。

2. 专业对象

（1）创建字线

1）访问命令

选择绘图菜单→专业图形→字线菜单，点击绘图工具栏中的按钮。

2）绘制方法

选取该工具后，用户即可利用鼠标在编辑区内绘制字线，具体操作为：先将鼠标移到所绘字线的起点处单击鼠标左键，然后在字线经过处依次单击鼠标，即可产生一条连续的字线。

3）属性设置

字线中文本采用常规文本属性中的标题内容以及文本字体信息。

其他的设置如下：

文本宽度：文本区域的宽度。

是否自定义宽度：决定是否使用用户自定义的文本区域宽度，选择否的时候系统将根据字体自动计算文本区域的宽度。

字到线距离：文本的顶部与线的垂直距离，可以为负值。

标注间隔：标注之间线段的长度。

直线个数：直线的个数。

是否连续：直线是否连续，选择是的情况将连续绘制直线。

(2) 创建弧线

1）访问命令

选择绘图菜单→通用图形→画弦菜单，点击绘图工具栏中的按钮。

2）绘制方法

在图形有效区域内点三点，经过这三点可形成一段弧，其中第一点为弧线段的起点，第三点为弧线段的终点，第二点在弧线段上。连接第一点和第三点生成弦形。

用户若想修改此圆弧，则选择该对象后，将鼠标移到该圆弧的控制点上，按住左键移动即可修改，满意后松开左键。

圆弧的修改有两种方式：延长弧与正常修改。

两种形式用户均可以随意拖动圆弧上三点，系统将绘制出通过新的三点的圆弧。

默认情况为正常修改，切换修改状态请选择编辑菜单→延长弧菜单。

二者的区别是对于圆弧起点与终点的控制，在延长弧状态下圆弧拖动起点或终点将不修改圆弧的半径与圆心而只是修改起点或终点相对圆心的角度。

3）属性设置

圆弧具有常规属性中的所有属性，同时其也具有一些特殊设置。

是否画半径：决定是否显示圆弧的半径。

(3) 创建圆弧字线

1）访问命令

选择绘图菜单→专业图形→圆弧字线菜单，点击绘图工具栏中的按钮。

2）绘制方法

参照“(2) 创建弧线”。

3）属性设置

参照“(1) 创建字线”。

(4) 创建标注

1）访问命令

选择绘图菜单→专业图形→标注菜单，点击绘图工具栏中的按钮。

2）绘制方法

在图形有效区域内点两点，该两点为标注线的端点，然后拖动鼠标确定标注的垂直数据。

3）属性设置

标注内容：用户自定义的标注。

使用系统值：采用系统自动计算的标注。

标注位置：标注在标注线上的位置。

字线距离：标注与标注线的距离。

斜线长度：斜线的长度。

显示箭头：是否显示左右箭头。

上面同步：标注线的上垂线左右是否同步修改。

下面同步：标注线的下垂线左右是否同步修改。

垂线长度：上方与下方左右垂线的长度。

标垂线：是否显示垂线。

标斜线：是否显示斜线。

标圆：是否显示圆。

（5）创建边缘线

1）访问命令

选择绘图菜单→专业图形→边缘线菜单，点击绘图工具栏中的按钮。

2）绘制方法

选取该工具后，用户即可利用鼠标在编辑区内绘制边缘线，具体操作为：先将鼠标移到所绘边缘线的起点处单击鼠标左键，然后在边缘线经过处依次单击鼠标，即可产生一条连续的边缘线。

3）属性设置

与直线夹角：斜线与主线的夹角。

边缘线间距：边缘线间距。

边缘线长度：边缘线长度。

与直线距离：边缘线起点与主线的垂直距离。

（6）创建多线

1）访问命令

选择绘图菜单→专业图形→多线菜单，点击绘图工具栏中的按钮。

2）绘制方法

选取该工具后，用户即可利用鼠标在编辑区内绘制多线，具体操作为：先将鼠标移到所绘多线的起点处单击鼠标左键，然后在多线经过处依次单击鼠标，即可产生一条连续的多线。

3）属性设置

多线中可以设置线的个数，同时每条线的属性都可以修改。

直线名称："直线"＋直线的序号。

删除：删除当前直线。

添加：添加一条新的直线。

切角：多线的开始节点与结束节点的倾角。

线距：直线的垂直间距。

是否闭合：是否将多线首尾相连。

是否内侧：决定多线显示在主线的内侧还是外侧。

（7）创建文本

1）访问命令

选择绘图菜单→专业图形→文本菜单，点击绘图工具栏中的A按钮。

2）绘制方法

选取该工具后，用户即可利用鼠标在编辑区插入文本，具体操作为：首先将鼠标移到所插入文本的起点处，然后按住左键拖动到终点，这时释放左键即可生成一个矩形文本区域，区域内有文本两个字。

用户若想修改此文本区域的大小，则选择该对象后，将鼠标移到该矩形文本的控制点上，按住左键移动即可修改，满意后松开左键。

3）属性设置

若用户想键入文本内容或修改文本内容，则点击鼠标右键，选择文本属性对话框，从中可以修改文字的字体、大小、颜色、样式和效果等，如3D效果、单行显示、背景阴影、左对齐、右对齐、居中、字体加粗、斜体和下划线，在内容区域输入文本，并可实时预览设置效果

注：本文本不可以进行旋转操作。

（8）创建斜文本

1）访问命令

选择绘图菜单→专业图形→斜文本菜单，点击绘图工具栏中的A按钮。

2）绘制方法

选取该工具后，用户即可利用鼠标在编辑区插入文本，具体操作为：首先将鼠标移到所插入文本的起点处，然后点击左键即可生成一个矩形文本区域，区域内有文本两个字。

用户若想修改此文本区域的大小，则选择该对象后，将鼠标移到该矩形文本的控制点上，按住左键移动即可修改，满意后松开左键。

3）属性设置

若用户想键入文本内容或修改文本内容，则点击鼠标右键，选择文本属性对话框，从中可以修改文字的字体、大小、颜色、样式和效果等，如3D效果、单行显示、背景阴影、左对齐、右对齐、居中、字体加粗、斜体和下划线，在内容区域输入文本，并可实时预览设置效果。

注：斜文本支持旋转操作。

（9）创建塔吊

1）访问命令

选择绘图菜单→专业图形→塔吊线菜单，点击绘图工具栏中的按钮。

2）绘制方法

选取该工具后，用户即可利用鼠标在编辑区内绘制塔吊线，具体操作为：先将鼠标移到所绘塔吊的中心点处单击鼠标左键，即可生成一个新的塔吊。

用户若想修改此塔吊，则选择该对象后，将鼠标移到该塔吊的控制点上，按住鼠标的

左键拖动即可修改，满意后释放左键。

3）属性设置

中心点位置：塔吊中心点所在位置，修改将对塔吊进行平移操作。

固定半径：选择该选项时，右边的半径对话框取消置灰，此时可以输入固定的塔吊半径，单位为米（由于默认比例尺为 1∶100，所以在图纸上显示的长度是厘米），选择固定塔吊半径后，不能通过修改控制点的方式来改变其半径；不选择该选项时，塔吊半径选取系统自动测量值。

自动标注：系统默认选择该选项，标注的内容为系统自动测量所得，因为比例尺默认为 1∶100，所以显示的单位为米；不选择该项时，替换标注内容窗口取消置灰，在其窗口中可以输入要标注的内容，如长度、塔吊型号等。

文本与线距离：标注与线的距离。

字线空白：标注区域的宽度。

标注位置：标注在塔吊标注线上位置。

箭头：是否显示箭头，箭头样式在线条属性的箭头中修改。

（10）创建图片

1）访问命令

选择绘图菜单→专业图形→图片菜单，点击绘图工具栏中的按钮。

2）绘制方法

首先将鼠标移到所插入图形的起点处，然后按住左键拖动到终点，这时释放左键即可生成一个矩形区域来放置图形，同时弹出图像属性对话框，在图像文件对话框中输入图像路径，或者通过浏览直接选择。

用户若想修改此图形区域大小，在选中该对象后，将鼠标移到该矩形边框的控制点上，按住左键移动即可修改，满意后释放鼠标的左键。

（11）创建 Ole 对象

1）访问命令

选择绘图菜单→专业图形→Ole 对象菜单，点击绘图工具栏中的按钮。

2）绘制方法

选取该工具后，用户即可利用鼠标在编辑区插入 Ole 对象，具体操作为：首先将鼠标移到所插入对象的起点处，然后按住左键拖动到终点，这时释放左键即可生成一个矩形区域，同时弹出插入对象对话框，从中可以选择对象类型和来源，并可进行相关设置。

对象类型：选择要插入的对象类型，为系统默认。

显示为图标：将插入的对象只显示为图标。

从文件创建：将对象的内容以文件的形式插入文档。

结果：对所选对象类型进行说明。

（12）创建题栏

1）访问命令

在图元库的其他图元中选择题栏。

2）绘制方法

选取该工具后，用户即可利用鼠标在编辑区插入题栏，具体操作为：首先将鼠标移到所插入对象的起点处，然后按住左键拖动到终点，这时释放左键即可生成一个题栏。

双击对应的文本区域就可以直接进行编辑。

3）创建方法

系统自带的题栏格式比较固定，很难满足所有用户的需求，下面将讲述题栏的创建方法，根据此方法用户就可以创建自己的题栏并可以放到图元库中保存起来。

题栏中的每一个单元格实际上都是一个文本框，而题栏就是将很多文本框组合在一起然后拖到图元库中生成的。

文本框默认情况下是没有边框的，这是因为文本框默认线条宽度为0，因此在线条属性中将线条宽度改为1就可以显示边框。

（13）创建系统图元

系统内置的图元库包含了标准的建筑图形，包括施工机械、材料及构件堆场、地形及控制点、动力设施库、建筑及构筑物库、交通运输、其他图元共七类。

在图元库工具栏上方鼠标左键点击需要创建的图元图标，然后按住鼠标并移动到绘图区，此时鼠标将会显示为🖱并且可以看到虚线绘制的移动轨迹，拖到合适的地方松开鼠标，系统将创建指定的图元。如图5-12所示以及图5-13所示。

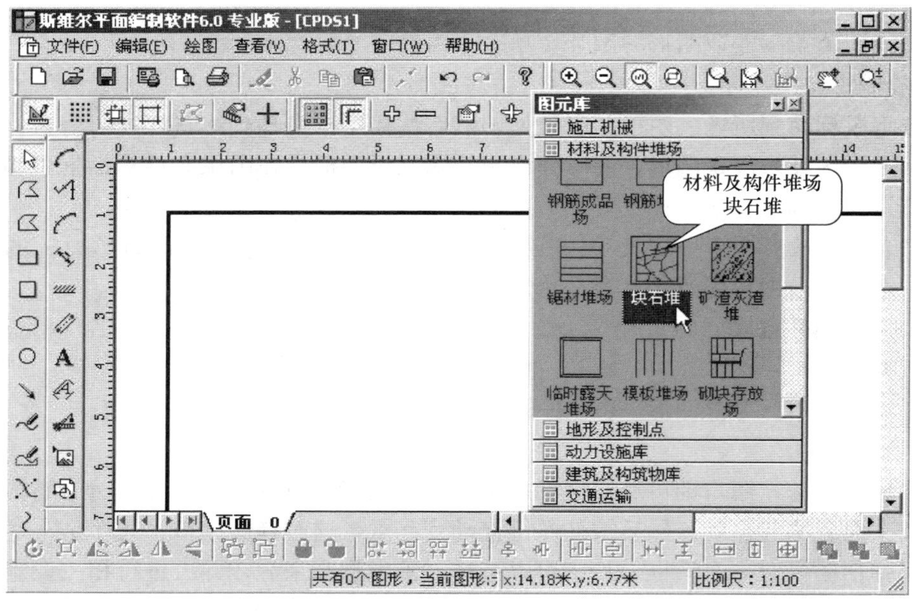

图5-12　点击需创建的图元图标

5.2.3　图形编辑

1. 旋转

在图形编辑过程中，软件提供了旋转操作，除了文本框与Ole对象之外的所有对象都支持旋转，系统也允许对多个选中对象的旋转。

在选中图形的情况下，点击在按钮栏上的自由旋转按钮，然后在图形上方点击左键并拖动即可进行旋转操作。

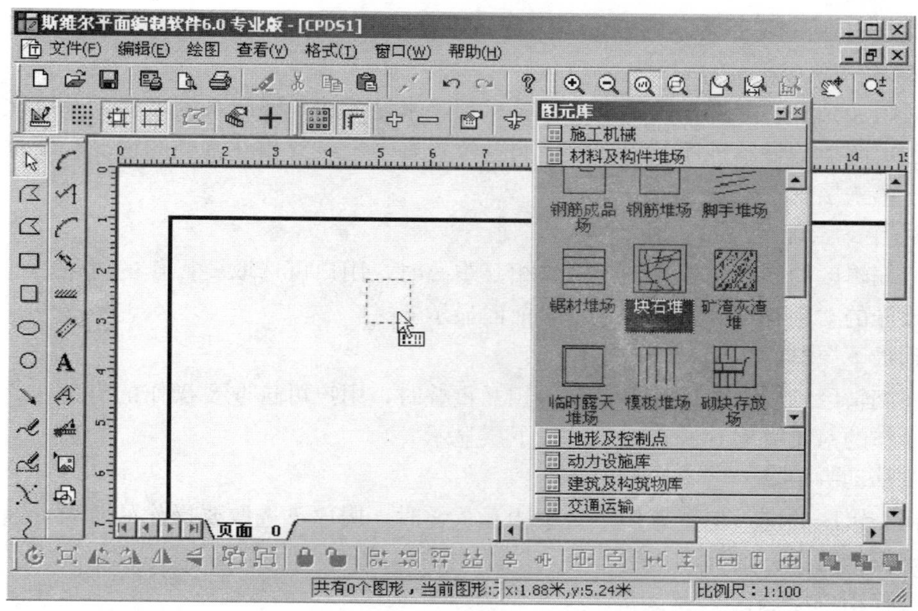

图 5-13　移动到绘图区

进行旋转操作时各对象将围绕自己的中心点进行旋转，同时可以看到由虚线绘制的旋转轨迹，拖到满意的位置松开鼠标即可。

当需要对几个图形进行整体旋转时，我们可以使用组合功能，这样就可以当作组合对象进行旋转，同样，如果需要对线进行旋转，也可以使用该功能。

为了方便使用，系统还提供了四个快捷功能：向左旋转 90°、向右旋转 90°、水平翻转、垂直翻转。

2. 组合

在图形编辑过程中，软件提供了组合操作，可将用户在编辑区内选取的两个或两个以上操作对象组成一组，具体操作为：先用选择命令在编辑区内选取若干图形，既可按住鼠标左键拖拉出虚框进行框选，也可按住 Shift 键进行多选。选择完毕后点击此命令按钮便可。以后对该组内任何一个对象的操作（如移动、缩放等），都将影响整个组。

用户可以使用组合功能生成各式各样的复杂图形，生成绘制平面图时频繁使用到的基本图形，可以将它作为一个整体进行处理，大大方便了平面图的绘制。

3. 平移拷贝

在图形编辑过程中，软件提供了平移拷贝操作，也就是将选中复制到鼠标指定位置。

其操作跟平移移动图形基本相同，鼠标选择图形并拖动，区别是在鼠标抬起时如果同时按下了 Ctrl 键将执行平移拷贝工作，否则执行平移移动。

4. 添加删除顶点

对于已经绘制好的折线、不规则曲线、任意多边形、字线、多线等，我们可以执行添加及删除端点操作，任意改变其形状。

执行该操作的途径是选中需要添加或者删除顶点的图形，按下 Ctrl 键并在图形边线上移动鼠标，出现鼠标 ✣ 表示可以点击添加新顶点，出现鼠标 × 表示可以删除顶点。

5. 叠放次序

平面图文档中的图形是按照一定的显示顺序来显示的，因此系统也提供叠放次序功能来修改选定图形的显示顺序，用于处理同一位置有多个对象相互重叠的情况。新建的对象默认处于第一层。

移到第一层：

当在编辑区的同一位置有多个对象相互重叠时，用户可选取要操作的对象，通过此命令将要操作的对象移动到所有对象的最前面显示。

移到最下层：

当在编辑区的同一位置有多个对象相互重叠时，用户可选取要操作的对象，通过此命令将要操作的对象移动到所有对象的最下层显示。

向前移动一层：

当在编辑区的同一位置有多个对象相互重叠时，用户可选取要操作的对象，通过此命令将要操作的对象向前移动一层。

向后移动一层：

当在编辑区的同一位置有多个对象相互重叠时，用户可选取要操作的对象，通过此命令将要操作的对象向后移动一层。

6. 排列与调整

（1） 对齐

系统提供 8 种对齐方式，分别是：

1） 左对齐

2） 右对齐

3） 顶对齐

4） 底对齐

5） 中心水平对齐

6） 中心垂直对齐

以上 6 种对齐方式用于在编辑区内选取的两个或两个以上操作对象相互对齐，对齐的参照物是当前组件。

7） 页面水平居中

8） 页面垂直居中

以上 2 种对齐方式用于在编辑区内选取的 1 个或 1 个以上操作对象与绘图页面的对齐。

（2） 大小调整

此功能用于在编辑区内选取的两个或两个以上操作对象相互调整大小，调整的参照物是当前组件。系统提供三种调整方式，分别是：

1） 宽度相等

2） 高度相等

3） 大小相等

（3） 间距调整

此功能用于在编辑区内选取的两个或两个以上操作对象相互调整间距。

1）水平等距分布

2）垂直等距分布

5.2.4　习题与上机操作

1. 新建施工平面图有哪三种方法？

2. 绘制平面图外框、绘制建筑红线、绘制拟建物以及文本编辑、绘制施工道路以及名称、绘制脚手架、绘制封闭房间、绘制露天堆场、绘制井架及范围、绘制其他机械、绘制外墙以及水电线。

5.3　图形显示与输出

5.3.1　操作说明

图形显示包括图形实时移动、图形缩放和鸟瞰视图等，然后打印输出。

5.3.2　图形显示

1. 实时移动

当图形在当前视窗内没有直接显示完整个图形，而需要的视图范围又不在当前视窗内时，可以使用视图菜单中的实时移动命令或者使用按钮来适时移动当前视窗，当执行该操作时，鼠标将变成手状，此时按住鼠标左键在图纸上拖动，图纸就可以实时移动。

2. 缩放

1）实时缩放

如果不能完全浏览当前图纸或者当前图纸显示太小无法浏览时，可以使用软件提供的实时缩放命令，它们位于主菜单中的查看选项中的实时缩放命令或实时缩放按钮。执行当前操作时，鼠标显示为，按住鼠标左键在图纸上向上或向下拖动，此时，图纸将实时放大或实时缩小（向下拉为缩小，向上拉为放大）。当放大或缩小到需要的效果时，松开鼠标将完成本次缩放，点击右键将推出实时缩放状态。

2）选区放大

需要将图形的部分放大时，可以使用选区放大功能，即主菜单视图项中的缩放窗口命令和按钮，执行该操作，按住鼠标左键在图纸上面圈定一个需要放大的区域，将看到当前圈定的区域已经被放大到整个屏幕了。这个命令只执行一次即自行结束。

3）页面缩放

包括调整到屏幕宽，调整到屏幕高，显示整个页面，按比例缩放视图等。

3. 等比缩放组件

在图形编辑过程中，软件提供了等比缩放组件操作，可将所选图形适时缩放，具体操作为：选定一个图形后点击缩放命令，鼠标会变成状，按住鼠标左键移动鼠标，离中心点越远图形越大；相反，离中心点越近图形越小。

此功能对于图形大小的调整非常方便，降低了操作难度。

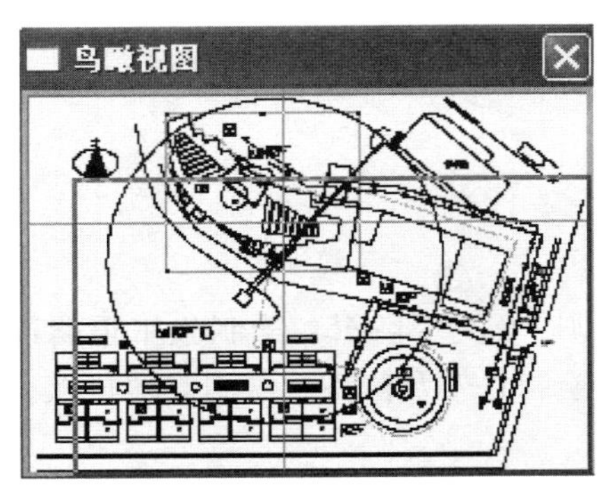

图 5-14　鸟瞰视图

4. 鸟瞰视图

另外，软件还提供了一个很有用的视窗管理器，那就是导航器功能，这个按钮就是，点击一下按钮，将弹出如图 5-14 所示的窗口。

在导航器中，可以看到当前图纸的一个完整的缩略图，一个红色的边框所圈定的区域代表当前图纸的视图范围，将鼠标移到导航器上时，在其中任意位置点击一下，发现该红色的边框发生了移动，其中心点与当前鼠标点击位置重合，此时当前视窗范围随即发生了改变（即为当前红色边框圈定的区域）。如果再移动鼠标，将有一红色的边框随着鼠标移动（代表当前视窗范围）。

5.3.3　图形输出

1. 打印设置

打印设置对话框用于设置打印时采用的打印机、纸张大小、打印方向、页边距等，如图 5-15 所示。

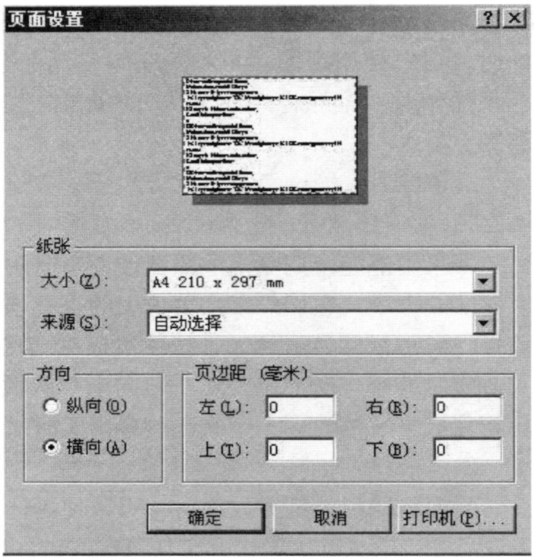

2. 打印预览

可将要打印的活动文档模拟打印显示。在模拟显示窗口中，可以选择单页或双页方式显示（双页显示可以看到页与页间的重叠度）。打印预览工具条还提供了一些便于预览的选项。如图 5-16 所示。

1）打印：在预览状态下直接打印。

2）下页、上页：当一页显示不下时，可进行前后翻页。

3）单页：只在预览区显示一页打印纸。

4）放大、缩小：整体放大或缩小所预览的所有对象。

5）关闭：退出预览状态。

图 5-15　打印设置

5.3.4　习题与上机操作

对 5.2 节中绘制好的图形进行显示、缩放、打印设置、打印预览。

图 5-16　打印功能

第6章　标书编制软件

6.1　基础知识

6.1.1　软件简介

清华斯维尔公司经过多年对招标投标工作的调查、研究与分析，积累了大量工程建设标书资料，提出了技术标的整体解决方案，推出技术标（施工组织设计）制作集成系统，可以准确、快速地制作标书，使投标工作轻松容易。

软件以集成的方式全面地生成建设工程标书所要求各项内容：施工组织设计全部文档、各类施工进度及网络计划图表、施工平面布置图、施工工艺示意图、各类资源计划图表等。

用户可通过系统标书模板库提供的若干实际工程的标书模板，或者直接从系统标书素材库中选择相应标书的具体素材，快速生成初步的标书文档。在此基础上进行编辑、修改以形成最终的工程标书。同时用户在生成某一具体的标书文档时，可在素材库和模板库间进行切换，既可以使用素材库中的文档资料也可同时使用模板库中的文档资料，从而使用户方便快捷地完成标书文档的制作工作。

主要特点：

（1）标书内容全面：以集成方式全面组合建设工程的各类标书文档资料、进度计划图表以及商务标投标报价数据。

（2）素材模板专业：提供高质量、多领域的标书素材库与模板库方便用户选取与组合，快速生成工程标书。

（3）标书操作简易：提供可视化的文档查阅、节点拖曳、文档编辑等操作方式，彻底让用户摆脱重复机械的操作。

（4）辅助资料详细：提供强大的标书资料查询功能，可方便地查询工程技术标准与规范。

（5）资料扩充方便：提供素材库、模板库资料的维护功能与良好的可扩充性，建立个性化的标书资料库。

6.1.2　功能与操作界面

软件主要功能如下：

（1）标书管理：分类管理用户建立的各类工程标书及相关信息。

（2）新建标书：依据标书模板库新建工程标书。

（3）标书编制：添加、删除、编辑文档，从素材库、模板库引用资料，格式化标书样式，生成 Word 标书。

（4）辅助资料：维护、查阅技术规范标准资料库、相关法令法规资料库等。

（5）系统维护：编辑维护标书素材库、标书模板库、各类资料库，用户使用权限管理、系统基本信息设置等。

(6) 相关软件：连接到 Word、网络计划、平面图布置、清单计价等相关软件。

(7) 数据导入导出：提供素材、模板、标书数据的导入导出，以及旧版本数据的恢复。

(8) 帮助系统：提供详尽及时的在线帮助。

操作主界面见图 6-1。

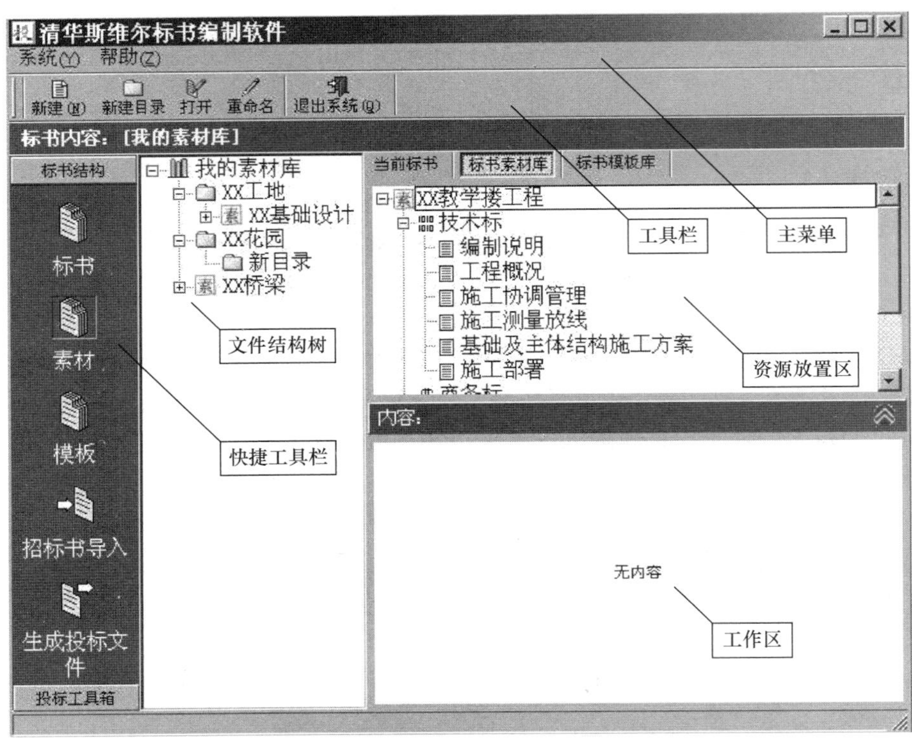

图 6-1　标书编制软件操作主界面

6.1.3　操作流程与基本操作

软件基本操作流程图如图 6-2 所示。

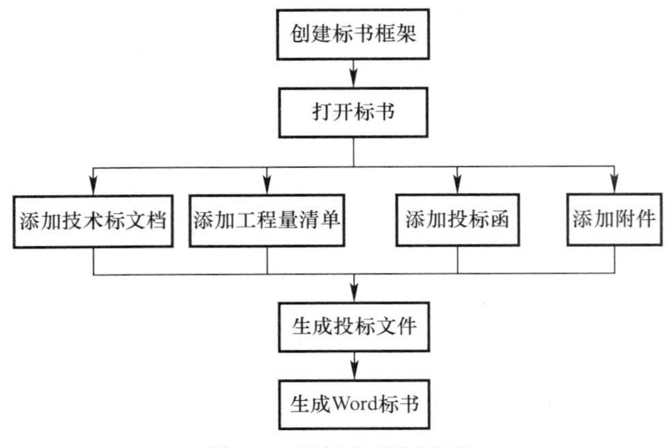

图 6-2　投标书编制流程

6.1.4　软件操作的一般方法

在不同的地方，会有相应的命令，为了方便查阅，汇总了一些常用的命令，如表 6-1 所示。

常用命令汇总表　　表 6-1

图　标	命　令	意　义
	新建	新建标书，素材或者模板
	新建目录	新建标书，素材或者模板的目录
	打开	打开选择的标书，素材或者模板
	删除	删除选择的标书，素材或者模板
	浏览投标文件	浏览制作的电子投标文件
	添加投标文件	添加制作的电子投标文件到我的标书架
	招标书导入	导入电子招标书
	生成投标文件	将当前投标书导出生成上报的电子投标书
	标书导入	由 Word 标书创建标书
	标书制作	生成 Word 格式的投标书，用于排版、打印
	设置标书样式	设置 Word 格式标书的样式
	设置基本信息	设置单位名称，单位编号，等等
	相关法律法规	查询相关的法律法规
	用户密码设定	设定用户的密码
	退出	退出标书编制软件
	帮助	标书编制软件的使用手册
	关于	标书编制软件的相关信息

6.1.5　习题与上机操作

了解标书编制软件功能和特点，理解其操作流程，熟悉软件操作界面。

6.2　投标书编制

6.2.1　操作说明

先创建一份标书框架，然后编辑标书，按结构分别添加资源，最后生成投标书文件。

6.2.2　创建标书框架

投标书框架可以新建，也可以从招标书生成，这由投标要求的实际情况决定。

6.2.3　编辑标书

在标书管理窗口选择投标书后，点击右键菜单的“打开标书”项，将打开投标书。如图 6-3 所示。

打开标书后将进入标书编制界面。

标书编制界面由左侧的标书节点树与右侧的标书显示区组成。如图 6-4 所示。

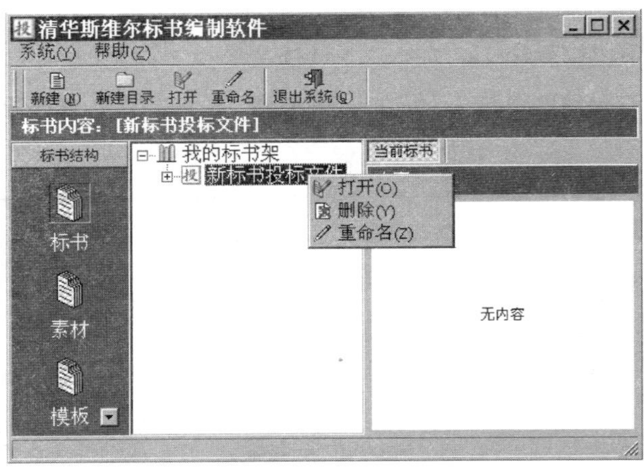

图 6-3 打开标书

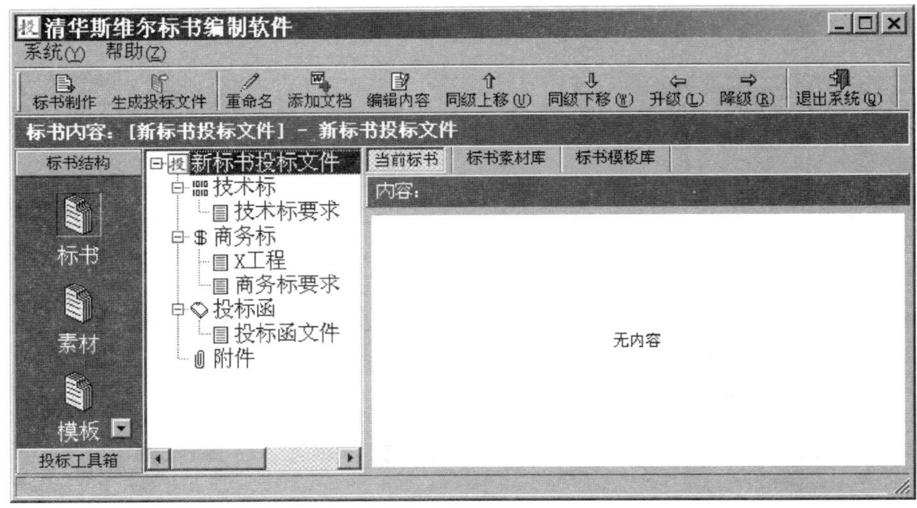

图 6-4 标书预览

6.2.4 投标书结构

标书节点树由不同级别的节点组成，每个节点具有各自的操作属性。软件新生成的投标书默认带有四个 1 级节点，由四部分内容组成：技术标、商务标、投标函、附件。

“技术标”是指常规意义上的施工组织设计、施工方案等；

“商务标”是清单计价软件编制的工程量清单报价文件；

“投标函”是投标文件的投标函部分；

“附件”节点下的文档为上述四个节点无法包含而投标时必须提交的文档，包括施工平面图、施工进度计划图、施工图纸等。

6.2.5 添加资源

资源放置区的资源来自素材和模板，在编辑标书，素材或者模板的时候可以选择使用。资源放置区有三个标签页：“当前标书”，“标书素材库”和“标书模板库”，分别用来关闭资源放置区，切换到标书素材库和切换到标书模板库。

如果是第一次选择“标书素材库”和“标书模板库”，将弹出选择对话框（图 6-5）。

图 6-5　资源选择

素材和模板依然是采用树形结构显示的，标书素材库的根节点是“标书素材库”，而标书模板库的根节点是“标书模板库”，选择需要的资源后点击“打开”就打开一个资源。如果之前已经选择打开了一个素材或者模板，切换到它们的时候就直接显示之前打开的素材或者模板，如果需要选择其他的素材或者模板，就再次点击一下“标书素材库”或者“标书模板库”标签就再次弹出了选择对话框。

6.2.6　投标书编制

1. 技术标

技术标部分主要包括：施工组织设计或施工方案、项目管理班子配备情况、项目拟分包情况、替代方案和报价（如要求提交）。

新标书投标文件
技术标
技术标要求
商务标
X工程
商务标要求
投标函
投标函文件
附件

图 6-6　标书树

导入招标书时生成的投标书范本中已经将技术标的编制要求提取并加入到技术标节点下。点击“技术标要求”节点，在标书显示区将显示要求的具体内容。见图 6-6、图 6-7。

技术标的编制主要通过鼠标进行操作。在“技术标”节点上方点击鼠标右键将弹出快捷菜单。在技术标的子节点上点击鼠标右键将弹出快捷菜单，见图 6-8。

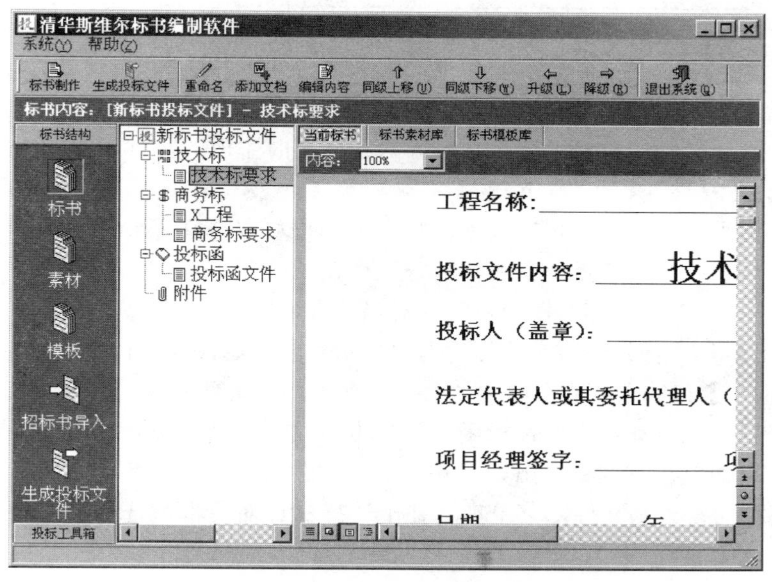

图 6-7　技术标要求预览

图 6-8　技术标节点的快捷菜单

2. 商务标

商务标主要包括工程量清单报价文件。导入招标书时生成的投标书范本中已经将商务标的编制要求提取并加入到商务标节点下，“商务标要求”以外的节点便是需要上报的商务标清单报价文件。

需要添加的商务标文件个数与名称由招标书指定，用户需要按照招标书的要求分别编制每个商务标文件，并通过在节点上方的右键菜单将绑定文件。

删除(D)

图 6-9　商务标要求节点的快捷菜单

在“商务标要求”节点上点击右键将弹出如图 6-9 所示的菜单。

因“商务标要求”节点仅是对商务标编制的要求说明，供用户在编制标书时查阅，并不在投标要求之列，因此该节点可以删除。在“商务标要求”以外的节点上点击鼠标右键将弹出如图 6-10 所示的菜单。

绑定文档(Z)

图 6-10　商务标要求以外节点的快捷菜单

因该节点为招标书规定必须提交的，所以仅提供绑定文档功能，点击“绑定文档”将弹出文件选择对话框（图 6-11）。

选择计价文件并点击“打开”后，软件将进行文档的绑定工作，绑定成功后，软件将弹出提示对话框（图 6-12）。

如果绑定不成功将弹出如下提示对话框（图 6-13）。

图 6-11　选择商务标文件

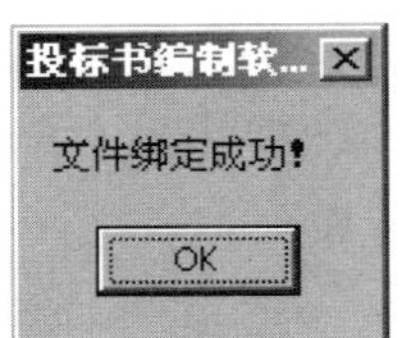

图 6-12　绑定成功

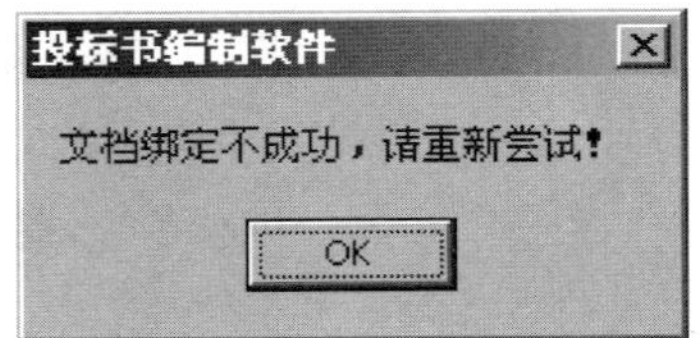

图 6-13　绑定失败

3. 投标函

投标函为投标文件的重要组成部分，导入招标书时生成的投标书范本中已经将投标函提取并加入到“投标函”节点下。

双击“投标函文件”节点将进入编辑状态，用户可以像在 Word 中一样对文档进行编辑，所有文档编辑完成后，点击工具栏的三个按钮：

【保存】——点击“保存”按钮将保存对当前文件的修改。

【保存退出】——首先保存文件然后退出编辑状态，返回标书预览状态。

【不保存退出】——不保存文件就直接退出编辑状态，返回标书预览状态。

如果不采用系统自动导入的投标函，用户也可以添加已经做好的投标函文件，在“投标函”节点上点击鼠标右键将弹出如图 6-14 所示的菜单。

点击“添加投标函文件”菜单项将弹出选择文件对话框，选择已经做好的投标函文件添加即可。

4. 附件

附件中文档为上述三个节点无法包含而投标时必须提交的文档，包括施工进度图表、施工平面布置图文件、施工图纸等。在“附件”节点上点击鼠标右键将弹出如图 6-15 所示的菜单。

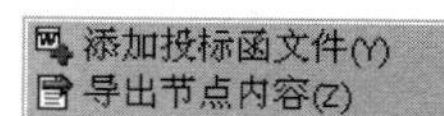

图 6-14　投标函节点的快捷菜单

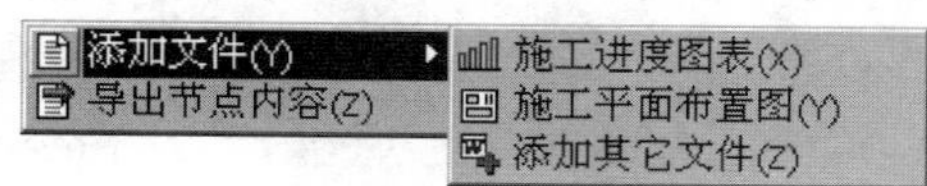

图 6-15　附件节点的快捷菜单

点击“施工进度图表”菜单项将弹出选择文件对话框，选择已经做好的施工进度图表文件添加即可。

点击“施工平面布置图文件”菜单项将弹出选择文件对话框，选择已经做好的施工平面布置图文件添加即可。

6.2.7　习题与上机操作

新建一份工程项目，创建标书框架，编辑文档，添加素材，添加模板，添加文档，添加投标函，添加附件，生成标书。

6.3　素材与模板的维护

6.3.1　操作说明

软件通过新建目录分类，编辑修改，模板格式转换和用户信息设定来实现素材与模板的维护。

6.3.2　新建目录

目录用来将不同类型的素材或者模板分开存放，在素材管理状态或者模板管理状态下，选择工具栏的“新建目录”命令，将弹出“新建目录”对话框，输入名称后选择“✓确定”就可以看到新建的目录了（图 6-16）。

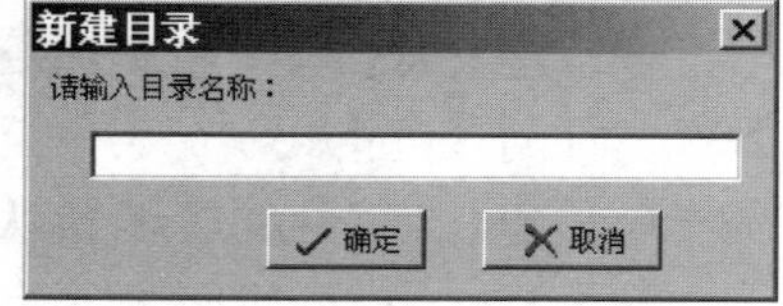

图 6-16　新建目录对话框

6.3.3　编辑

像标书一样，素材和模板也是可以编辑和修改的，处理的方法也相同，这里不再重复。

6.3.4　格式转换

在标书预览状态下，右击标书树的根节点，在出现的快捷菜单中有“另存为素材”“另存为模板”命令，如果选择“另存为素材”命令，再次切换到素材管理状态就会看见新生成的素材，模板也是一样的（图 6-17）。

另存为素材(V)
另存为模板(W)
导出节点内容(X)
标书制作(Y)
打开相关目录(Z)

图 6-17　标书根节点的快捷菜单

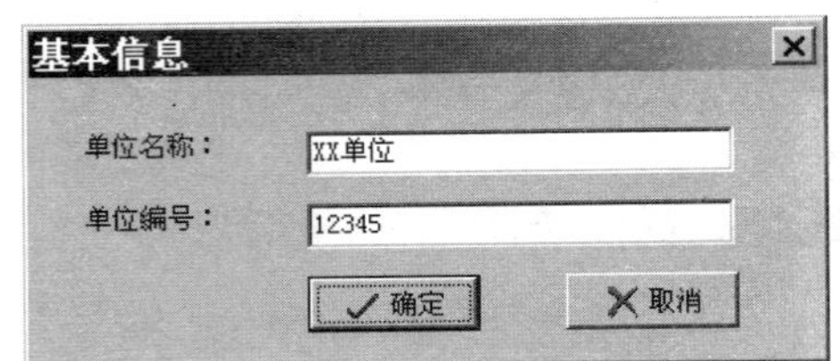

图 6-18　基本信息设定

6.3.5　信息设定

基本信息包括"单位名称"和"单位编号"，可以选择主菜单的系统下的"设置基本信息"命令来打开基本信息对话框（图 6-18）。

基本信息用于打印和生成投标文件的缺省值，这样可以避免多次输入同样的信息。第一次运行标书编制软件时会自动弹出这个对话框。

6.3.6　下载更新

1. 到清华斯维尔的网站 www. thsware. com 上下载需要的素材和模板更新包。
2. 双击运行更新包，更新将自动定位标书软件数据目录并自动更新素材模板。

6.3.7　习题与上机操作

1. 新建一目录，把现有的标书根节点处的内容，另存为素材和模板。
2. 到清华维尔网站下素材和模板更新包，更新素材模板。

6.4　建设工程交易计算机辅助评标系统

6.4.1　概述：总体说明、总体结构、运行流程

计算机辅助评标系统作为一个涵盖招标、投标、评标全过程的综合性平台，将为建设单位、投标单位以及评标专家提供细致、准确的服务，以保证建设工程招标投标过程的"公平、公正、公开"的原则。计算机辅助评标系统将实现下列目标：

（1）建立统一的数据库管理平台，集中管理招标投标相关的数据。

（2）建立符合计算机辅助招标投标要求的数据规范要求，制定电子招标文件以及电子投标文件的规范格式。

（3）建立完善的数字身份认证体系和标书安全保障体系。

（4）建立一个文件管理平台，集中管理招标投标过程中产生的原始文件，如招标文件、投标书等；提供招标文件编制软件，建设单位通过该软件，可以快速地编制招标文件，并且保证招标文件的标准化。

（5）提供招标文件备案软件，招标投标主管部门通过该软件可以快速发现招标文件是否符合规定要求。

（6）提供投标文件编制软件，投标单位通过该软件，可以快速地编制投标文件，并且保证投标文件的标准化。

（7）建立中心评标管理系统，进行数据导入和对专家评标用机的管理，通过中心管理系统可以有效地保证评标数据的安全；同时汇总专家的个人评标结果，生成最终评标报告及各种相关报表。

(8) 建立专家评标系统，提供各种方便快捷的评标辅助功能，例如数据的横向比较、纵向比较、各单位报价的平均值、筛选大小项等。这些功能将专家从烦琐的数值计算中解脱出来，把更多时间用来对各个标书参数间的差异的分析，对标书的整体质量进行判断，从而大大提高了专家的评标效率与质量。

(9) 建立投标文件分析体系，通过对投标文件的分析，建立一套符合市场实际情况的建设工程招投标造价指标分析库。

通过对本系统的应用，可以提高专家的评标效率和公正性；保证评标过程的有据可查；建立招投标数据档案库以及造价指标分析库，为建设工程项目的预算分析以及广大施工单位参与投标提供数据支持，同时通过和互联网结合，可以为广大社会用户提供更方便的服务。

整个系统结构分为三个部分：评标控制子系统、专家评分子系统、通信程序。

(1) 评标控制子系统：实现数据维护、评标安排、评标流程控制、权限管理以及控制专家评分子系统的启动与关闭等功能。

(2) 专家评分子系统：实现专家评标打分、商务标的浏览与对比等功能。

(3) 通信程序：作为评标控制子系统和专家评分子系统的通信程序，实现数据通信和控制专家评分子系统的启动和关闭。

运行流程如图 6-19 所示。

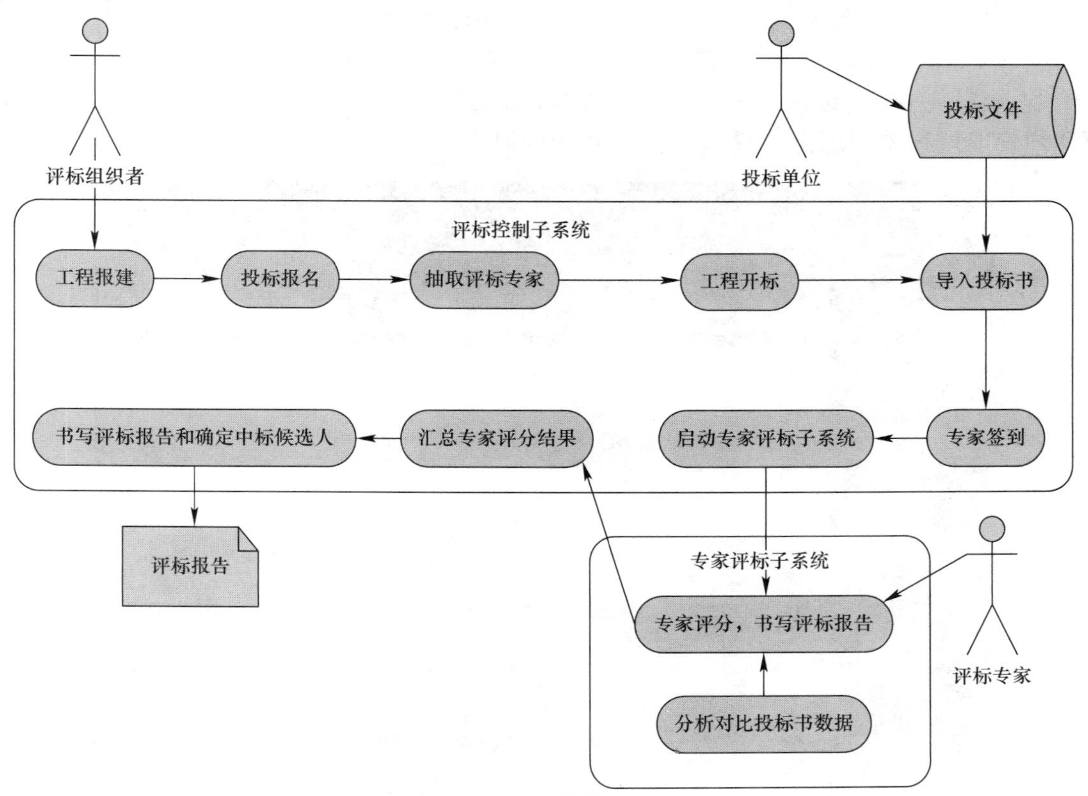

图 6-19　计算机辅助评标系统运行流程

6.4.2 评标控制子系统：说明、登录、操作界面、评标流程

评标控制子系统的组成如图 6-20 所示。

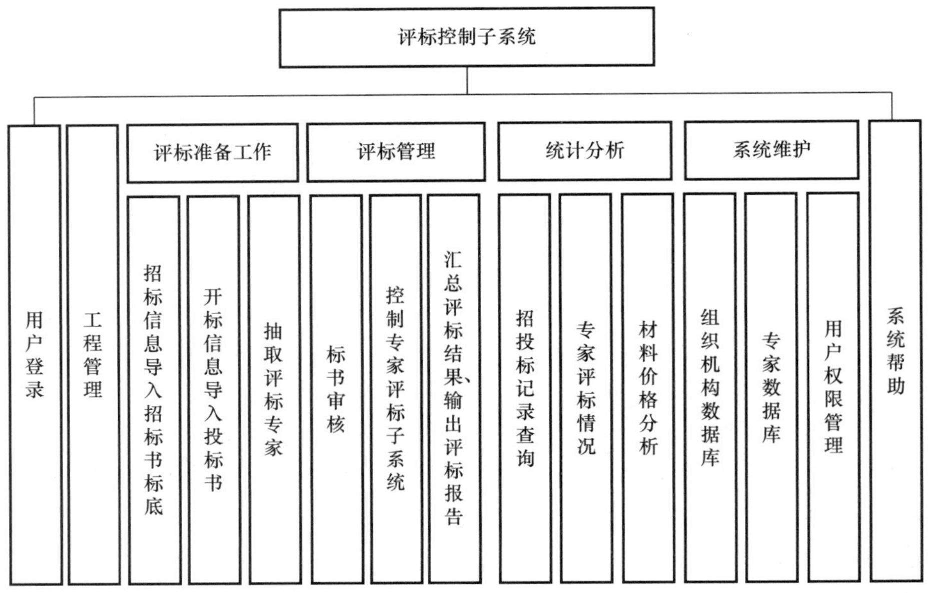

图 6-20 评标控制子系统的组成

1. 初始化系统

系统安装完毕后请首先确保所有的操作员及其操作权限设置无误，具体操作：运行【用户管理】→【系统用户维护】功能。见图 6-21。

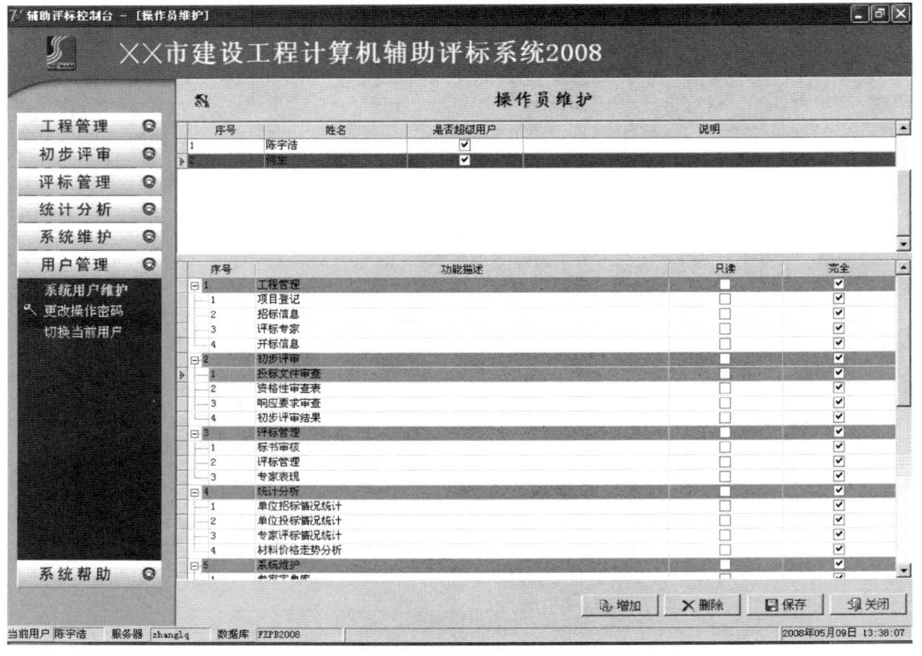

图 6-21 初始化系统

功能说明：

① 一般系统权限中只设置一个用户拥有【系统用户维护】的权限，可以给其他用户分配使用权限。

②【是否超级用户】的设置可决定该用户是否可以进行一些需要超级用户干预的工作，例如“重设工程状态”等。

③ 所有用户的初始密码全部为空，设置完后，为安全起见，每个用户一定要用自己的身份登录系统，使用【更改操作密码】的功能修改或者设置自己的密码。

2. 工程管理

（1）项目登记

1）工程信息（图 6-22）

图 6-22　工程信息

功能说明：

① 评标流程的第一步，完成建设项目的新增、删除、修改功能。

② 将后续需要处理的工程设置为当前工程。

③ 对于已经开始评标或者评标完成的工程不再允许更新。

④ 对于已经开始评标或已经开始投标报名或者评标完成的工程不再允许删除。

⑤ 提供了对工程的状态进行重设的功能，但必须具有超级用户权限才可以使用。

⑥ 提供了工程的查找过滤功能。

⑦ 可点击界面下方的【增加】【编辑】【浏览】按钮进入工程信息的编辑界面，也可通过双击工程条目进入编辑界面，双击时系统会自动根据用户的使用权限设置编辑界面的操作权限。

2）编辑工程信息（图 6-23）

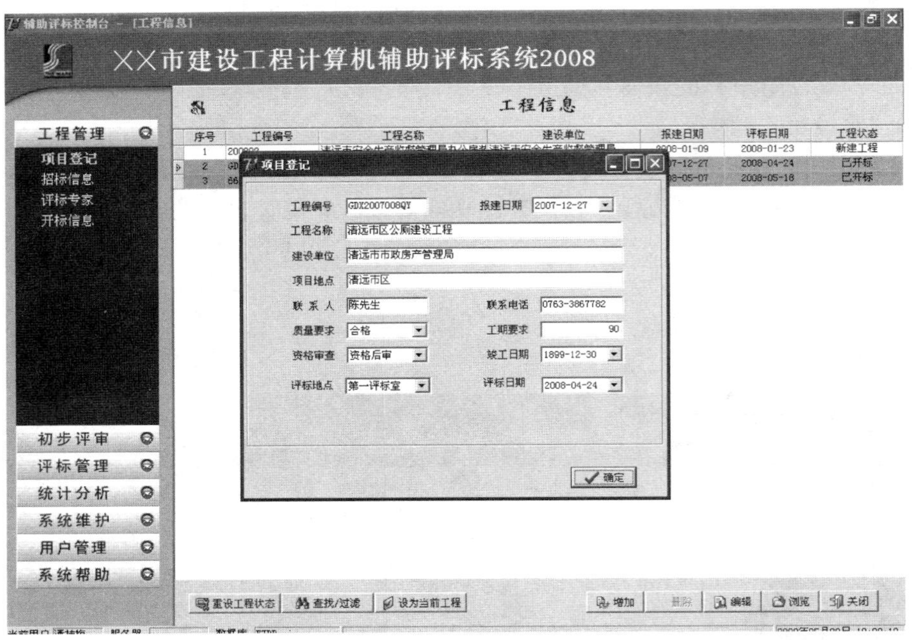

图 6-23　编辑工程信息

功能说明：

① 根据工程的实际情况设置项目的详细信息。

②【报建日期】默认为当天。

③【质量要求】和【工期要求】直接关系到专家评审的结果，应该根据招标书要求严格设置。

④【资格审查】只对综合评估法有效，影响后续评标的流程，资格审查方式为资格预审时不进行技术标暗标的评审，否则首先进行技术标暗标评审，然后才进行技术标明标等评审。

⑤【评标日期】评标会议时间默认为登记之日起 10 天后进行。

（2）招标信息（图 6-24）

功能说明：

① 完成对工程的评标办法及评分要素的设定。

② 导入招标书，标底信息的维护功能。

③ 招标书确认要重新导入时标底及所有投标人的电子标书也需要重新导入。

（3）评标专家（图 6-25）

功能说明：

① 系统自动读取确认可以出席的专家信息，为了保密，专家的姓名及身份证号都以部分掩码显示。

② 可设定专家的评标类型。

③ 根据实际需要可以显示专家姓名，但需要具有相应权限。

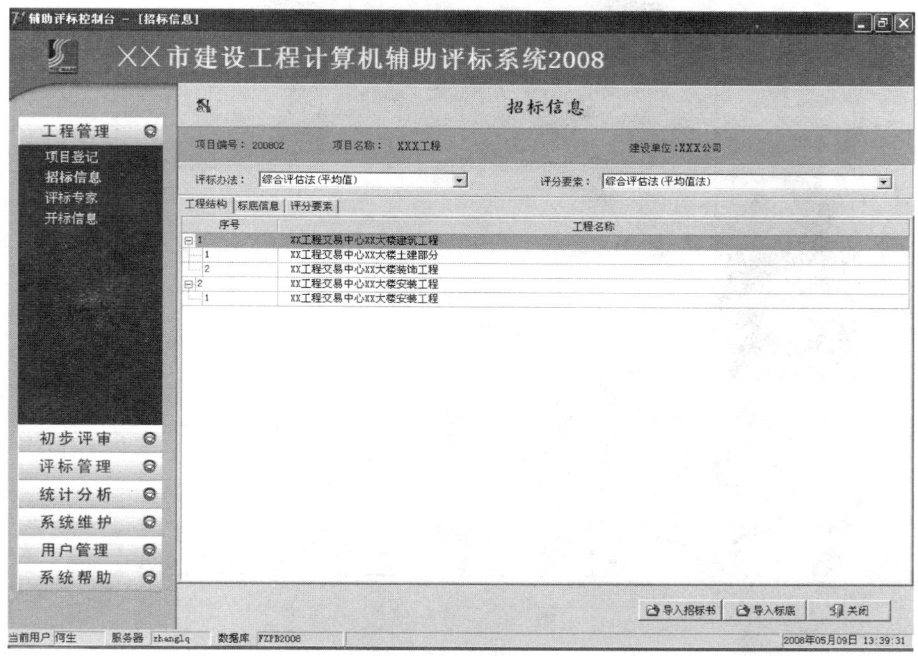

图 6-24　招标信息

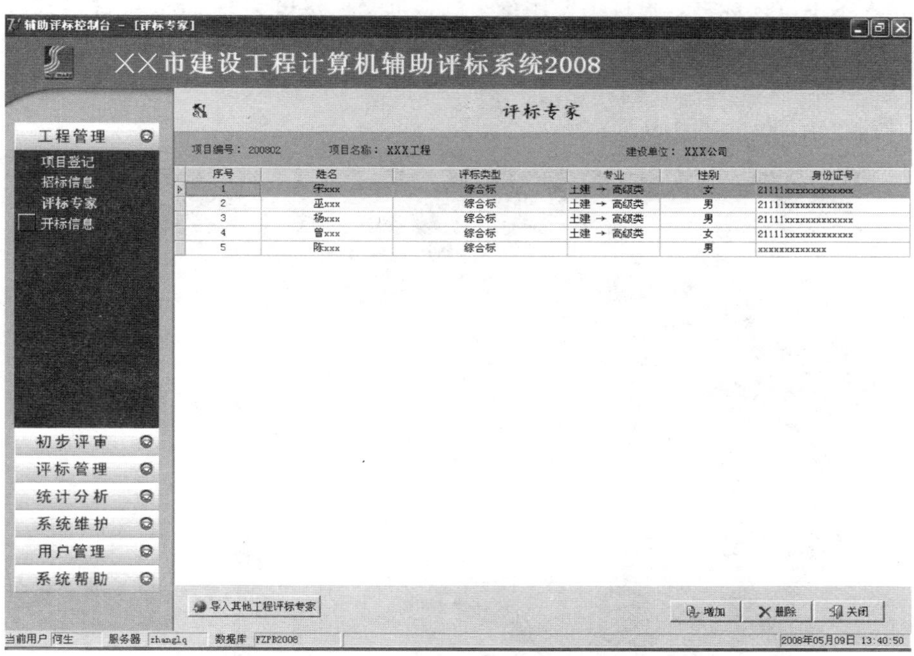

图 6-25　评标专家页面

(4) 开标信息（图 6-26）

功能说明：

① 添加投标企业信息。

② 根据投标书设置企业的质量承诺及工期承诺。

图 6-26　开标信息

③ 可将开标时确认为不合格的投标人设置为不参与评标，并填写原因。

④ 导入各单位投标书，投标书使用统一的数据交换接口文件（bst 文件格式）。

⑤ 打印开标信息。

3. 初步评审

（1）投标文件审查（图 6-27）

图 6-27　投标文件审查

功能说明：

对各家投标单位的投标文件进行审查。

(2) 初步评审结果（图 6-28）

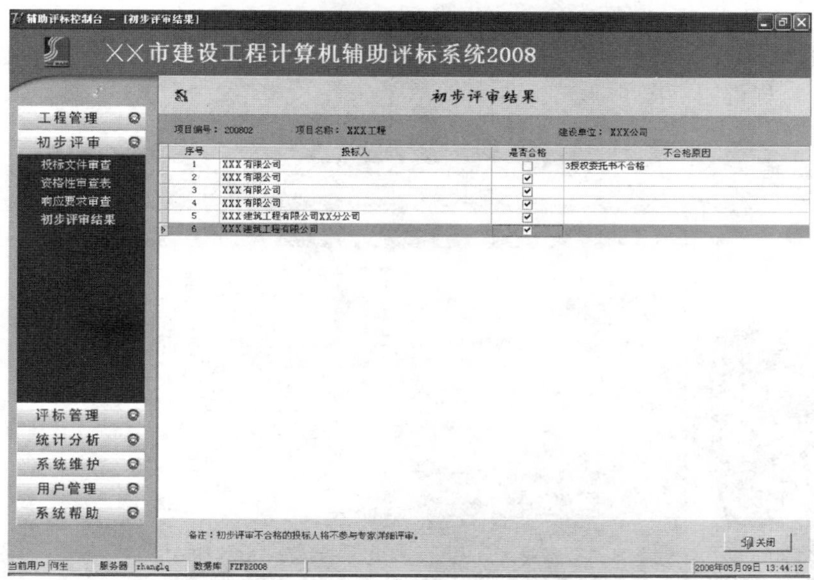

图 6-28　初步评审结果

功能说明：

显示各投标单位初步审查的结果，可根据实际情况进行修正。

初步审查不合格的投标单位在后续的评标过程中不再出现。

4. 评标管理

(1) 标书自动审核（图 6-29）

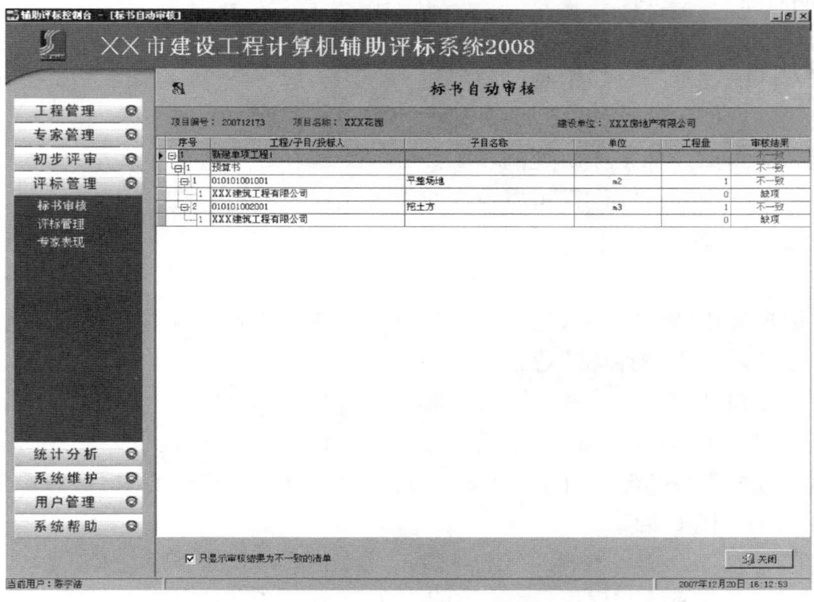

图 6-29　标书自动审核

功能说明：

对投标单位标书的一致性进行初步审查。

（2）评标管理

1）评标流程说明（图 6-30）

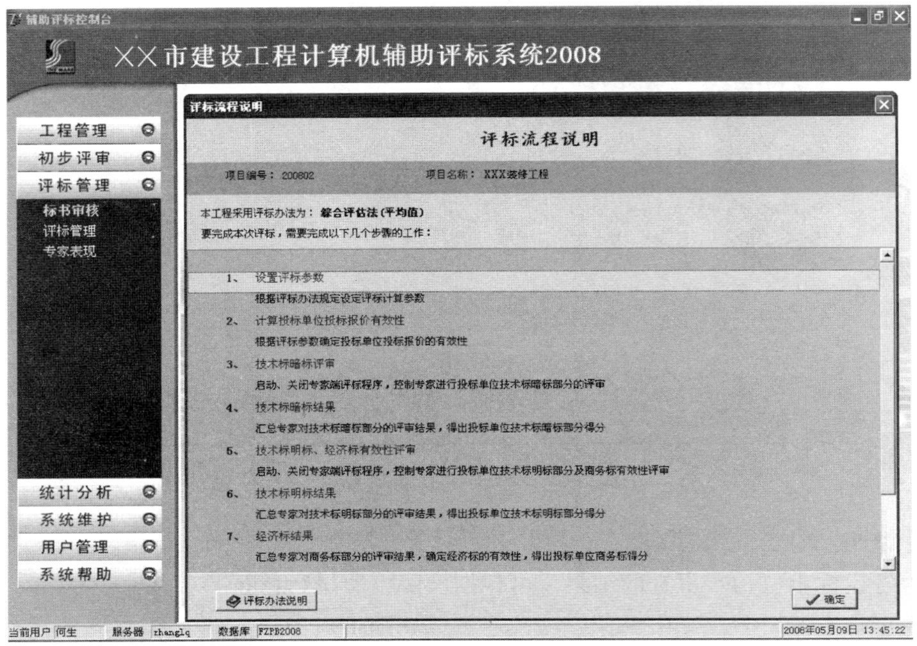

图 6-30 评标流程说明

功能说明：

① 开始评标前，系统会显示本次评标工作的总的工作流程。

② 根据不同的评标办法显示相应的流程。

③ 可在此查看使用的评标办法的具体的评审方式说明。

④ 系统亮显当前评标工作所处的步骤。

⑤ 在评标工作中任何时候都可以再次打开此页面进行查看。

2）评标控制（图 6-31）

功能说明：

① 系统根据使用的评标办法指导评标负责人一步一步地完成整个评标工作。

② 工作中可随时查看评标流程说明。

③ 可自由的跳转到已经完成的评标步骤。

④ 跳转后如果重新作了修改，则后续流程不允许再进行跳转。

⑤ 评标参数的设置是整个评标工作的前提条件，必须按照招标文件的规定严格填写。

3）评标结果（图 6-32）

功能说明：

① 评标结束后系统会根据评标办法的规定自动确定中标顺序。

② 如果确认无误则请点击【确认评标完成】功能结束本次评标工作。

图 6-31　评标管理

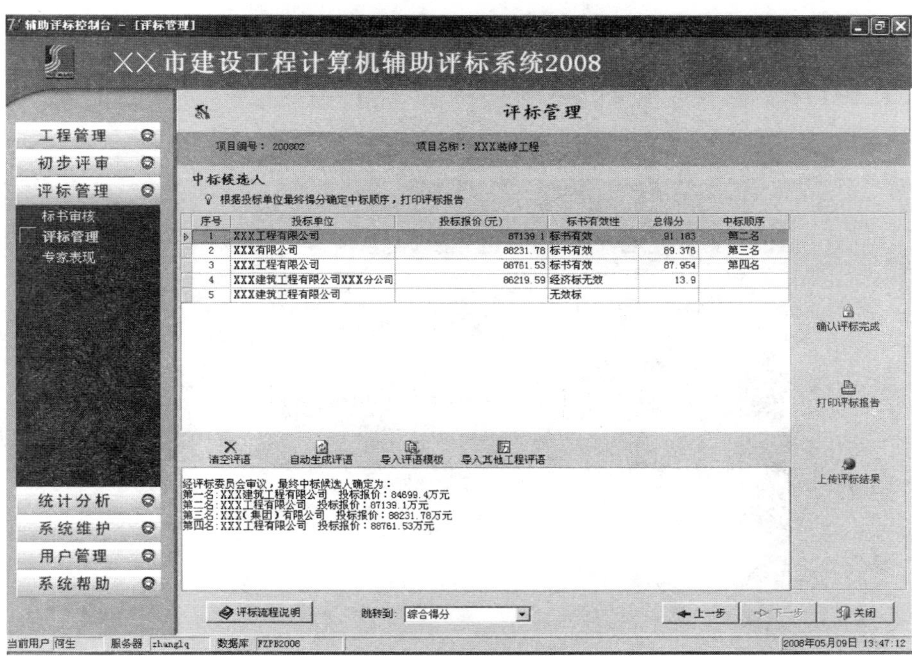

图 6-32　评标结果

③ 根据不同的评标办法，打印相应格式的评标报告。

4）专家表现（图 6-33）

功能说明：

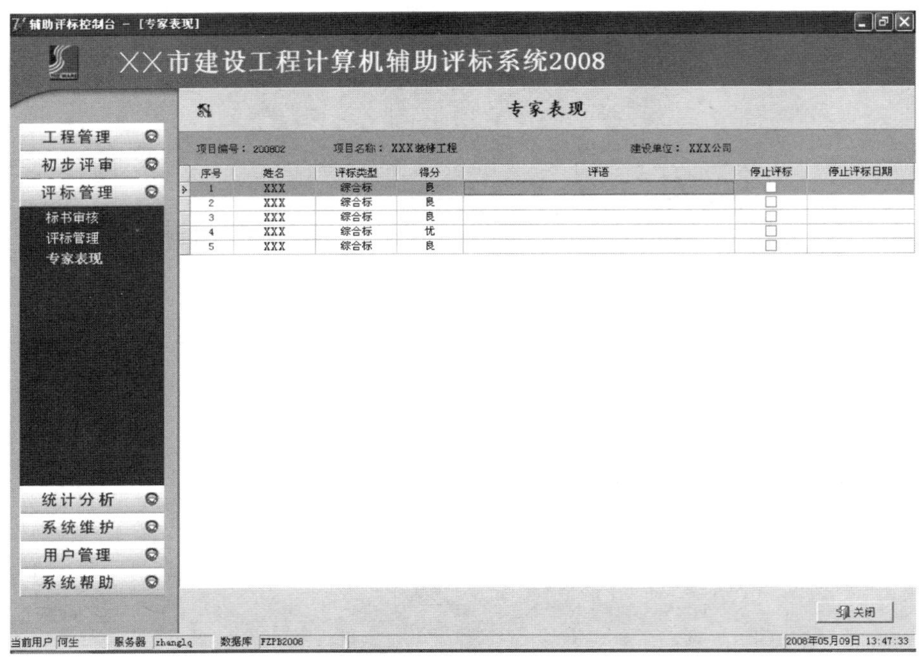

图 6-33　专家表现评分

评标结束后评审委员会应该根据各评标专家的表现给每位专家进行评核打分，有严重违规的专家还要停止其参与以后评标工作的资格。

6.4.3　专家评标子系统：说明、标书查看程序、评标打分程序

1. 启动专家端程序（图 6-34）

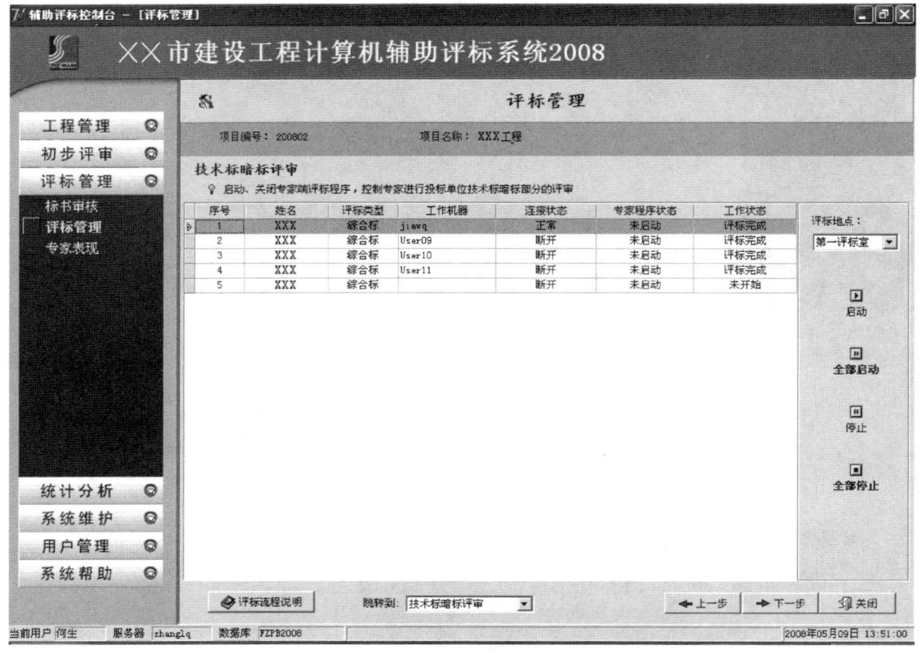

图 6-34　专家端程序主界面

功能说明：

① 专家端程序作为专家评标的工作程序，是由评标负责人通过控制端程序启动和关闭的。

② 评标负责人首先应该给各专家指定工作的机器，然后点击【启动】或者【停止】按钮控制专家端程序的启动与关闭。

2. 登录专家端程序

功能说明：

① 专家端程序在指定的工作机器上正确启动后，显示登录界面如图 6-35 所示。

图 6-35　登录界面

② 系统会显示本机指定工作的专家姓名。

③ 专家输入自己的身份证号验证。

④ 点击【点击进入评标系统】按钮进入系统开始工作。

3. 专家评标打分（图 6-36）

功能说明：

① 系统根据使用的评标办法显示专家打分的评分要素。

② 根据需要有技术标评分和商务标评分两部分内容，专家分别根据评审结果打分。

③ 如果需要查看投标单位的详细情况，请将光标定位到相应的投标单位列，窗体下方的【查看公司资料】按钮变为可用状态，点击查看即可。

④ 可切换到【评标办法】页面查看当前使用的评标办法的具体规定。

⑤【浏览技术标】功能可打开查看各投标单位的技术标部分内容，辅助专家评审技术标。

⑥【评审商务标】功能可进入商务标评审的界面，为专家提供需要的各种评审对比分析数据，辅助专家评审商务标。

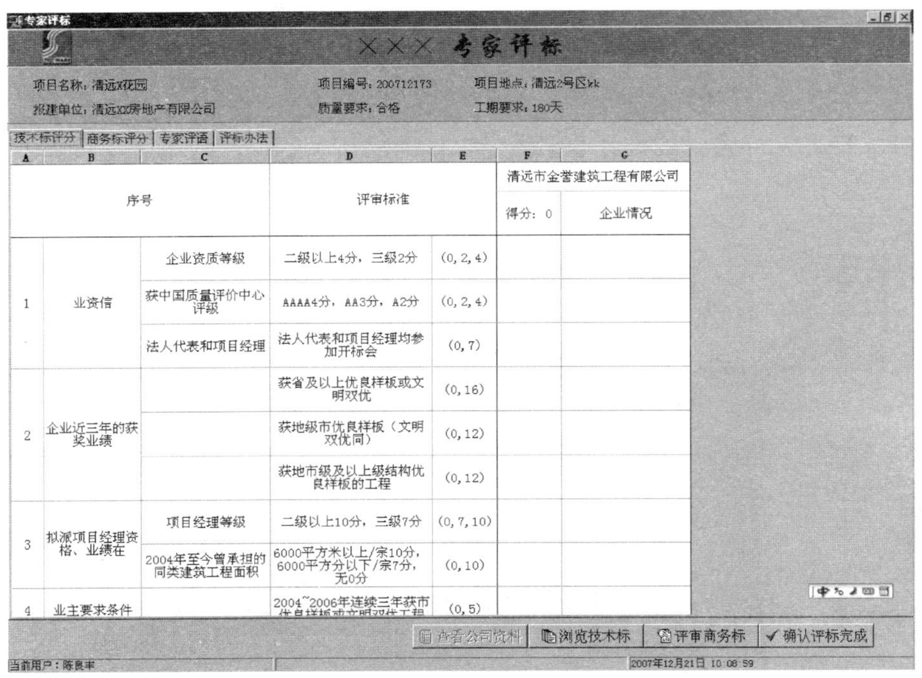

图 6-36　专家评标打分界面

⑦ 专家评审完毕，点击【确认评标完成】按钮结束本阶段的评标工作，系统自动将本专家的评审结果及状态会传给控制端，由评标负责人决定和控制是否关闭专家的程序。

4. 专家浏览技术标

（1）下载标书技术标文件

功能说明：

① 浏览技术标时，系统会自动从 FTP 服务器下载本工程所有的电子标书文件；

② 如果连接 FTP 服务器失败，则会弹出如图 6-37 所示的 FTP 服务器配置窗口，此时应该根据系统管理员设定的 FTP 服务器的连接参数进行正确设定，完成后确认即可，否则系统将无法获得需要的技术标文件供专家查看。

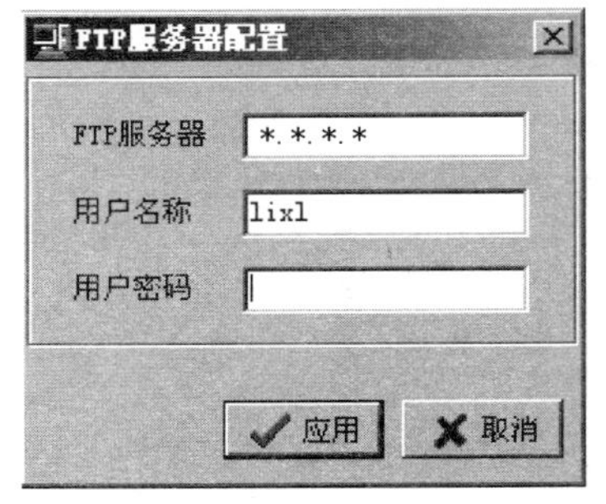

图 6-37　FTP 服务器

（2）浏览技术标（图 6-38）

功能说明：

专家浏览各投标单位的技术标部分的文档内容。

5. 专家评审商务标

（1）设置评审参数（图 6-39）

功能说明：

① 这是专家评审商务标的第一步，也是最重要的一步，专家必须根据自己的实际需要设置所有的评审参数。

② 清单单价偏差范围的设置。将投标单位的清单子目报价与对比基准的相同清单子目的报价比较，筛选专家需要的偏差范围的清单。

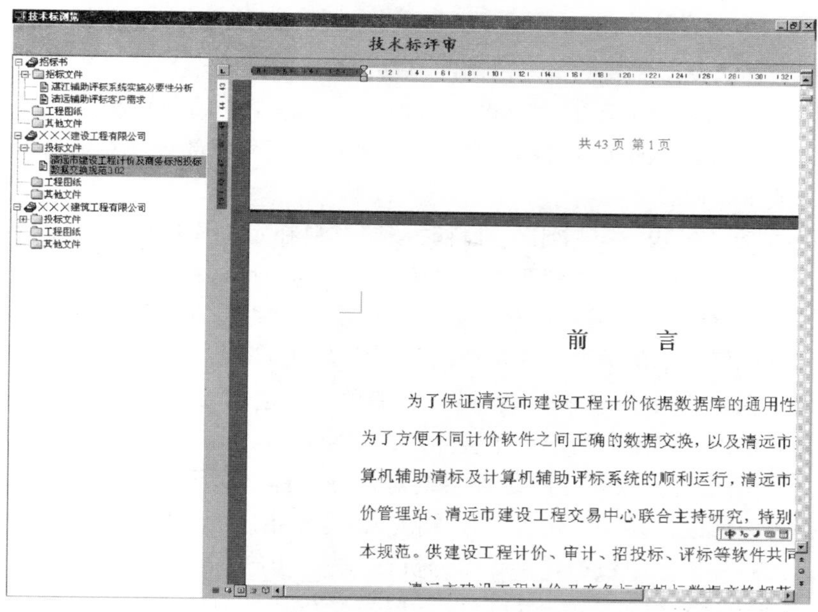

图 6-38　浏览技术标内容

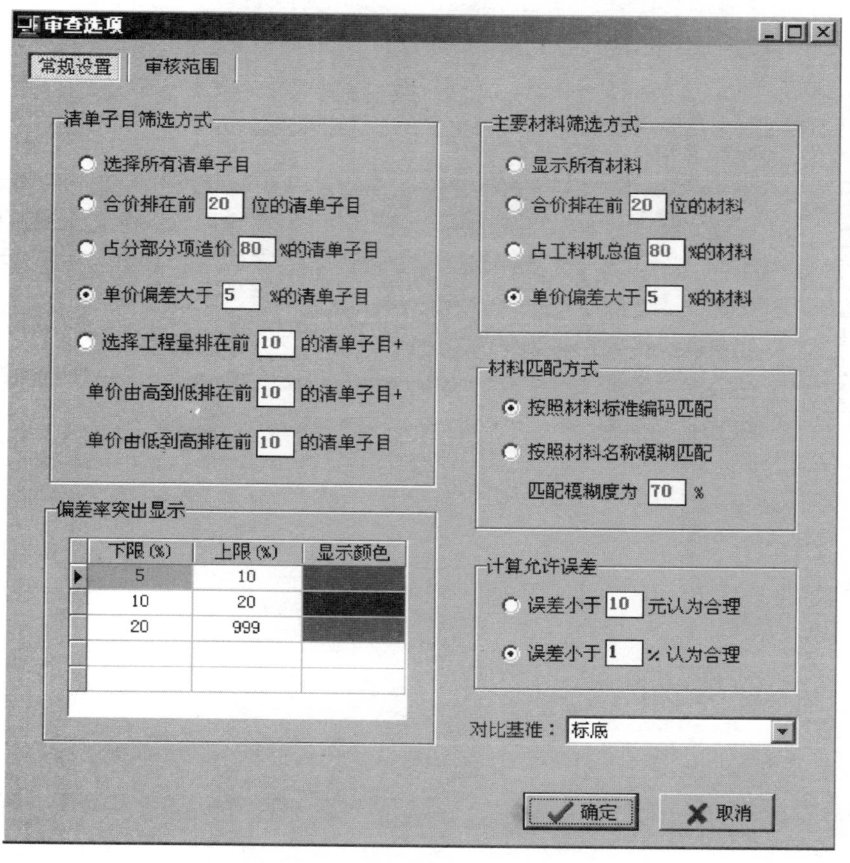

图 6-39　设置评审参数

③ 主要材料单价偏差范围的设置。将投标单位的主要材料报价与对比基准的相同材料的报价比较，筛选专家需要的偏差范围的材料。

④ 占分部分项造价百分比的清单设置。将单位工程中的清单按报价从高到低排序依次显示，一直到筛选出来的所有清单的合价占到本单位工程分部分项总造价的指定百分比为止，材料跟清单相似。

⑤ 材料匹配方式的设置。指比对材料时按照材料在定额库中的标准编码确定是否同一种材料还是按照材料的名称模糊匹配方式确定是否同一种材料。

⑥ 计算允许误差设置。系统将会自动审查标书中是否有计算错误的内容，比如某条清单按照投标单位报的单价乘以工程量算出来总价为 100 元，但是投标单位实际报的总价为 150 元，那么系统认为这是一条计算错误的清单，但是如果专家认为误差在 50 元范围内容不属于计算错误，则本条清单就不会显示给专家审核。

⑦ 对比基准的设置。专家可以设置系统对比分析标书时采用的比对基准，一般默认为标底，但也可以修改。对比分析时，系统将会以专家指定的对比基准计算各投标单位相对于基准数据的各种偏差率数据，供专家分析。

⑧ 偏差率突出显示设置。专家可以设置偏差率在某种数值范围内以何种颜色突出显示，方便专家查看比对结果。

⑨ 审核范围设置。对于某些单位工程比较多的工程项目，专家可设置系统审核的单位工程的范围，减少工作量，加快审核速度。

（2）常规审查

1）符合性审查（图 6-40）

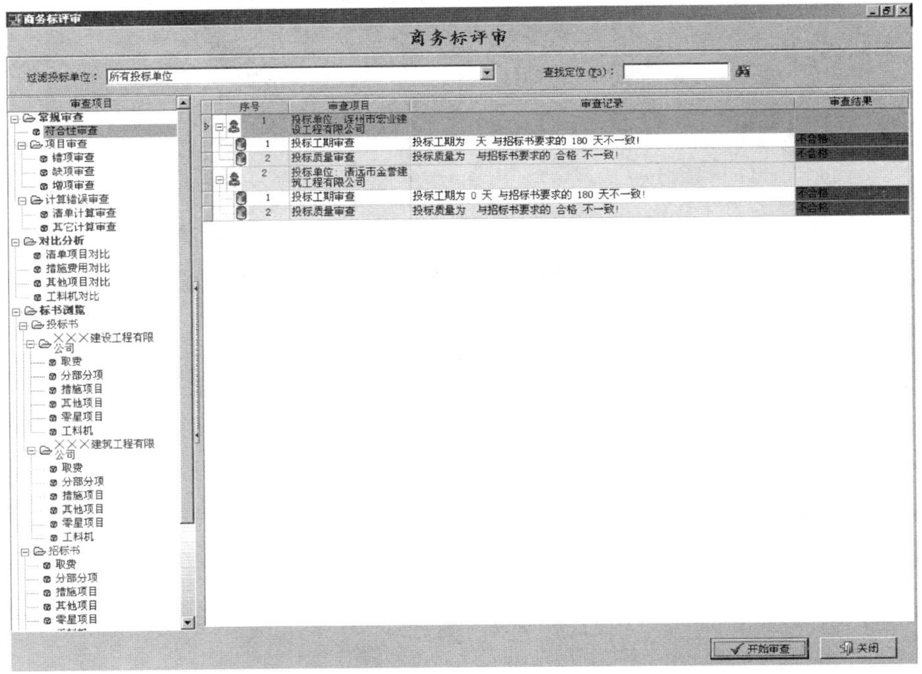

图 6-40 符合性审查

功能说明：

系统自动对各投标单位的工期及质量承诺进行符合性审查，与招标书不一致的将会以红色突出显示。

2）项目审查（图 6-41）

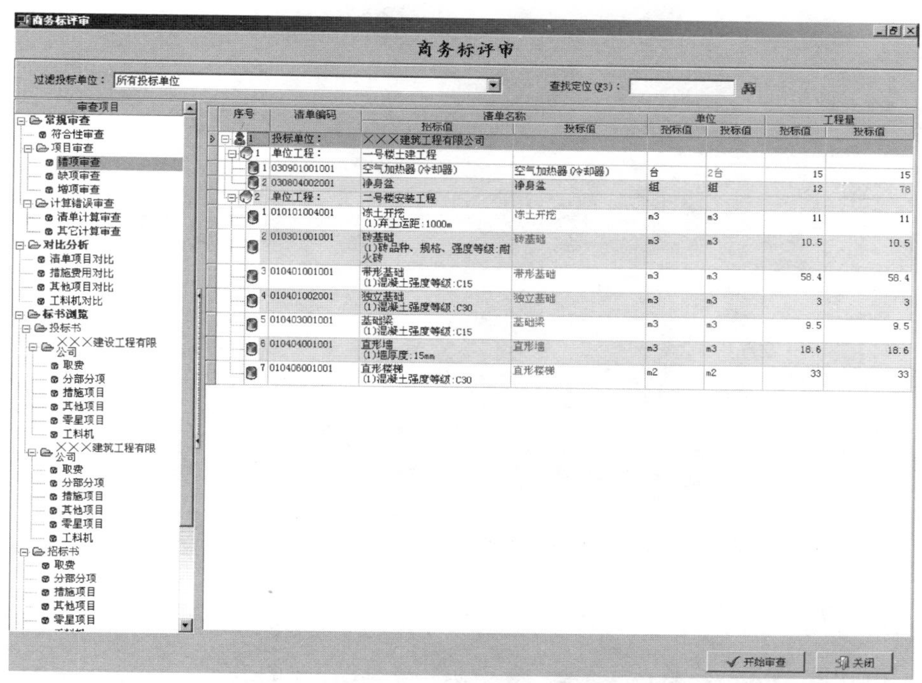

图 6-41　项目审查

功能说明：

① 项目审查是指对各投标单位的标书进行清单项目的四统一审查，包括：清单编码、清单名称、清单单位和清单的工程量。

② 错项审查。使用清单编码与招标书比对，同一清单编码的清单，如果投标书中的名称、单位或者工程量与招标书不一致，则视为错项，不一致的地方系统将以红色突出显示。

③ 缺项审查。使用清单编码与招标书比对，在招标书中存在的清单如果投标书中没有出现则视为缺项。

④ 增项审查。使用清单编码与招标书比对，在投标书中存在的清单如果招标书中没有出现则视为增项。

3）计算错误审查（图 6-42）

功能说明：

① 系统自动对投标书中可能出现的计算错误情况进行审查；

② 清单计算审查。核对各清单的单价与工程量计算得出的总价是否与投标单位报的合价一致，按照专家设定的计算允许误差，超出允许误差的清单显示出来供专家分析。

③ 其他计算审查。核对投标单位标书中各单位工程的总价之和是否与整个建设项目的总报价一致，按照专家设定的计算允许误差，超出允许误差的投标单位显示出来供专家分析。

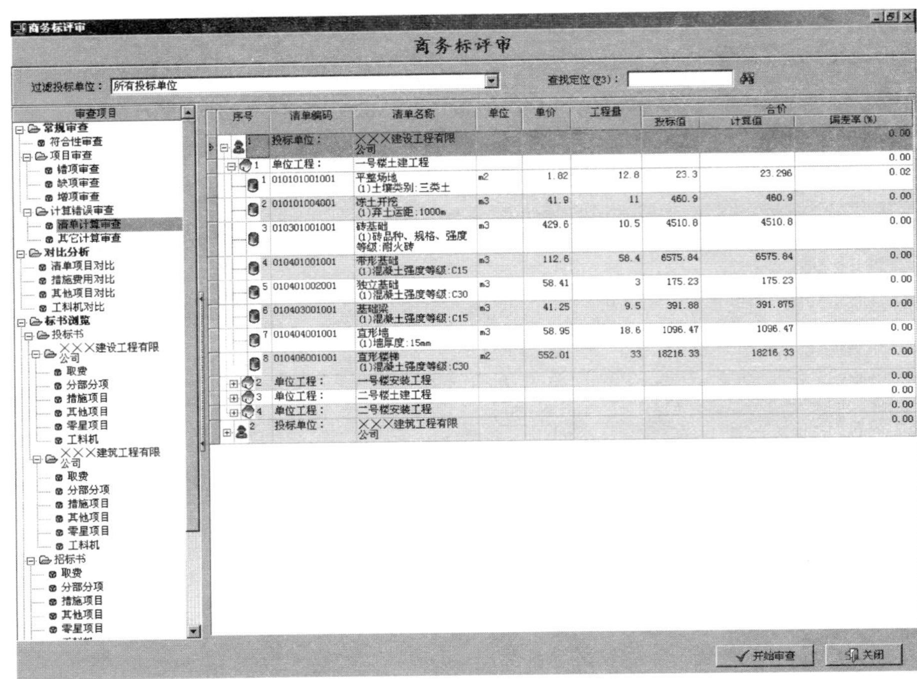

图 6-42　计算错误审查

（3）对比分析（图 6-43）

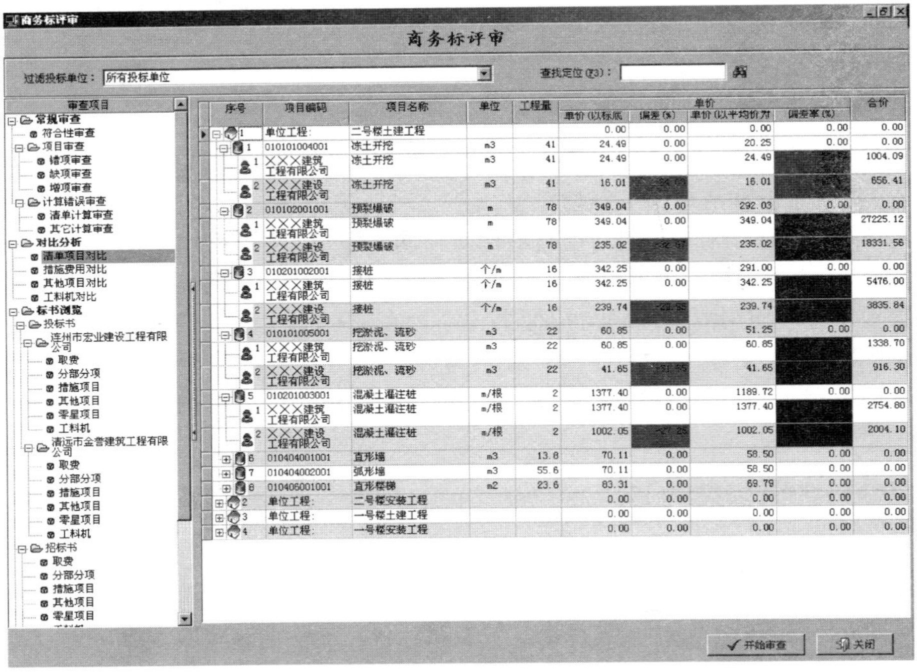

图 6-43　对比分析

功能说明：

① 清单项目比对。将各投标单位的清单与专家指定的对比基准进行比对，根据专家设定的清单子目筛选范围，显示范围内的清单供专家审核。

② 措施项目比对。将各投标单位的措施项目与专家指定的对比基准进行比对，供专家审核。

③ 其他项目比对。将各投标单位的其他项目与专家指定的对比基准进行比对，供专家审核。

④ 工料机比对。将各投标单位的工料机与专家指定的对比基准进行比对，根据专家设定的主要材料筛选范围，显示范围内的工料机供专家审核。

⑤ 将计算出的偏差率按专家设定的突出显示颜色突出显示。

附录一　土建工程施工图图纸

建筑设计研究院		目　　录	共 2 页	第 1 页
		综合楼 （建筑图纸部分）	日期	
			阶段	施工图
序号	图号	名称	折算幅面	备注
1	建施-01	建筑设计说明	A2	
2	建施-02	建筑一层平面图	A2	
3	建施-03	建筑出屋顶楼层平面图	A2	
4	建施-04	建筑屋顶平面图及厕所详图	A2	
5	建施-05	建筑立面图及 2-2 剖面图	A2	
6	建施-06	门窗详图及门窗表	A2	
7	建施-07	楼梯详图	A2	
设计：		审核：	技术总负责人：	

建筑设计说明

一、本工程为××学院综合楼工程，建筑面积为1434m²。

二、本工程的设计是依据甲方提供的设计任务书、规划部门的意见、本工程的岩土工程勘察报告及国家现行设计规范进行的。

三、本单体建筑消防等级为2级。

四、高程系统采用当地规划部门规定的绝对标高系统，±0.000相当于当地规划部门规定的绝对标高+26.600m。

五、图中尺寸以毫米为单位,标高以米为单位，除顶层屋面为结构标高外，其他均为建筑标高。

六、本工程外填充墙采用300厚石渣空心砖墙，内填充墙采用180厚石渣空心砖墙，M5混合砂浆砌筑，120和60厚的内隔墙采用红砖，M10水泥砂浆砌筑。地下室填充墙采用红砖，M5混合砂浆砌。

七、±0.000以下墙体采用红砖，M5水泥砂浆砌筑；低于室内地坪0.100处墙身增铺20厚1∶2防水砂浆防潮层。

八、建筑构造用料及做法：

1.室内装饰：

地1：a.8~10厚防滑地砖铺实拍平，水泥浆擦缝
b.25厚1∶4干硬性水泥砂浆,面上撒素水泥
c.素水泥浆结合层一遍
d.80厚C10混凝土
e.素土夯实

楼1：a.8~10厚防滑地砖铺实拍平,水泥浆擦缝
b.25厚1∶4干硬性水泥砂浆,面上撒素水泥
c.素水泥浆结合层一遍
d.钢筋混凝土楼板

楼2：a.8~10厚防滑地砖铺实拍平,水泥浆擦缝
b.25厚1∶4干硬性水泥砂浆,面上撒素水泥
c.1.5厚聚氨酯防水涂料,面上撒黄砂,四周沿墙上翻150高
d.刷基层处理剂一遍
e.15厚1∶2水泥砂浆找平
f.50厚C20细石混凝土找0.5%~1%坡,最薄处不小于20
g.钢筋混凝土楼板

踢1(150高) a.17厚1∶3水泥砂浆
b.3~4厚1∶1水泥砂浆加水重20%108胶镶贴
c.8~10厚黑色面砖,水泥浆擦缝

裙1：a.17厚1∶3水泥砂浆
b.3~4厚1∶3水泥砂浆加水重20%108胶镶贴
c.4~5厚面砖,水泥浆擦缝

墙1：a.15厚1∶3水泥砂浆
b.5厚1∶2水泥砂浆
c.满刮腻子
d.刷或滚乳胶漆二遍

顶1：a.钢筋混凝土板底面清理干净
b.7厚1∶3水泥砂浆
c.5厚1∶2水泥砂浆
d.满刮腻子
e.刷或滚乳胶漆二遍

顶2：a.轻钢龙骨标准骨架:主龙骨中距900~1000,次龙骨中距500或605,横龙骨中距605
b.500×500或600×600厚10~13石膏装饰板,自攻螺钉拧牢,孔眼用腻子填平

注：卫生间：一层吊顶高度为3000;
二、三吊顶高度为2500
一层餐厅、走道、厨房吊顶高度为3400
二、三层走道吊顶高度为2500

2.外墙面：

贴墙面砖（a）20厚1∶2水泥砂浆贴5厚墙面砖
（b）20厚1∶2水泥砂浆掺108胶

刷涂料：（a）刷外墙无光乳胶漆2遍
（b）5厚1∶1∶3水泥石灰砂浆面层
（c）13厚1∶1∶5水泥石灰砂浆打底找平
其他室外装饰详见立面图。

3.台阶做法参见98ZJ901⊕，面层同相邻地面做法;
散水参见98ZJ901⊕

4.屋面做法：

屋1（上人、有保温层）
（1）30mm厚250×250，C20预制混凝土板，缝宽3~5
1∶1水泥砂浆填缝；
（2）刷基层处理剂一遍
（3）20厚1∶2.5水泥砂浆找平层
（4）干铺150mm厚加气混凝土砌块
（5）钢筋混凝土屋面板,板面清扫干净

屋2（不上人屋面）
（1）4mm厚APP改性沥青防水i卷材,表面带页岩保护层;
（2）刷基层处理剂一遍;
（3）20mm厚1∶2.5水泥砂浆找平层;
（4）钢筋混凝土屋面板,板面清扫干净。

九、楼梯做法：

1.梯面：同走廊楼面；
2.楼梯底板：同顶棚；
3.楼梯扶手：选用图集98ZJ401⊕,详见建筑图；
4.栏杆地脚采用螺栓后化学固定。

十、门窗：

1.预埋在墙或柱中的木（铁）件均应作防腐（防锈）处理。
2.除特别标注外，所有门窗均按墙中线定位。
3.室内门详见图集98ZJ，木门刷底漆2遍，乳白色调和漆2遍。
4.窗采用成品塑钢窗，选用70、90框料。
5.门窗按设计要求由厂家加工，构造节点做法及安装均由厂家负责提供图纸，经甲方看样认可后方可施工。

十一、防潮层：在-0.100处作20厚1∶2水泥砂浆加5%防水粉。

十二、其他：

1.墙体每500高设2φ6拉筋与相邻钢筋混凝土柱（墙）拉筋接通，如墙体上有门窗时钢筋混凝土带设在门窗洞上；
2.凡要求排水找坡的地方，找坡厚度大于30时，均用C20细石混凝土找坡，厚度小于30时，用1：2水泥砂浆找坡；
3.所有外露铁件均应先刷防锈漆一道，再刷调合漆两道；
4.凡入墙木构件均应涂防腐油；
5.厕所间，淋浴间，厨房内墙面及隔墙面均贴瓷砖到顶；
6.餐厅内卖饭窗口采用铝合金制作，镶白色玻璃，形式要求由厂家加工，经甲方认可后方可使用；
7.一切管道穿过墙体时，在施工中预留孔洞，预埋套管并用砂浆堵严；
8.本设计按七度抗震烈度设计，未尽事宜均严格遵守国家各项技术规程和验收规范。

十三、凡图中未注明和本说明未提及者，均按国家现行规范执行。

部位＼名称	地面	楼面	踢脚	墙裙	墙面	天棚
楼梯间	地1（红色300×300楼梯砖）	楼1（红色300×300楼梯砖）	踢1（150×300）		墙1	顶1
教室、办公室活动室、会议室		楼1（米色500×500地砖）	踢1（150×500）		墙1	顶1
餐厅、走道	地1（红色500×500地砖）	楼1（红色500×500地砖）	踢1（150×500）	裙1（白色暗花200×300面砖）1500高	墙1	顶2
厨房	地1（红色300×300地砖）				裙1（白色暗花150×200面砖）	顶2
卫生间	地1（红色300×300地砖）	地2（红色300×300地砖）			裙1（白色暗花150×200面砖）	顶2
地下室	地1（米色500×500地砖）		踢1（150×500）		墙1	顶1

建筑设计研究院				工程名称	综合楼	
证书号				图　名	建筑设计说明	
电　话						
单位负责人		审　核			设计编号	
技术负责人		校　对			图　号	建施-01
工程负责人		设　计			比　例	
专业负责人		描　图			日　期	
		档案号				

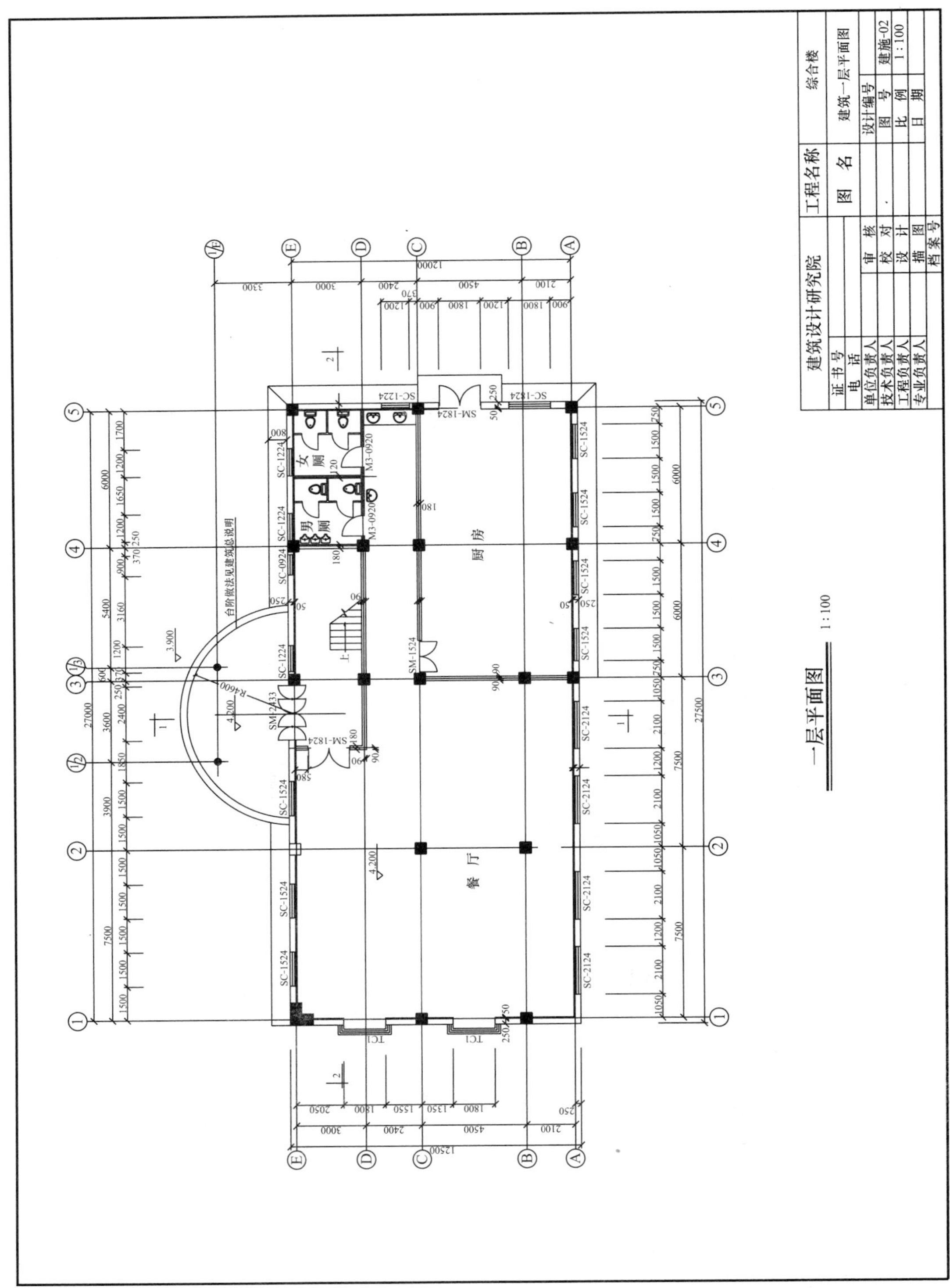
建筑设计研究院
证书号
电话
单位负责人
技术负责人
工程负责人
专业负责人
审核
校对
设计
描图
档案号
工程名称
综合楼
图名
建筑一层平面图
设计编号
图号
建施-02
比例
1:100
日期
一层平面图 1:100
餐厅
厨房
男厕
女厕
台阶做法见建筑总说明

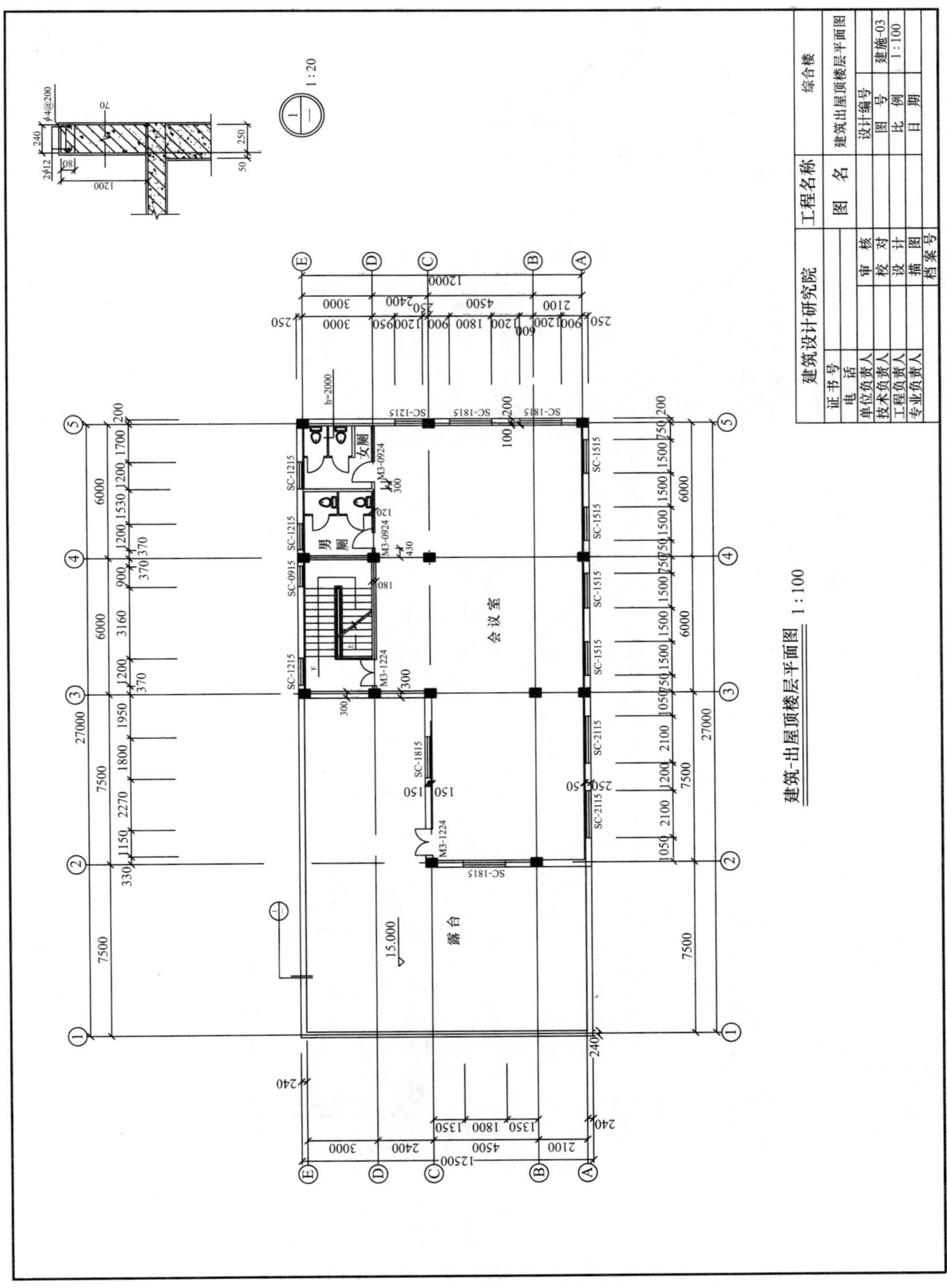
建筑-出屋顶楼层平面图　1:100
会议室
露台
男厕
女厕
15.000
建筑设计研究院
工程名称　综合楼
图　名　建筑出屋顶楼层平面图
设计编号
图　号　建施-03
比　例　1:100
日　期
证书号
电　话
单位负责人
技术负责人
工程负责人
专业负责人
审　核
校　对
设　计
描　图
档案号

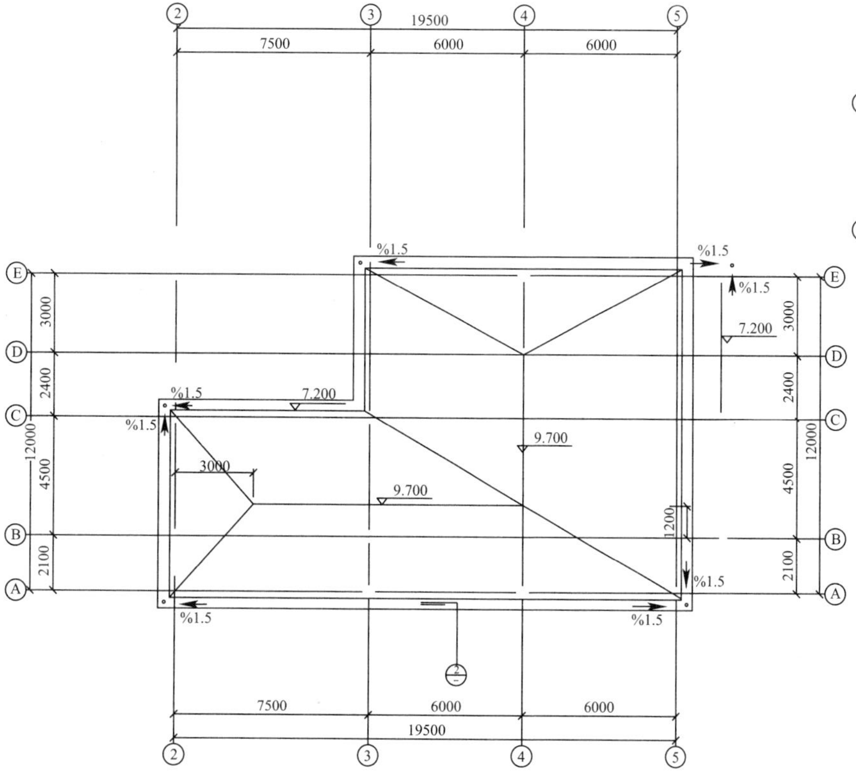
19500
7500
6000
6000
3000
2400
4500
2100
12000
%1.5
7.200
9.700
3000
1200
2
—

建筑-坡屋顶平面图 1:100

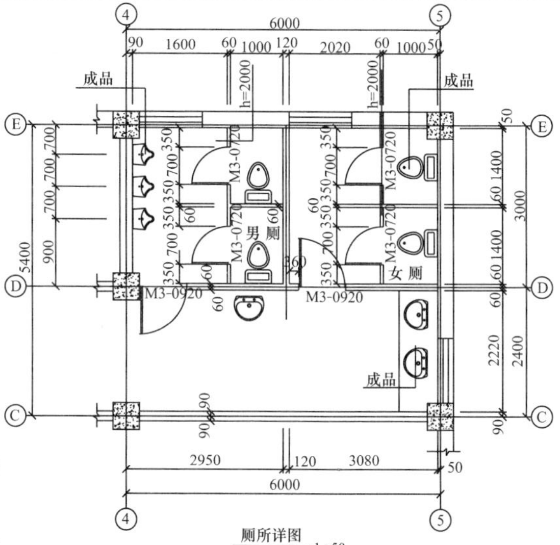
6000
90
1600
60
1000
120
2020
60
1000
50
成品
h=2000
M3-0720
M3-0920
男 厕
女 厕
5400
900
700
350
1400
3000
2220
2400
2950
3080
90

厕所详图 1:50

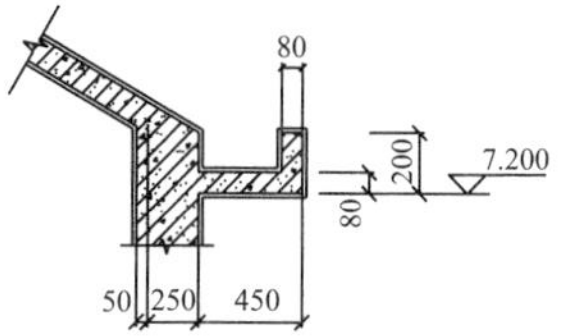
80
200
7.200
50
250
450

挑檐 1:20

建筑设计研究院			工程名称	综合楼	
证书号			图 名	建筑屋顶平面图及厕所详图	
电 话					
单位负责人		审 核		设计编号	
技术负责人		校 对		图 号	建施-04
工程负责人		设 计		比 例	1:100
专业负责人		描 图		日 期	
		档案号			

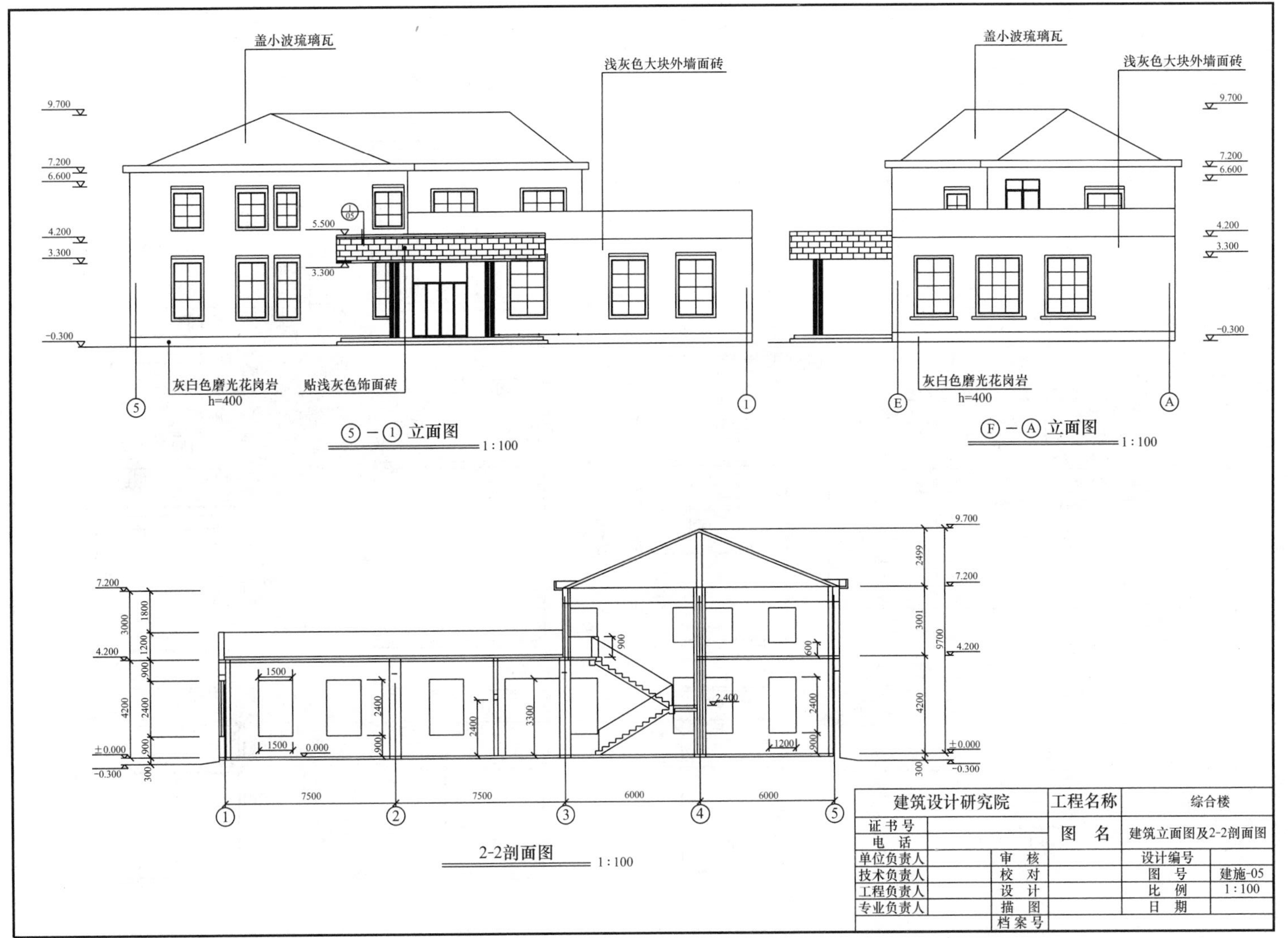
盖小波琉璃瓦
浅灰色大块外墙面砖
灰白色磨光花岗岩
h=400
贴浅灰色饰面砖
⑤－① 立面图 1:100
盖小波琉璃瓦
浅灰色大块外墙面砖
灰白色磨光花岗岩
h=400
Ⓕ－Ⓐ 立面图 1:100
2-2剖面图 1:100
建筑设计研究院
工程名称
综合楼
证书号
电话
图名
建筑立面图及2-2剖面图
单位负责人
审核
设计编号
技术负责人
校对
图号
建施-05
工程负责人
设计
比例
1:100
专业负责人
描图
日期
档案号

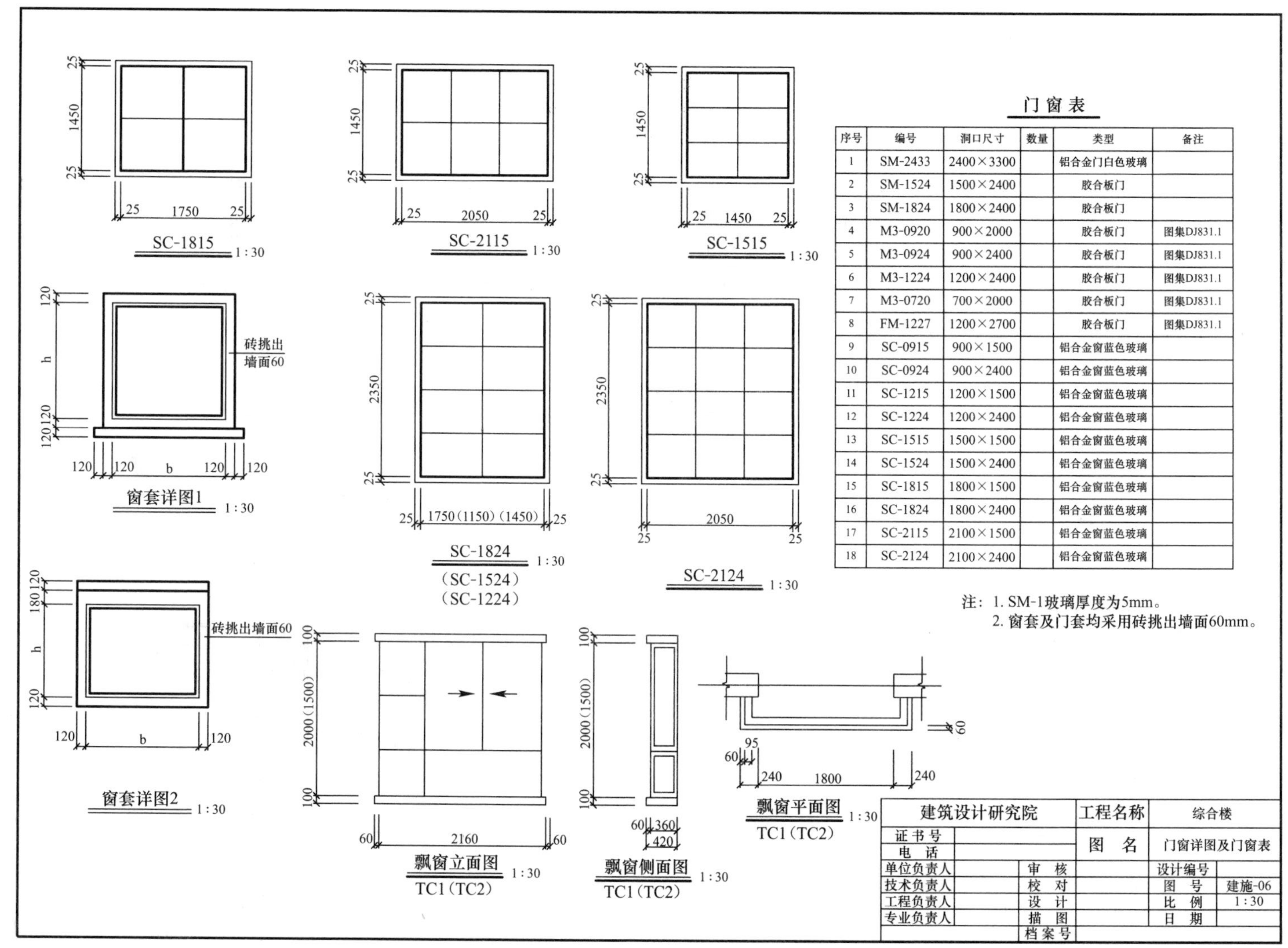

门窗表

序号	编号	洞口尺寸	数量	类型	备注
1	SM-2433	2400×3300		铝合金门白色玻璃	
2	SM-1524	1500×2400		胶合板门	
3	SM-1824	1800×2400		胶合板门	
4	M3-0920	900×2000		胶合板门	图集DJ831.1
5	M3-0924	900×2400		胶合板门	图集DJ831.1
6	M3-1224	1200×2400		胶合板门	图集DJ831.1
7	M3-0720	700×2000		胶合板门	图集DJ831.1
8	FM-1227	1200×2700		胶合板门	图集DJ831.1
9	SC-0915	900×1500		铝合金窗蓝色玻璃	
10	SC-0924	900×2400		铝合金窗蓝色玻璃	
11	SC-1215	1200×1500		铝合金窗蓝色玻璃	
12	SC-1224	1200×2400		铝合金窗蓝色玻璃	
13	SC-1515	1500×1500		铝合金窗蓝色玻璃	
14	SC-1524	1500×2400		铝合金窗蓝色玻璃	
15	SC-1815	1800×1500		铝合金窗蓝色玻璃	
16	SC-1824	1800×2400		铝合金窗蓝色玻璃	
17	SC-2115	2100×1500		铝合金窗蓝色玻璃	
18	SC-2124	2100×2400		铝合金窗蓝色玻璃	

注：1. SM-1玻璃厚度为5mm。
2. 窗套及门套均采用砖挑出墙面60mm。

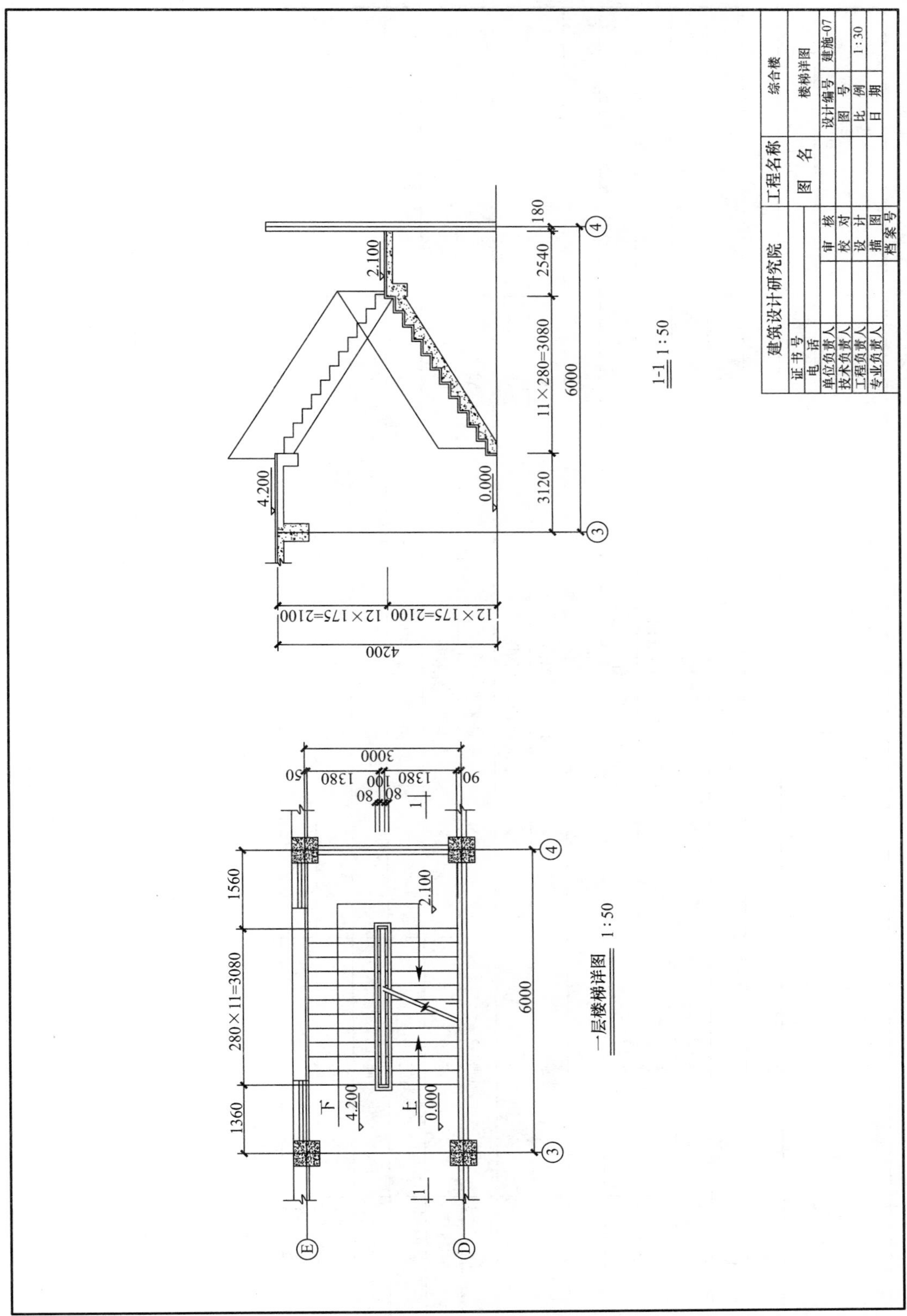

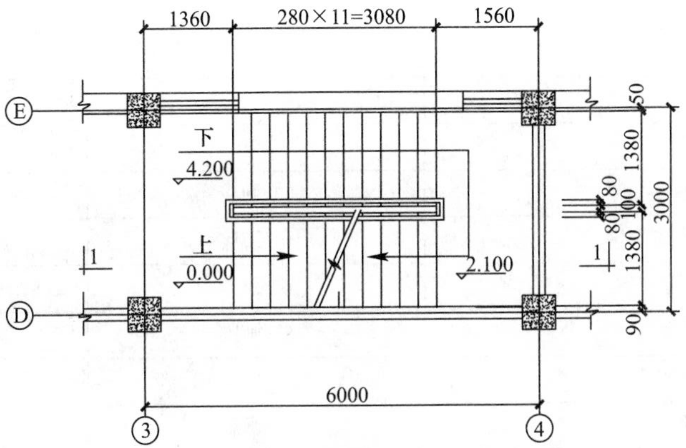
1360
280×11=3080
1560
E
D
下
4.200
上
0.000
2.100
1
50
1380
80
100
80
1380
90
3000
6000
3
4

一层楼梯详图　1 : 50

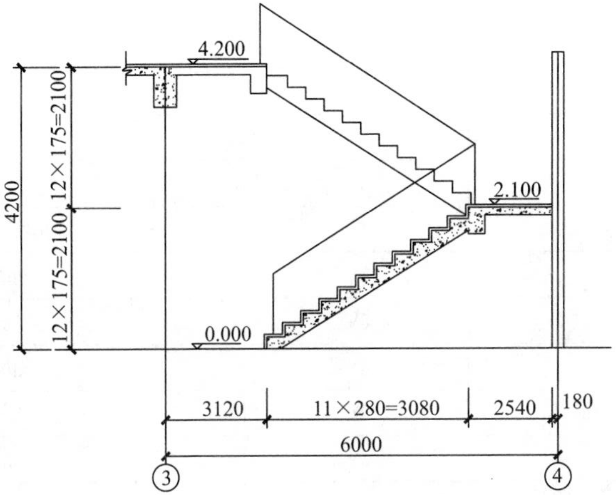
4.200
2.100
0.000
4200
12×175=2100
12×175=2100
3120
11×280=3080
2540
180
6000
3
4

1-1　1 : 50

建筑设计研究院			工程名称	综合楼	
证书号			图　名	楼梯详图	
电　话					
单位负责人		审　核		设计编号	建施-07
技术负责人		校　对		图　号	
工程负责人		设　计		比　例	1:30
专业负责人		描　图		日　期	
		档案号			

建筑设计研究院		目　　录	共2页	第2页
		综合楼（结构图纸部分）	日期	
			阶段	施工图
序号	图号	名称	折算幅面	备注
1	结施-01	结构设计说明	A2	
2	结施-02	基础平面布置图	A2	
3	结施-03	CT1、CT2、CT3 详图	A2	
4	结施-04	CT4～CT8 详图	A2	
5	结施-05	二层结构平面图	A2	
6	结施-06	屋面结构平面图	A2	
7	结施-07	二层楼面梁结构图	A2	
8	结施-08	屋面梁结构图	A2	
9	结施-09	一层柱平面结构图	A2	
10	结施-10	出屋顶楼层柱平面结构图	A2	
11	结施-11	楼梯结构图	A2	
设计：		审核：	技术总负责人：	

结构设计说明

一、一般说明:
1.本设计尺寸以毫米计，标高以米计；
2.本工程±0.000同建筑。
3.抗震设防烈度为7度，建筑场地类别为Ⅱ类，抗震等级为四级（框架）；

二、基础与地下部分:
1.独立基础及JL采用C20混凝土，钢筋采用Φ-Ⅰ级，Φ-Ⅱ级；
钢筋保护层厚度：基础为35mm，JL为25mm，JL纵筋需搭接时
上部筋在跨中搭接，下部筋在支座处搭接，搭接长度为500mm。
2.填充墙采用黏土空心砖,M5水泥砂浆砌筑。

三、本工程采用现浇全框架结构体系。

四、钢筋混凝土工程:
1.柱和梁钢筋弯钩角度为135，弯钩尺寸10d；
2.柱中纵向钢筋直径大于20均采用电渣压力焊，同一截面的搭接根数少于总根数的50%，柱子与内外墙的连接设拉结墙筋，自柱底+0.5m至柱顶预埋2Φ6@500筋，锚入柱内≥200mm，深入墙中≥1000mm；
3.梁支座处不得留施工缝，混凝土施工中要振捣密实，确保质量；
4.钢筋保护层厚度：板15mm，梁柱25mm，剪力墙25mm；
5.现浇板中未注明的分布筋为Φ6@200;
6.现浇板洞按设备电气图预留，施工时应按所定设备核准尺寸，除注明的楼板预留孔洞边附加钢筋外，小于或等于300mm×300mm的洞口，钢筋绕过不剪断，洞口大于300mm×300mm时，在四周设加固钢筋，补足截断的钢筋面积，并长出洞边20d;
7.楼面主次梁相交处抗剪吊筋及箍筋做法见梁节点大样图；
8.框架梁柱做法及要求均见《03G101》图集；
9.各楼层中门窗洞口需做过梁的，过梁两端各伸出洞边250mm；
10.楼梯构造柱的钢筋上下各伸入框架梁或地梁内450mm；
11.预埋件钢材为Q235b，焊条采用E4301，钢筋采用电弧焊接时，按下表采用。

钢筋种类	搭接焊	帮条焊
Ⅰ级钢	E4301	E4303
Ⅱ级钢	E5001	E5003

五、材料:
1.混凝土：梁板柱及楼梯均采用C30;
2.钢筋：Ⅰ级、Ⅱ级
3.墙体材料见建筑说明。

六、其他:
1.本工程施工时，所有孔洞及预埋件应预留预埋，不得事后剔凿，具体位置及尺寸详见各有关专业图纸，施工时各专业应密切配合，以防遗漏；
2.设计中采用标准图集的，均应按图集说明要求进行施工；
3.本工程避雷引下线施工要求详见电气施工图；
4.材料代换应征得设计方同意；
5.本说明未尽事宜均按照国家现行施工及验收规范执行。

建筑设计研究院				工程名称	综合楼
证书号				图名	结构设计说明
电话					
单位负责人		审核		设计编号	
技术负责人		校对		图号	结施-01
工程负责人		设计		比例	
专业负责人		描图		日期	
		档案号			

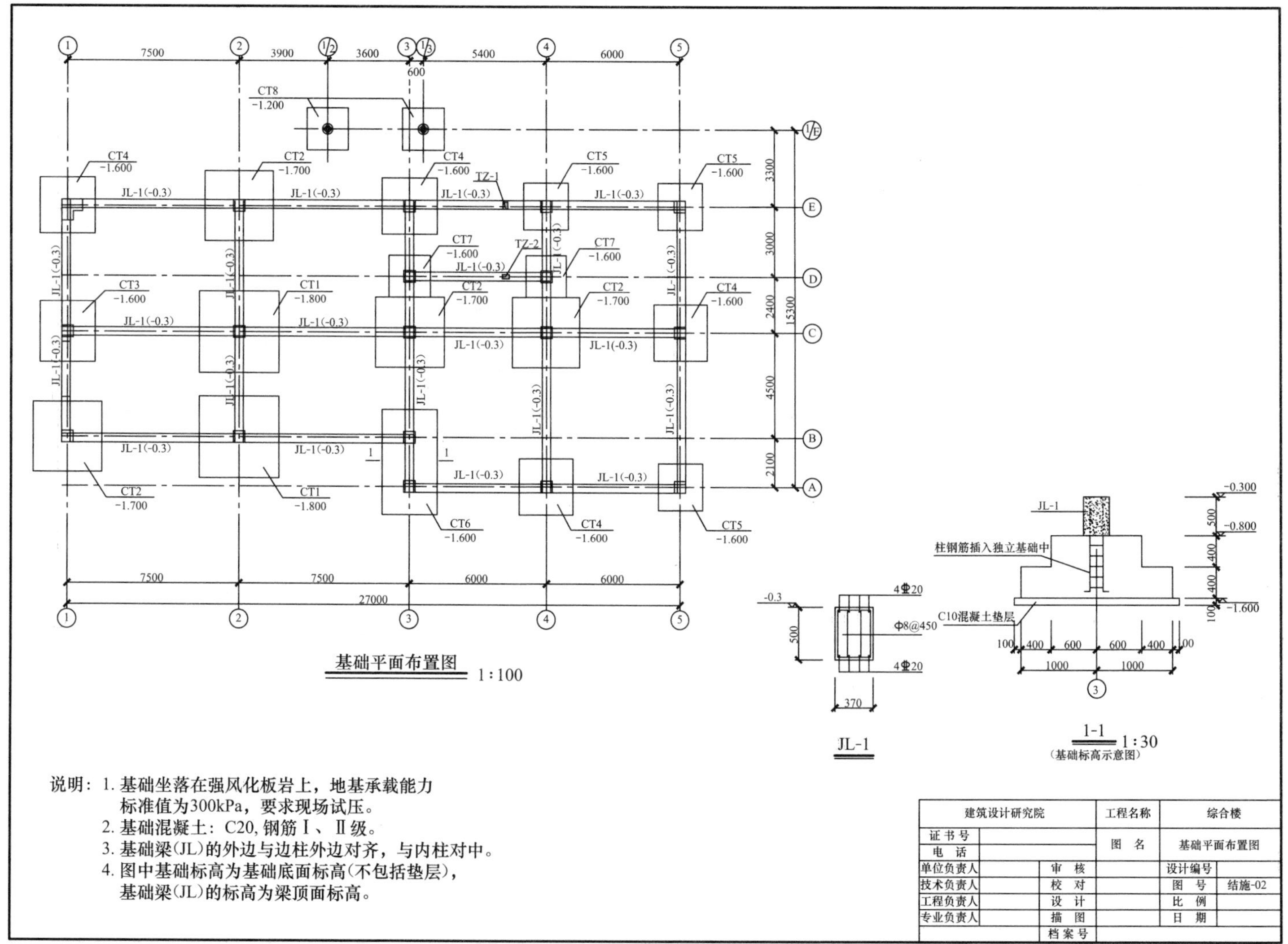
基础平面布置图 1:100
说明：1. 基础坐落在强风化板岩上，地基承载能力标准值为300kPa，要求现场试压。
2. 基础混凝土：C20，钢筋Ⅰ、Ⅱ级。
3. 基础梁(JL)的外边与边柱外边对齐，与内柱对中。
4. 图中基础标高为基础底面标高(不包括垫层)，基础梁(JL)的标高为梁顶面标高。
1-1 1:30
(基础标高示意图)
柱钢筋插入独立基础中
C10混凝土垫层
JL-1
4Φ20
Φ8@450
4Φ20
建筑设计研究院
工程名称 综合楼
图 名 基础平面布置图
设计编号
图 号 结施-02
比 例
日 期

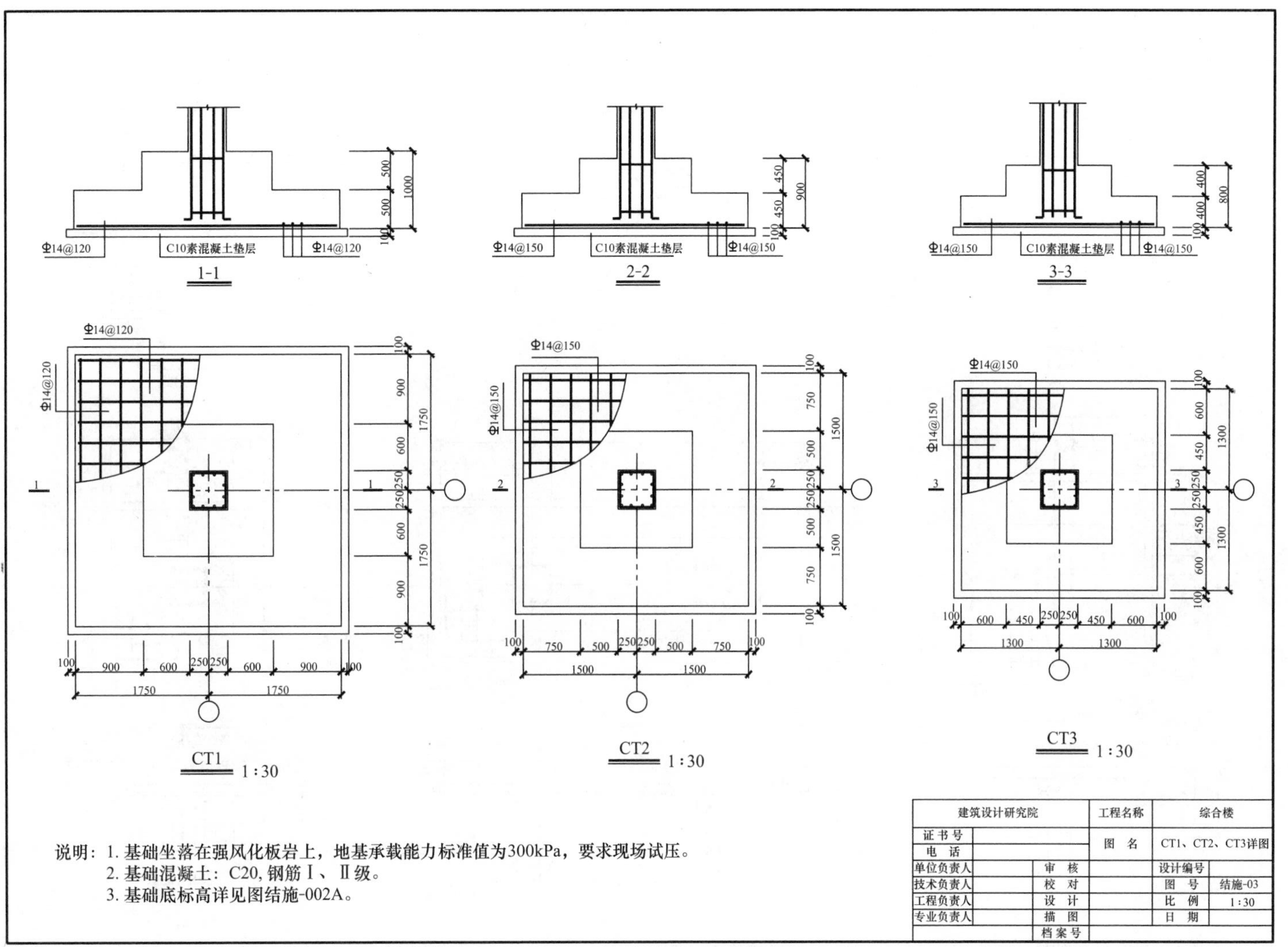
Φ14@120
C10素混凝土垫层
Φ14@120
1-1
Φ14@150
C10素混凝土垫层
Φ14@150
2-2
Φ14@150
C10素混凝土垫层
Φ14@150
3-3
CT1　1:30
CT2　1:30
CT3　1:30
说明：1. 基础坐落在强风化板岩上，地基承载能力标准值为300kPa，要求现场试压。
2. 基础混凝土：C20，钢筋Ⅰ、Ⅱ级。
3. 基础底标高详见图结施-002A。
建筑设计研究院
工程名称
综合楼
证书号
电　话
图　名
CT1、CT2、CT3详图
单位负责人
技术负责人
工程负责人
专业负责人
审　核
校　对
设　计
描　图
档案号
设计编号
图　号
结施-03
比　例
1:30
日　期

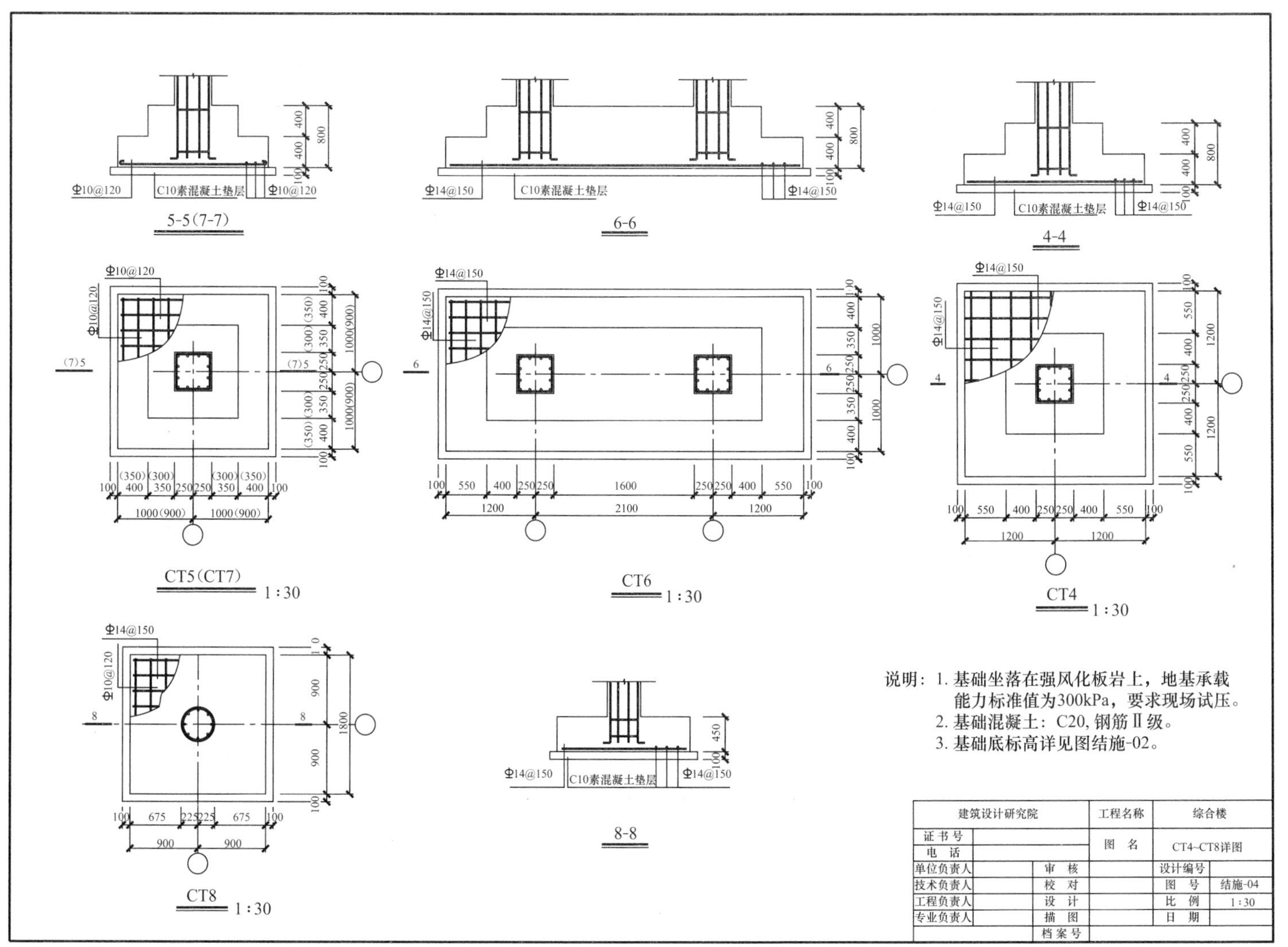
5-5(7-7)
6-6
4-4
C10素混凝土垫层
CT5(CT7) 1:30
CT6 1:30
CT4 1:30
CT8 1:30
8-8
说明：1. 基础坐落在强风化板岩上，地基承载能力标准值为300kPa，要求现场试压。
2. 基础混凝土：C20, 钢筋Ⅱ级。
3. 基础底标高详见图结施-02。
建筑设计研究院
工程名称 综合楼
图名 CT4~CT8详图
证书号
电话
单位负责人 审核 设计编号
技术负责人 校对 图号 结施-04
工程负责人 设计 比例 1:30
专业负责人 描图 日期
档案号

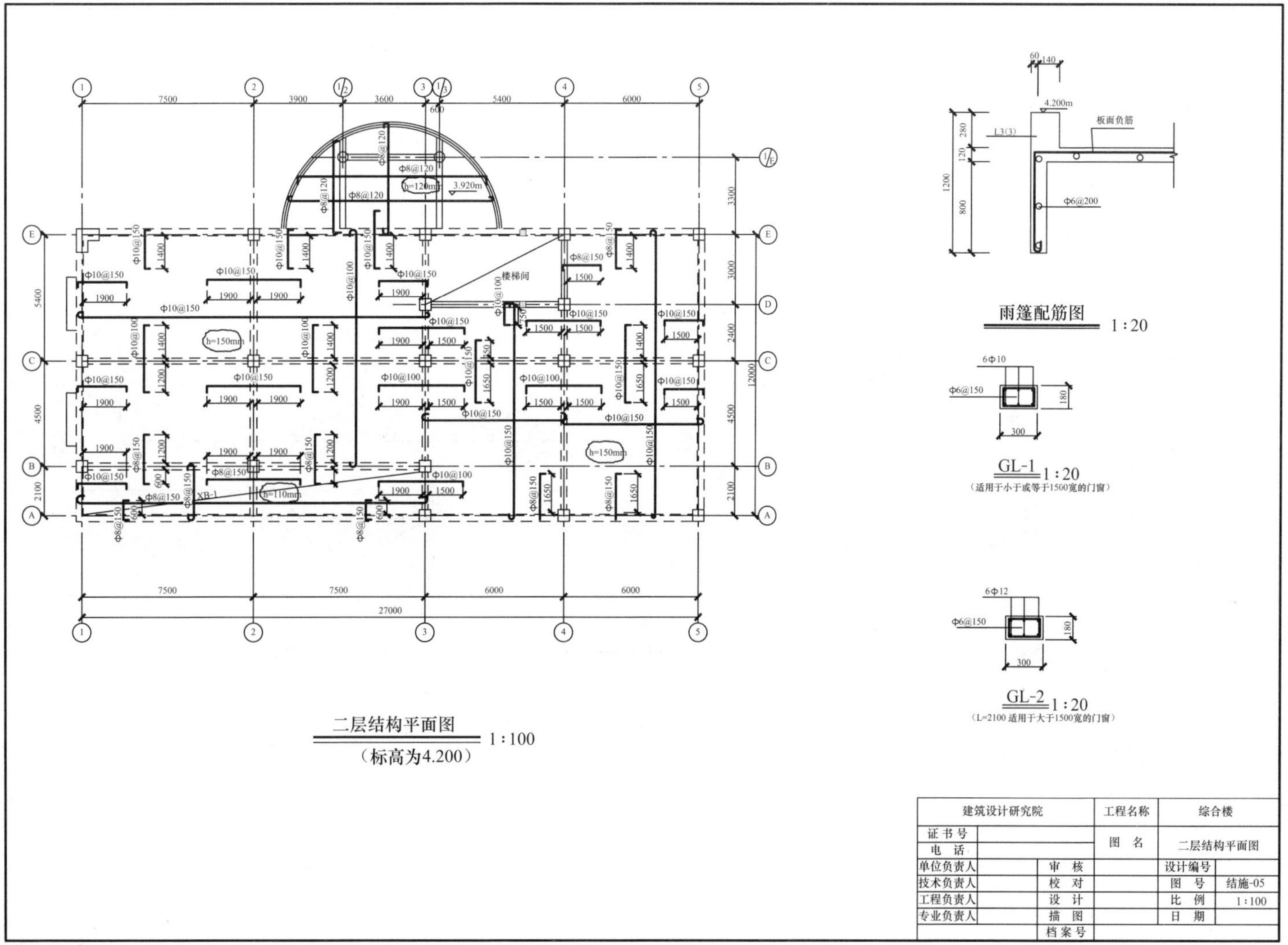
二层结构平面图 1:100
（标高为4.200）
雨篷配筋图 1:20
板面负筋
4.200m
Φ6@200
L3(3)
GL-1 1:20
（适用于小于或等于1500宽的门窗）
GL-2 1:20
（L=2100 适用于大于1500宽的门窗）
6Φ10
6Φ12
Φ6@150
楼梯间
h=150mm
h=120mm
h=110mm
3.920m
XB-1
27000
12000
建筑设计研究院
工程名称
综合楼
证书号
电　话
图　名
二层结构平面图
单位负责人
审　核
设计编号
技术负责人
校　对
图　号
结施-05
工程负责人
设　计
比　例
1:100
专业负责人
描　图
日　期
档案号

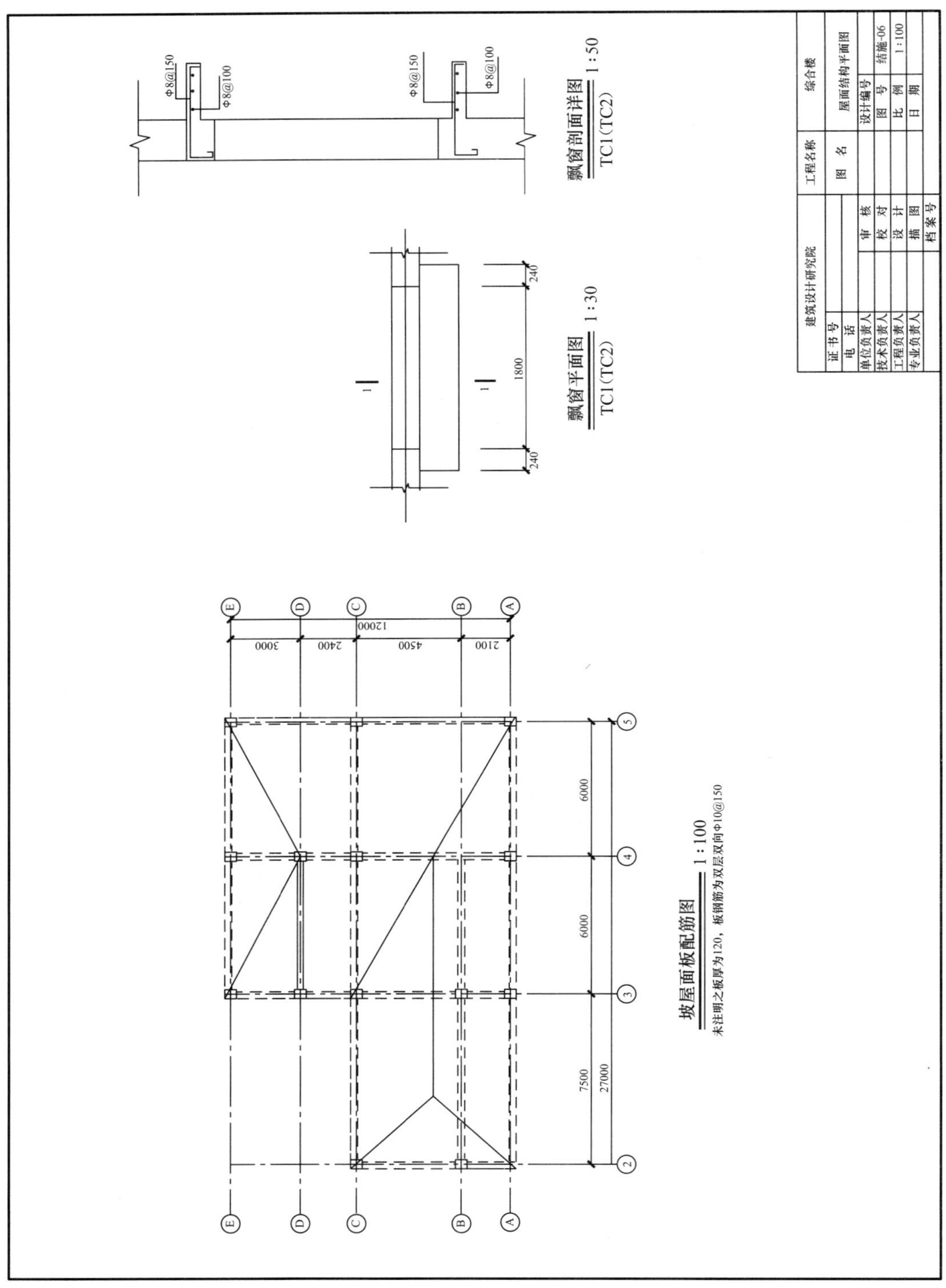

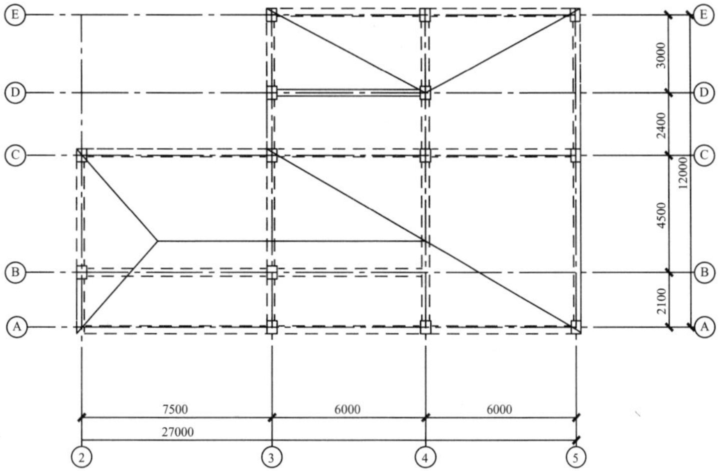
E
D
C
B
A
3000
2400
4500
2100
12000
7500
6000
6000
27000
2
3
4
5

坡屋面板配筋图 1:100

未注明之板厚为120，板钢筋为双层双向Φ10@150

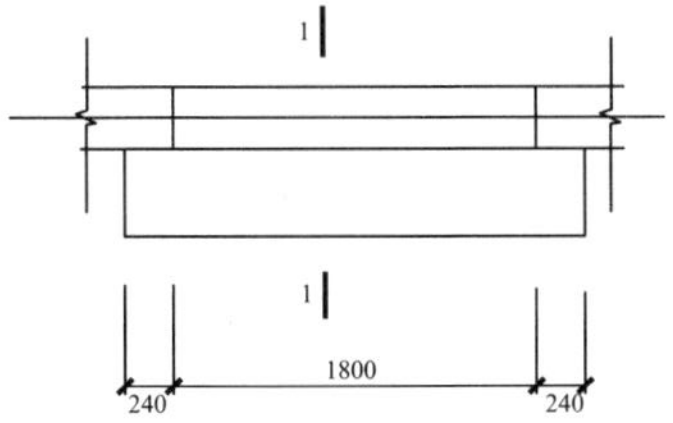
1
1
1800
240
240

飘窗平面图 1:30

TC1(TC2)

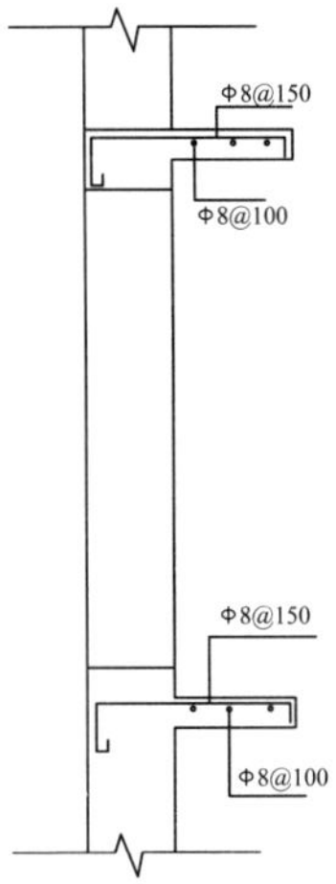
Φ8@150
Φ8@100
Φ8@150
Φ8@100

飘窗剖面详图 1:50

TC1(TC2)

建筑设计研究院			工程名称	综合楼	
证书号			图名	屋面结构平面图	
电话					
单位负责人		审核		设计编号	
技术负责人		校对		图号	结施-06
工程负责人		设计		比例	1:100
专业负责人		描图		日期	
		档案号			

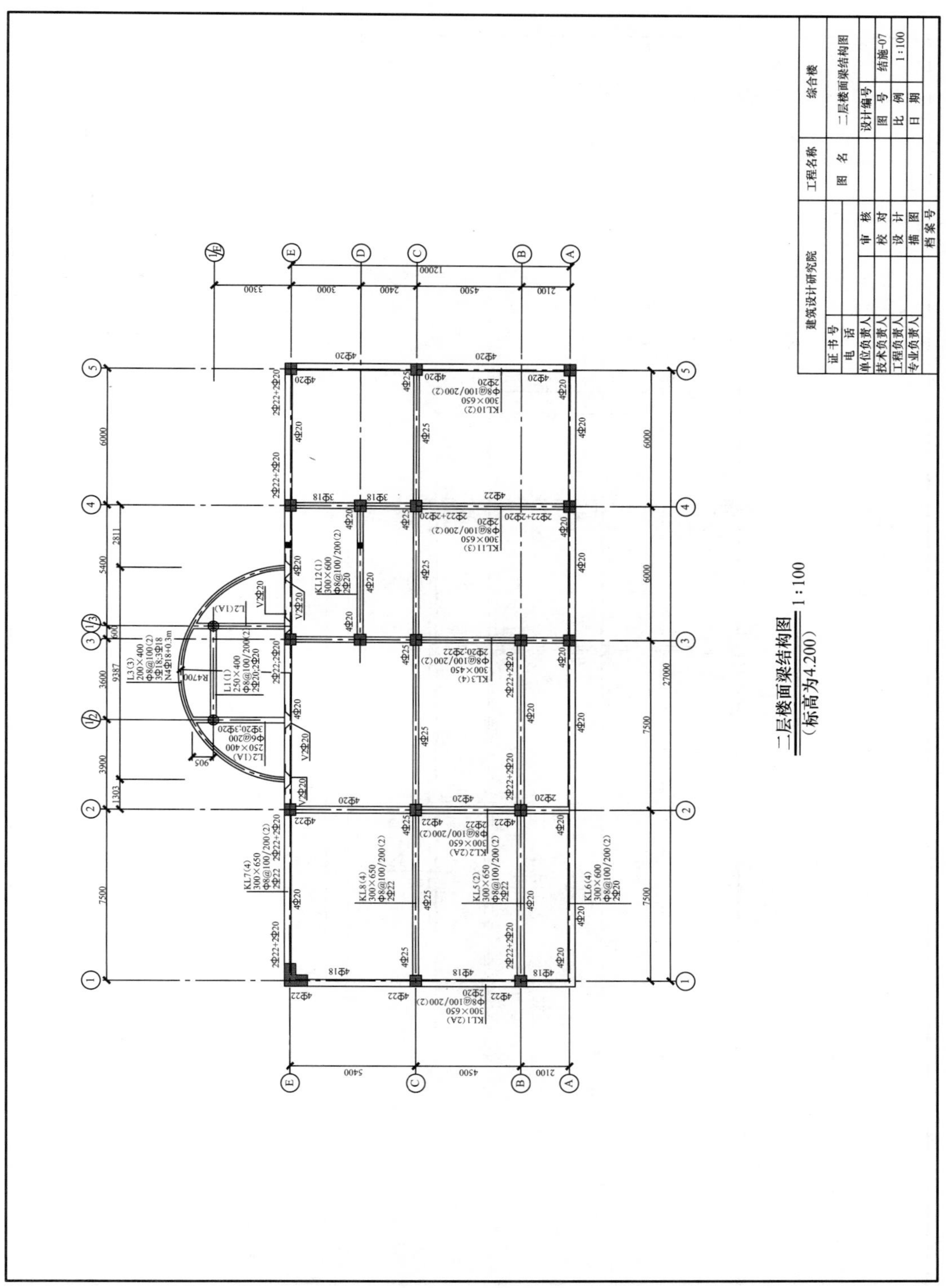
二层楼面梁结构图 1:100
（标高为4.200）
建筑设计研究院
工程名称
综合楼
图　名
二层楼面梁结构图
设计编号
图　号
结施-07
比　例
1:100
日　期
证书号
电　话
单位负责人
技术负责人
工程负责人
专业负责人
审　核
校　对
设　计
描　图
档案号

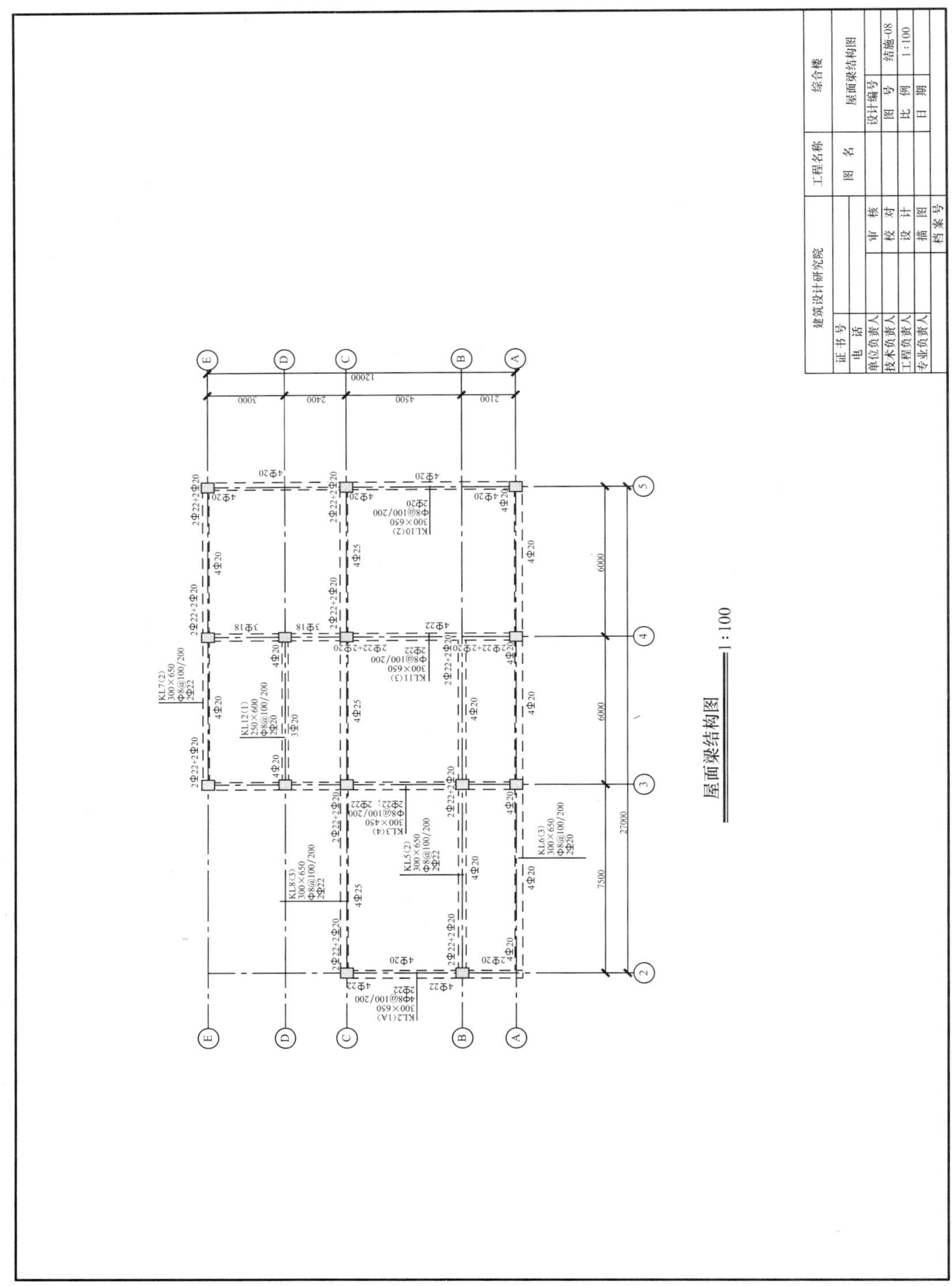
建筑设计研究院
证书号
电话
单位负责人
技术负责人
工程负责人
专业负责人
审核
校对
设计
描图
档案号
工程名称
综合楼
图名
屋面梁结构图
设计编号
图号
结施-08
比例
1:100
日期
屋面梁结构图
1:100

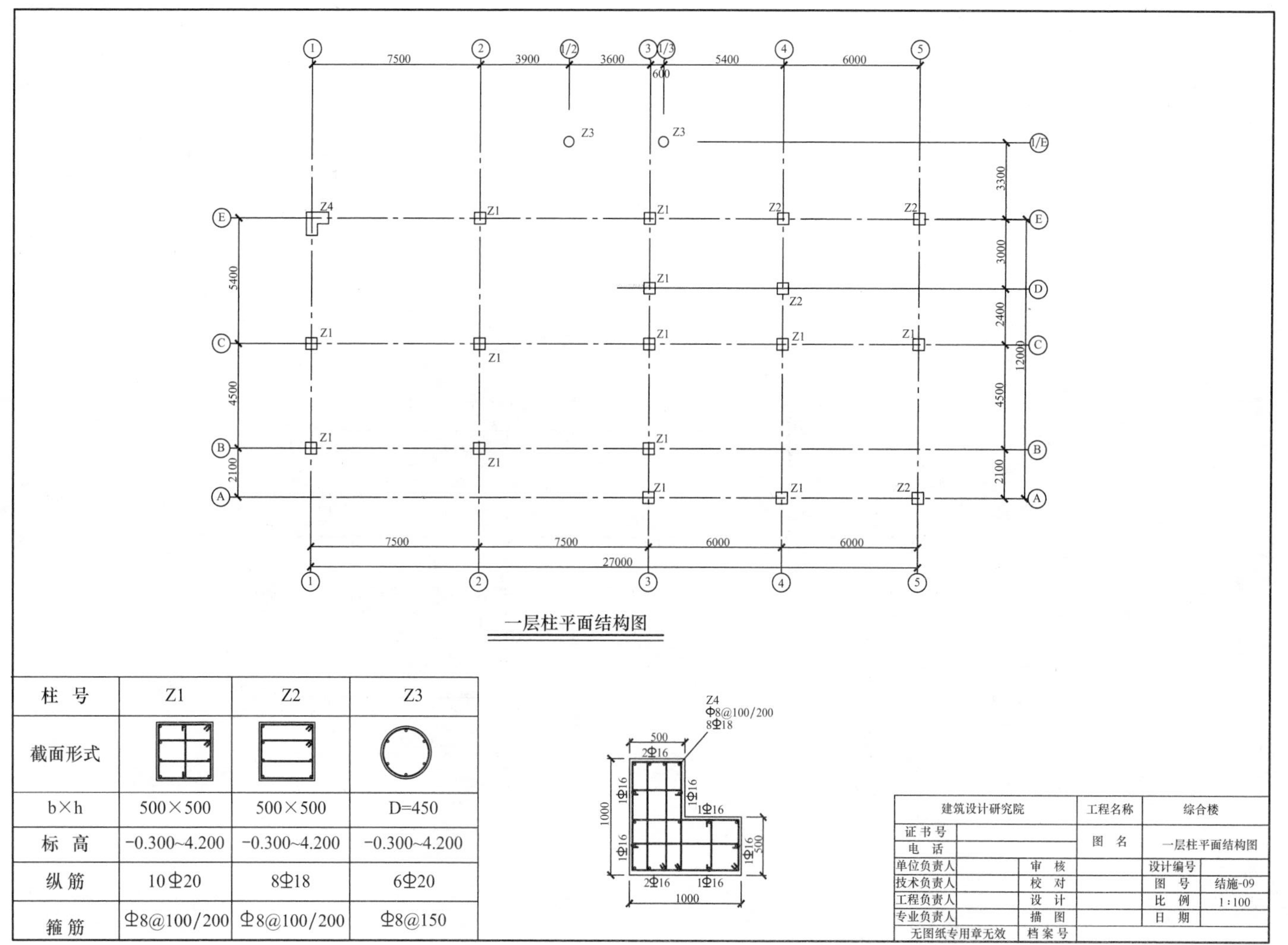
一层柱平面结构图
Z4
Φ8@100/200
8Φ18
柱号 | Z1 | Z2 | Z3
截面形式
b×h | 500×500 | 500×500 | D=450
标高 | -0.300~4.200 | -0.300~4.200 | -0.300~4.200
纵筋 | 10Φ20 | 8Φ18 | 6Φ20
箍筋 | Φ8@100/200 | Φ8@100/200 | Φ8@150
建筑设计研究院
证书号
电话
单位负责人
技术负责人
工程负责人
专业负责人
无图纸专用章无效
审核
校对
设计
描图
档案号
工程名称 综合楼
图名 一层柱平面结构图
设计编号
图号 结施-09
比例 1:100
日期

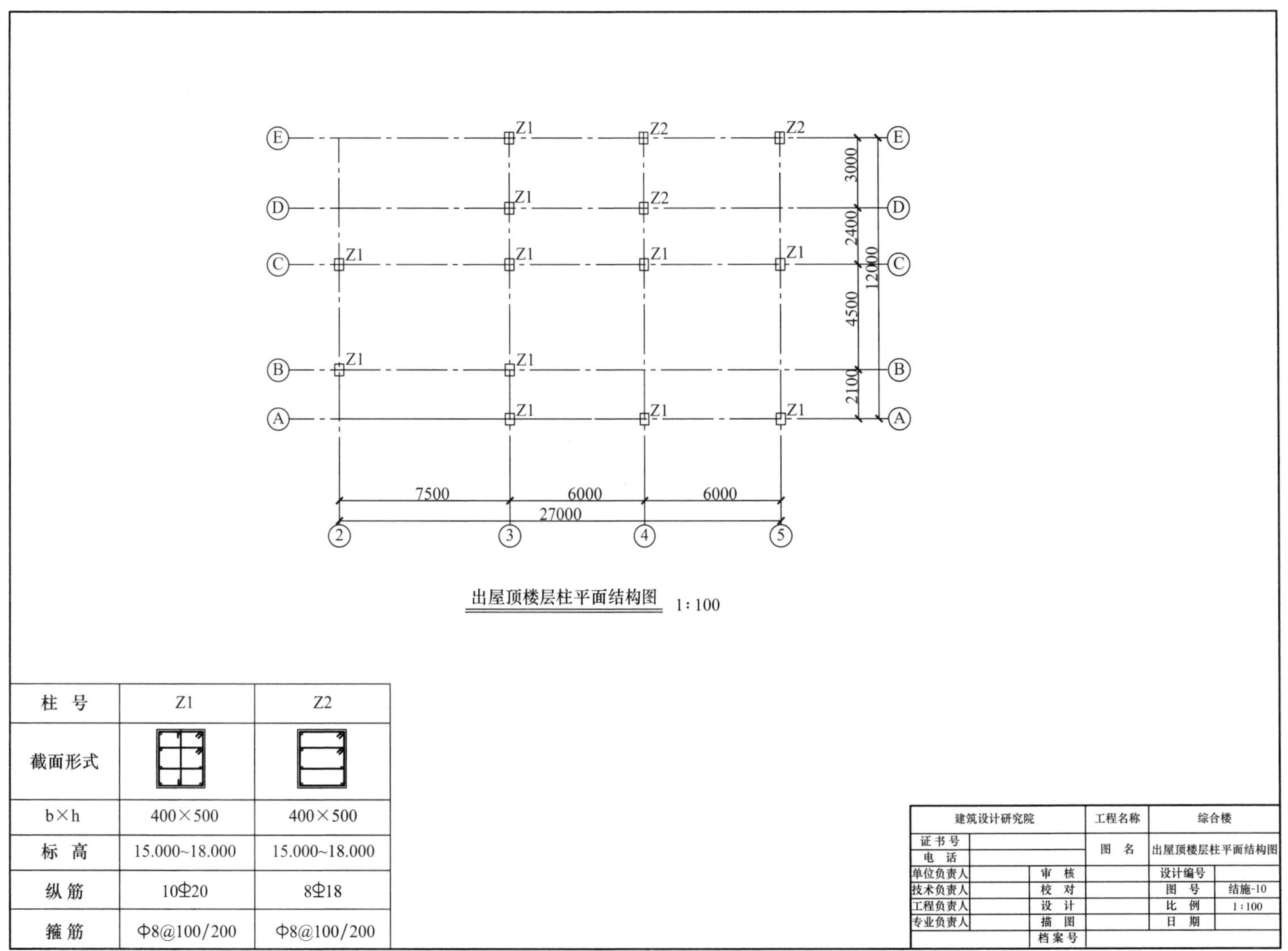

Z1
Z2
3000
2400
4500
2100
12000
7500
6000
6000
27000
出屋顶楼层柱平面结构图 1:100
柱号 Z1 Z2
截面形式
b×h 400×500 400×500
标高 15.000~18.000 15.000~18.000
纵筋 10Φ20 8Φ18
箍筋 Φ8@100/200 Φ8@100/200
建筑设计研究院
工程名称 综合楼
证书号
电话
图名 出屋顶楼层柱平面结构图
单位负责人
审核
设计编号
技术负责人
校对
图号 结施-10
工程负责人
设计
比例 1:100
专业负责人
描图
日期
档案号

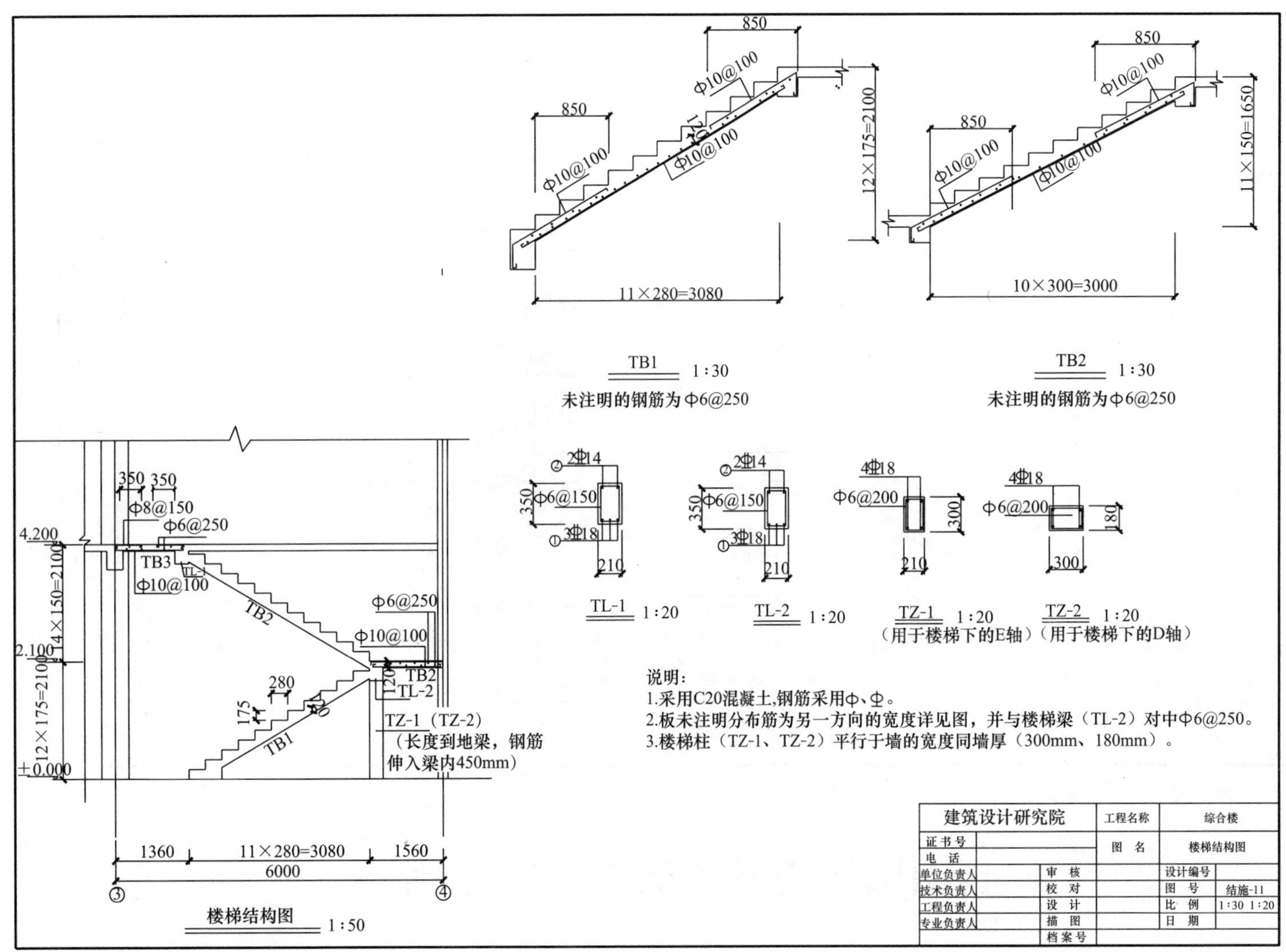
850
Φ10@100
120
12×175=2100
11×280=3080
11×150=1650
10×300=3000
TB1　1:30
未注明的钢筋为Φ6@250
TB2　1:30
未注明的钢筋为Φ6@250
2Φ14
Φ6@150
3Φ18
350
210
4Φ18
Φ6@200
300
180
TL-1　1:20
TL-2　1:20
TZ-1　1:20
（用于楼梯下的E轴）
TZ-2　1:20
（用于楼梯下的D轴）
说明:
1.采用C20混凝土,钢筋采用Φ、Φ。
2.板未注明分布筋为另一方向的宽度详见图，并与楼梯梁（TL-2）对中Φ6@250。
3.楼梯柱（TZ-1、TZ-2）平行于墙的宽度同墙厚（300mm、180mm）。
350　350
Φ8@150
Φ6@250
4.200
TB3
TL-1
Φ10@100
TB2
Φ6@250
Φ10@100
2.100
14×150=2100
12×175=2100
280
175
TB2
TL-2
TZ-1（TZ-2）
（长度到地梁，钢筋伸入梁内450mm）
TB1
±0.000
1360　11×280=3080　1560
6000
③
④
楼梯结构图　1:50
建筑设计研究院
证书号
电话
单位负责人
技术负责人
工程负责人
专业负责人
审核
校对
设计
描图
档案号
工程名称　综合楼
图名　楼梯结构图
设计编号
图号　结施-11
比例　1:30 1:20
日期

附录二　安装工程施工图图纸

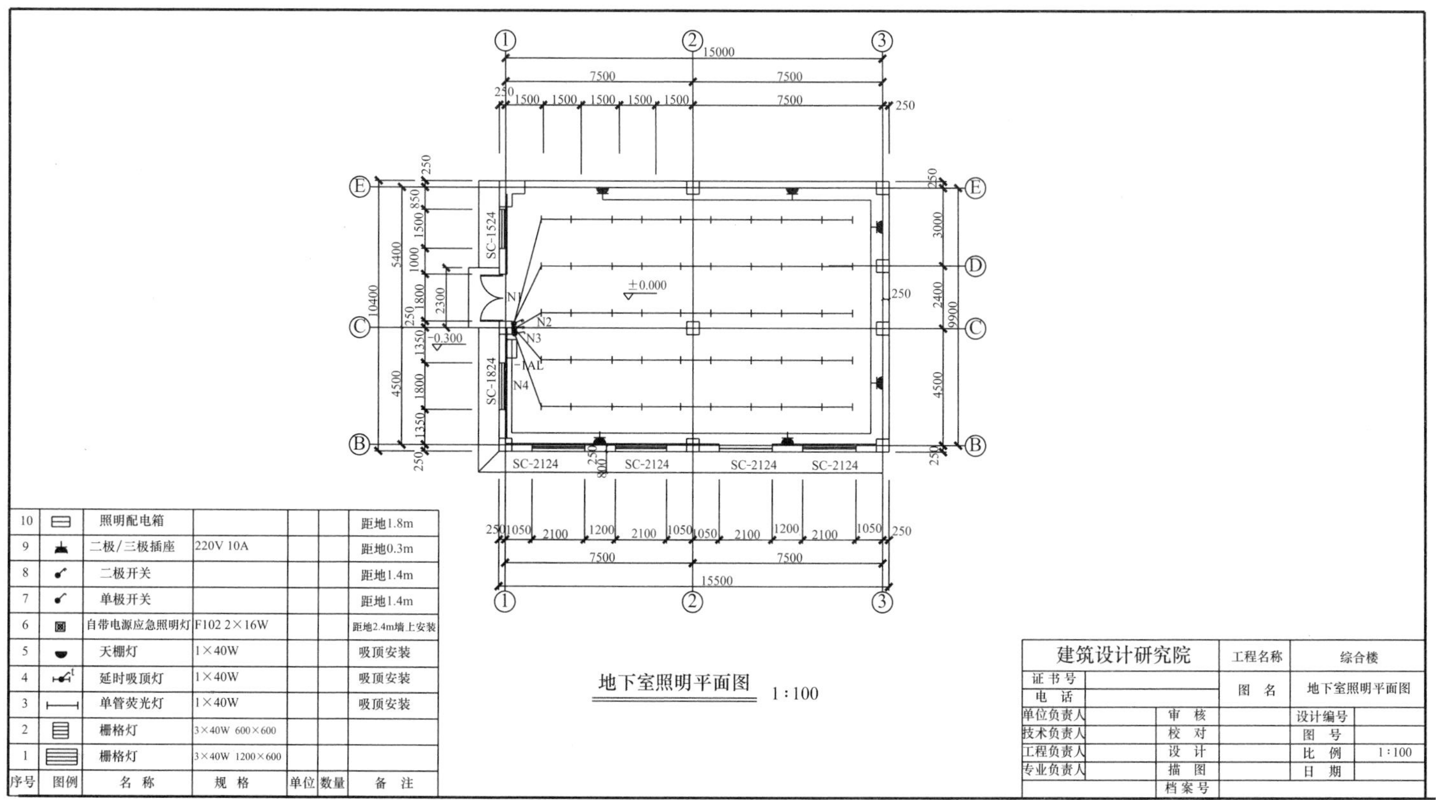

序号	图例	名称	规格	单位	数量	备注
10		照明配电箱				距地1.8m
9		二极/三极插座	220V 10A			距地0.3m
8		二极开关				距地1.4m
7		单极开关				距地1.4m
6		自带电源应急照明灯	F102 2×16W			距地2.4m墙上安装
5		天棚灯	1×40W			吸顶安装
4		延时吸顶灯	1×40W			吸顶安装
3		单管荧光灯	1×40W			吸顶安装
2		栅格灯	3×40W 600×600			
1		栅格灯	3×40W 1200×600			

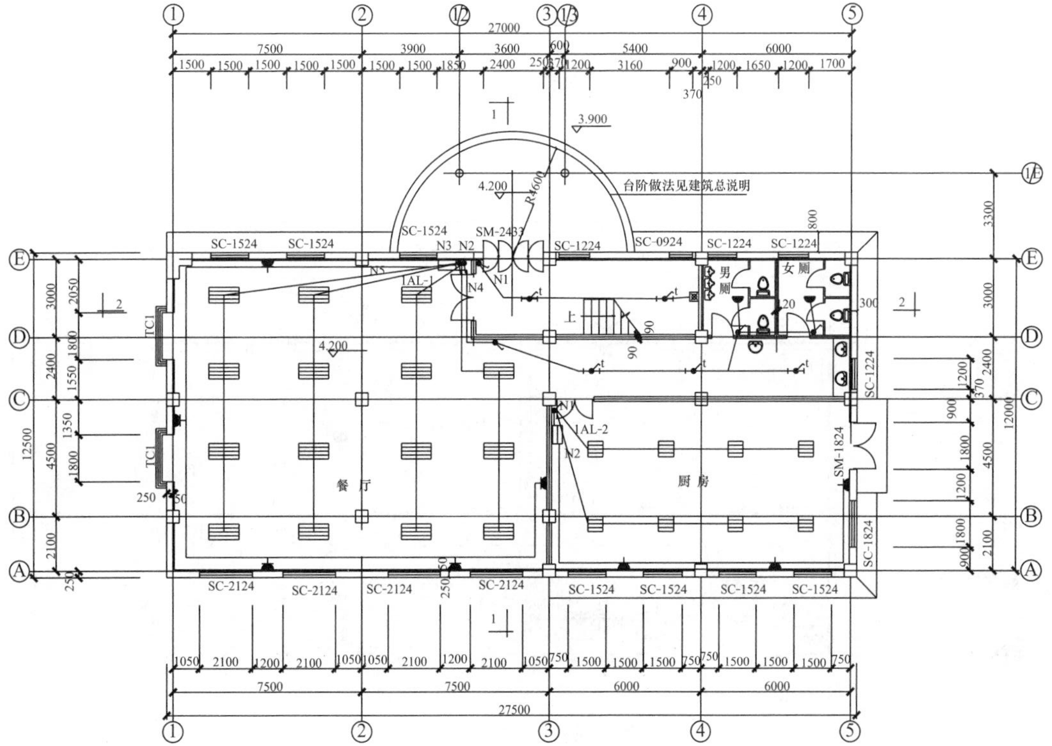

一层照明平面图　1:100

建筑设计研究院			工程名称	综合楼
证书号			图 名	一层照明平面图
电 话				
单位负责人	审 核		设计编号	
技术负责人	校 对		图 号	
工程负责人	设 计		比 例	1:100
专业负责人	描 图		日 期	
	档案号			

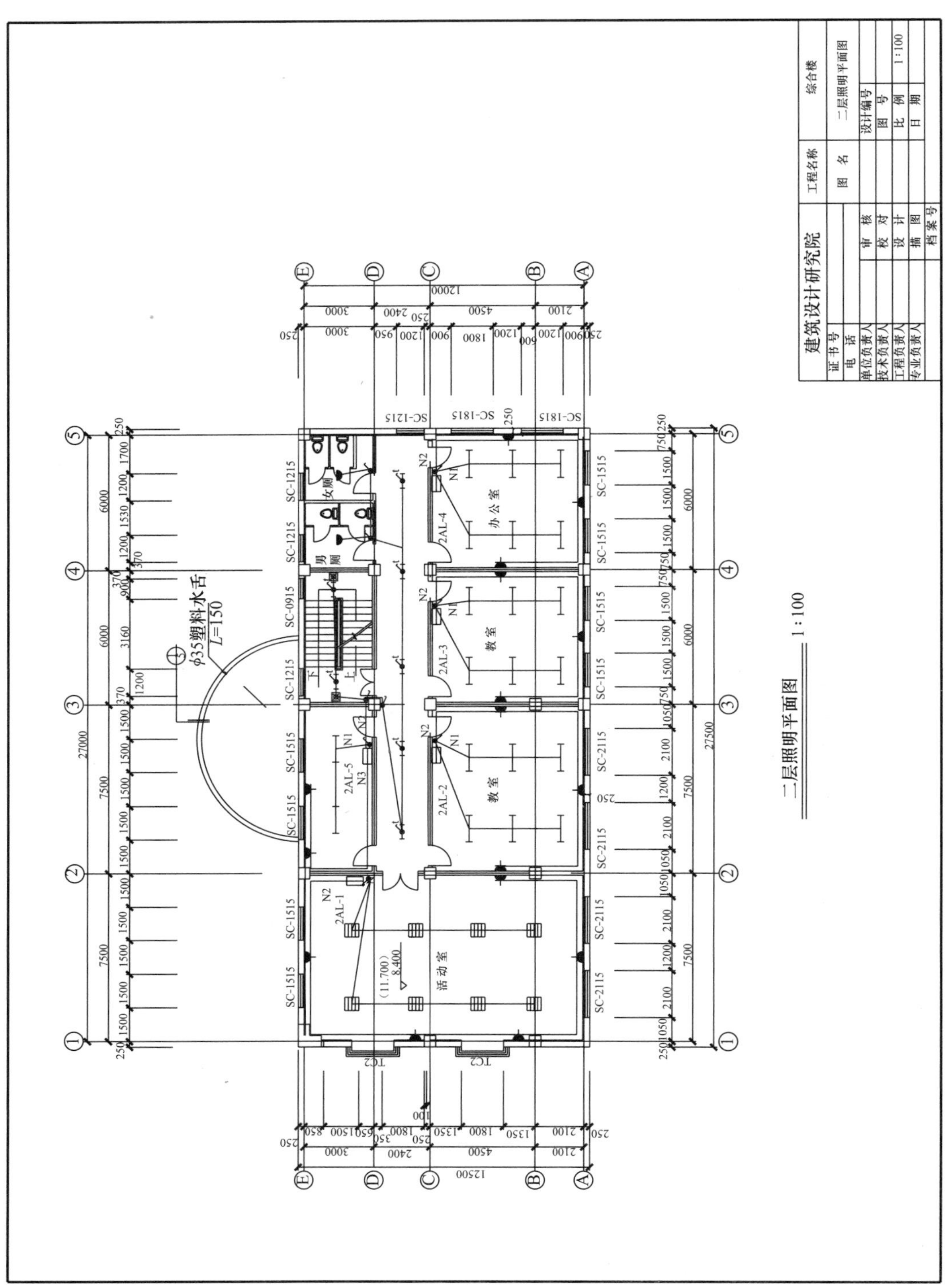
建筑设计研究院
证书号
电 话
单位负责人
技术负责人
工程负责人
专业负责人
审 核
校 对
设 计
描 图
档案号
工程名称
综合楼
图 名
二层照明平面图
设计编号
图 号
比 例
1:100
日 期
办公室
教室
教室
活动室
女厕
男厕
2AL-1
2AL-2
2AL-3
2AL-4
2AL-5
ф35塑料水舌
L=150
二层照明平面图 1:100

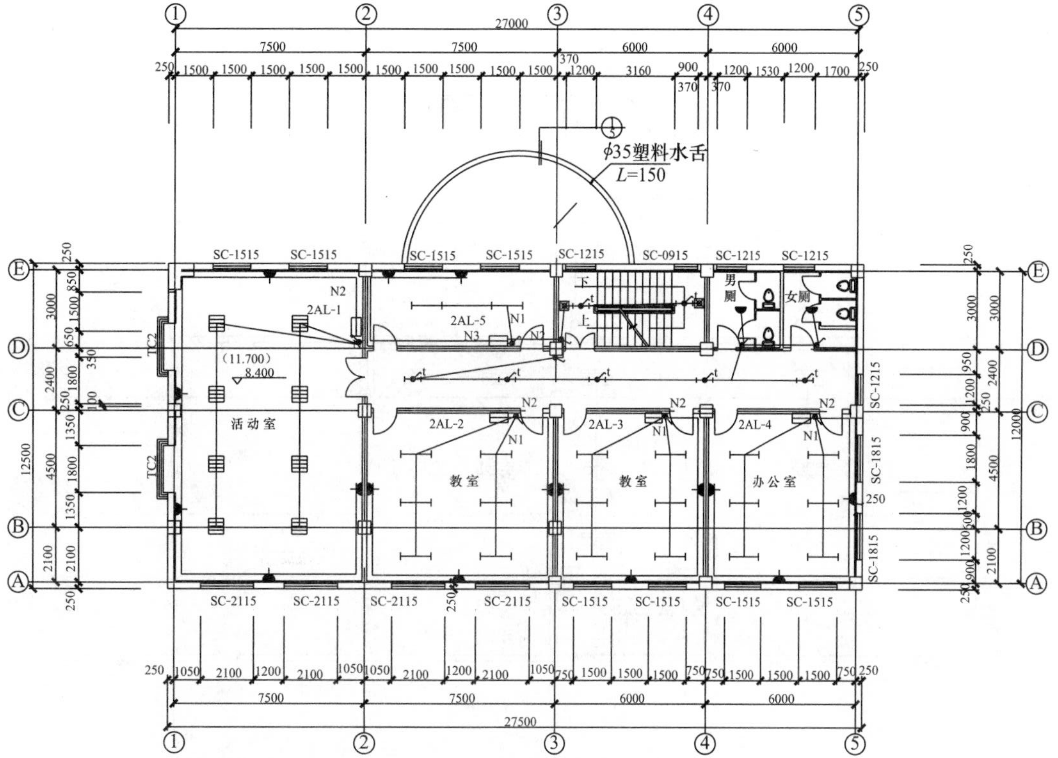

①
②
③
④
⑤
Ⓐ
Ⓑ
Ⓒ
Ⓓ
Ⓔ
27000
27500
12500
12000
ϕ35塑料水舌
L=150
SC-1515
SC-1215
SC-0915
SC-2115
SC-1815
TC2
2AL-1
2AL-2
2AL-3
2AL-4
2AL-5
N1
N2
N3
(11.700)
8.400
活动室
教室
办公室
男厕
女厕
上
下

三层照明平面图　1:100

建筑设计研究院				工程名称	综合楼
证书号				图　名	三层照明平面图
电　话					
单位负责人		审　核		设计编号	
技术负责人		校　对		图　号	
工程负责人		设　计		比　例	1:100
专业负责人		描　图		日　期	
		档案号			

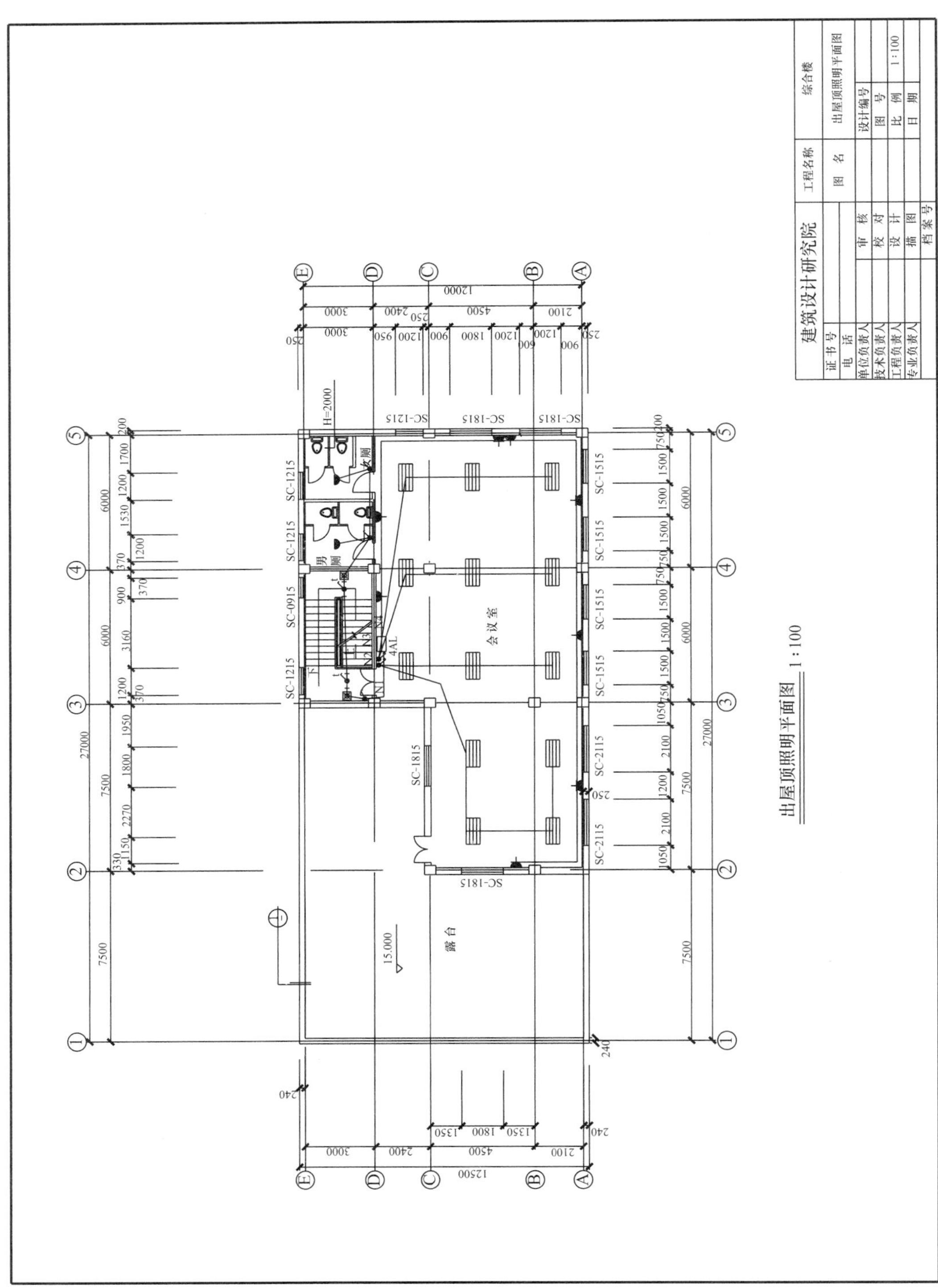
建筑设计研究院
工程名称
综合楼
图 名
出屋顶照明平面图
设计编号
图 号
比 例
1:100
日 期
证书号
电 话
单位负责人
技术负责人
工程负责人
专业负责人
审 核
校 对
设 计
描 图
档案号
出屋顶照明平面图 1:100
会议室
露台
男厕
女厕
4AL
15.000
H=2000

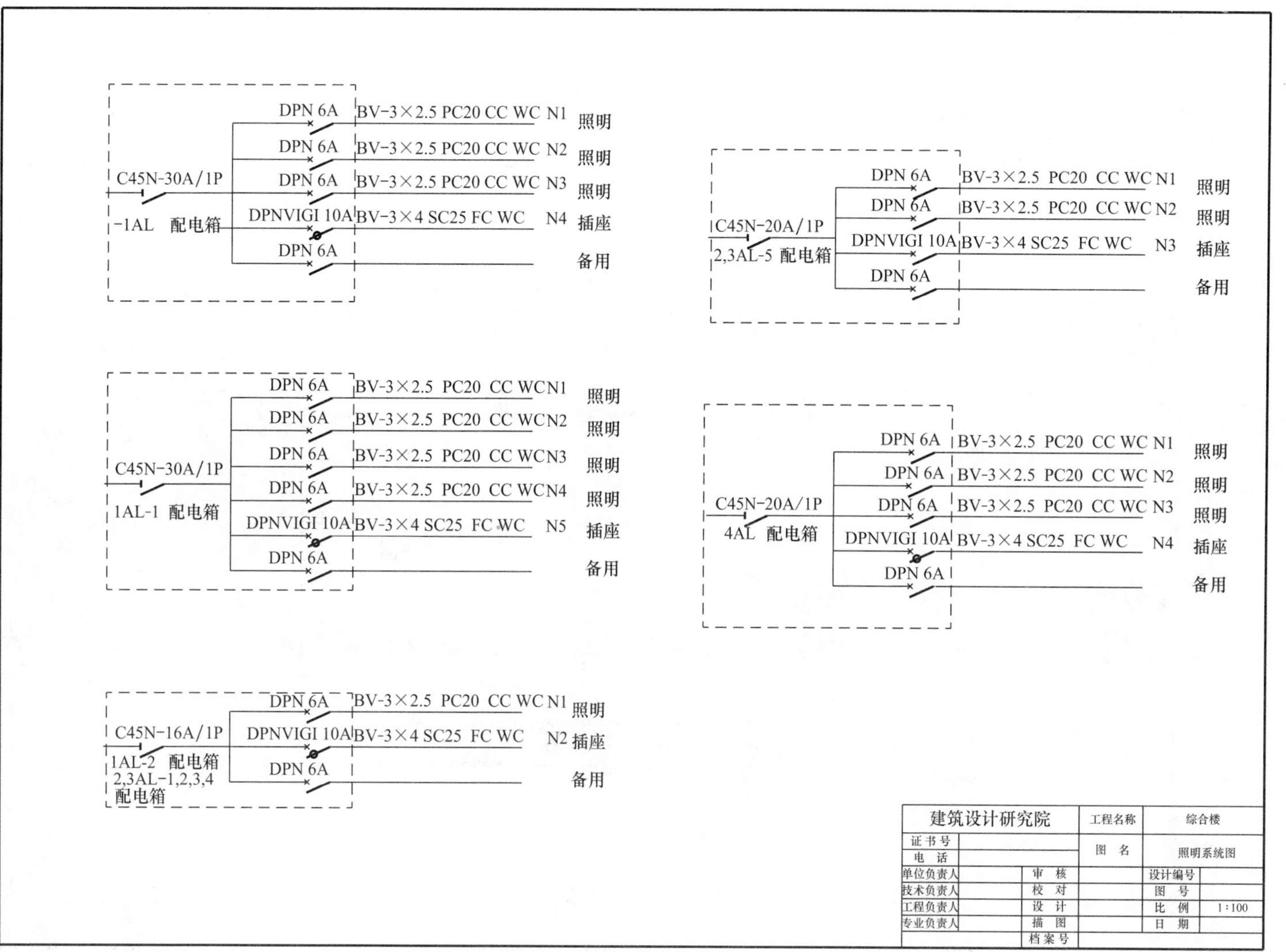
C45N-30A/1P
-1AL 配电箱
DPN 6A
BV-3×2.5 PC20 CC WC N1 照明
DPN 6A
BV-3×2.5 PC20 CC WC N2 照明
DPN 6A
BV-3×2.5 PC20 CC WC N3 照明
DPNVIGI 10A
BV-3×4 SC25 FC WC N4 插座
DPN 6A
备用
C45N-20A/1P
2,3AL-5 配电箱
DPN 6A
BV-3×2.5 PC20 CC WC N1 照明
DPN 6A
BV-3×2.5 PC20 CC WC N2 照明
DPNVIGI 10A
BV-3×4 SC25 FC WC N3 插座
DPN 6A
备用
C45N-30A/1P
1AL-1 配电箱
DPN 6A
BV-3×2.5 PC20 CC WCN1 照明
DPN 6A
BV-3×2.5 PC20 CC WCN2 照明
DPN 6A
BV-3×2.5 PC20 CC WCN3 照明
DPN 6A
BV-3×2.5 PC20 CC WCN4 照明
DPNVIGI 10A
BV-3×4 SC25 FC WC N5 插座
DPN 6A
备用
C45N-20A/1P
4AL 配电箱
DPN 6A
BV-3×2.5 PC20 CC WC N1 照明
DPN 6A
BV-3×2.5 PC20 CC WC N2 照明
DPN 6A
BV-3×2.5 PC20 CC WC N3 照明
DPNVIGI 10A
BV-3×4 SC25 FC WC N4 插座
DPN 6A
备用
C45N-16A/1P
1AL-2 配电箱
2,3AL-1,2,3,4
配电箱
DPN 6A
BV-3×2.5 PC20 CC WC N1 照明
DPNVIGI 10A
BV-3×4 SC25 FC WC N2 插座
DPN 6A
备用
建筑设计研究院
工程名称 综合楼
证书号
电话
图名 照明系统图
单位负责人
审核
设计编号
技术负责人
校对
图号
工程负责人
设计
比例 1:100
专业负责人
描图
日期
档案号

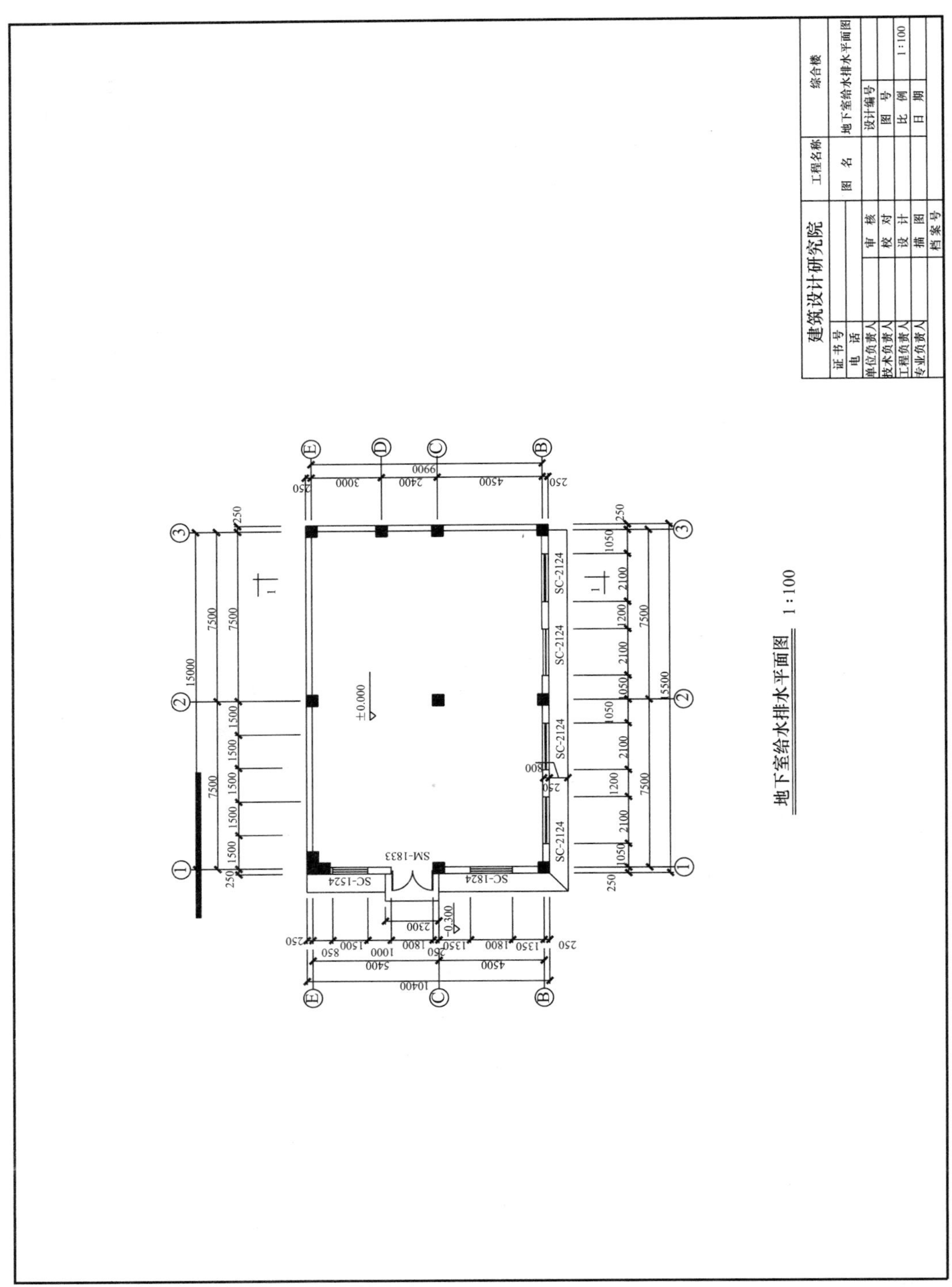
建筑设计研究院
证书号
电话
单位负责人
技术负责人
工程负责人
专业负责人
审核
校对
设计
描图
档案号
工程名称
综合楼
图名
地下室给水排水平面图
设计编号
图号
比例
1:100
日期
地下室给水排水平面图 1:100
SC-2124
SC-1524
SC-1824
SM-1833
±0.000
-0.300

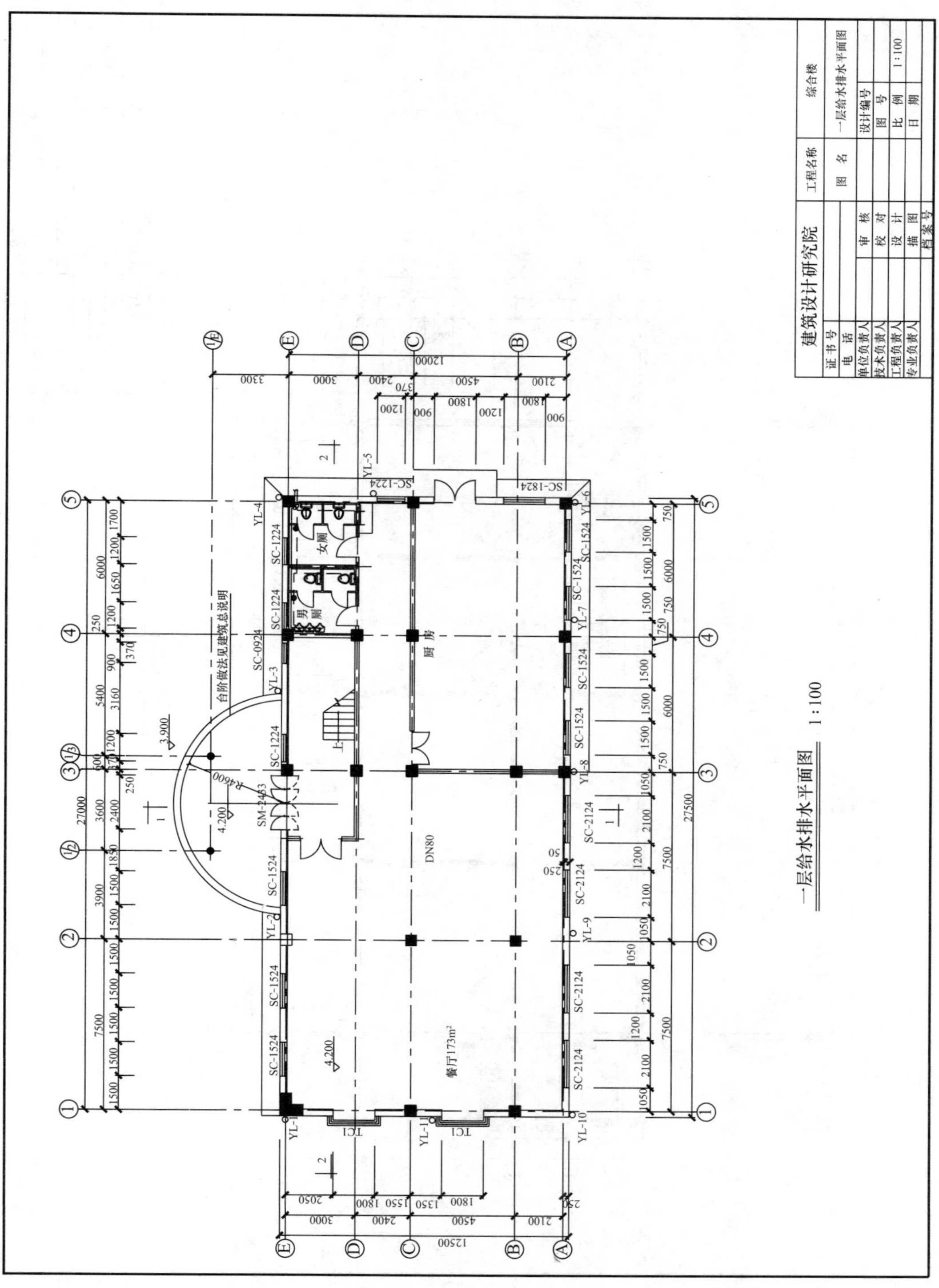
一层给水排水平面图 1:100
建筑设计研究院
证书号
电 话
单位负责人
技术负责人
工程负责人
专业负责人
审 核
校 对
设 计
描 图
档案号
工程名称
综合楼
图 名
一层给水排水平面图
设计编号
图 号
比 例
1:100
日 期
餐厅173m²
厨房
男厕
女厕
DN80
台阶做法见建筑总说明
SM-2453
R4600

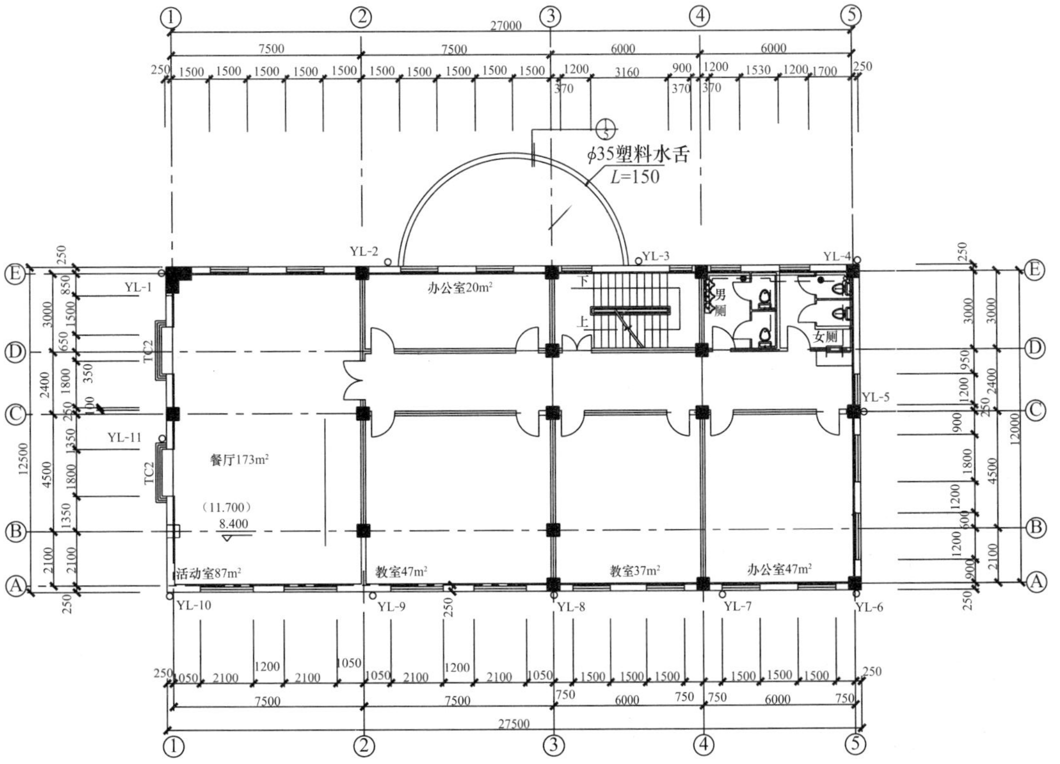

①
②
③
④
⑤
27000
7500
6000
27500
12500
12000
4500
3000
2400
2100
φ35塑料水舌
L=150
YL-1
YL-2
YL-3
YL-4
YL-5
YL-6
YL-7
YL-8
YL-9
YL-10
YL-11
TC2
办公室20m²
男厕
女厕
下
上
餐厅173m²
（11.700）
8.400
活动室87m²
教室47m²
教室37m²
办公室47m²

二、三层给水排水平面图　1∶100

建筑设计研究院		工程名称		综合楼	
证书号		图　名		二、三层给水排水平面图	
电　话					
单位负责人		审　核		设计编号	
技术负责人		校　对		图　号	
工程负责人		设　计		比　例	1∶100
专业负责人		描　图		日　期	
		档案号			

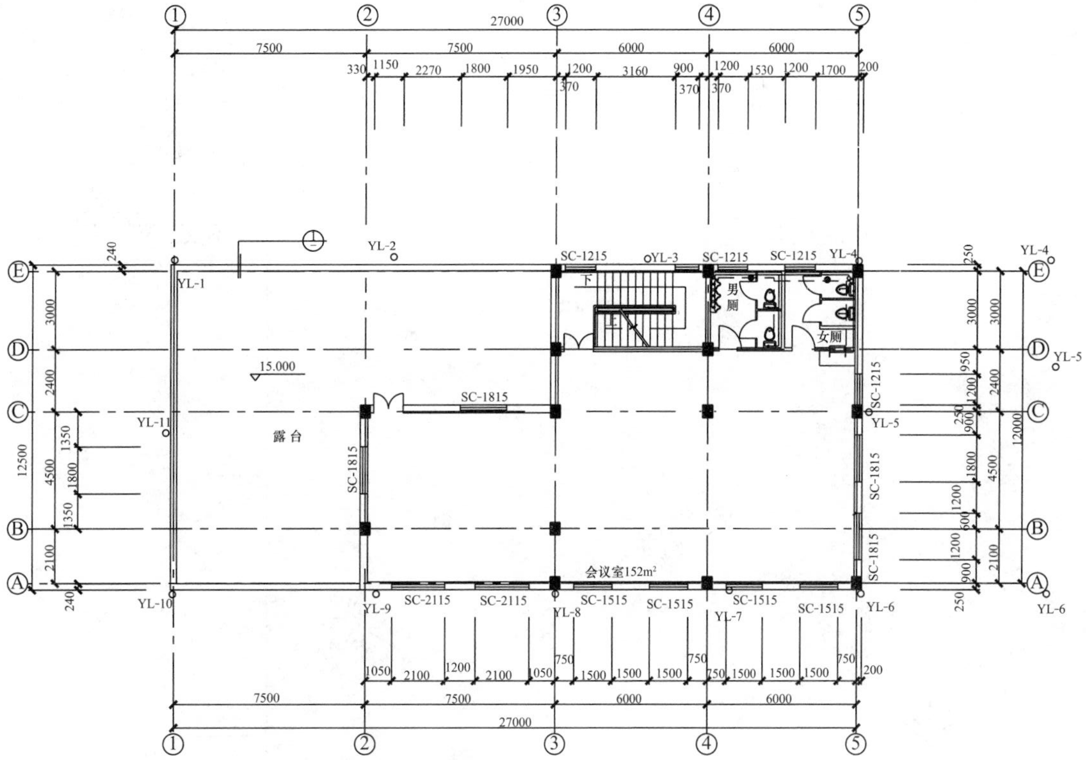

出屋顶楼层给水排水平面图　1:100

建筑设计研究院			工程名称	综合楼	
证书号			图　名	出屋顶楼层给水排水平面图	
电　话					
单位负责人		审　核		设计编号	
技术负责人		校　对		图　号	
工程负责人		设　计		比　例	1:100
专业负责人		描　图		日　期	
		档案号			

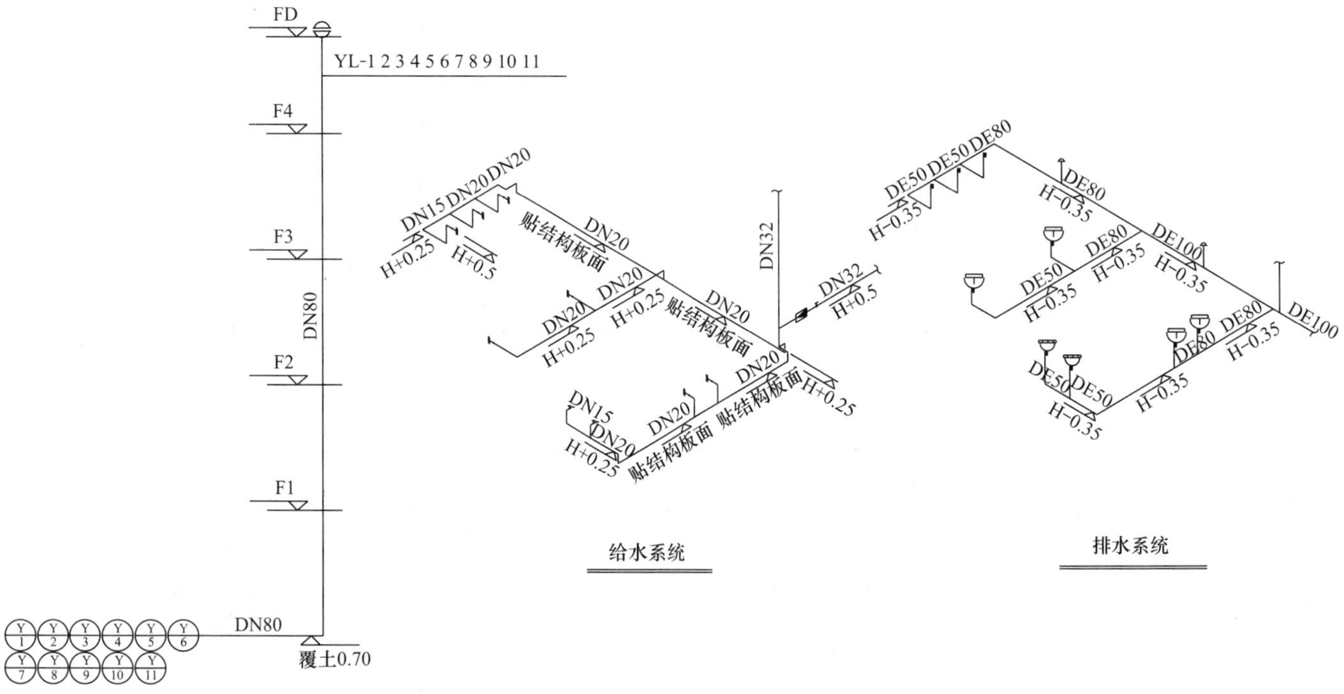
FD
YL-1 2 3 4 5 6 7 8 9 10 11
F4
F3
DN80
F2
F1
DN80
覆土0.70
Y 1
Y 2
Y 3
Y 4
Y 5
Y 6
Y 7
Y 8
Y 9
Y 10
Y 11
DN15 DN20 DN20
H+0.25
H+0.5
贴结构板面
DN20
DN20
H+0.25
DN20
H+0.25
贴结构板面
DN20
DN15
DN20
H+0.25
DN20
贴结构板面
贴结构板面
DN20
H+0.25
DN32
DN32
H+0.5
DE50 DE50 DE80
H-0.35
DE80
H-0.35
DE80
H-0.35
DE50
H-0.35
DE100
H-0.35
DE80
H-0.35
DE80
H-0.35
DE50
DE50
H-0.35
DE100

雨水系统图

给水系统

排水系统

				工程名称	综合楼
证书号				图　名	给水排水系统图
电　话					
单位负责人		审　核		设计编号	
技术负责人		校　对		图　号	
工程负责人		设　计		比　例	1:100
专业负责人		描　图		日　期	
		档案号			

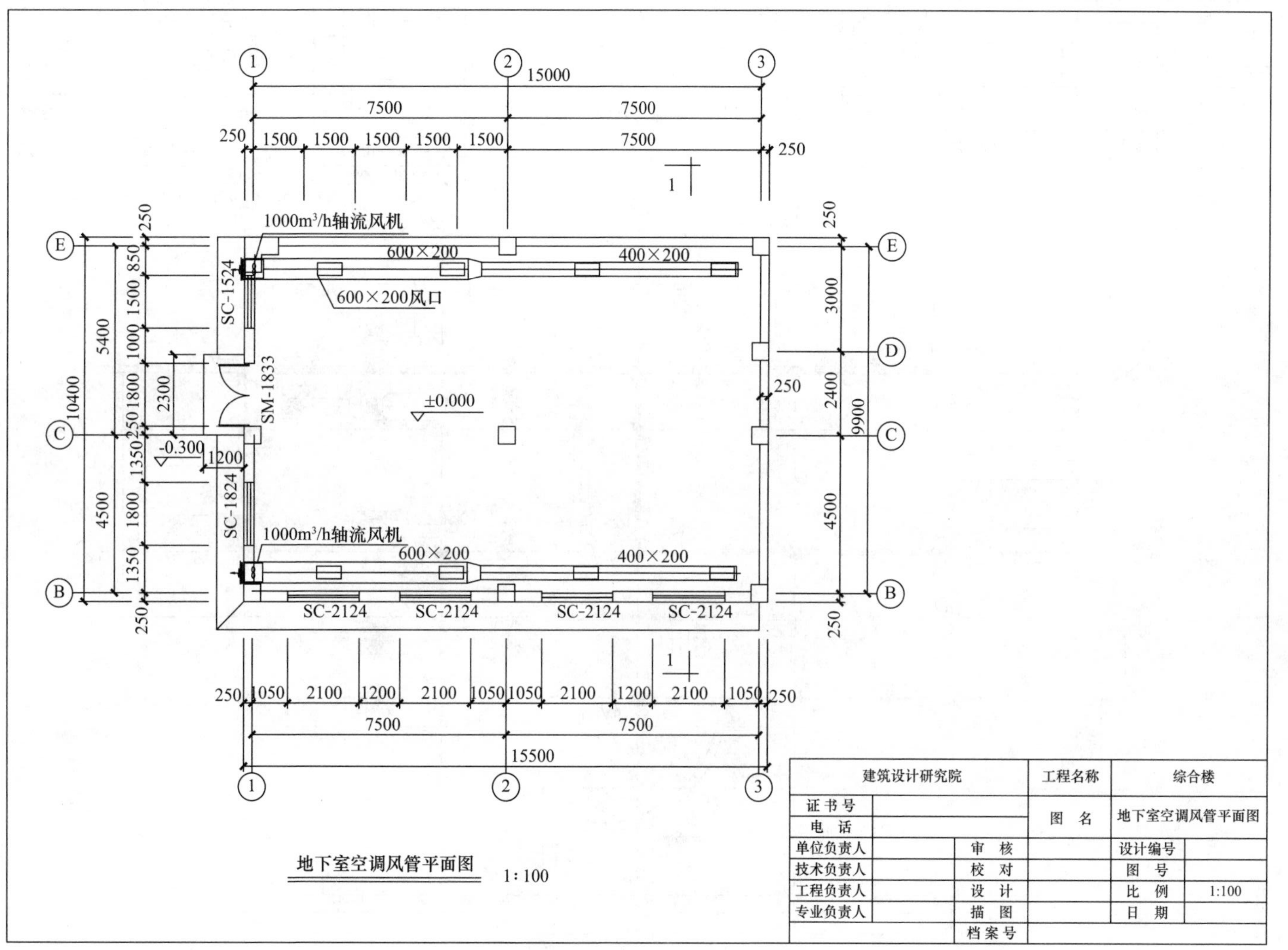

地下室空调风管平面图　1∶100

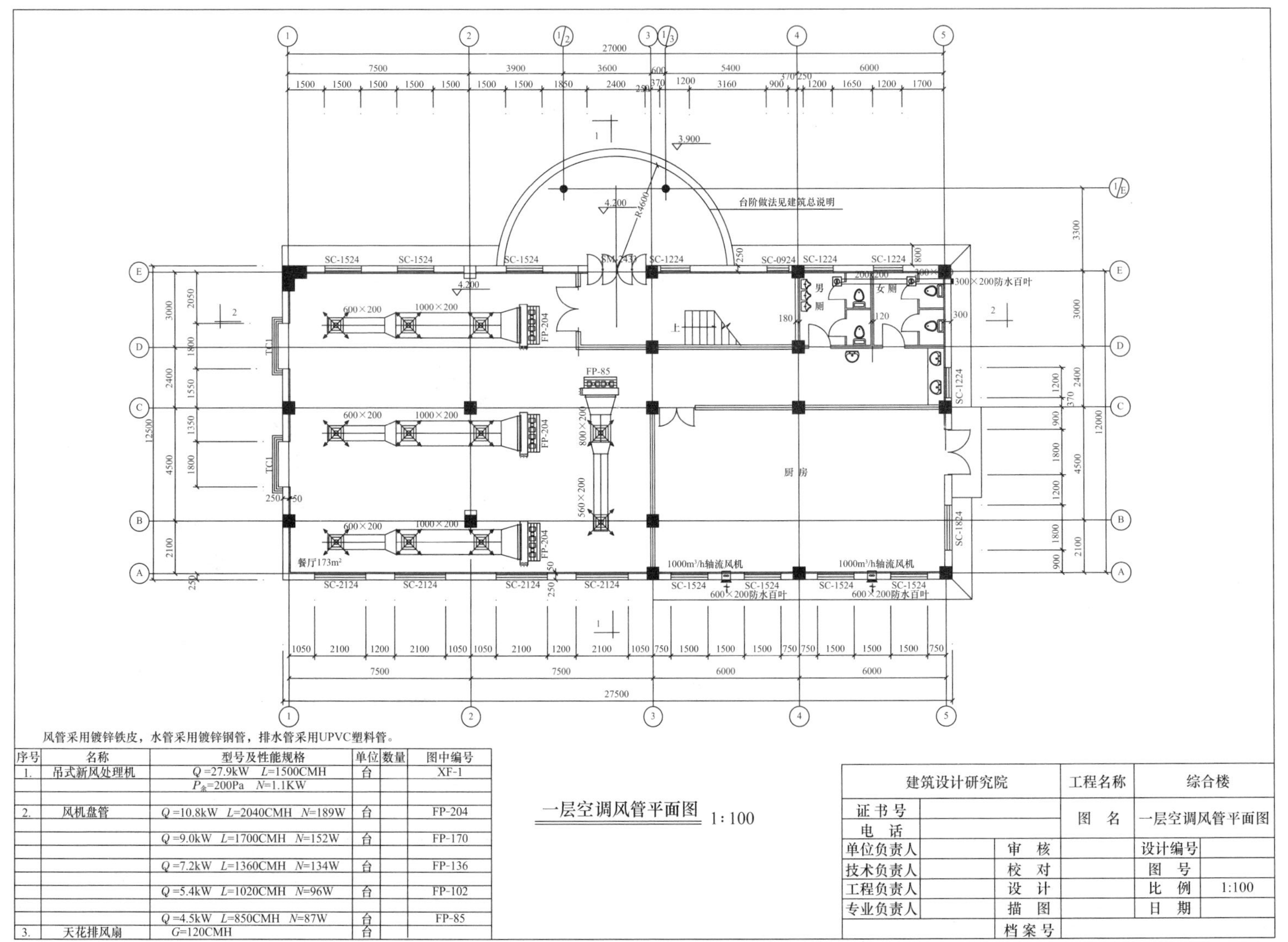

风管采用镀锌铁皮，水管采用镀锌钢管，排水管采用UPVC塑料管。

序号	名称	型号及性能规格	单位	数量	图中编号
1.	吊式新风处理机	Q=27.9kW L=1500CMH $P_{余}$=200Pa N=1.1KW	台		XF-1
2.	风机盘管	Q=10.8kW L=2040CMH N=189W	台		FP-204
		Q=9.0kW L=1700CMH N=152W	台		FP-170
		Q=7.2kW L=1360CMH N=134W	台		FP-136
		Q=5.4kW L=1020CMH N=96W	台		FP-102
		Q=4.5kW L=850CMH N=87W	台		FP-85
3.	天花排风扇	G=120CMH	台		

一层空调风管平面图 1:100

建筑设计研究院				工程名称	综合楼
证书号				图名	一层空调风管平面图
电话					
单位负责人		审核		设计编号	
技术负责人		校对		图号	
工程负责人		设计		比例	1:100
专业负责人		描图		日期	
		档案号			

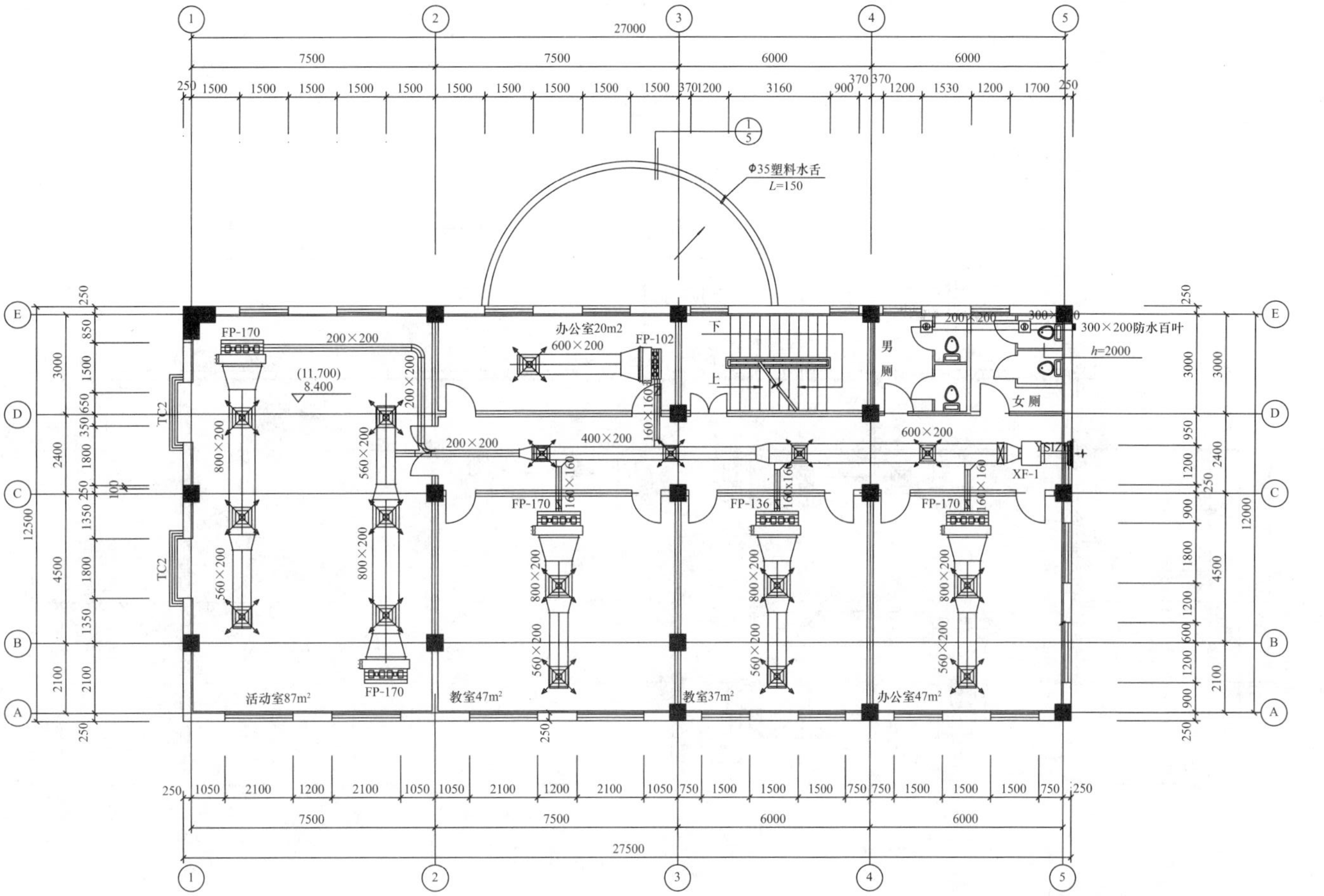

Φ35塑料水舌
L=150
办公室20m2
600×200
FP-102
FP-170
200×200
(11.700)
8.400
800×200
560×200
400×200
600×200
160×160
FP-136
XF-1
300×200防水百叶
h=2000
男厕
女厕
下
上
TC2
活动室87m²
教室47m²
教室37m²
办公室47m²
27000
27500
12500
12000
7500
6000

二、三层空调风管平面图　1:100

建筑设计研究院				工程名称	综合楼
证书号				图　名	二、三层空调风管平面图
电　话					
单位负责人		审　核		设计编号	
技术负责人		校　对		图　号	
工程负责人		设　计		比　例	1:100
专业负责人		描　图		日　期	
		档案号			

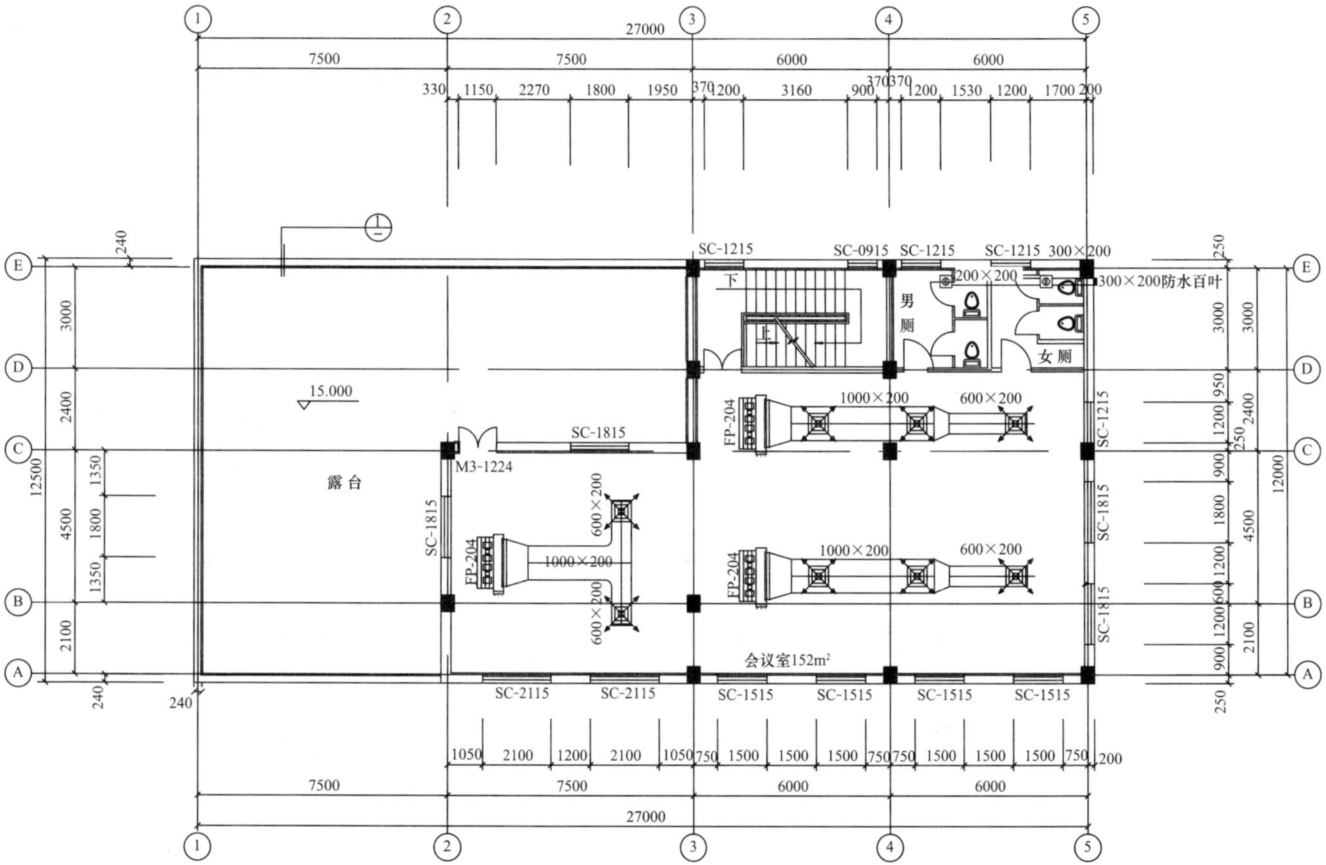

①
②
③
④
⑤
Ⓐ
Ⓑ
Ⓒ
Ⓓ
Ⓔ
27000
7500
6000
12500
12000
露台
15.000
会议室152m²
男厕
女厕
上
下
FP-204
1000×200
600×200
200×200
300×200
300×200防水百叶
SC-1215
SC-0915
SC-1815
SC-1515
SC-2115
M3-1224

出屋顶楼层空调风管平面图　1∶100

建筑设计研究院				工程名称	综合楼
证书号				图　名	出屋顶楼层空调风管平面图
电　话					
单位负责人		审　核		设计编号	
技术负责人		校　对		图　号	
工程负责人		设　计		比　例	1:100
专业负责人		描　图		日　期	
		档案号			

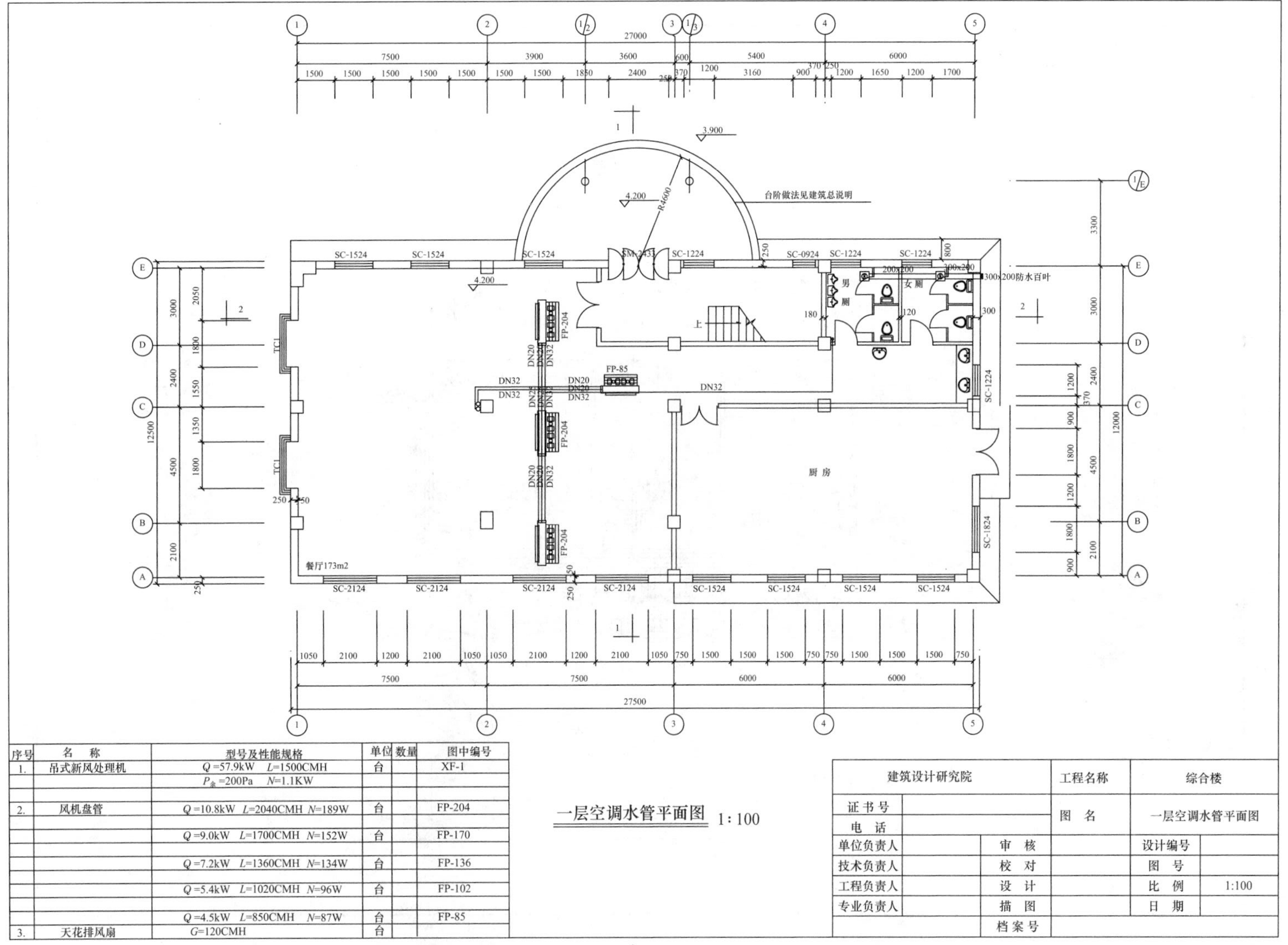
一层空调水管平面图 1:100
厨房
男厕
女厕
餐厅173m2
台阶做法见建筑总说明
300x200防水百叶
FP-85
FP-204
DN32
DN20
序号
名称
型号及性能规格
单位
数量
图中编号
1. 吊式新风处理机
Q=57.9kW L=1500CMH
$P_余$=200Pa N=1.1KW
台
XF-1
2. 风机盘管
Q=10.8kW L=2040CMH N=189W
台
FP-204
Q=9.0kW L=1700CMH N=152W
台
FP-170
Q=7.2kW L=1360CMH N=134W
台
FP-136
Q=5.4kW L=1020CMH N=96W
台
FP-102
Q=4.5kW L=850CMH N=87W
台
FP-85
3. 天花排风扇
G=120CMH
台
建筑设计研究院
工程名称
综合楼
证书号
电话
图名
一层空调水管平面图
单位负责人
审核
设计编号
技术负责人
校对
图号
工程负责人
设计
比例
1:100
专业负责人
描图
日期
档案号

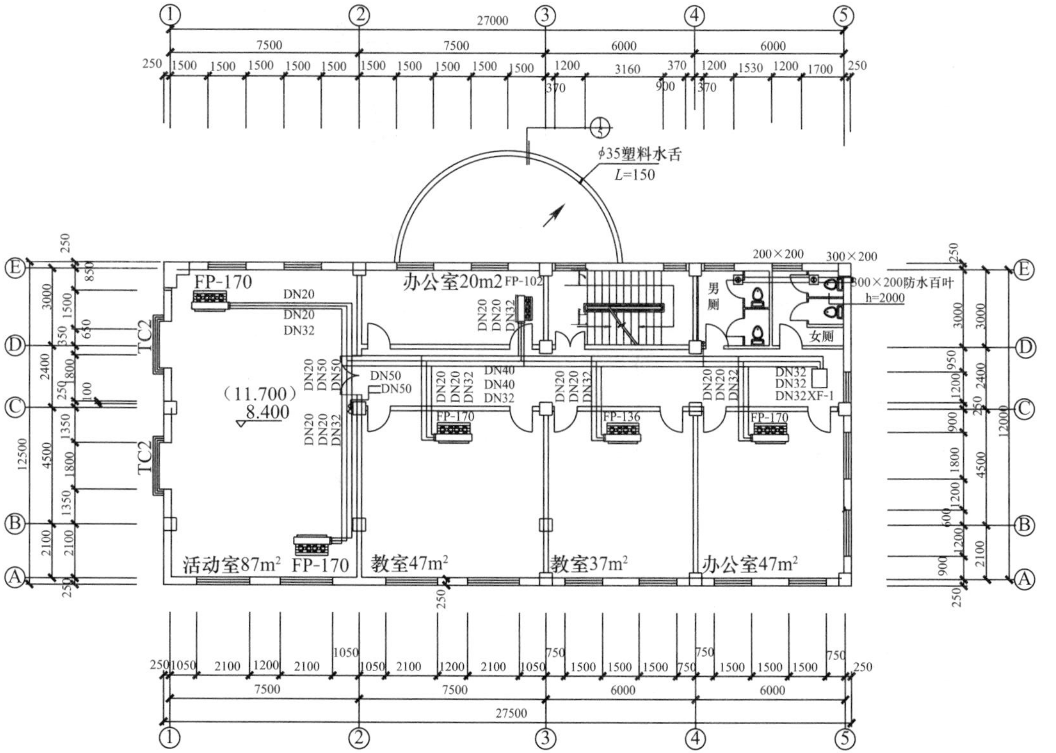

27000
7500
6000
250
1500
1200
3160
370
900
1530
1700
ϕ35塑料水舌
L=150
办公室20m2
FP-102
FP-170
DN20
DN32
DN40
DN50
(11.700)
8.400
男厕
女厕
200×200
300×200
300×200防水百叶
h=2000
DN32XF-1
FP-136
TC2
活动室87m²
教室47m²
教室37m²
办公室47m²
3000
2400
4500
2100
12500
12000
850
350
630
800
100
1350
1800
950
600
1050
750
27500

二、三层空调水管平面图　1:100

建筑设计研究院				工程名称	综合楼
证书号				图　名	二、三层空调水管平面图
电　话					
单位负责人		审　核		设计编号	
技术负责人		校　对		图　号	
工程负责人		设　计		比　例	1:100
专业负责人		描　图		日　期	
		档案号			

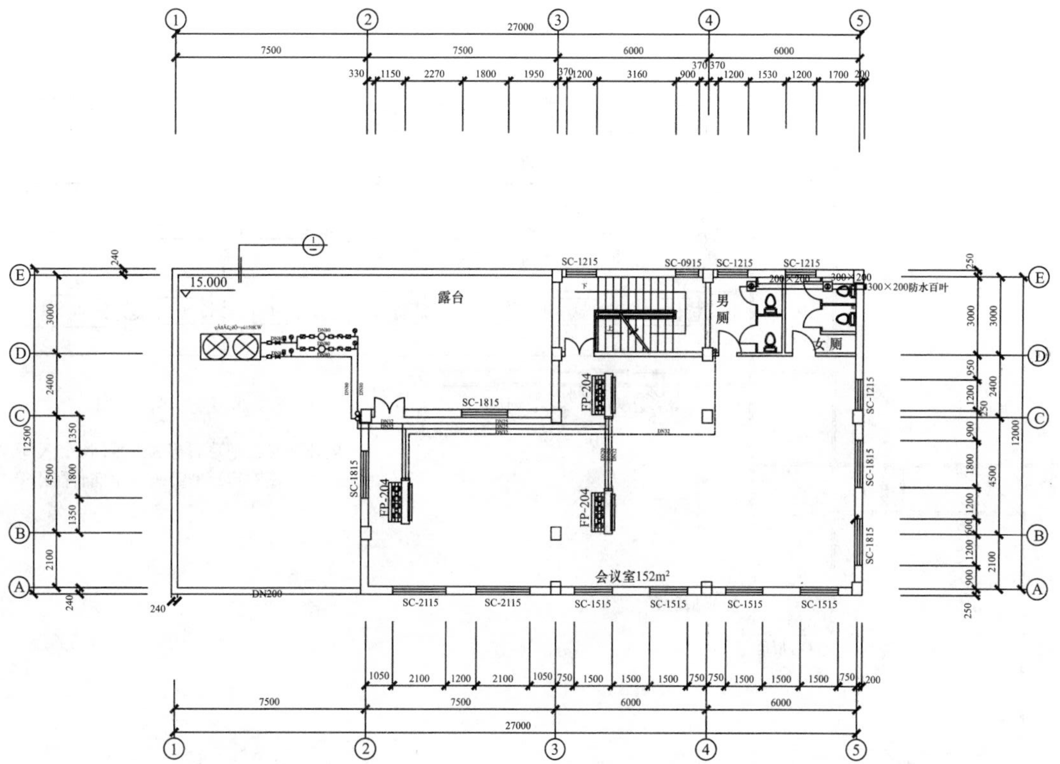

露台
男厕
女厕
会议室152m²
15.000
FP-204
FP-204
FP-204
SC-1215
SC-0915
SC-1215
SC-1215
SC-1815
SC-1815
SC-1215
SC-1815
SC-1815
SC-2115
SC-2115
SC-1515
SC-1515
SC-1515
SC-1515
DN200
300×200防水百叶
200×200
300×200
27000
7500
7500
6000
6000
12500
12000

出屋顶楼层空调水管平面图　1:100

建筑设计研究院				工程名称	综合楼
证书号				图　名	出屋顶楼层空调水管平面图
电　话					
单位负责人		审　核		设计编号	
技术负责人		校　对		图　号	
工程负责人		设　计		比　例	1:100
专业负责人		描　图		日　期	
		档案号			

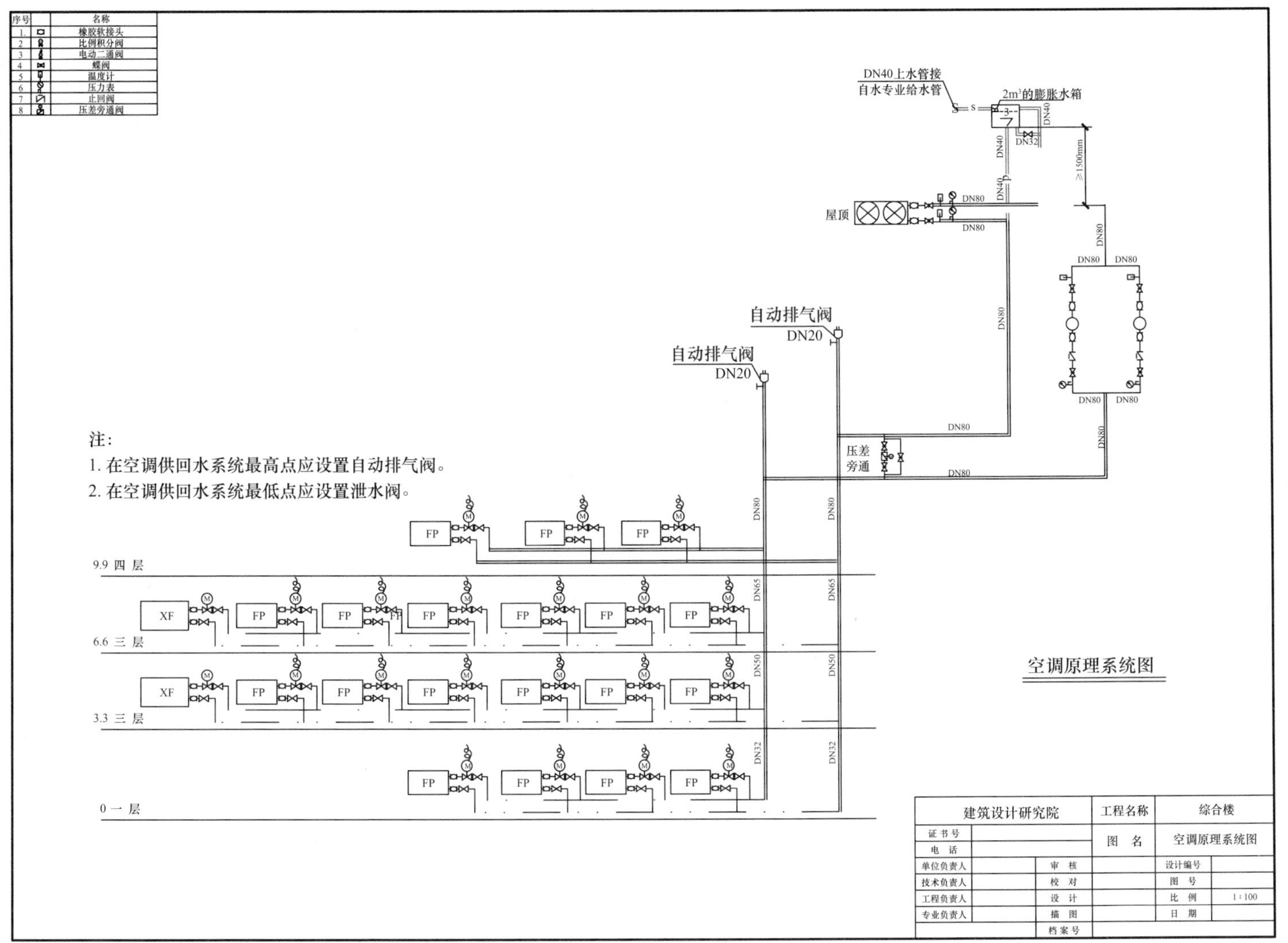
序号
名称
1 橡胶软接头
2 比例积分阀
3 电动二通阀
4 蝶阀
5 温度计
6 压力表
7 止回阀
8 压差旁通阀
DN40上水管接
自水专业给水管
2m³的膨胀水箱
DN40
DN32
≥1500mm
屋顶
DN80
自动排气阀
DN20
自动排气阀
DN20
注:
1. 在空调供回水系统最高点应设置自动排气阀。
2. 在空调供回水系统最低点应设置泄水阀。
压差
旁通
FP
XF
DN65
DN50
DN32
9.9 四 层
6.6 三 层
3.3 三 层
0 一 层
空调原理系统图
建筑设计研究院
工程名称
综合楼
证书号
电 话
图 名
空调原理系统图
单位负责人
审 核
设计编号
技术负责人
校 对
图 号
工程负责人
设 计
比 例
1:100
专业负责人
描 图
日 期
档案号

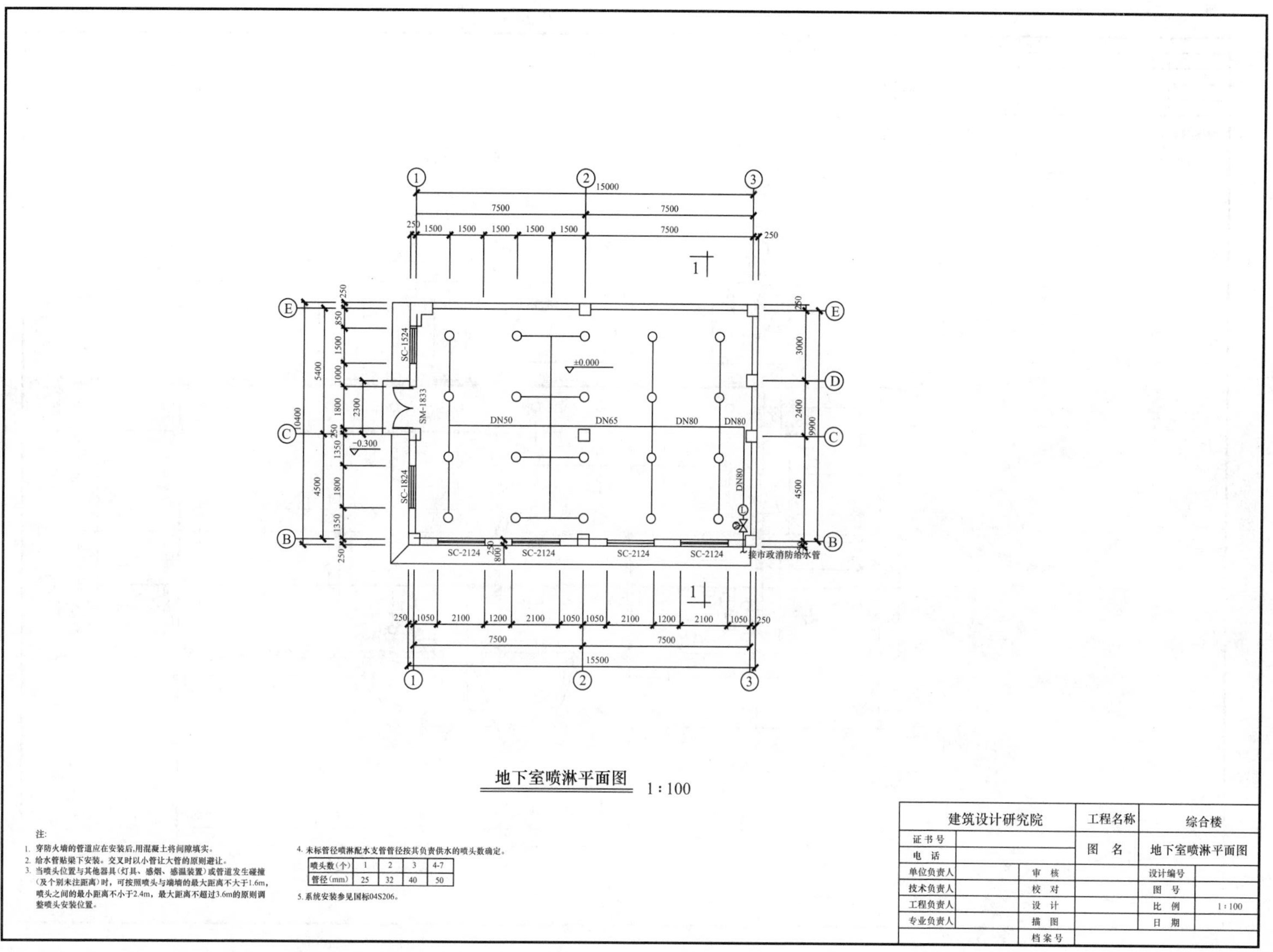

注:

1. 穿防火墙的管道应在安装后,用混凝土将间隙填实。
2. 给水管贴梁下安装。交叉时以小管让大管的原则避让。
3. 当喷头位置与其他器具(灯具、感烟、感温装置)或管道发生碰撞(及个别未注距离)时，可按照喷头与端墙的最大距离不大于1.6m，喷头之间的最小距离不小于2.4m，最大距离不超过3.6m的原则调整喷头安装位置。
4. 未标管径喷淋配水支管管径按其负责供水的喷头数确定。

喷头数(个)	1	2	3	4-7
管径(mm)	25	32	40	50

5. 系统安装参见国标04S206。

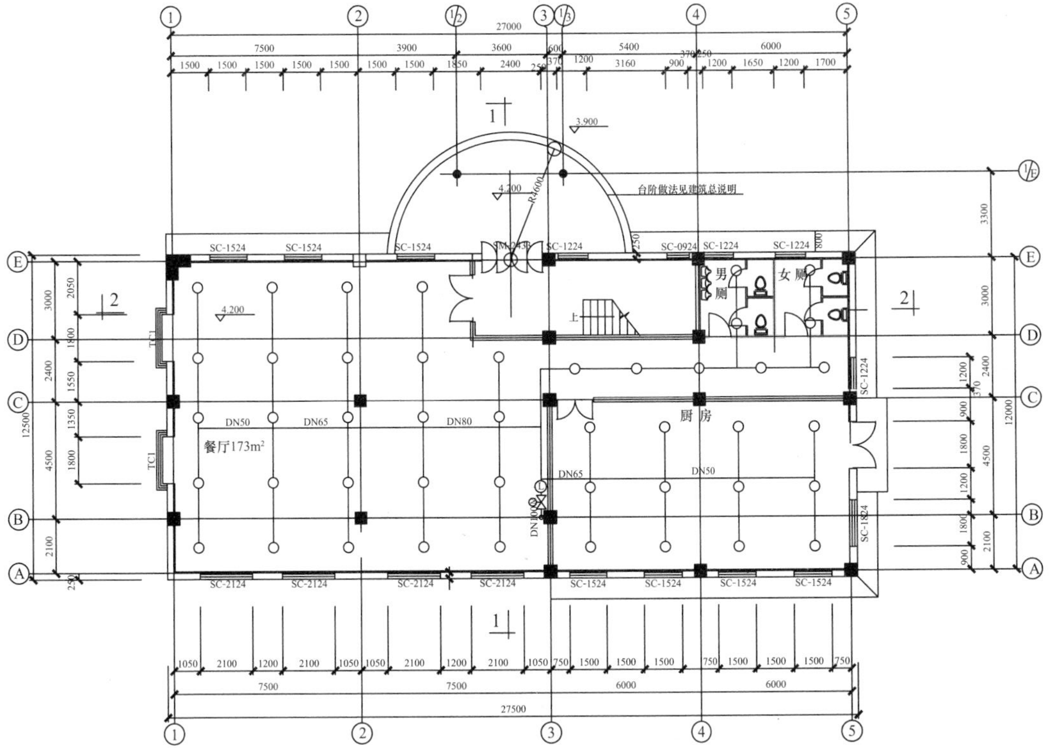

一层喷淋平面图 1:100

建筑设计研究院				工程名称	综合楼
证书号				图 名	一层喷淋平面图
电 话					
单位负责人		审 核		设计编号	
技术负责人		校 对		图 号	
工程负责人		设 计		比 例	1:100
专业负责人		描 图		日 期	
		档案号			

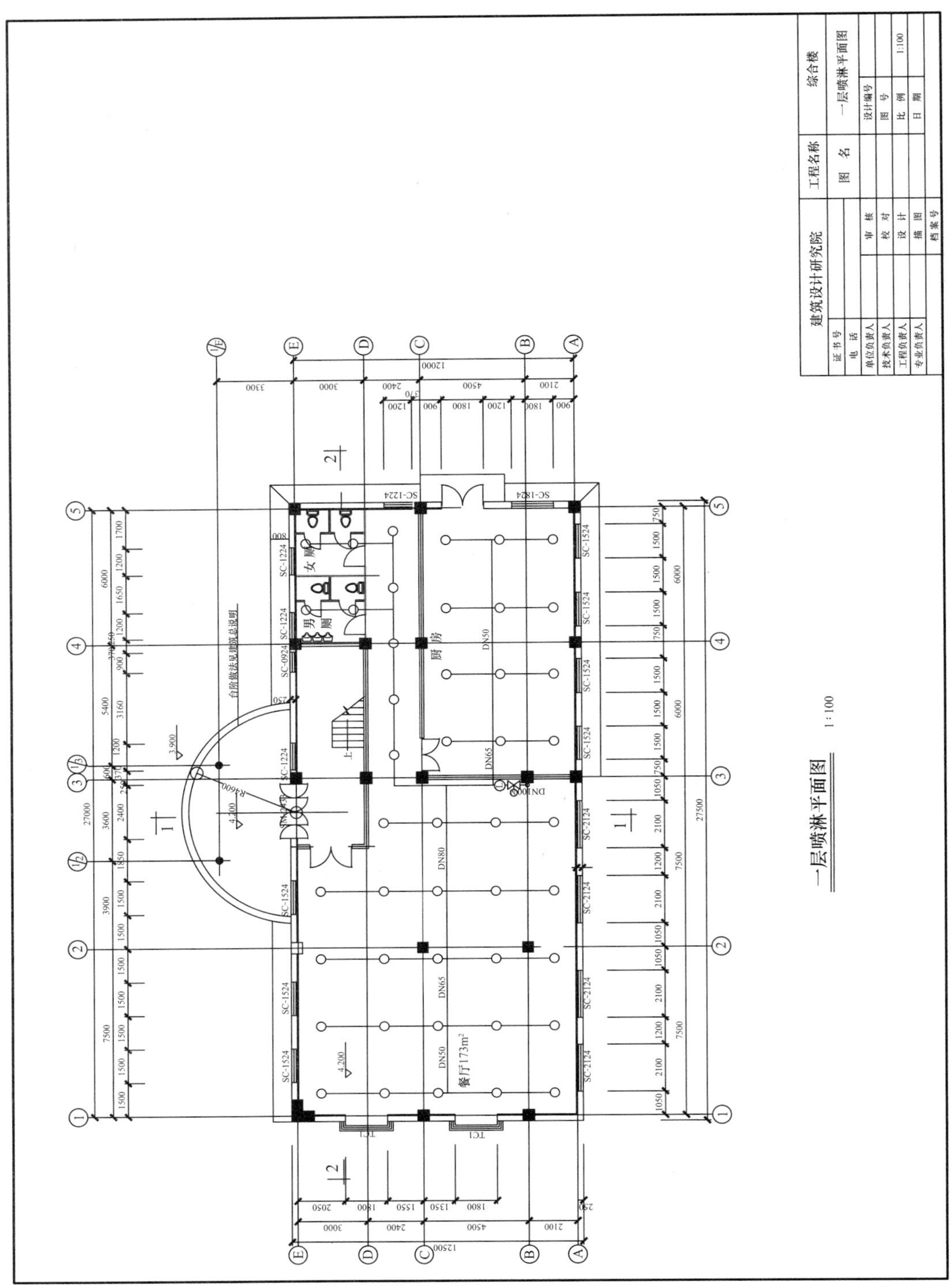

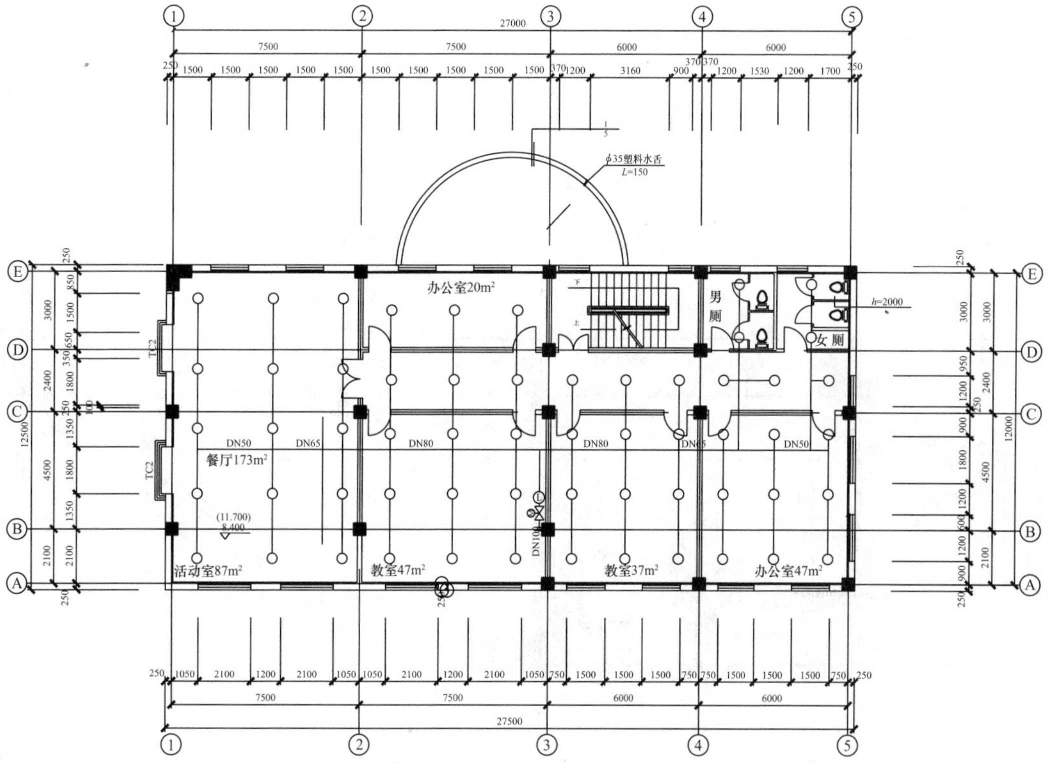
27000
7500
6000
27500
12000
12500
ϕ35塑料水舌
L=150
办公室20m²
餐厅173m²
活动室87m²
教室47m²
教室37m²
办公室47m²
男厕
女厕
h=2000
DN50
DN65
DN80
DN100
TC2
(11.700)
8.400

二、三层喷淋平面图　1∶100

建筑设计研究院			工程名称	综合楼	
证书号			图　名	二、三层喷淋平面图	
电　话					
单位负责人	审　核			设计编号	
技术负责人	校　对			图　号	
工程负责人	设　计			比　例	1∶100
专业负责人	描　图			日　期	
	档案号				

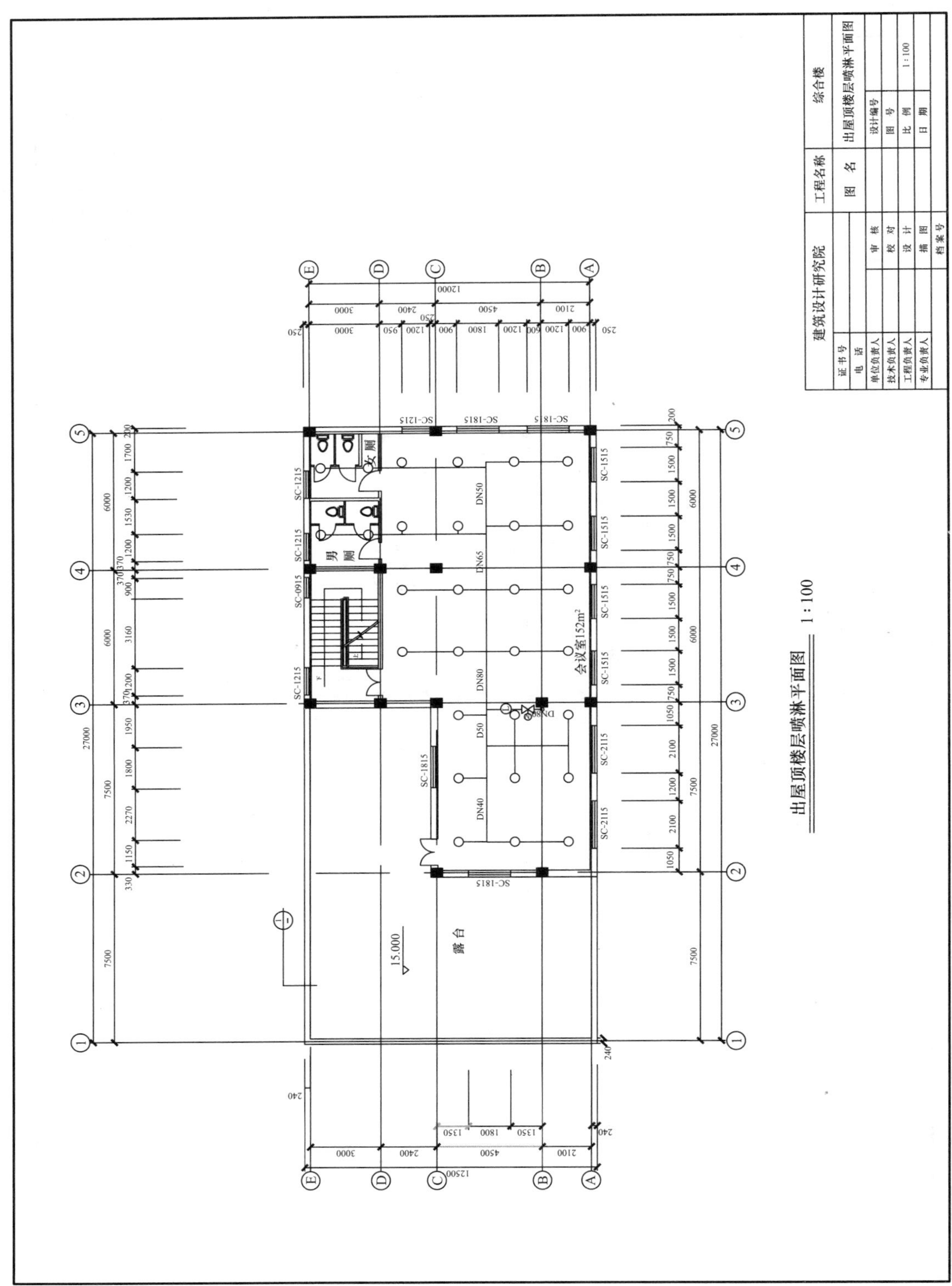

建筑设计研究院
工程名称
综合楼
图 名
出屋顶楼层喷淋平面图
证书号
电 话
单位负责人
技术负责人
工程负责人
专业负责人
审 核
校 对
设 计
描 图
档案号
设计编号
图 号
比 例
1:100
日 期
会议室152m²
露台
男厕
女厕
15.000
DN50
DN65
DN80
DN40
D50
出屋顶楼层喷淋平面图 1:100

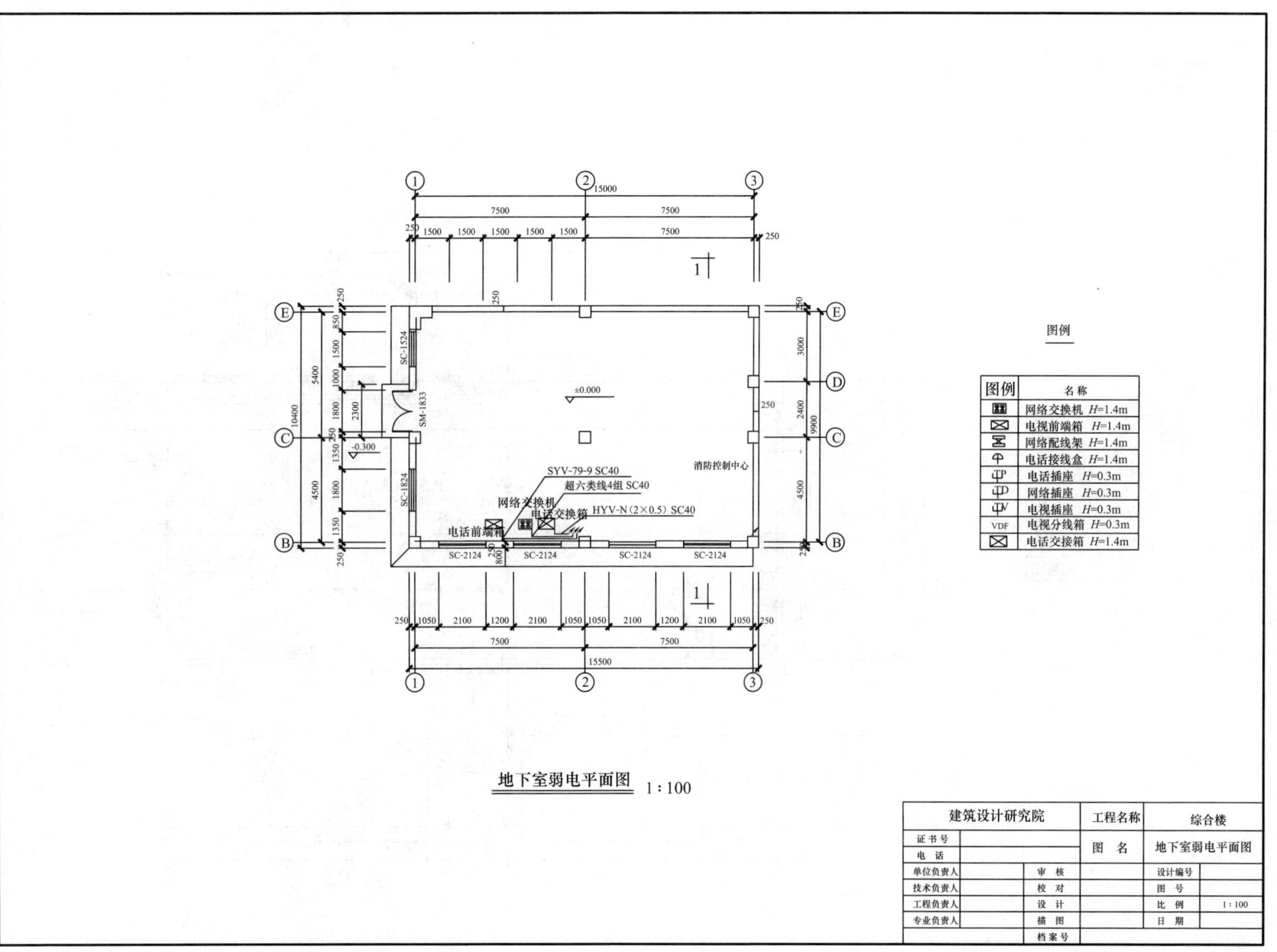

消防控制中心
SYV-79-9 SC40
超六类线4组 SC40
HYV-N（2×0.5）SC40
网络交换机
电话交换箱
电话前端箱
±0.000
-0.300
SM-1833
SC-1524
SC-1824
SC-2124
15000
15500
10400
9900
图例
图例 | 名称
网络交换机 H=1.4m
电视前端箱 H=1.4m
网络配线架 H=1.4m
电话接线盒 H=1.4m
电话插座 H=0.3m
网络插座 H=0.3m
电视插座 H=0.3m
VDF 电视分线箱 H=0.3m
电话交接箱 H=1.4m
地下室弱电平面图 1:100
建筑设计研究院
工程名称 综合楼
图名 地下室弱电平面图
证书号
电话
单位负责人
技术负责人
工程负责人
专业负责人
审核
校对
设计
描图
档案号
设计编号
图号
比例 1:100
日期

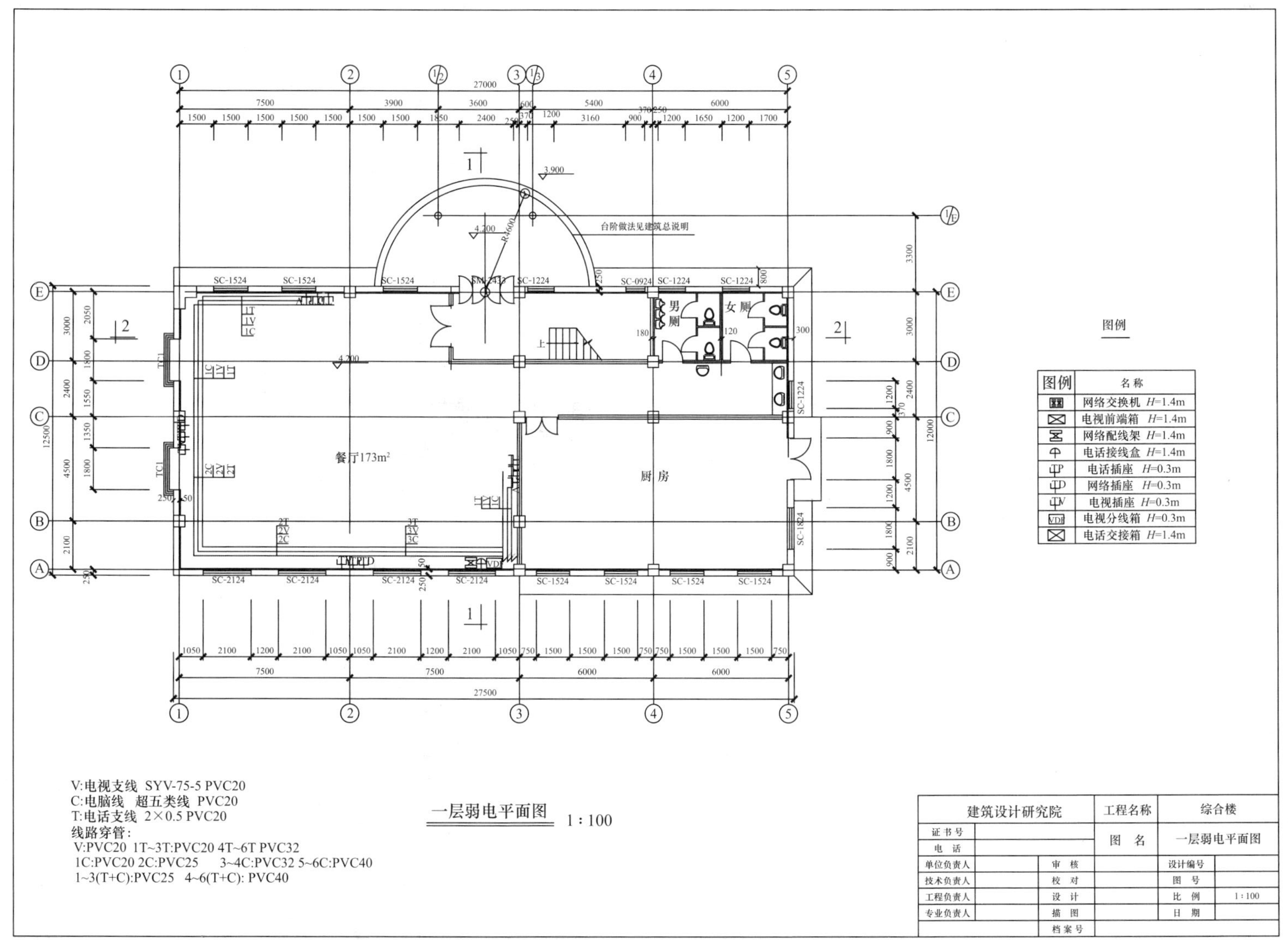
图例
图例 | 名称
网络交换机 H=1.4m
电视前端箱 H=1.4m
网络配线架 H=1.4m
电话接线盒 H=1.4m
电话插座 H=0.3m
网络插座 H=0.3m
电视插座 H=0.3m
电视分线箱 H=0.3m
电话交接箱 H=1.4m
台阶做法见建筑总说明
男厕
女厕
餐厅173m²
厨房
V:电视支线 SYV-75-5 PVC20
C:电脑线 超五类线 PVC20
T:电话支线 2×0.5 PVC20
线路穿管：
V:PVC20 1T~3T:PVC20 4T~6T PVC32
1C:PVC20 2C:PVC25 3~4C:PVC32 5~6C:PVC40
1~3(T+C):PVC25 4~6(T+C): PVC40
一层弱电平面图 1:100
建筑设计研究院
工程名称 综合楼
图名 一层弱电平面图
证书号
电话
单位负责人 审核 设计编号
技术负责人 校对 图号
工程负责人 设计 比例 1:100
专业负责人 描图 日期
档案号

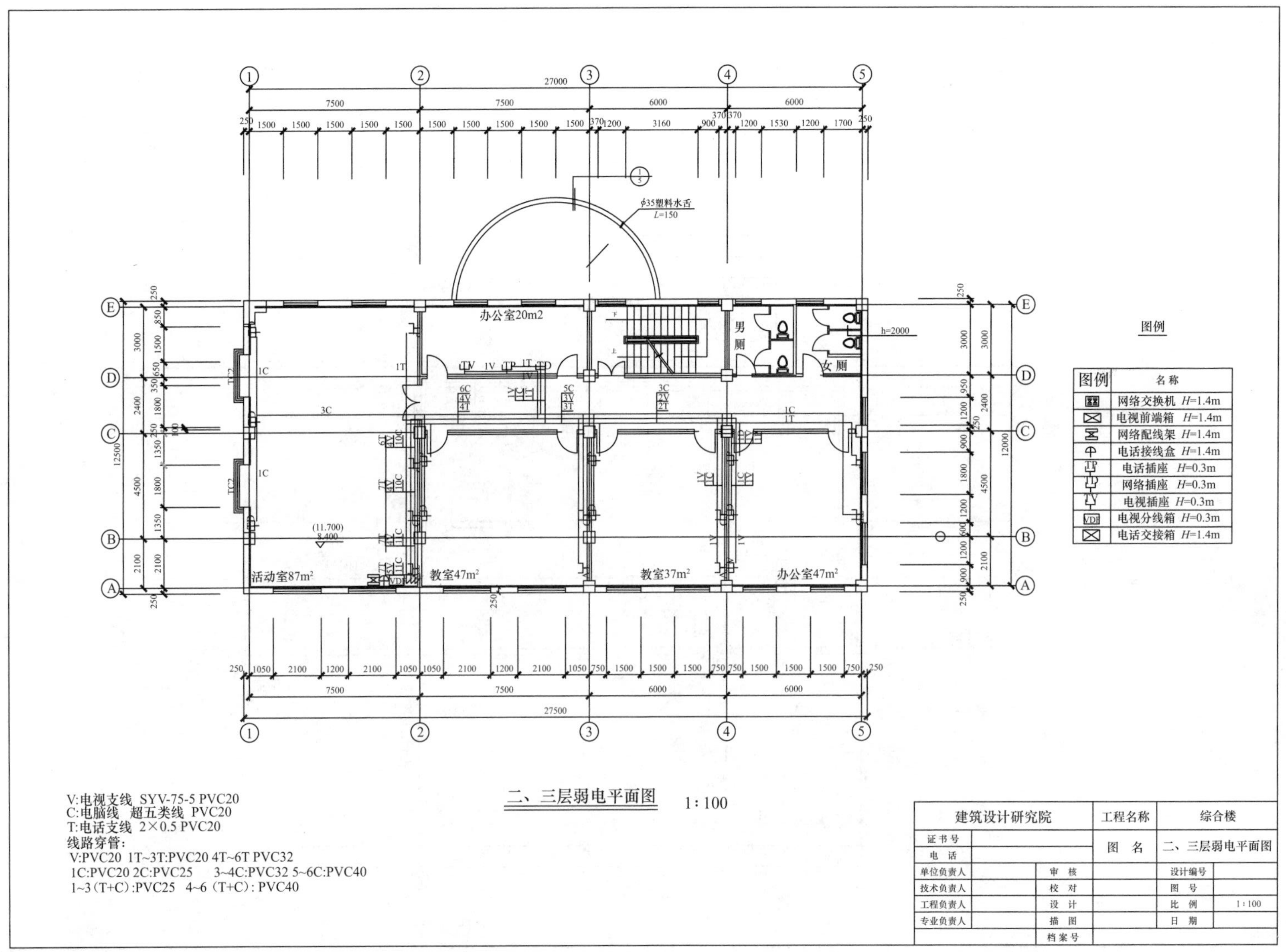
办公室20m2
男厕
女厕
活动室87m²
教室47m²
教室37m²
办公室47m²
φ35塑料水舌
L=150
h=2000
图例
图例 名称
网络交换机 H=1.4m
电视前端箱 H=1.4m
网络配线架 H=1.4m
电话接线盒 H=1.4m
电话插座 H=0.3m
网络插座 H=0.3m
电视插座 H=0.3m
电视分线箱 H=0.3m
电话交接箱 H=1.4m
二、三层弱电平面图　1:100
V:电视支线 SYV-75-5 PVC20
C:电脑线 超五类线 PVC20
T:电话支线 2×0.5 PVC20
线路穿管:
V:PVC20 1T~3T:PVC20 4T~6T PVC32
1C:PVC20 2C:PVC25 3~4C:PVC32 5~6C:PVC40
1~3(T+C):PVC25 4~6(T+C):PVC40
建筑设计研究院
工程名称 综合楼
图名 二、三层弱电平面图
比例 1:100

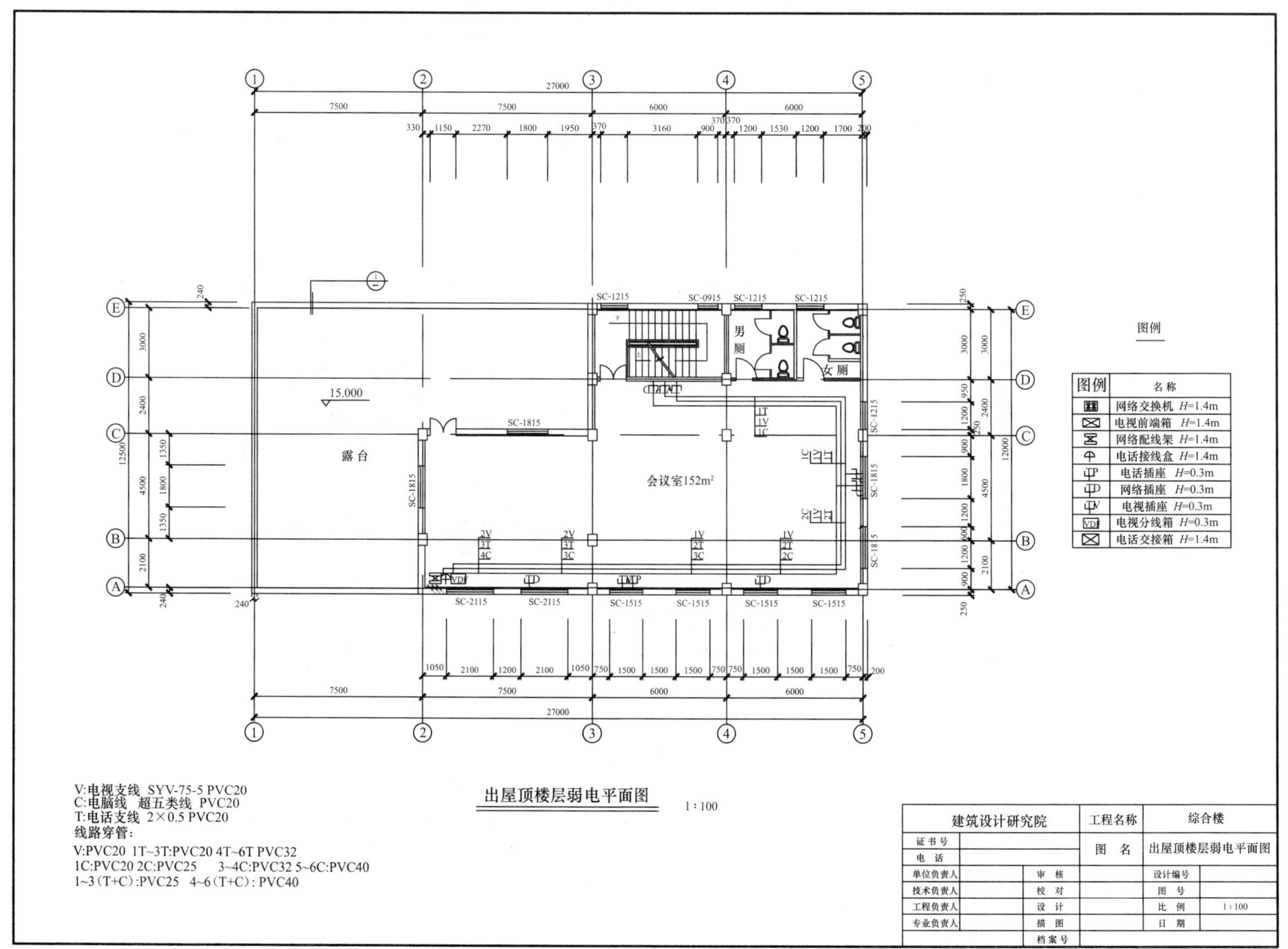

图例
图例 名称
网络交换机 H=1.4m
电视前端箱 H=1.4m
网络配线架 H=1.4m
电话接线盒 H=1.4m
电话插座 H=0.3m
网络插座 H=0.3m
电视插座 H=0.3m
电视分线箱 H=0.3m
电话交接箱 H=1.4m
会议室152m²
露台
男厕
女厕
15.000
出屋顶楼层弱电平面图
1:100
V:电视支线 SYV-75-5 PVC20
C:电脑线 超五类线 PVC20
T:电话支线 2×0.5 PVC20
线路穿管:
V:PVC20 1T~3T:PVC20 4T~6T PVC32
1C:PVC20 2C:PVC25 3~4C:PVC32 5~6C:PVC40
1~3(T+C):PVC25 4~6(T+C):PVC40
建筑设计研究院
工程名称 综合楼
图名 出屋顶楼层弱电平面图
比例 1:100

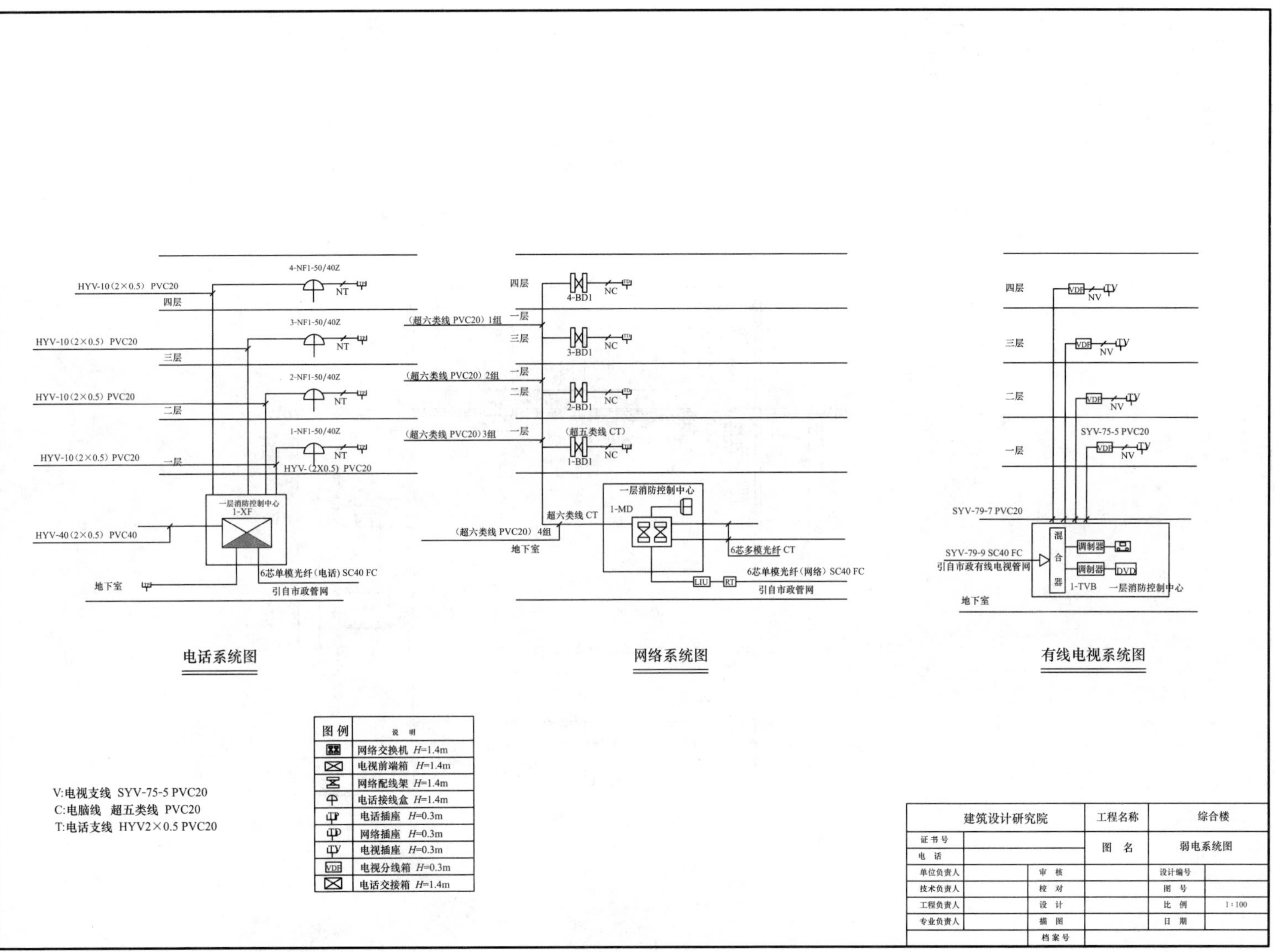
4-NF1-50/40Z
3-NF1-50/40Z
2-NF1-50/40Z
1-NF1-50/40Z
HYV-10(2×0.5) PVC20
HYV-40(2×0.5) PVC40
HYV-(2X0.5) PVC20
四层
三层
二层
一层
地下室
一层消防控制中心
1-XF
6芯单模光纤(电话) SC40 FC
引自市政管网
电话系统图
(超六类线 PVC20) 1组
(超六类线 PVC20) 2组
(超六类线 PVC20) 3组
(超六类线 PVC20) 4组
(超五类线 CT)
超六类线 CT
4-BD1
3-BD1
2-BD1
1-BD1
1-MD
6芯多模光纤 CT
6芯单模光纤(网络) SC40 FC
网络系统图
SYV-75-5 PVC20
SYV-79-7 PVC20
SYV-79-9 SC40 FC
引自市政有线电视管网
混合器
调制器
DVD
1-TVB
有线电视系统图
V:电视支线 SYV-75-5 PVC20
C:电脑线 超五类线 PVC20
T:电话支线 HYV2×0.5 PVC20
图例 说明
网络交换机 H=1.4m
电视前端箱 H=1.4m
网络配线架 H=1.4m
电话接线盒 H=1.4m
电话插座 H=0.3m
网络插座 H=0.3m
电视插座 H=0.3m
电视分线箱 H=0.3m
电话交接箱 H=1.4m
建筑设计研究院
工程名称 综合楼
图 名 弱电系统图
证书号
电 话
单位负责人 审 核 设计编号
技术负责人 校 对 图 号
工程负责人 设 计 比 例 1:100
专业负责人 描 图 日 期
档案号

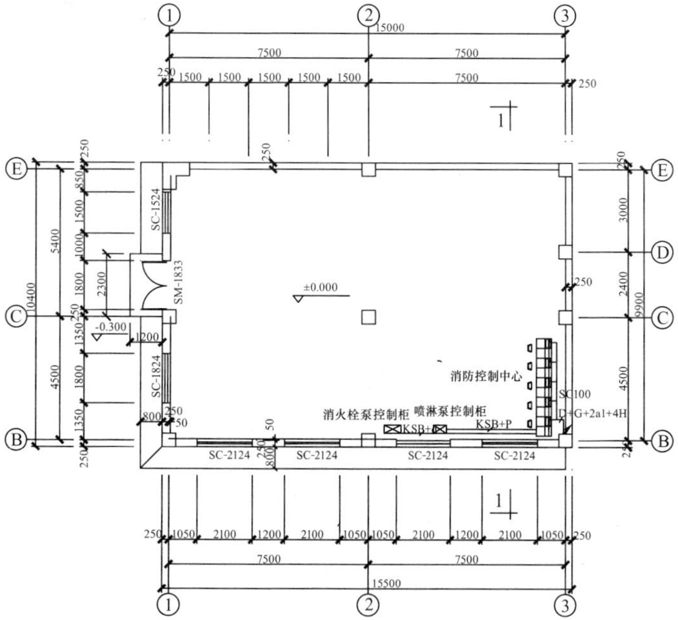

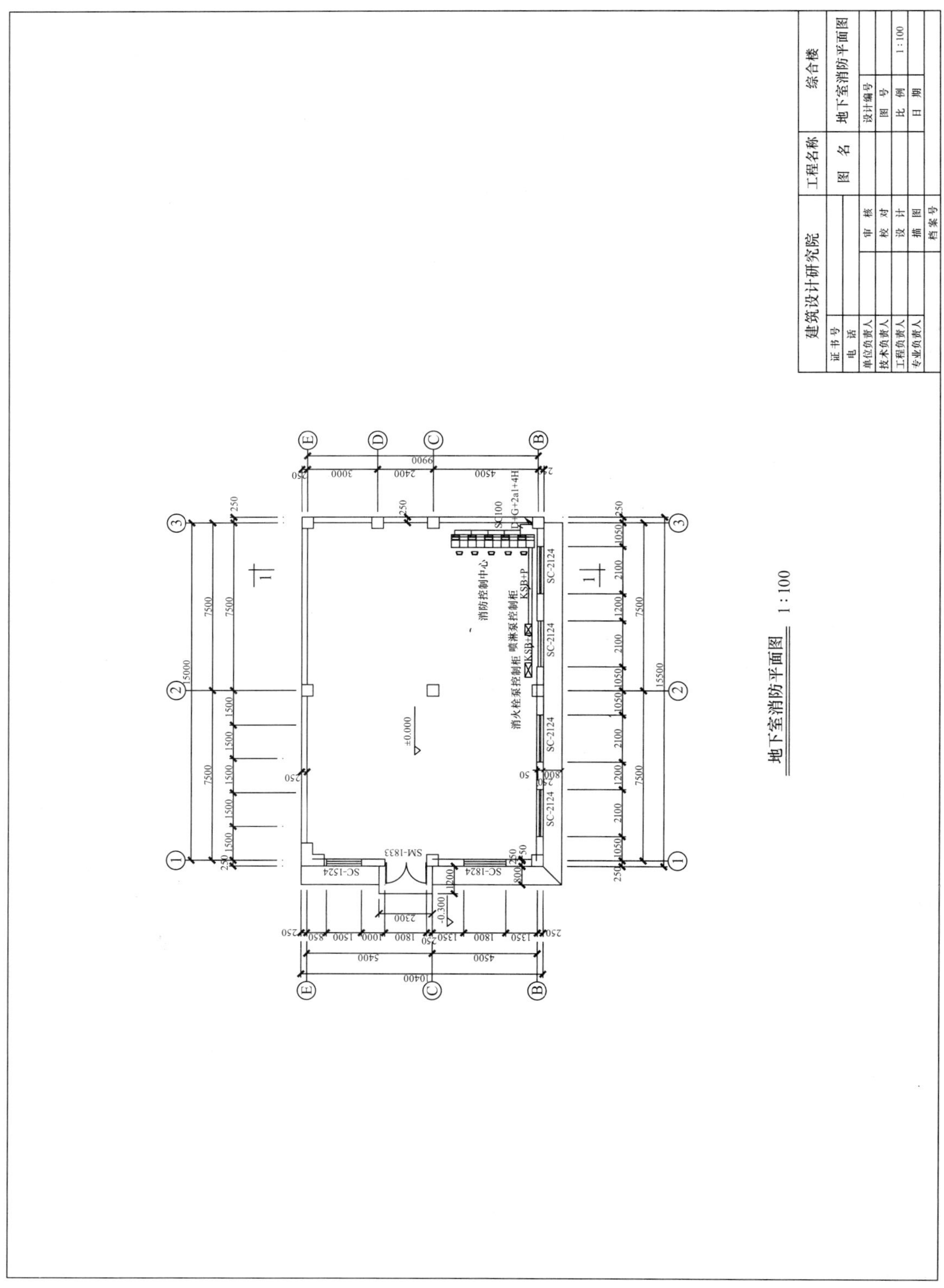

地下室消防平面图 1:100

建筑设计研究院				工程名称	综合楼
证书号				图 名	地下室消防平面图
电 话					
单位负责人		审 核		设计编号	
技术负责人		校 对		图 号	
工程负责人		设 计		比 例	1:100
专业负责人		描 图		日 期	
		档案号			

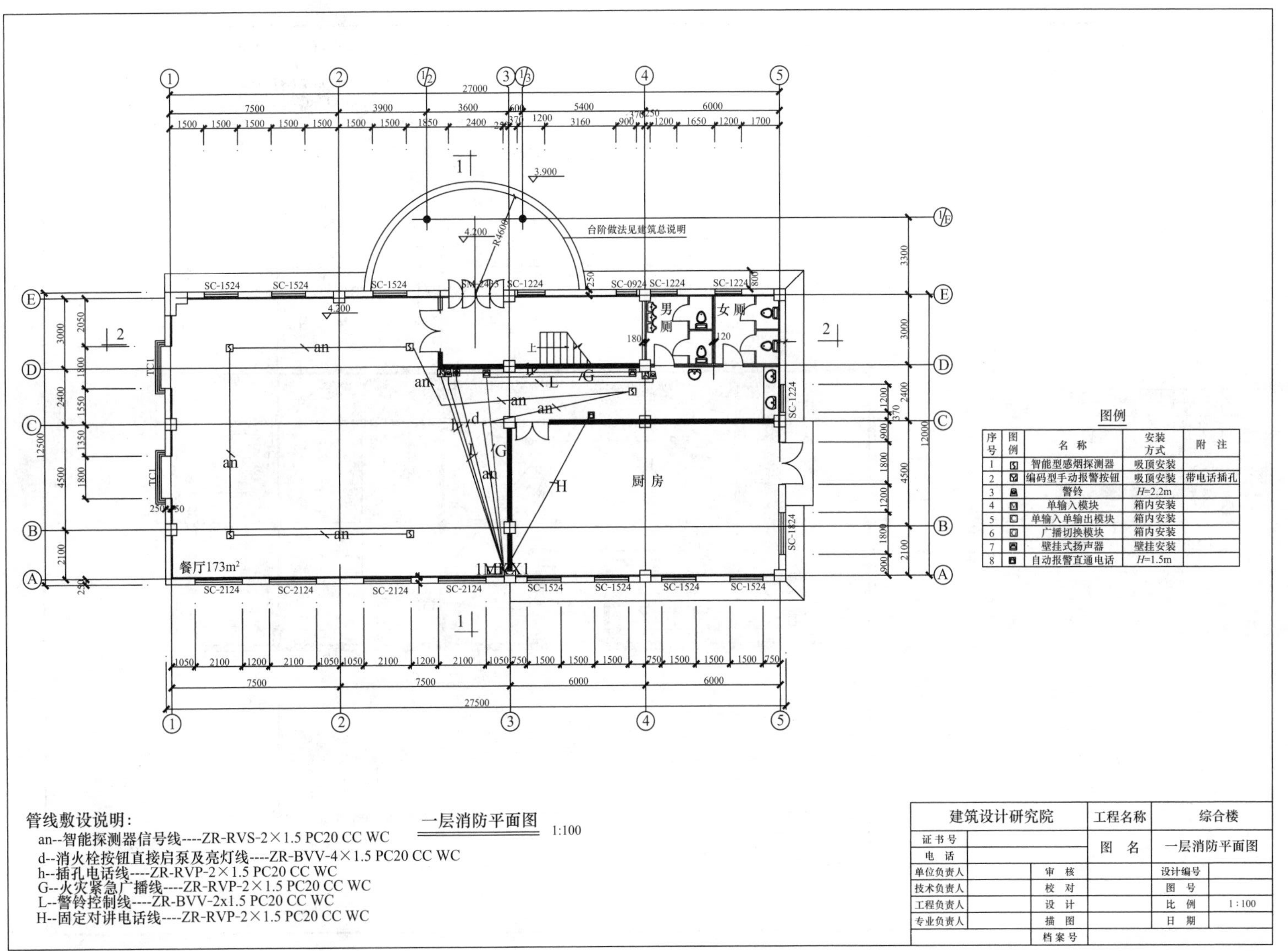
图例
序号 图例 名称 安装方式 附注
1 智能型感烟探测器 吸顶安装
2 编码型手动报警按钮 吸顶安装 带电话插孔
3 警铃 H=2.2m
4 单输入模块 箱内安装
5 单输入单输出模块 箱内安装
6 广播切换模块 箱内安装
7 壁挂式扬声器 壁挂安装
8 自动报警直通电话 H=1.5m
建筑设计研究院
工程名称 综合楼
图名 一层消防平面图
比例 1:100
厨房
男厕
女厕
餐厅173m²
台阶做法见建筑总说明
一层消防平面图 1:100
管线敷设说明：
an--智能探测器信号线----ZR-RVS-2×1.5 PC20 CC WC
d--消火栓按钮直接启泵及亮灯线----ZR-BVV-4×1.5 PC20 CC WC
h--插孔电话线----ZR-RVP-2×1.5 PC20 CC WC
G--火灾紧急广播线----ZR-RVP-2×1.5 PC20 CC WC
L--警铃控制线----ZR-BVV-2x1.5 PC20 CC WC
H--固定对讲电话线----ZR-RVP-2×1.5 PC20 CC WC

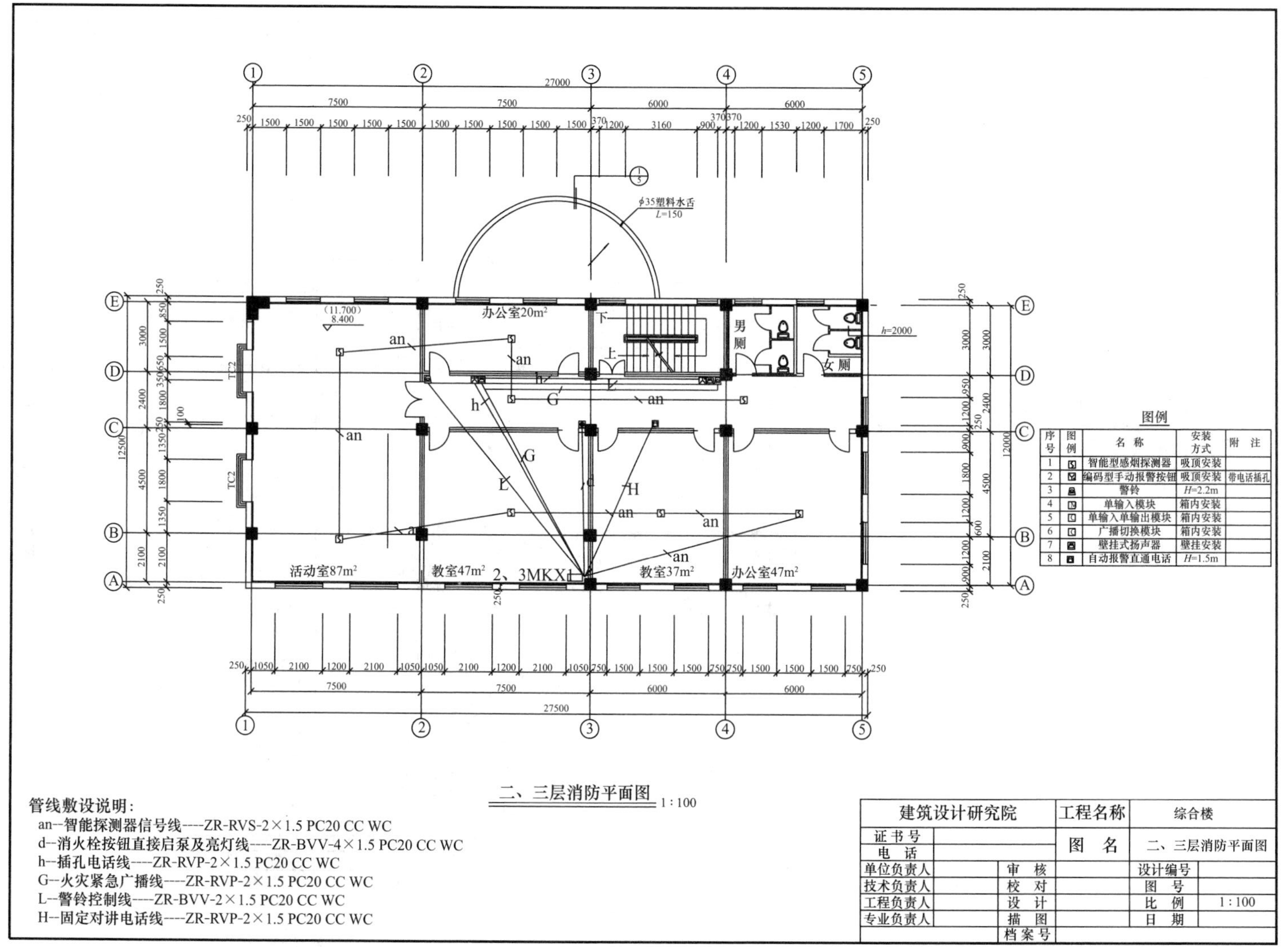
图例
序号	图例	名称	安装方式	附注
1		智能型感烟探测器	吸顶安装	
2		编码型手动报警按钮	吸顶安装	带电话插孔
3		警铃	H=2.2m	
4		单输入模块	箱内安装	
5		单输入单输出模块	箱内安装	
6		广播切换模块	箱内安装	
7		壁挂式扬声器	壁挂安装	
8		自动报警直通电话	H=1.5m	
活动室87m²
教室47m²
2、3MKX1
教室37m²
办公室47m²
办公室20m²
男厕
女厕
φ35塑料水舌 L=150
h=2000
二、三层消防平面图 1:100
管线敷设说明：
an--智能探测器信号线----ZR-RVS-2×1.5 PC20 CC WC
d--消火栓按钮直接启泵及亮灯线----ZR-BVV-4×1.5 PC20 CC WC
h--插孔电话线----ZR-RVP-2×1.5 PC20 CC WC
G--火灾紧急广播线----ZR-RVP-2×1.5 PC20 CC WC
L--警铃控制线----ZR-BVV-2×1.5 PC20 CC WC
H--固定对讲电话线----ZR-RVP-2×1.5 PC20 CC WC
建筑设计研究院
工程名称 综合楼
图名 二、三层消防平面图
证书号
电话
单位负责人 审核
技术负责人 校对
工程负责人 设计
专业负责人 描图
档案号
设计编号
图号
比例 1:100
日期

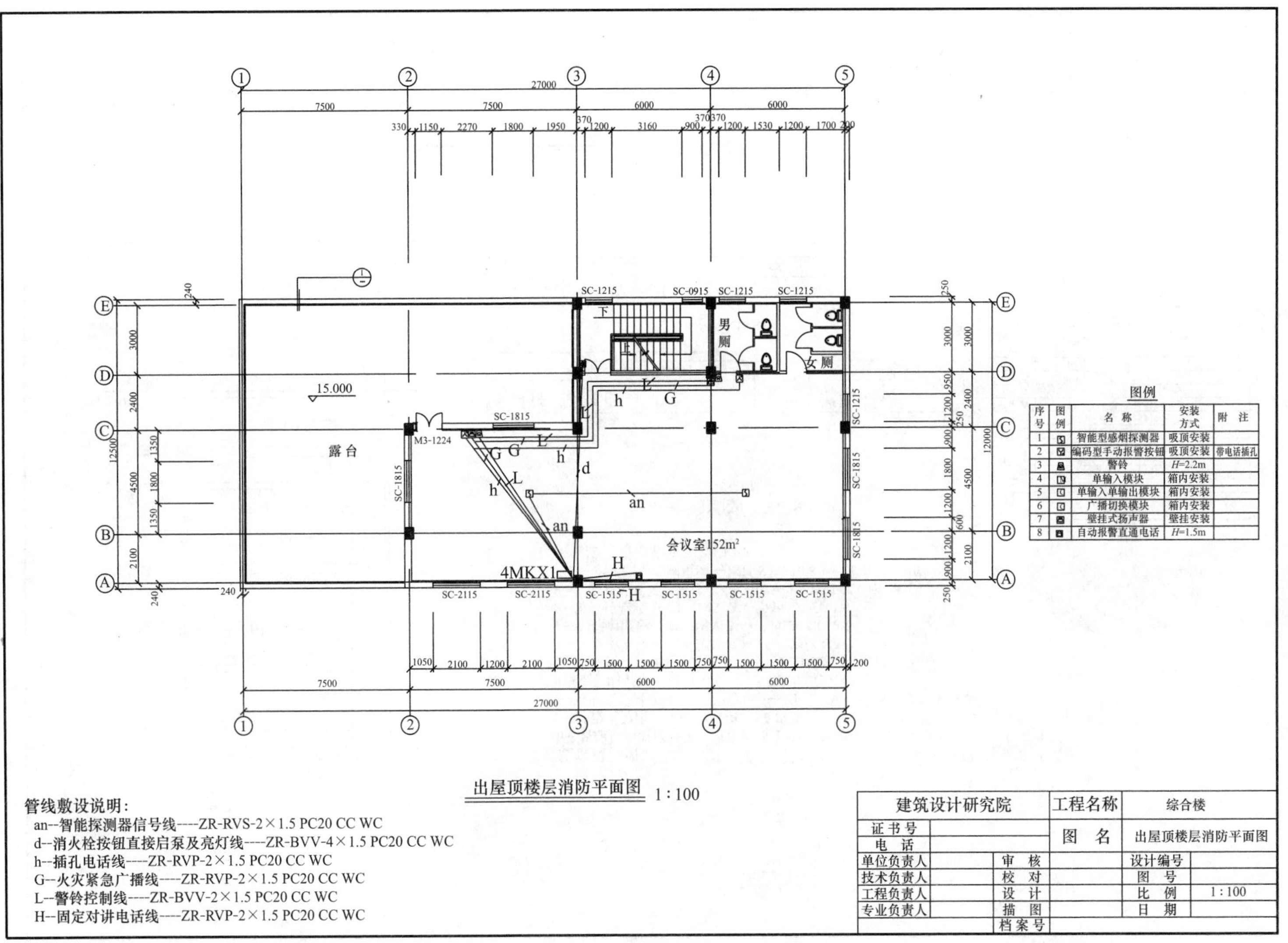
图例
序号 图例 名称 安装方式 附注
1 智能型感烟探测器 吸顶安装
2 编码型手动报警按钮 吸顶安装 带电话插孔
3 警铃 H=2.2m
4 单输入模块 箱内安装
5 单输入单输出模块 箱内安装
6 广播切换模块 箱内安装
7 壁挂式扬声器 壁挂安装
8 自动报警直通电话 H=1.5m
会议室152m²
男厕
女厕
露台
15.000
4MKX1
出屋顶楼层消防平面图　1:100
管线敷设说明：
an--智能探测器信号线----ZR-RVS-2×1.5 PC20 CC WC
d--消火栓按钮直接启泵及亮灯线----ZR-BVV-4×1.5 PC20 CC WC
h--插孔电话线----ZR-RVP-2×1.5 PC20 CC WC
G--火灾紧急广播线----ZR-RVP-2×1.5 PC20 CC WC
L--警铃控制线----ZR-BVV-2×1.5 PC20 CC WC
H--固定对讲电话线----ZR-RVP-2×1.5 PC20 CC WC
建筑设计研究院
证书号
电话
单位负责人
技术负责人
工程负责人
专业负责人
审核
校对
设计
描图
档案号
工程名称　综合楼
图名　出屋顶楼层消防平面图
设计编号
图号
比例　1:100
日期

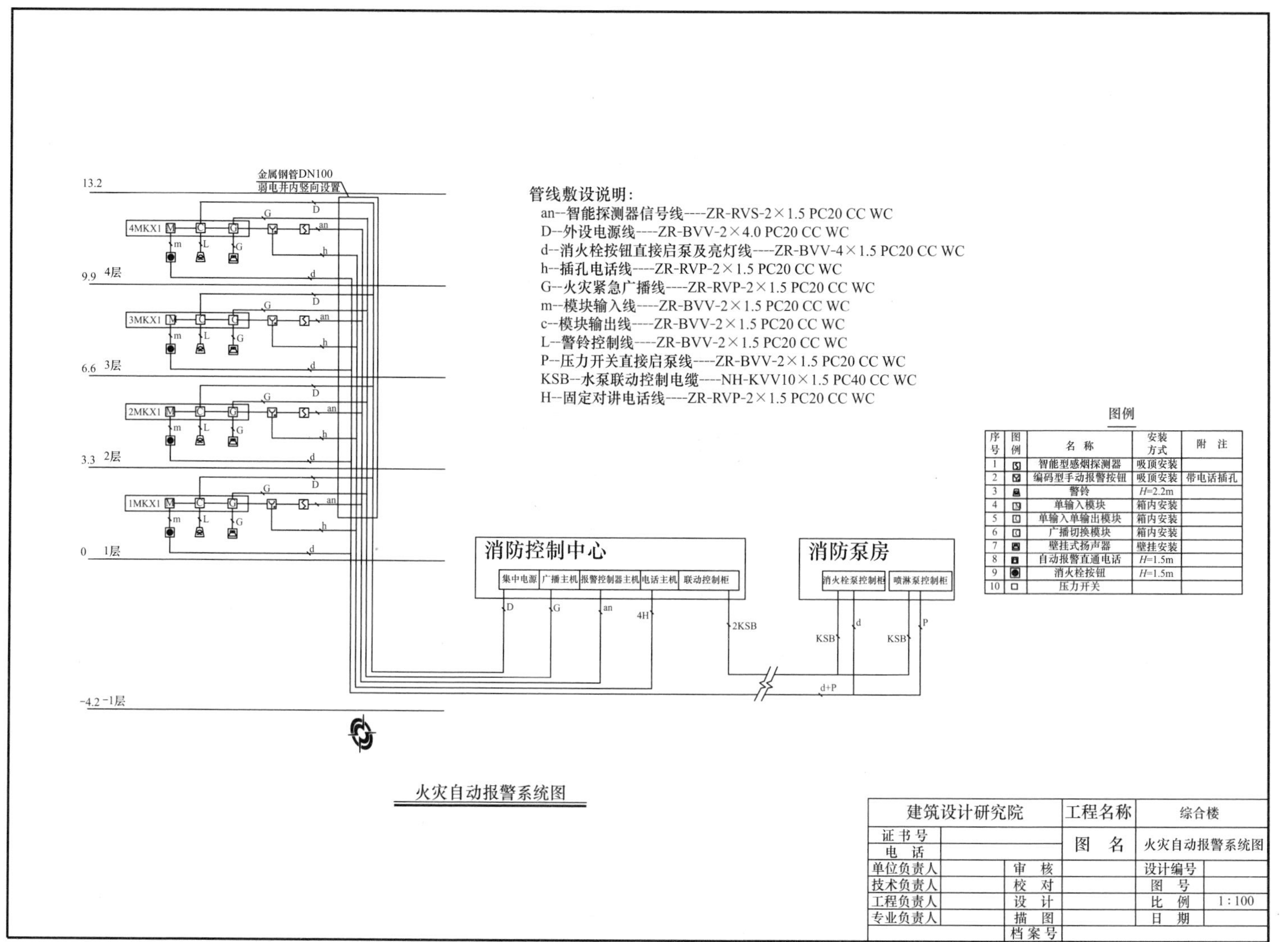

图例

序号	图例	名称	安装方式	附注
1		智能型感烟探测器	吸顶安装	
2		编码型手动报警按钮	吸顶安装	带电话插孔
3		警铃	H=2.2m	
4		单输入模块	箱内安装	
5		单输入单输出模块	箱内安装	
6		广播切换模块	箱内安装	
7		壁挂式扬声器	壁挂安装	
8		自动报警直通电话	H=1.5m	
9		消火栓按钮	H=1.5m	
10		压力开关		

建筑设计研究院				工程名称	综合楼
证书号				图 名	火灾自动报警系统图
电 话					
单位负责人		审 核		设计编号	
技术负责人		校 对		图 号	
工程负责人		设 计		比 例	1:100
专业负责人		描 图		日 期	
		档案号			